高等职业教育“十五五”系列教材 机电类专业

工业机器人编程与应用

主　编　赵　亮　刘东海
参　编　王振华　常文利
　　　　崔永青　冯　琛
主　审　马　驰

南京大学出版社

内容简介

本教材为任务驱动的项目式教材，有机融入了“1+X”工业机器人应用编程职业技能等级证书（初、中）考核所涉及的知识点与技能点，以从事工业机器人应用编程相关工作的职业岗位分析和工作过程为导向，通过认识工业机器人、工业机器人编程基础、工业机器人应用和工业机器人仿真等4个项目23个任务，详细介绍了工业机器人认识、工业机器人坐标系、程序结构、程序数据、常用指令、应用编程和工业机器人仿真程序创建等内容。

本教材既适合作为高等职业教育工业机器人技术专业的教材和企业的培训用书，也可以作为高职院校机电及相关专业各类学生的专业基础或拓展课教材，同时可供从事ABB机器人操作与编程等工作的技术人员作参考。

图书在版编目(CIP)数据

工业机器人编程与应用 / 赵亮，刘东海主编.
南京 ：南京大学出版社，2025. 8. -- ISBN 978-7-305-29564-5

Ⅰ. TP242.2

中国国家版本馆 CIP 数据核字第 2025L6Z101 号

出版发行　南京大学出版社
社　　址　南京市汉口路22号　　　　邮　　编　210093

书　　名　工业机器人编程与应用
GONGYE JIQIREN BIANCHENG YU YINGYONG
主　　编　赵　亮　刘东海
责任编辑　吴　华　　　　　　　　编辑热线　025-83596997

照　　排　南京开卷文化传媒有限公司
印　　刷　扬州皓宇图文印刷有限公司
开　　本　787 mm×1092 mm　1/16 开　印张 16.5　字数 422 千
版　　次　2025年8月第1版　2025年8月第1次印刷
书　　号　978-7-305-29564-5
定　　价　49.80元

网　　址：http://www.njupco.com
官方微博：http://weibo.com/njupco
微信服务号：NJUYUNSHU
销售咨询热线：(025)83594756

前　言

在全球科技革命和产业变革的浪潮中，工业机器人作为智能制造的核心技术之一，正深刻地改变着制造业的生产方式和产业结构。我国作为制造业大国，正处于产业升级和转型的关键时期，工业机器人的广泛应用不仅能够提升生产效率、降低劳动成本，还能在复杂环境和高精度作业中发挥不可替代的作用，是推动我国制造业迈向智能化、高端化的关键力量。

党的二十大报告强调了科技是第一生产力、人才是第一资源、创新是第一动力，为我国制造业的高质量发展指明了方向。工业机器人技术的广泛应用，正是落实党的二十大精神、推动制造业转型升级的重要举措。近年来，随着我国对智能制造的重视程度不断提高，《中国制造 2025》等一系列国家战略规划的实施，工业机器人产业迎来了快速发展的机遇期。ABB 作为全球领先的工业机器人制造商之一，其产品在汽车、电子、机械、物流等多个领域得到了广泛应用，成为我国工业自动化和智能制造的重要支撑力量。

然而，工业机器人技术的广泛应用也带来了对专业人才的迫切需求，尤其是掌握工业机器人编程与应用技能的高素质技术人才。目前，我国在工业机器人编程与应用领域的教育和培训还存在一定的不足。一方面，理论与实践脱节的问题较为突出，许多教材和培训课程偏重于理论知识的传授，缺乏与实际生产紧密结合的案例和实践指导；另一方面，教学资源相对分散，缺乏系统性和实用性，难以满足学生和企业对高素质技能型人才的需求。

为解决这一问题，我们组织编写了这本《工业机器人编程与应用》教材。本书依据党的二十大精神，紧密结合国家战略需求，以培养适应新时代制造业发展的高素质技术技能人才为目标，采用校企联合开发的方式，将工业机器人应用编程岗位能力标准与课程标准相融合。依据高职教育的培养目标，采用项目导向模式进行编写，将工业机器人的基础知识、手动操作、坐标系的测量、现场示教编程、离线编程与仿真融入实际任务中。同时，本书在内容取舍上，注意处理好理论知识与实际操作技能的关系，重点突出应用性，突出学生的主导地位，有利于提高学生对课程的理解能力和实际操作能力，为我国制造业的高质量发展培养更多优秀的技术技能人才，助力实现科技强国、制造强国的目标。

本书针对 ABB 工业机器人编程与应用，以项目导向模式编写，操作步骤详实，从学习目标、任务导入、任务实施、项目拓展等方面展开介绍，将相关知识点与实际应用有机结合，便于学生将知识与技能融会贯通。

全书共分为 4 个项目，每个项目由若干任务组成，主要内容包括：项目一是 ABB 工业机器人认识；项目二是 ABB 工业机器人编程基础；项目三是 ABB 工业机器人应用；项目四是 ABB 工业机器人仿真。旨在帮助读者全面掌握工业机器人编程与应用的核心技能，提升其在智能制造领域的实践能力和创新水平。

项目	名称	学时			
		少学时		多学时	
		讲授	实训	讲授	实训
1	ABB 工业机器人认识	8	5	9	7
2	ABB 工业机器人编程基础	6	8	8	10
3	ABB 工业机器人应用	6	6	6	8
4	ABB 工业机器人仿真	7	4	9	5
学时小计		27	23	32	30
学时合计		50		62	

本教材具有以下特点：

1. 紧密结合行业需求，注重实践应用

教材内容紧密结合工业机器人在实际生产中的应用需求，通过丰富的案例和实践任务，引导学生将理论知识与实际操作相结合，培养学生的实践能力和解决实际问题的能力。每个任务都设计了详细的步骤和操作提示，确保学生能够在实践中快速掌握相关技能。

2. 系统性强，内容全面

教材内容系统性强，涵盖了工业机器人编程与应用的各个方面。从基础的机器人认知、示教器使用，到编程基础、运动指令、程序数据应用，再到复杂的应用场景和虚拟仿真，内容由浅入深，循序渐进，适合不同层次的学习者使用。

3. 突出项目化教学，激发学习兴趣

教材采用项目化教学模式，将复杂的知识点分解为多个具体任务，每个任务都围绕一个实际应用场景展开，使学生在完成任务的过程中逐步掌握相关知识和技能。这种教学模式不仅能够激发学生的学习兴趣，还能培养学生的自主学习能力和团队合作精神。

4. 配套资源丰富，支持多样化教学

教材提供了丰富的配套资源，包括教学课件、案例解析、在线学习资源等，方便教师教学和学生自主学习。通过二维码链接的在线学习资源，学生可以随时随地获取更多的学习资料和实践指导，满足个性化学习需求。

5. 校企合作开发，确保内容实用性和前瞻性

本教材由高校教师和企业工程师共同编写，紧密结合行业实际需求和技术发展趋势，确保教材内容的实用性和前瞻性。许多案例和实践任务都来源于企业的真实项目，使学生能够更好地了解行业动态，提升就业竞争力。

本教材由宝鸡职业技术学院赵亮担任主编负责项目 1 编写、广西职业技术学院刘东海负责项目 3 编写，宝鸡职业技术学院副院长马驰担任主审，江苏汇博机器人技术股份有限公司王振华、宝鸡职业技术学院常文利负责项目 2 编写，宝鸡职业技术学院崔永青和冯琛负责项目 4 编写。在编写过程中，江苏汇博机器人技术股份有限公司也给予了大力支持，提供了企业真实案例。同时，本教材参考了相关同类教材、专著、论文、手册等资料，在此，编者对原编著者表示衷心的感谢。

由于编者水平有限，书中难免有不当之处，恳请读者批评指正，可将意见和建议反馈至邮箱：657843438@qq.com。我们将不断改进和完善教材内容，为培养更多优秀的工业机器人编程与应用人才贡献力量。

编者　赵亮

目 录

项目1　ABB工业机器人认识

项目概述：随着工业自动化技术的飞速发展，工业机器人在现代制造业中扮演着越来越重要的角色。工业机器人可以替代人类从事危险、有害、有毒、低温和高热等恶劣环境中的工作，替代人完成繁重、单调的重复劳动，提高劳动生产率，保证产品质量，在经历几十年的发展后，已成为制造业中必不可少的生产装备。ABB作为全球领先的工业机器人制造商之一，其产品广泛应用于汽车制造、电子、物流等多个行业，为提高生产效率、产品质量和企业竞争力做出了巨大贡献。本项目旨在引导学生全面认识ABB工业机器人定义、分类、结构和主要技术参数，为后续深入学习工业机器人应用与编程奠定坚实的基础。

学习目标

知识目标：

(1) 了解机器人发展史、各国对机器人的定义、机器人分类标准、机器人应用的现状与未来。

(2) 熟悉机器人的主要技术参数。

(3) 掌握机器人的结构、工业机器人的坐标。

技能目标：

(1) 能够掌握手动关节运动操纵，手动线性运动操纵，工业机器人手动重定位运动操作，手动大地坐标系操作，坐标系快速切换设置及工具坐标系操作。

(2) 会单独导入程序，单独导入EIO文件，寻找零点，更新转数计数器来获取新的零点。

素质目标：

(1) 养成良好的安全操作习惯：在学习ABB工业机器人的过程中，充分认识到工业机器人操作的安全重要性，严格遵守操作规程，正确穿戴劳保用品，规范操作机器人的示教器、控制柜等设备，确保自身和设备的安全，形成严谨细致、安全第一的工作作风，为今后的职业生涯筑牢安全防线。

(2) 树立精益求精的工匠理想：通过对ABB工业机器人技术的学习，激发对工业机器人领域的热爱和追求，树立在工业机器人应用与编程领域精益求精、追求卓越的工匠理想，以高标准、严要求对待每一个学习任务和实践操作，努力提升自身专业素养，为成为工业机器人领域的高素质技术人才而不懈奋斗。

(3) 提高自主学习与团队协作能力：在认识ABB工业机器人的学习过程中，面对复杂的知识和技术，能够主动查阅资料、自主学习，不断提升自主学习能力；同时，在小组讨论、实践操作等环节中，积极与同学合作交流，发挥团队优势，共同解决问题，提高团队协作能力，培养良好的团队精神和沟通能力，以适应未来工作中团队协作的复杂环境。

案例导入

细数那些令你拍案叫绝的工业机器人案例

随着制造业人口红利的逐渐消失，招工难、用人难已经成为大多数传统制造业所面临的一个严峻问题，因此，转型升级迫在眉睫。

当前机器人技术的发展，为传统制造业工厂的智能化转型升级，带来了良好的契机。越来越多的传统制造业工厂开始引入工业机器人，机器代人已是大势所趋。

图 1－1　工业机器人工业中应用

接下来，让我们一起盘点一下，刚刚过去的 2025 年里，有哪些令人拍案叫绝的工业机器人应用案例。

苏州市在“机器人＋人工智能”领域有众多应用案例。例如，拓斯达的新一代 X5 机器人控制平台实现了“感-算-控”一体化，推动了具身智能技术在工业的应用。此外，LRA 系列直线旋转执行器通过先进算法实现了精确力控，适用于多种工业场景。

在汽车制造领域，人形机器人如优必选 Walker S 和特斯拉 Optimus 正在开展质量检测、生产操作和物流搬运等场景的测试。这些探索充分利用了汽车厂商在机器视觉、传感器融合等领域的技术积累，展示了人形机器人在工业场景中的巨大潜力。

在半导体行业，高精度机器人如增广智能的电动夹爪和 ABB 机器人的操作振动值控制技术，有效降低了晶圆污染和损耗风险。这些机器人在晶圆质量管理和辅助操作中的应用，体现了机器人技术在高精度领域的突破。

在钢铁行业，智能机器人在质量追溯和安全巡检方面发挥了关键作用。例如，湛江钢铁采用无人机对废钢进行识别判级，广西钢铁的焊缝“云眼”机器人通过 5G 实时采集图像进行在线自动检测。这些应用显著提升了钢铁生产的安全性和可靠性。

还有宇树科技的人形机器人 H1 在 2025 年春季新品发布会上展示了动态行走与简单物体操作的能力，其核心零部件国产化率超过 85%。这一成就不仅体现了宇树科技在技术上的自主创新能力，也彰显了我国在高端制造业中不断追求技术突破的决心。

任务 1.1　工业机器人认知

任务导入:随着科技的飞速发展,工业机器人已经成为现代制造业中不可或缺的重要组成部分。它们在提高生产效率、保证产品质量、降低劳动强度等方面发挥着巨大的作用。接下来,我们将开启一段探索工业机器人的旅程,深入了解它们的奥秘。

1.1.1　工业机器人概念

1. 什么是工业机器人

机器人目前已经渗透到生活的方方面面,它们或单独工作,或成群工作。有的机器人比一粒米还小,而有的机器人或许比草原上的粮仓还要大。它们或棱角分明,或圆润如球;或又短又粗,或又瘦又长。如今,机器人已可以完成一些以前认为是不可能通过机器完成的事情。例如,机器人可以清洗地毯,可以整理仓库,可以制作饮料,可以喷涂油漆,可以在学校体育馆跳华尔兹,也可以像受伤的动物一样蹒跚而行,甚至可以自主创作故事、绘制抽象画、清理核废料等。想必大家脑海里会有疑问:这些真的都是机器人吗? 或者说,究竟什么才是机器人? 现在,这个问题已经越来越难以回答,却非常关键。

通常在科技界,科学家会给每一个科技术语一个明确的定义,但对于机器人的定义尚未达成一致。究其原因在于机器人涉及"机器"和"人"两要素,其内涵、功能仍在快速发展和不断创新之中,成为一个暂时难以回答的哲学问题。国家标准 GB/T 12643—2013《机器人与机器人装备词汇》将机器人定义为:"具有两个或两个以上可编程的轴,以及一定程度的自主能力,可在其环境内运动以执行预期任务的执行机构。"按照预期的用途,机器人可划分为工业机器人和特种机器人。本书主要关注的是前者,即在工业环境下作业的机器人——工业机器人。GB/T 12643—2013 将其定义为:"工业机器人是一种自动控制的、可重复编程、多用途的操作机,可对三个或三个以上轴进行编程。"

作为先进制造业的关键支撑装备,工业机器人除了拥有机械和人的两大属性外,还具有三个基本特征:一是结构化,工业机器人是在二维或三维空间模仿人体肢体动作(主要是上肢操作和下肢移动)的多功能执行机构,具有形式多样的机械结构,并非一定"仿人型";二是通用性,工业机器人可根据生产工作需要灵活改变程序,控制"身体"完成一定的动作,具有执行不同任务的实际能力;三是智能化,工业机器人在执行任务时基本不依赖于人的干预,具有不同程度的环境自适应能力,包括感知环境变化的能力、分析任务空间的能力和执行操作规划的能力等。

工业机器人是面向工业领域的多关节机械手或多自由度的机器装置,它能自动执行工作,是靠自身动力和控制能力来实现各种功能的一种机器。它是在机械手的基础上发展起来的，国外称之为 Industrial Robot（工业机器人）。

国内机器人专家从应用环境出发，将机器人分为两大类，即工业机器人和特种机器人。工业机器人就是面向工业领域的多关节机械臂或多自由度机器人，特种机器人则是除工业机器人之外，用于非制造业并服务于人类的各种先进的机器人，包括服务机器人、水下机器人、娱乐机器人、军用机器人、农业机器人等。

工业机器人技术作为 20 世纪人类最伟大的发明之一，自 20 世纪 60 年代初问世以来，经历几十年的发展已取得长足的进步。工业机器人在经历了诞生—成长—成熟期后，已成为制造业中必不可少的装备。

1.1.2 工业机器人的行业应用分析

1. 工业机器人市场

自 2012 年以来，工业机器人市场销量正以年均 15.2%的速度快速增长。据 IFR（the International Federation of Robotics，国际机器人联盟）统计显示，2016 年全球工业机器人销售额首次突破 132 亿美元，近年来，在工业 4.0 及“中国制造 2025”政策的引导下，中国机器人产业整体市场规模持续扩大。2025 年中国机器人产业预计增长至 3400—4000 亿元，年均复合增长率约 15%—20%，继续保持全球领先地位。

2. 工业机器人使用密度

工业机器使用密度是指每万名工人配套使用工业机器人的数量。该指标是反映一个国家制造水平的重要参数。近年来，全球工业机器人行业保持快速发展，《中国机器人产业分析报告 2018》指出，2024 年，随着中国制造业应用需求的高速增长，工业机器人销量为 30.2 万台，使用密度达 300 台/万人，全球领先，仅次于韩国、新加坡。

3. 工业机器人技术人才缺失

工业机器人作为智能制造的基础支撑装备，被誉为“制造业皇冠顶端的明珠”，是制造业发展水平的重要标志。当前，我国工业机器人产业发展仍存在一定的短板，一个重要原因就是高技能人才的短缺。《中国工业机器人行业产销需求预测与转型升级分析报告》指出，全国的就业人员有 7.7 亿，技术工人则只有 1.65 亿，其中高技能人才仅有 4700 多万。换句话说，技术工人占就业人员的比重约占 20%，而高技能人才只占 6%。2023 年 1 月，工业和信息化部等十七部门印发的《“机器人＋”应用行动实施方案》中提出，到 2025 年制造业机器人密度较 2020 年翻番，推广 200 个以上典型应用场景。根据工业和信息化部最新发展规划，随着我国工业机器人产业快速发展，人才供需矛盾日益凸显。2025 年，全国工业机器人装机量预计将突破 50 万台，但与之配套的高技能人才缺口仍超过 30 万人。这一人才紧缺问题正在制约着工业机器人技术在国内制造业的深度应用和普及推广。

4. 工业机器人应用领域核心岗位

工业机器人应用领域的核心岗位分布见图 1－2，从图中我们可以看到最大的应用领域是机器人操作，占了整个应用领域的 29%，22%是安装调试，14%是技术支持，因此对于机器人操作的学习是很重要的。

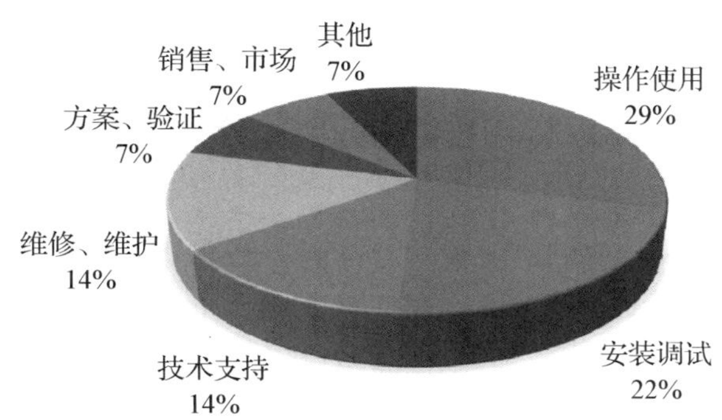

图 1-2　工业机器人应用领域核心岗位分布

1.1.3　工业机器人的品牌

随着智能装备的发展，机器人在工业制造中应用的优势越来越显著，机器人企业犹如雨后春笋般出现，其中占据主导地位企业见表 1-1。

表 1-1　占主导地位的工业机器人品牌

品牌及国家	特　　点
ABB-瑞士	ABB 机器人是世界机器人四大家族之一，广泛应用在焊接、装配、铸造、密封涂胶、材料处理、包装、喷漆、水切割等领域。目前，中国已经成为 ABB 全球第一大市场
发那科(FANUC)-日本	FANUC 机器人是全球使用量最多的品牌之一，是世界机器人四大家族之一。FANUC 机器人产品系列多达 240 种，负重 0.5—1350 kg，广泛应用在装配、搬运、焊接、铸造、喷涂、码垛等生产环节
安川(Yaskawa)-日本	Yaskawa 机器人是世界机器人四大家族之一，广泛应用在焊接、搬运、装配、喷涂以及放置在无尘室内的液晶显示器、等离子显示器和半导体制造的搬运等领域
库卡(KUKA)-德国	KUKA 机器人是世界机器人四大家族之一，广泛应用于汽车、冶金、食品和塑料成形等行业
川崎(Kawasaki)-日本	川崎机器人广泛应用在饮料、食品、肥料、太阳能、炼瓦等领域
新松(SIASUN)-中国	新松机器人广泛应用于汽车整车及汽车零部件、工程机械、轨道交通、低压电器、电力、IC 装备、军工、烟草、金融、医药、冶金及印刷出版等行业

在众多的机器人品牌中，慢慢形成世界上公认的四大家族，分别是 ABB、KUKA、FANUC 及 Yaskawa，本书以 ABB 机器人为例，进行操作和编程的介绍。

1.1.4　我国工业机器人发展态势

我国工业机器人起步较晚，但发展很快，经历 20 世纪 70 年代的萌芽期，80 年代的开发期，90 年代的实用期，先后研制出了点焊、弧焊、装配、喷涂、切割、搬运、包装码垛等各种用途的工业机器人，到 2014 年中国已成为全球最大的机器人市场。目前已经形成百余个从事机器人研发设计、生产制造、工程应用以及零部件配套的产业集群。

任务 1.2　工业机器人分类及应用

任务导入：我们已经对工业机器人有了初步的认识，了解了它们在现代制造业中的重要作用。那么，接下来我们将进一步深入了解工业机器人的分类及其在不同领域的应用。我们将学习各种类型机器人的特点和优势，了解它们在实际生产中的应用，并探讨如何根据不同的需求选择合适的机器人类型。

知识链接

1.2.1　工业机器人的分类

工业机器人可按照功能、结构、关节数量、应用领域等条件进行分类。这里我们以最直观的关节数与结构为例将工业机器人分为串联六关节工业机器人、并联三/四关节工业机器人(Delta)、水平四关节工业机器人(SCARA)、人机协作工业机器人、七关节工业机器人(喷涂、协作)等。

1. 串联六关节工业机器人

串联六关节工业机器人是当今工业领域中最常见的工业机器人形态之一，适用于诸多工业领域的机械自动化作业，例如，自动装配、加工、搬运、焊接(点焊、弧焊)、表面处理、测试、测量等工作，见图 1－3。

2. 四关节工业机器人(搬运、码垛)

四关节工业机器人相对于六关节工业机器人省去了第五关节(腕关节)和第四关节(小臂旋转)，这种机器人在搬运、码垛时更快、更为稳定，在相同臂展及结构下，四关节工业机器人比六关节工业机器人承担的负载更大一些，这更有助于快速地搬运重物，见图 1－4。

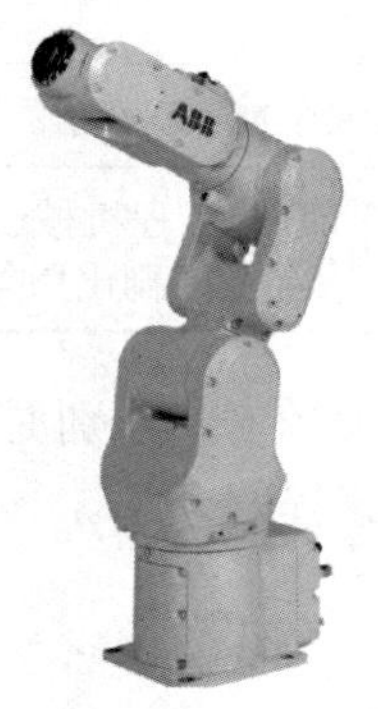

图 1－3　串联六关节工业机器人

图 1－4　四关节工业机器人

3. 并联三/四关节工业机器人(Delta)

并联三/四关节工业机器人又名 Delta 机器人、并联机器人或蜘蛛手机器人，具有三个空间自由度和一个转动自由度，通过示教编程或视觉系统捕捉目标物体，由三个并联的伺服轴确定抓具中心（TCP）的空间位置，实现对目标物体的快速拾取、分拣、装箱、搬运、加工等操作。主要应用于乳品、食品、药品和电子产品等行业，具有重量轻、体积小、速度快、定位精、成本低、效率高等特点，见图 1－5。

4. 水平四关节工业机器人（SCARA）

水平四关节工业机器人又名 SCARA 机器人。该工业机器人有三个旋转关节，其轴线相互平行，在平面内进行定位和定向运动；另一个关节是移动关节，用于完成工业机器人末端在垂直于平面方向上的运动。SCARA 机器人广泛应用于塑料工业、汽车工业、电子产品工业、药品工业和食品工业等领域。它的主要职能是快速搬取零件和装配，见图 1－6。

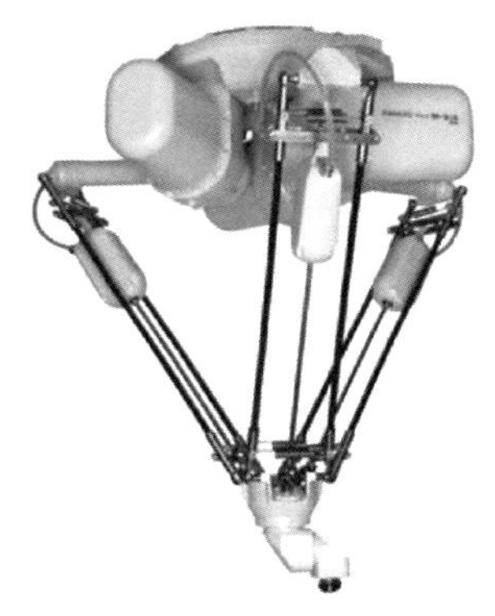

图 1－5 Delta 机器人

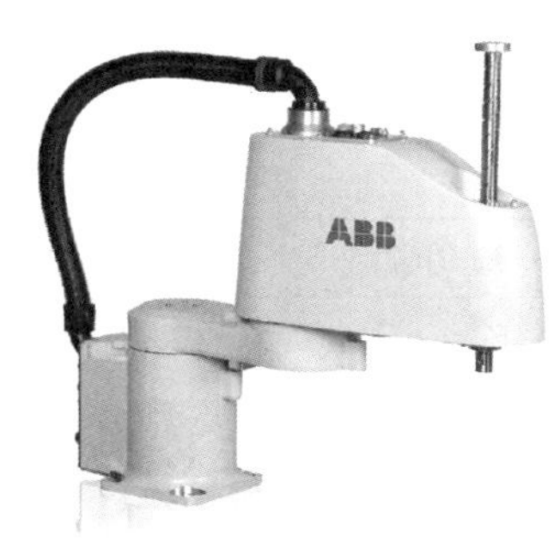

图 1－6 水平四关节工业机器人

5. 人机协作工业机器人

人机协作工业机器人是和人类在共同工作空间中有近距离互动的机器人。这种机器人可以完成灵活度要求较高的精密电子零部件的装配与分拣工作，在工作时能与人类并肩作战。机器人全身都覆盖有感知装置，即使在工作中触碰到人类也能及时做出反应，以便继续作业，见图 1－7。

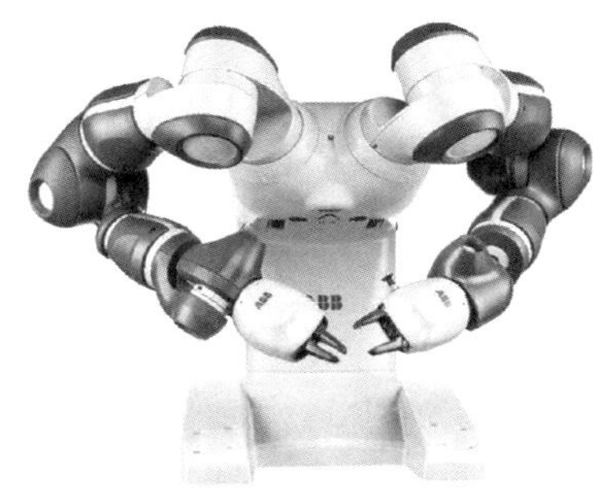

图 1－7 人机协作工业机器人

图 1－8 七关节喷涂工业机器人

6. 七关节喷涂工业机器人

喷涂工业机器人腕部一般有 2—3 个自由度，可灵活运动。较先进的喷涂机器人腕部采用柔性手腕，既可向各个方向弯曲，又可转动，其动作类似人的手腕，能方便地通过较小的区域伸入工件内部，喷涂其内表面。喷涂工业机器人一般采用液压驱动，具有动作速度快、防爆性能好等特点，可通过手把手示教或点位示数来实现示教。喷涂工业机器人广泛用于汽车、仪表、电器、搪瓷等工艺生产部门，见图1－8。

1.2.2 工业机器人应用领域

现阶段工业机器人应用领域大致可以分为抛光打磨、清洗、装配、切割、喷涂/涂胶、机床上下料、码垛/搬运、焊接、铸造、分拣等。其中应用量最大、应用程度最为广泛的则是汽车行业。很多影视场景喜欢取材汽车焊接生产线来诠释工业机器人的先进与智能，其实在汽车很多生产环节中都要用到工业机器人，而且现代化汽车生产线的技术水平和自动化程度都在不断提升中，更多的工业机器人应用也会不断被开发出来代替传统人力。

工业机器人在汽车行业应用时可以细致地划分为冲压、焊装、涂装、总装四大领域，具体应用见表1－2。

表1－2 工业机器人在汽车行业的应用

应用领域	应用环境
冲压 	在这个生产环节，工业机器人主要用于冲压零件的上下料搬运。工业机器人的机械臂前端一般都装有夹具，如果零件尺寸较大时，夹具也会更重，所以大负载工业机器人在这个环节往往拥有更大发挥空间。另外上下料经常受到空间的限制，所以运动半径也是主要考虑因素之一，一般选择多关节、长距离、高负载产品，以覆盖更大的工作面积
焊装 	焊装是汽车生产线中最酷的环节，冲压后的部件在这一步完成基本的拼装。在固定的生产节奏下，整个生产线的夹具与工业机器人协作配合，将一块块铁皮连接变成造型漂亮的车身
涂装 	涂装属于表面处理环节，大面积的车身涂装靠酸洗后的电泳技术解决，但也会出现电泳不能覆盖的死角。在整车大面积电泳完成后，由工业机器人进一步喷漆完善

续 表

应用领域	应用环境
总装 	总装工艺中工业机器人主要用在涂胶、玻璃安装、搬运以及一些紧固类安装工作场合。剩下的内饰安装工作基本上还是以人工+省力机械为主。由于目前夹具技术已经非常先进并且完全数字化，所以工作强度有了明显改善

任务 1.3 机器人的基本组成与结构

任务导入：我们已经了解到工业机器人在现代制造业中发挥着越来越重要的作用。那么，今天我们将深入探究工业机器人的基本组成与结构，这是理解机器人工作原理和应用的关键。

工业机器人通常由以下几个主要部分组成：机械本体、控制系统、驱动系统和感知系统。机械本体是机器人的“身体”，它决定了机器人的运动范围和工作能力；控制系统是机器人的“大脑”，负责规划和指挥机器人的动作；驱动系统是机器人的“肌肉”，为机器人的运动提供动力；感知系统则是机器人的“感官”，帮助机器人感知外部环境并做出相应反应。

知识链接

1.3.1 工业机器人操作准备

工业机器人应用编程人员在开始操作工业机器人之前，需要正确穿戴安全护具了解工业机器人的基本组成，掌握工业机器人正确开机与关机步骤、急停报警的解除方法，为工业机器人基本操作做好准备工作。本任务包括以下几项内容：

(1) 启动工业机器人系统；

(2) 配置示教器环境参数；

(3) 模拟紧急情况下按下急停按钮，并进行紧急停止报警解除；

(4) 关闭工业机器人系统。

1.3.2 常用安全护具

工业机器人应用编程人员应正确穿戴相应的安全护具，以降低意外带来的伤害。工业机器人应用编程人员常用的安全护具包括安全帽、工作服、劳保鞋、防护眼镜等，如图 1-9 所示。

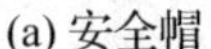
(a) 安全帽

(b) 工作服

(c) 劳保鞋

(d) 防护眼镜

图 1－9　工业机器人应用编程人员常用的安全护具

1. 安全帽

安全帽是指对人的头部受坠落物及其他特定因素引起的伤害起防护作用的帽子。安全帽由帽壳、帽衬、下领带及附件等组成。

2. 工作服

工作服是为工作需要而特制的服装，也是企业员工统一穿着的服装。工业机器人应用编程人员在操作工业机器人时，需正确穿戴工作服：穿着合身的工作服，束紧领口、袖口和下摆，内衣物不外露，裤管需束紧，不得翻边。

3. 劳保鞋

劳保鞋是一种对足部有安全防护作用的鞋子。工业机器人应用编程人员应根据工作环境的危害性质和危害程度选用劳保鞋。

4. 防护眼镜

防护眼镜是个体防护装备中重要的组成部分。防护眼镜是一种特殊型眼镜，它是为防止放射性、化学性、机械性和不同波长的光损伤而设计的。

1.3.3　工业机器人基本组成

工业机器人系统主要由工业机器人本体、控制柜、示教盒、配电箱和连接电缆组成，其中连接电缆主要有电源电缆、示教盒电缆、控制电缆和编码器电缆，如图 1－10 所示。

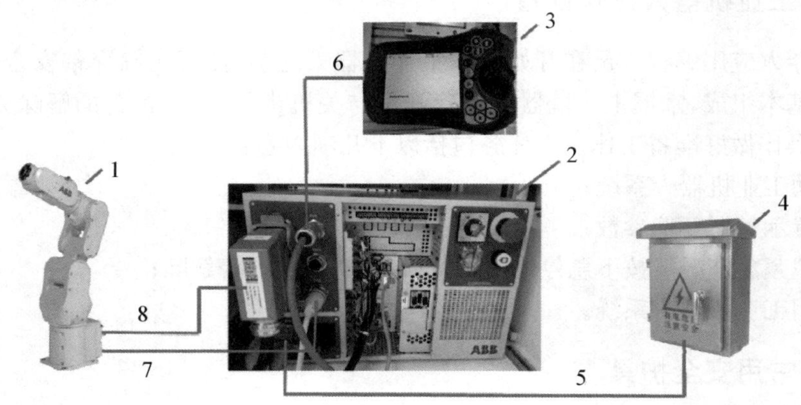

图 1－10　工业机器人基本组成

1—工业机器人本体；2—控制柜；3—示教盒；4—配电箱；
5—电源电缆；6—示教盒电缆；7—编码器电缆；8—控制电缆。

1. 工业机器人本体

工业机器人本体是工业机器人的支承基础，也是工业机器人完成作业任务的执行机构。工业机器人本体主要由传动部件、机身、臂部(大臂和小臂)、腕部和手部五个部分组成，如图1-11所示。

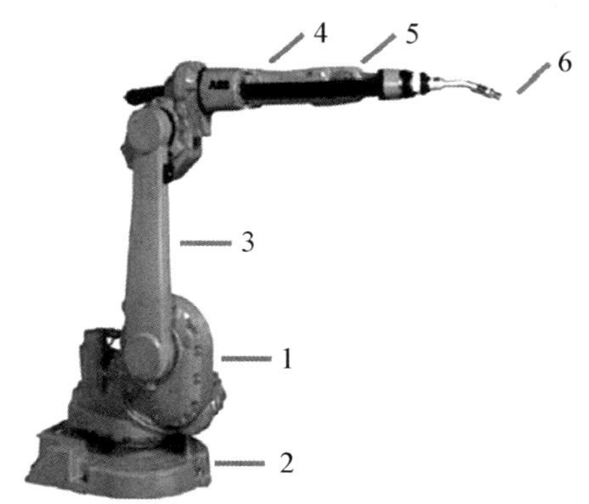

图1-11 工业机器人本体组成

1—传动部件；2—机身；3—大臂；4—小臂；5—腕部；6—手部。

(1) 传动部件：包括各种驱动电机、减速器、齿轮、轴承、传动带等部件。

(2) 机身：机身又称机座，是整个工业机器人的支持部分，具有一定的刚度和稳定性。机座有固定式和移动式两类，若机座不具备行走功能，则构成固定式工业机器人；若机座具备移动机构，则构成移动式工业机器人。

(3) 臂部：臂部一般由大臂和小臂(或多臂)组成，用来支撑腕部和手部，实现较大的运动范围。

(4) 腕部：腕部位于工业机器人手部和臂部之间，腕部主要帮助手部呈现期望的姿态，扩大臂部运动范围。

(5) 手部：手部又称为末端执行器或末端工具，是工业机器人执行任务的工具，一般安装在工业机器人末端的法兰上。根据应用功能不同，手部可以分为夹钳式、吸附式、专用手部工具和工具快换装置等多种形式。

工业机器人工具快换装置可以实现快速更换末端执行器，提高工作效率。它通常由主盘和工具盘组成，主盘安装在工业机器人法兰盘上，如图1-12(a)所示，工具盘与末端执行器连接。工具快换装置的释放和夹紧可以由主盘和工具盘通过气动的形式来实现。常见工业机器人工具快换装置有吸盘工具、弧口手爪工具、平口手爪工具和绘图笔工具等，如图1-12(b)～(e)所示。

本书各任务中所使用的是ABB IRB120紧凑型工业机器人，其负载为3 kg，工作区域为580 mm。该型号工业机器人具有敏捷、紧凑、轻量的特点，控制精度与路径精度俱优，是物料搬运与装配应用的理想选择，主要应用于装配、上下料、物料搬运、包装和涂胶密封等。

2. 控制柜

工业机器人控制柜作为工业机器人最为核心的零部件之一，对工业机器人的性能起着决定性的影响，在一定程度上影响着工业机器人的发展。工业机器人控制系统的主要任务是控制工业机器人在工作空间中的运动位置、姿态和轨迹，操作顺序及动作的时间等。

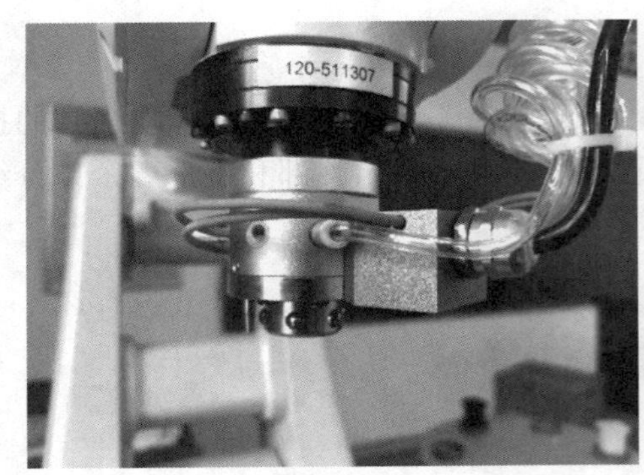

(a) 快换装置主盘

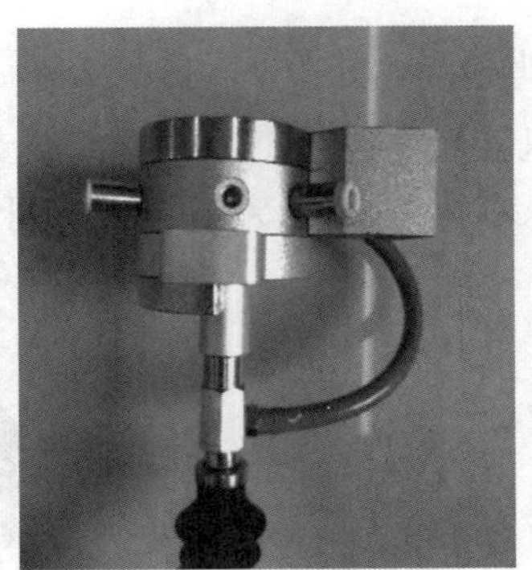

(b) 吸盘工具

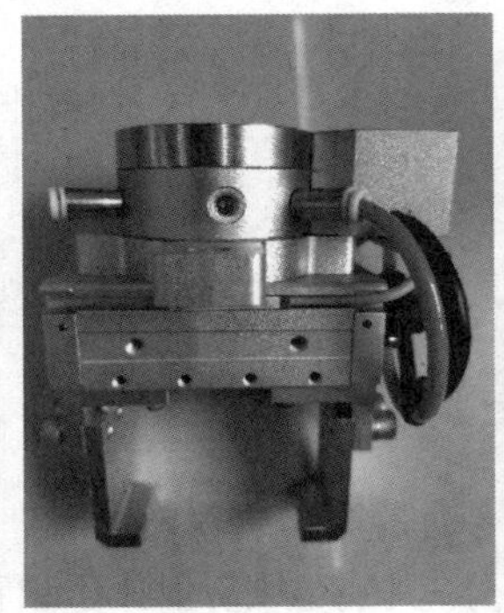

(c) 平口手爪工具

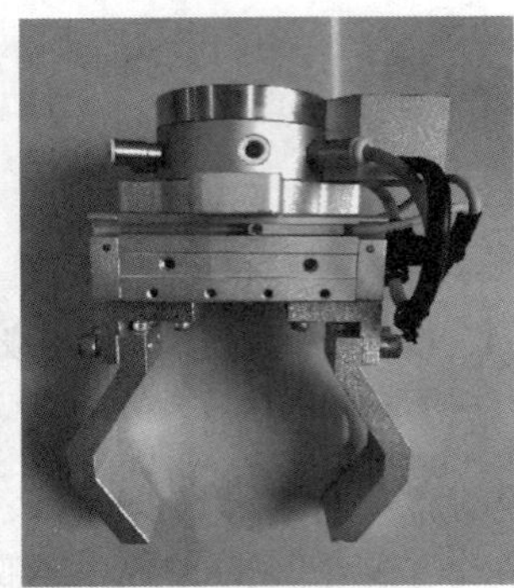

(d) 弧口手爪工具

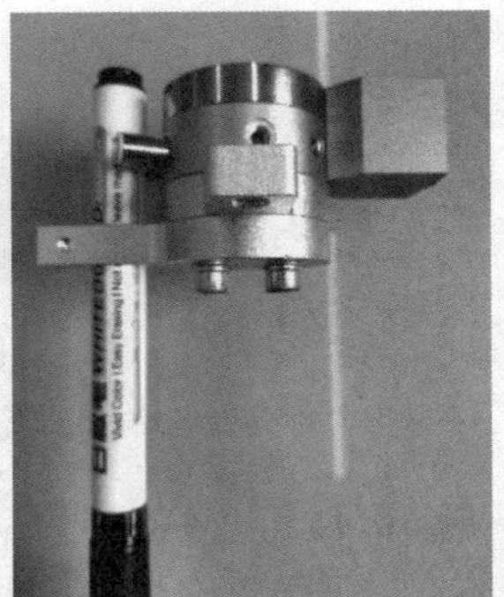

(e) 绘图笔工具

图 1-12 工业机器人工具快换装置

本书各任务中所用的工业机器人控制柜为 ABB 公司生产的 IRC5 compact 控制柜，如图 1-13 所示。该控制柜以先进的动态建模技术为基础，对工业机器人性能实施自动优化，大幅提升了 ABB 工业机器人执行任务的效率。IRC5compact 控制柜包括电源开关、模式切换旋钮、急停按钮、抱闸按钮、伺服上电按钮、IO 端子排、动力电缆、编码器电缆和示教盒电缆等，控制柜接口及操作元件的功能说明如表 1-3 所示。

(a) 控制柜正视图

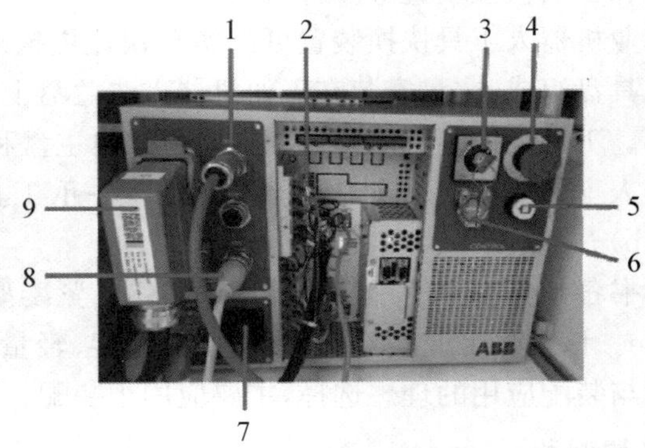

(b) 控制柜接口及操作元件

图 1-13 IRC5 compact 控制柜

1—示教盒电缆；2—IO 端子排；3—模式切换旋钮；4—急停按钮；5—伺服上电按钮；6—抱闸按钮；7—电源开关；8—编码器电缆；9—动力电缆。

表 1-3 IRC5 compact 控制柜接口及操作元件说明

标号	部件名称	说明
1	示教盒电缆	示教盒与工业机器人控制柜的通信连接
2	IO 端子排	IO(输入输出)接口,与外部进行 IO 通信
3	模式切换旋钮	用于切换工业机器人自动运行与手动运行
4	急停按钮	工业机器人的紧急制动
5	伺服上电按钮	工业机器人伺服上电(主要应用于自动运行模式)
6	抱闸按钮	按下按钮后,工业机器人的所有关节失去抱闸功能,便于拖动示教工业机器人或拖动工业机器人离开碰撞点,避免二次碰撞,损坏工业机器人
7	电源开关	控制工业机器人设备电源的通断
8	编码器电缆	工业机器人 6 轴伺服电机编码器的数据传输
9	动力电缆	工业机器人伺服电机的动力供应

3. 示教盒

示教盒(又称示教器)是用于工业机器人的手动操作、程序编写、参数配置以及监控的手持装置。

4. 连接电缆

工业机器人使用的连接电缆主要有电源电缆、示教盒电缆、控制电缆和编码器电缆。其中电源电缆用于给工业机器人控制柜提供 220V 交流电源;示教盒电缆用于连接示教盒和控制柜;控制电缆和编码器电缆用于连接工业机器人本体和控制柜。

1.3.4 工业机器人开机和关机

汇博工业机器人应用编程一体化教学创新平台(A 型)(设备型号:HB-JSBC-Alb)的电源开关位于控制台触摸屏的右下角,如图 1-14(a)所示;ABB 公司生产的 IRC5 compact 控制柜电源开关位于操作面板的左下角,如图 1-14(b)所示。

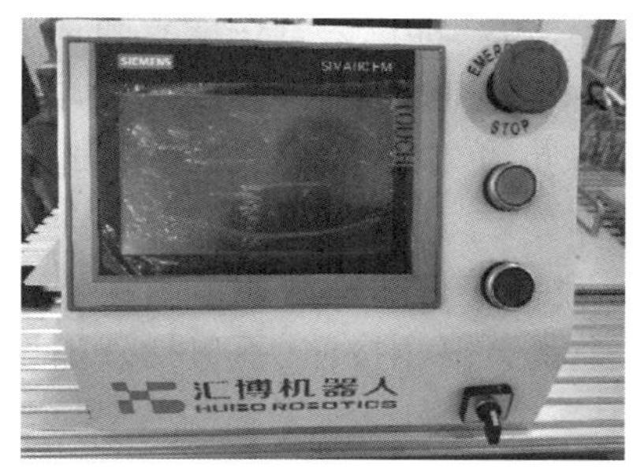

(a) 平台电源开关

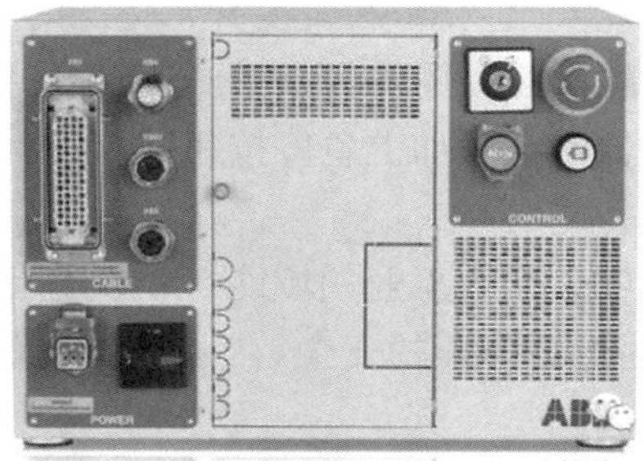

(b) 控制柜电源开关

图 1-14 工业机器人电源开关

1. 工业机器人开机

工业机器人的正确开机步骤如下:

第一步　检查工业机器人周边设备、作业范围是否符合开机条件；
第二步　检查电源是否正常接入；
第三步　确认控制柜和示教盒上的急停按钮已经按下；
第四步　打开平台电源开关；
第五步　打开工业机器人控制柜电源开关；
第六步　打开气泵开关和供气阀门；
第七步　示教盒画面自动开启，工业机器人开机完成。

2. 工业机器人关机

工业机器人的正确关机步骤如下：
第一步　将工业机器人控制柜模式开关切换到手动操作模式；
第二步　手动操作工业机器人返回到原点位置(详见任务手动关节坐标系操作)；
第三步　按下示教盒上的急停按钮；
第四步　按下控制柜上的急停按钮；
第五步　将示教盒放置到指定位置；
第六步　关闭控制柜电源开关；
第七步　关闭气泵开关和供气阀门；
第八步　关闭平台电源开关；
第九步　整理工业机器人系统周边设备、电缆、工件等物品。

1.3.5　紧急停止按钮

紧急停止按钮，简称急停按钮，当发生紧急情况时，用户可以通过快速按下此按钮来达到保护的目的。在工厂的一些大中型机器设备或者电器上都可以看到醒目的红色按钮，标准情况下会标示与紧急停止含义相同的红色字体，这种按钮可统称为急停按钮。此按钮只需直接向下按下，就可以快速地让整台设备立马停止或释放一些传动部位。要想再次启动设备必须释放此按钮，一般只需顺时针方向旋转大约 45°后松开，按下的部分就会弹起，也就是释放。

由于工业安全要求，在发生异常情况时，凡是一些传动部位会直接或者间接地对人体产生伤害的机器都必须施加保护措施，急停按钮就是保护措施之一。因此，在设计一些带有传动部位的机器时必须加上急停按钮，而且要设置在人员可方便按下的机器表面，不能有任何遮挡物存在。

工业机器人作为工业领域能自动执行工作、靠自身动力和控制能力来实现各种功能的机器装置，为保证作业的安全，在系统中设置了 3 个紧急停止按钮(不包括外围设备的紧急停止按钮)，分别是：

* 工业机器人示教盒上的紧急停止按钮；
* 工业机器人控制柜上的紧急停止按钮；
* 实训平台外部紧急停止按钮。

如图 1 - 15 所示，按下任何一个紧急停止按钮，工业机器人立刻停止运动。

当工业机器人在工作中出现下列情况时，必须立即按下紧急停止按钮：

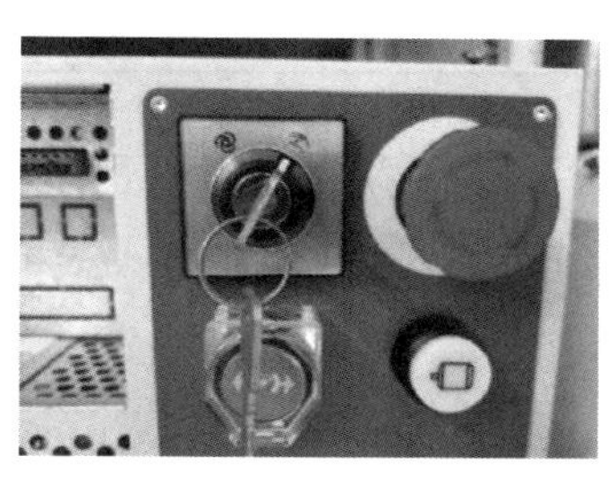

(a) 控制柜紧急停止按钮

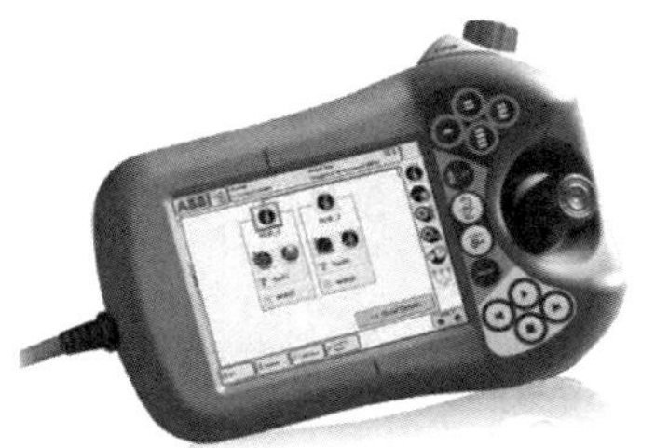

(b) 示教盒紧急停止按钮

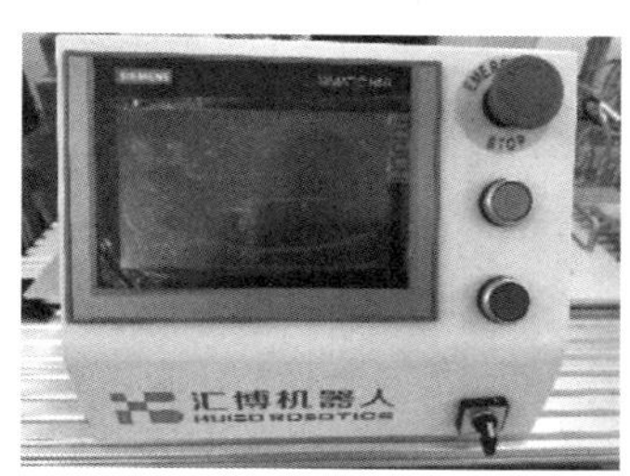

(c) 平台紧急停止按钮

图 1－15　紧急停止按钮

＊工业机器人作业时，机器人工作区域内有工作人员；

＊工业机器人作业时伤害了工作人员或损伤了周边设备。

按下紧急停止按钮后，工业机器人示教盒画面出现紧急停止报警。再次运行工业机器人前，必须先清除紧急停止及其报警。松开紧急停止按钮，按下控制柜操作面板上的伺服上电按钮，确认示教盒上状态栏中的报警信息消失。

1.3.6　穿戴安全护具

工业机器人应用编程人员需要按照要求正确规范穿戴安全护具，具体要求如下：

（1）佩戴工作帽，头发尽量不外露，长发者可将头发盘于帽内，需正确规范地扣紧帽绳，防止操作工业机器人时安全帽脱落，造成安全隐患；

（2）穿着合身的工作服，束紧领口、袖口和下摆，扣好纽扣，内侧衣物不外露，必要时系好安全带；

（3）不佩戴首饰，尤其是手指和腕部；

（4）裤管需束紧，不得翻边；

（5）尽量穿着劳保鞋，系紧鞋带；

（6）操作示教盒时不能佩戴手套；

（7）根据工作现场要求佩戴口罩、防护眼镜等安全护具。

1.3.7　工业机器人开机操作视频

1.3.7　工业机器人开机操作

ABB 工业机器人开机操作步骤如表 1－4 所示。

表 1－4　工业机器人开机操作步骤

操作步骤	操作说明	示意图
1	将控制台上平台电源开关旋至“1”位置，接通平台主电源	

续 表

操作步骤	操作说明	示意图
2	将工业机器人控制柜电源开关旋至“ON”位置，接通工业机器人主电源	
3	将气泵开关向上拉起，气泵上电	
4	将气泵供气阀门旋至与气管平行方向，打开阀门	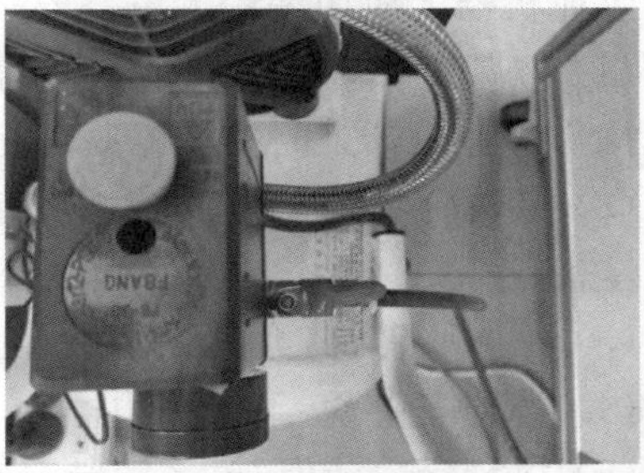
5	控制柜电源开关上电后，系统自动启动，查看示教盒状态，系统启动完成，如右图所示	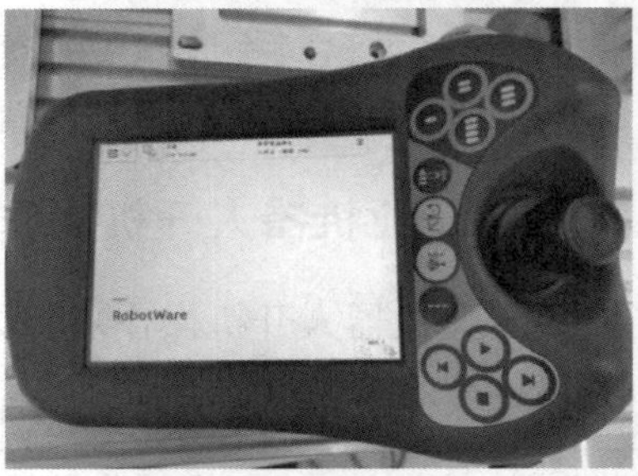

任务 1.4　工业机器人示教器的使用

任务导入：我们已经学习了工业机器人的基本组成与结构，了解了机械本体、控制系统、驱动系统和感知系统的作用。我们将进一步深入学习工业机器人的重要组成部分——示教器的使用。

示教器是工业机器人控制系统的重要组成部分，它就像是机器人的“遥控器”，通过示教器，操作人员可以对机器人进行编程、调试和控制。示教器通常具有直观的操作界面，包括显示屏、按键和操纵杆等，操作人员可以通过这些界面输入指令，控制机器人的运动和动作。

在实际操作中，示教器的使用非常关键。它不仅可以帮助操作人员快速完成机器人的编程和调试，还能在生产过程中实时监控机器人的运行状态，确保生产的安全和高效。例如，在汽车制造生产线中，操作人员通过示教器对机器人进行示教编程，使机器人能够精准地完成焊接、喷涂等复杂任务。

知识链接

1.4.1 示教器外形介绍

1.4.1 工业机器人示教器主要组成视频

操纵工业机器人就必须和机器人示教器打交道，这一任务主要了解工业机器人示教器的操纵方法。示教器是进行工业机器人的手动操纵、程序编写、参数配置以及监控的手持装置，也是最常用的工业机器人控制装置。ABB 工业机器人示教器主要组成见表 1－5。

表 1－5 ABB 工业机器人示教器主要组成

图示	明说
正面	1—连接器 2—触摸屏 3—紧急停止按钮 4—控制杆
背面	5—USB 端口 6—三位使动装置 7—触摸笔 8—重置按钮

1.4.2 示教器的按键及主菜单介绍

示教器的按键用数字 1—12 表示，各个部分代表的含义见表 1-6。

表 1-6 ABB 工业机器人示教器按键及主菜单

图示	说明
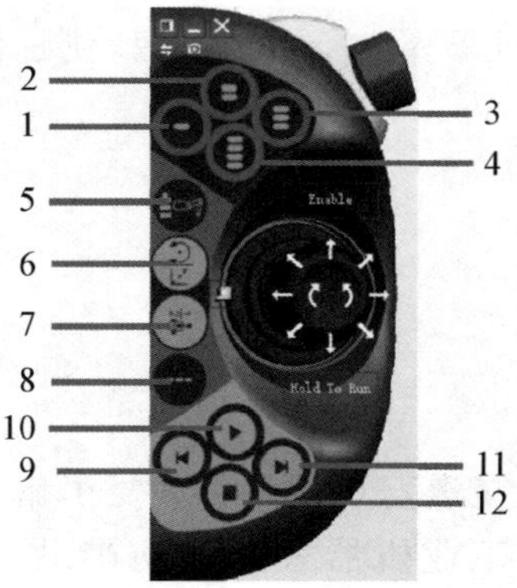	1—4—预设按键，1—4 5—选择机械单元 6—切换运动模式，重定向或线性 7—切换运动模式，轴 1—3 或轴 4—6 8—切换增量 9—步退（Step BACKWARD）按钮，按下此键，可使程序后退至上一条指令 10—启动（START）按键，开始执行程序 11—步进（Step FORWARD）按键，按下此按键，可使程序前进至下一条指令 12—停止（STOP）按键，停止程序执行
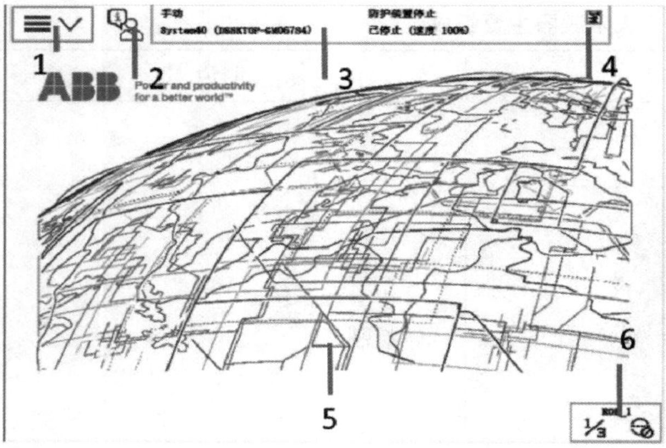	1—ABB 菜单 2—操作员窗口 3—状态栏 4—关闭按钮 5—任务栏 6—快速设置菜单
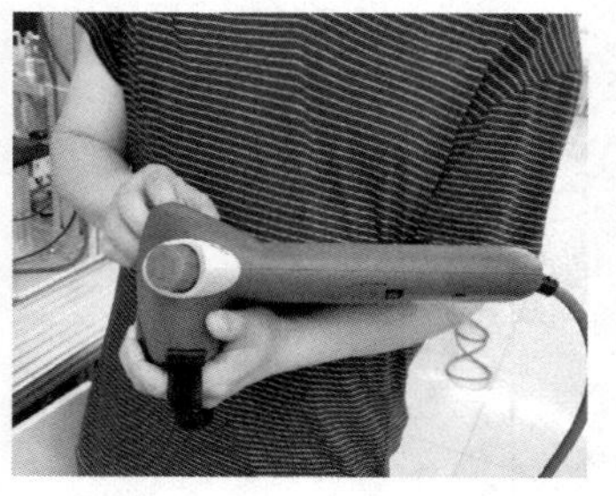	操作 FlexPendant 时，通常会手持该设备。惯用右手者，用左手持设备，右手在触摸屏上执行操作

续 表

图示	说明
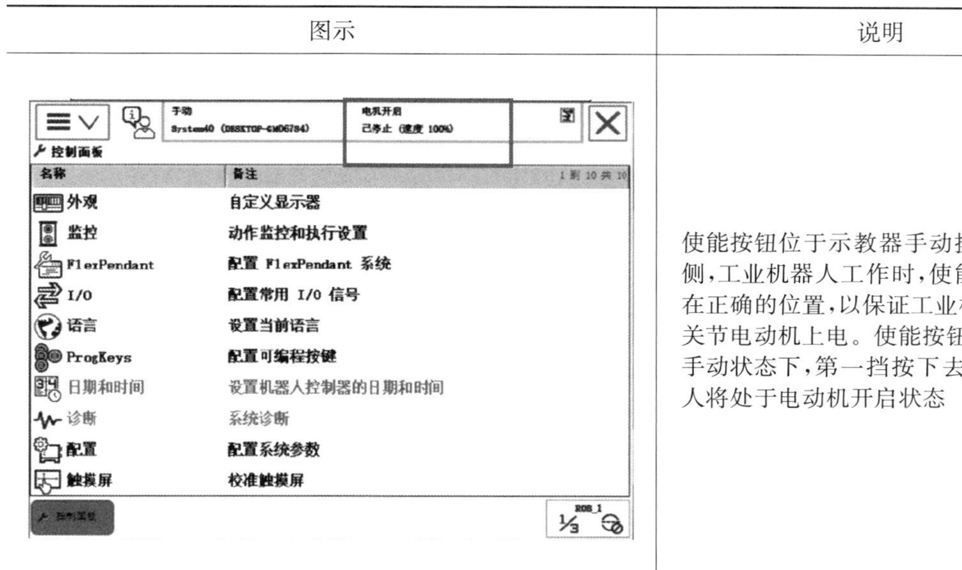	使能按钮位于示教器手动操纵杆的右侧，工业机器人工作时，使能按钮必须在正确的位置，以保证工业机器人各个关节电动机上电。使能按钮分两挡，在手动状态下，第一挡按下去，工业机器人将处于电动机开启状态

1.4.3　ABB 菜单中的主要选项

1.4.3　ABB 菜单中主要选项视频

单击 ABB 主菜单，可以看到 ABB 主菜单下的主要选项，见表 1－7。

表 1－7　ABB 菜单中主要选项

图示	选项
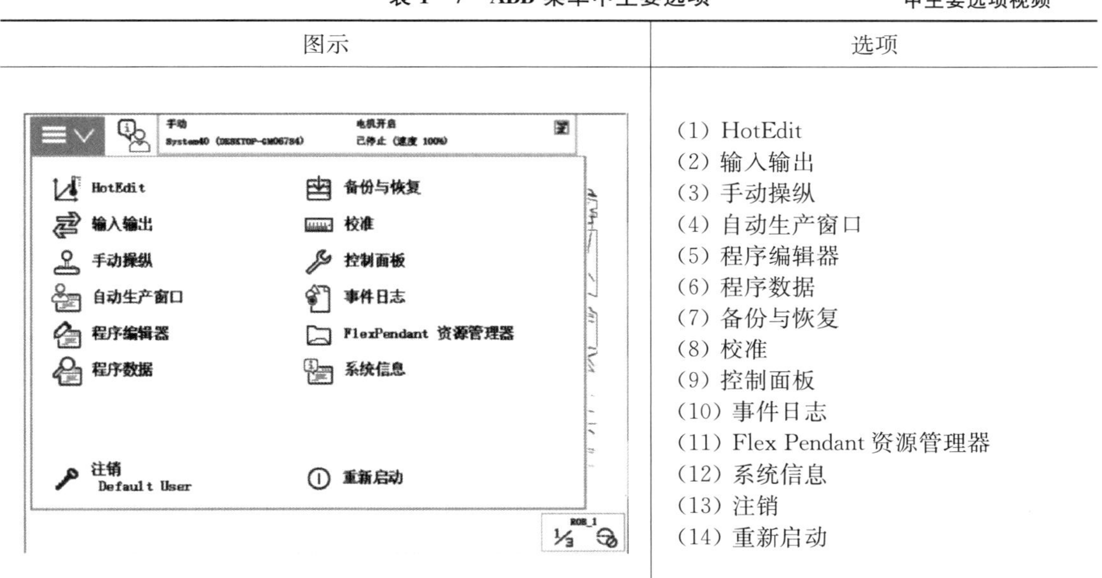	(1) HotEdit (2) 输入输出 (3) 手动操纵 (4) 自动生产窗口 (5) 程序编辑器 (6) 程序数据 (7) 备份与恢复 (8) 校准 (9) 控制面板 (10) 事件日志 (11) Flex Pendant 资源管理器 (12) 系统信息 (13) 注销 (14) 重新启动

1. “HotEdit”功能介绍

(1) “HotEdit”功能是对编程位置进行调节的一项功能。该功能可在所有操作模式下运行，即使是在程序运行的情况下，坐标和方向均可调节。

（2）HotEdit 仅用于已命名 robtarget 类型的位置，见图 1－16。

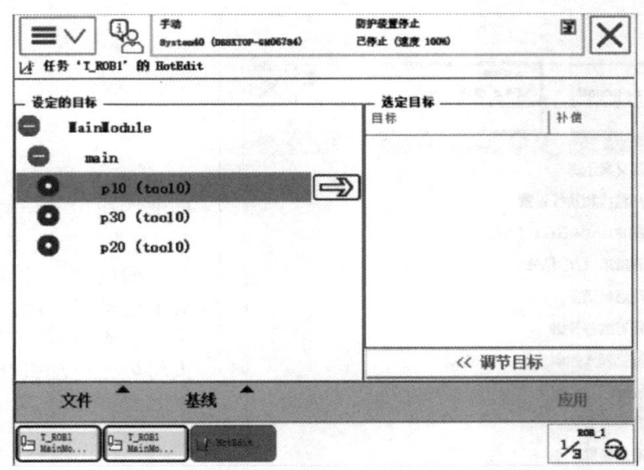

图 1－16 “HotEdit”功能

（3）HotEdit 中的可用功能可能会受到用户授权系统（UAS）的限制。

2. “输入输出”功能介绍

在“输入输出”功能中，我们可以监控和浏览工业机器人控制器下所有的总线及总线下的信号状态，同时还可以看到挂在总线下的各种 I/O 板卡或其他通信装置的状态。选择“视图”菜单可以查看到数字量的输入输出状态、模拟量的输入输出状态及组信号的输入输出状态，并且在手动状态调试时还可以强制执行某些信号来快速看到效果，见图 1－17。

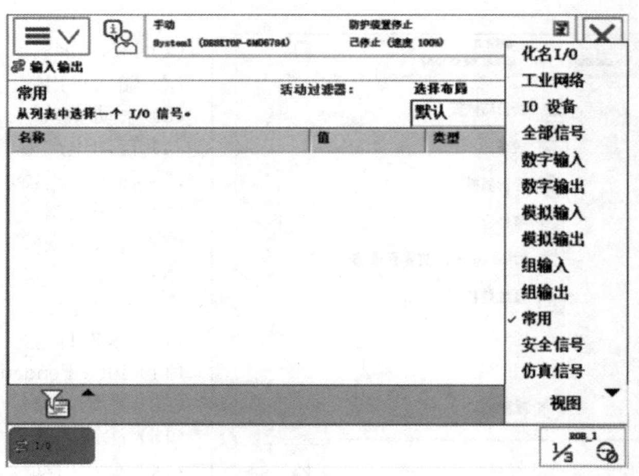

图 1－17 “输入输出”功能

3. “手动操纵”功能介绍

在“手动操纵”功能下，我们可以选择当前激活的机械单元，选择工业机器人的动作模式，例如：线性、关节运动模式等，同时还可以选择工业机器人当前的运动坐标系以及为工业机器人指定当前用的工件坐标及工具坐标。在“有效载荷”功能下可为工业机器人建立符合要求的载荷数据，同时也可以锁定示教器的操纵杆及是否应用增量模式等，见图 1－18。

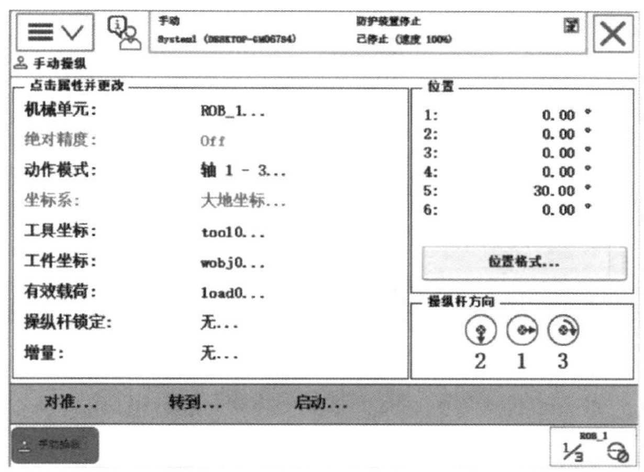

图 1－18 “手动操纵”功能

4. “自动生产窗口”功能介绍

“自动生产窗口”功能是在工业机器人自动状态下使用的一个功能，它可以快速为当前工业机器人指定程序任务，并且可以将 PP 程序指针快速移动到 Main 主程序。如果有 Multi-Task 和 MultiMove 配置的工业机器人，我们可以直接利用“自动生产窗口”功能快速调节程序任务，方便查看程序运行效果，见图 1－19。

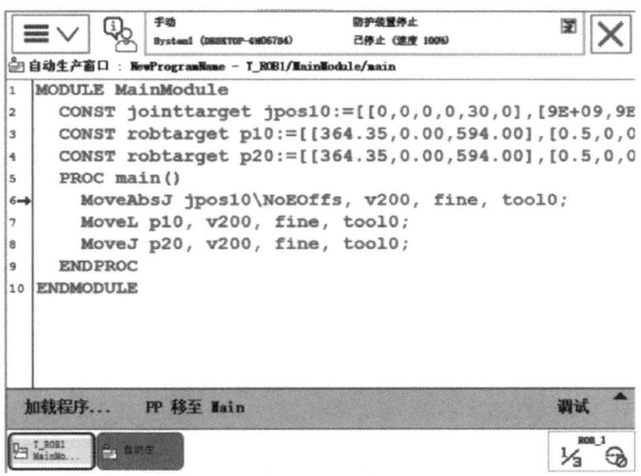

图 1－19 “自动生产窗口”功能

5. “程序编辑器”功能介绍

“程序编辑器”功能是在调试工业机器人程序时经常要用到的功能。在程序编辑器中可以对工业机器人进行程序编写、位置示教、在线调试等，见图 1－20。

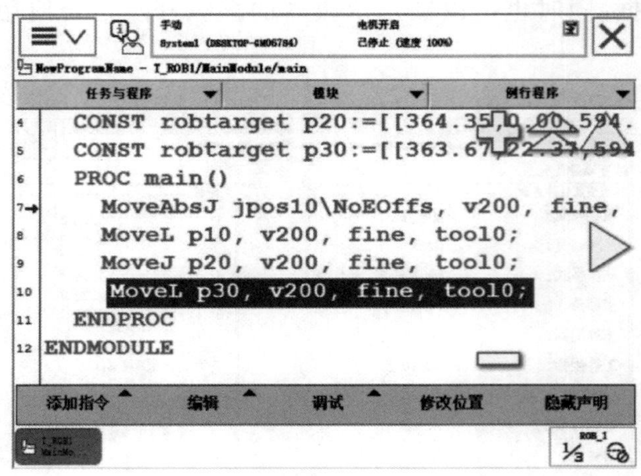

图 1-20 “程序编辑器”功能

6. “程序数据”功能介绍

“程序数据”功能主要用于查看和使用数据类型和实例。“程序数据”菜单中包含了工业机器人在编程中会用到的上百种数据及变量，例如时钟 clock、数字型 num、工具数据 tooldata、机器人目标点数据 robtarget 等，见图 1-21。我们可以同时打开一个以上的程序数据窗口，在查看多个实例或数据类型时，此功能非常有用。

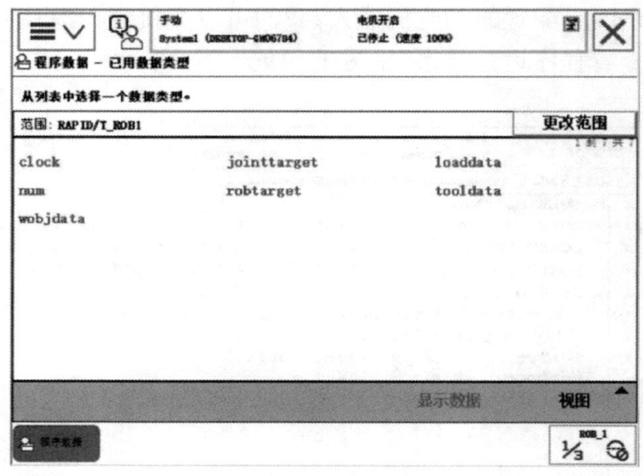

图 1-21 “程序数据”功能

7. “备份与恢复”功能介绍

“备份与恢复”功能主要用于备份机器人当前的所有系统及数据。一般在调试或调试完成后，都应养成系统备份的习惯，这有助于项目的顺利实施；在系统出现问题或故障时，可以利用恢复系统功能将工业机器人恢复到之前所备份的状态，方便快速解决现场问题。单击“备份当前系统”即可完成系统备份，单击“恢复系统”就可以对已经备份的系统进行恢复，见图 1-22。

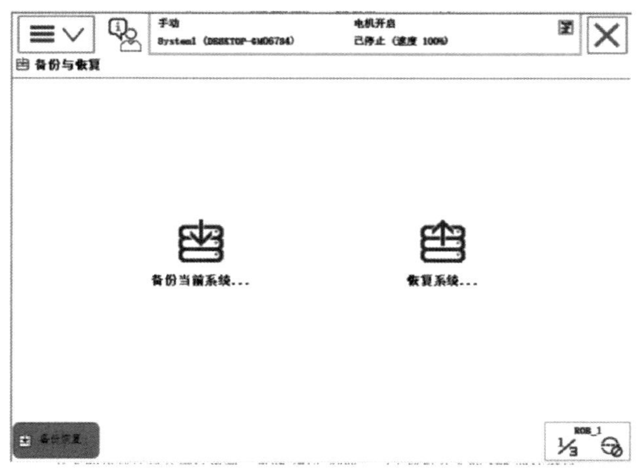

图 1-22 “备份与恢复”功能

8.“校准”功能介绍

“校准”功能一般用于对工业机器人进行转数计数器的更新操作。当工业机器人在掉电状态下各关节轴发生了相应的位移后，工业机器人重新上电时就需要利用校准功能对工业机器人的转数计数器进行更新，见图 1-23。同时，当工业机器人的 SMB 内存参数出现不匹配等错误时，也需要利用校准功能来重新建立 SMB 内存参数。当工业机器人需要进行跟踪任务时，同样需要利用“校准”菜单中的基座功能标定输送线。

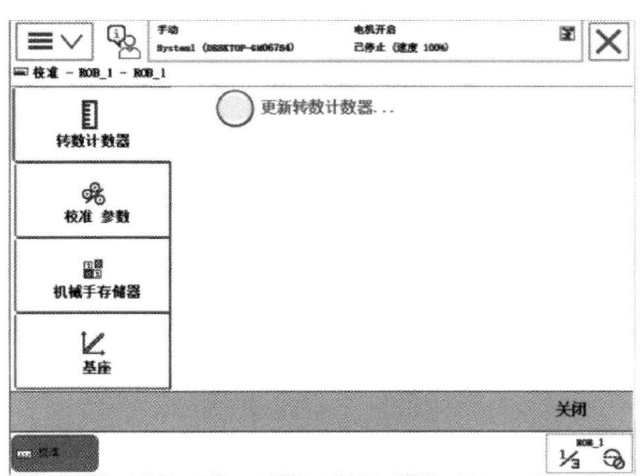

图 1-23 “校准”功能

1.4.4 示教器操纵杆的介绍

示教器操纵杆可以控制工业机器人在不同模式下的运动方向，不同运动模式操纵杆表示的含义见表 1-8。

表 1-8　工业机器人操纵杆及运动模式

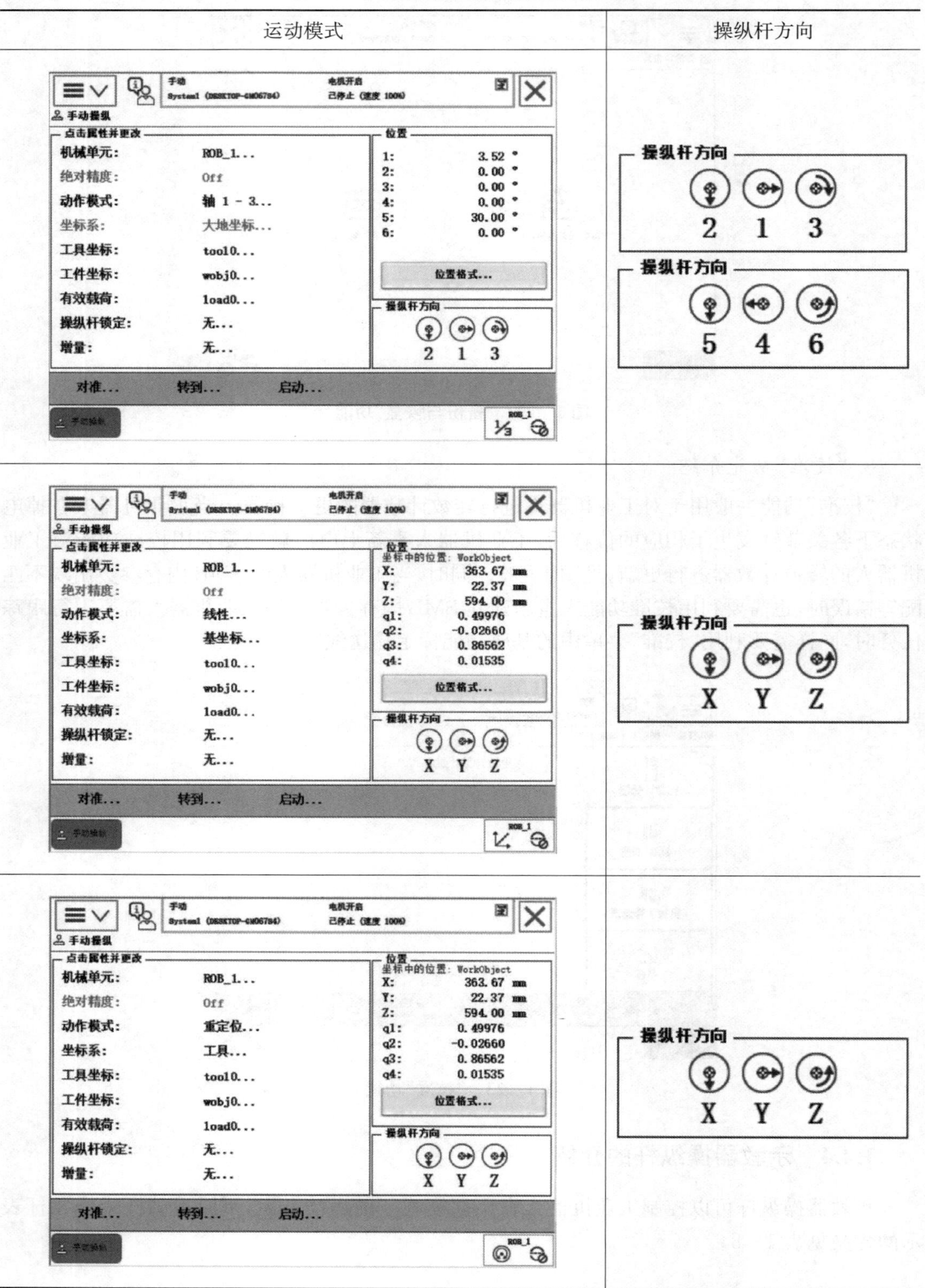

可以将 ABB 工业机器人的操纵杆比作汽车的油门，操纵杆扳动或旋转的幅度与工业机器人速度相关。工业机器人操纵杆是 8 位带旋转的摇杆，摇杆可以灵活控制工业机器人在空间进行关节运动、线性运动、重定位运动，见图 1－24。

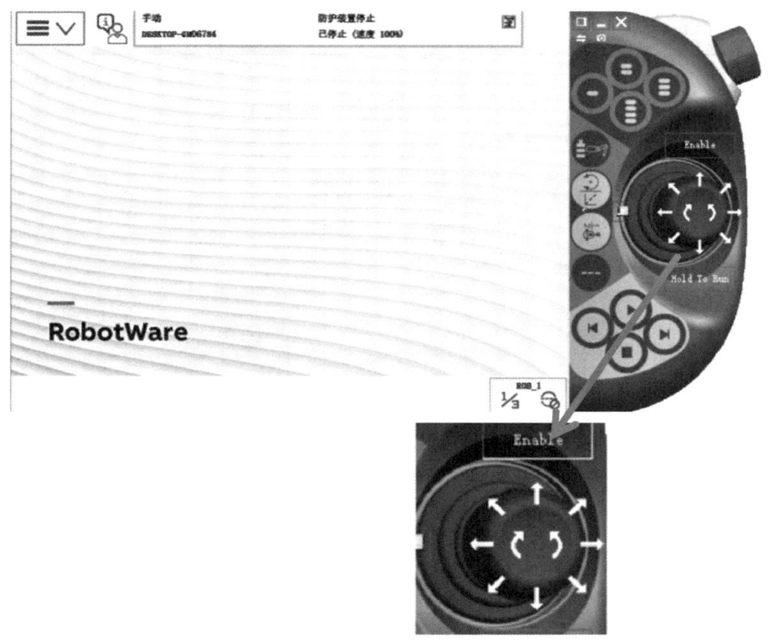

图 1－24 示教器上的操纵杆

(1) 摇杆扳动或旋转的幅度小，则机器人运行速度较慢。

(2) 摇杆扳动或旋转的幅度大，则机器人运行速度较快。

特别提醒：在手动操作工业机器人时，尽量小幅度操纵操纵杆，使工业机器人在慢速状态下运行，增强可控性。

1.4.5 示教器自定义编程按钮的介绍

ABB 工业机器人示教器上配备了 4 个可编程按键，便于对工业机器人的输入信号、输出信号、系统信号进行操作。定义了可编程按键后，若需要强制一个输出信号时就可省去原有繁杂的操作。这极大地提高了用户在现场调试的效率。示教器上的可编程按键见图 1－25。

图 1－25 示教器上的可编程按键

进入“可编程按键”功能后，选择对应的按键编号，同时选择好对应的“类型”。这里以输出信号为例，可编程按键 1 配置数字输出信号 do1 的操作步骤见表 1－9。

1.4.5 示教器自定义编程按钮视频

表 1－9 为可编程按键 1 配置数字输出信号 do1 的操作步骤

图示	说明
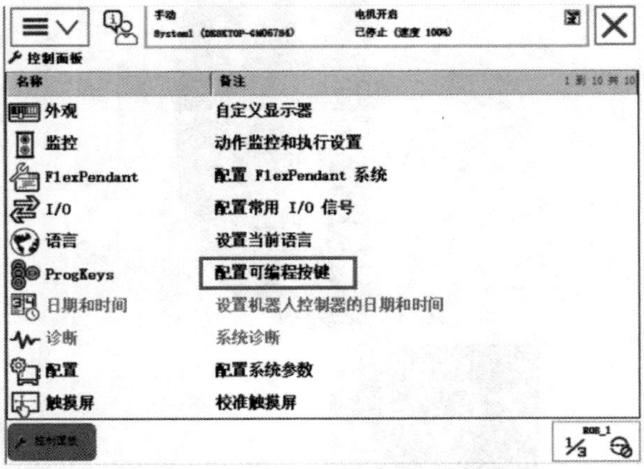 手动 System1 (DESKTOP-4MO6784) 电机开启 已停止 (速度 100%) 控制面板 名称 备注 1 到 10 共 10 外观 自定义显示器 监控 动作监控和执行设置 FlexPendant 配置 FlexPendant 系统 I/O 配置常用 I/O 信号 语言 设置当前语言 ProgKeys 配置可编程按键 日期和时间 设置机器人控制器的日期和时间 诊断 系统诊断 配置 配置系统参数 触摸屏 校准触摸屏 控制面板 ROB_1 1/3	第一步　在“控制面板”中选择“配置可编程按键”
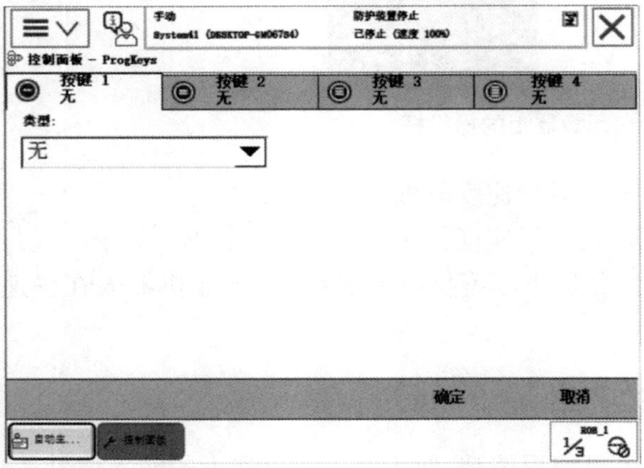 手动 System41 (DESKTOP-4MO6784) 防护装置停止 已停止 (速度 100%) 控制面板 - ProgKeys 按键 1 无　按键 2 无　按键 3 无　按键 4 无 类型: 无 确定 取消 自动生... 控制面板 ROB_1 1/3	第二步　选中想要设置的按键，然后在“类型”中，选择“输出”
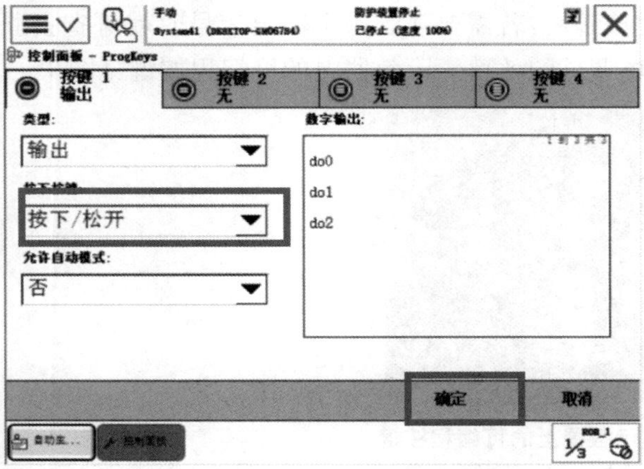 手动 System41 (DESKTOP-4MO6784) 防护装置停止 已停止 (速度 100%) 控制面板 - ProgKeys 按键 1 输出　按键 2 无　按键 3 无　按键 4 无 类型: 数字输出: 输出 1 到 3 共 3 do0 按下按键: do1 按下/松开 do2 允许自动模式: 否 确定 取消 自动生... 控制面板 ROB_1 1/3	第三步　选中“do1” 第四步　在“按下按键”中选择“按下/松开”，也可以根据实际需要选择按键的动作特性 第五步　单击“确定”完成设定，就可以通过可编程按键 1 在手动状态下对 do1 进行强制的操作

续 表

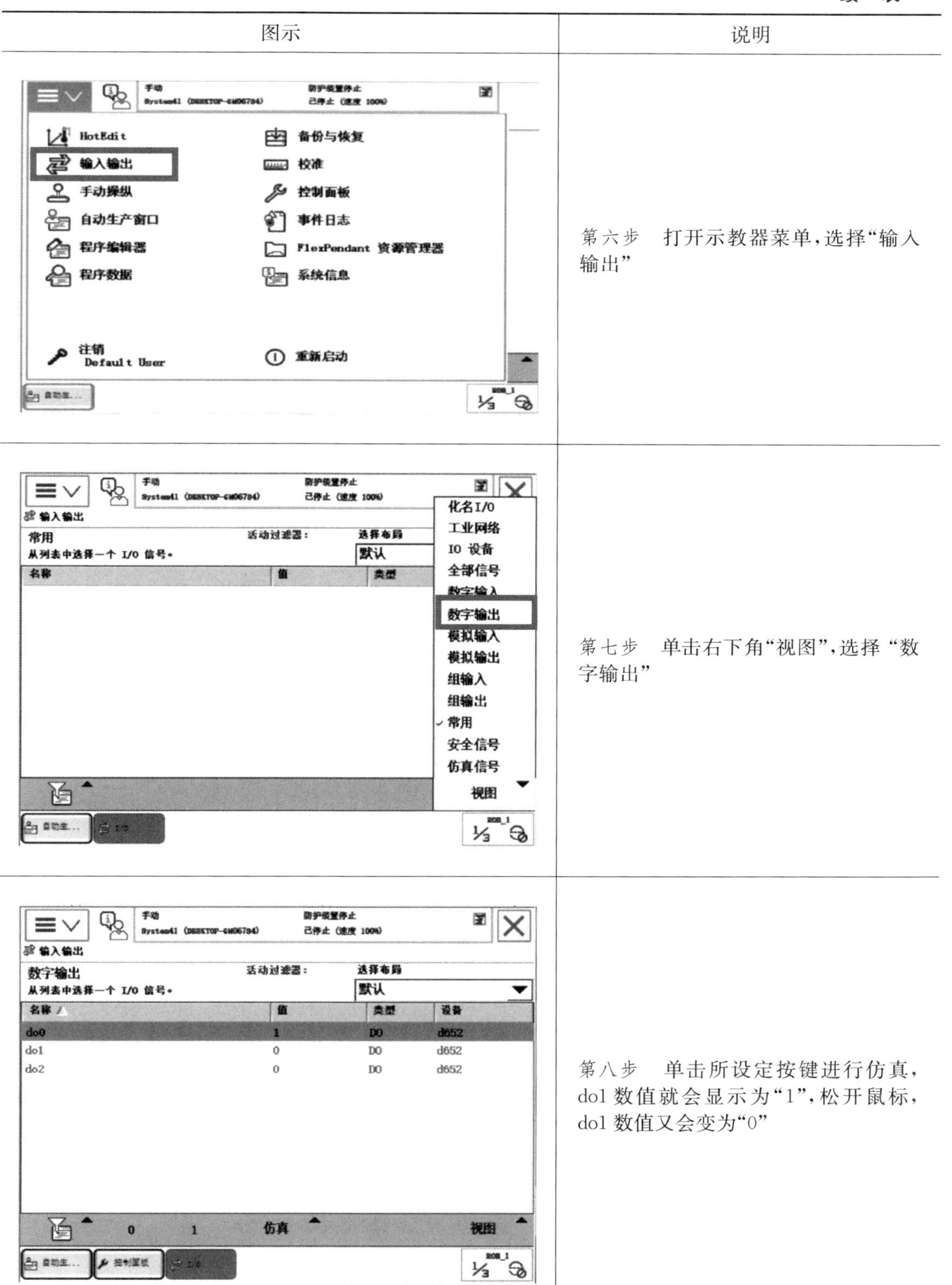

图示	说明
	第六步　打开示教器菜单，选择“输入输出”
	第七步　单击右下角“视图”，选择“数字输出”
	第八步　单击所设定按键进行仿真，do1 数值就会显示为“1”，松开鼠标，do1 数值又会变为“0”

1.4.6 示教器触摸屏校准

ABB工业机器人的触摸屏在出厂时已校准，通常不需要重新校准。但使用一段时间后，示教器的屏幕可能出现单击位置不准确或发生屏幕触发位置“漂移”等问题，这时需要利用示教器中的“屏幕校准”功能对示教器屏幕的触摸坐标重新进行校准，见图1-26。

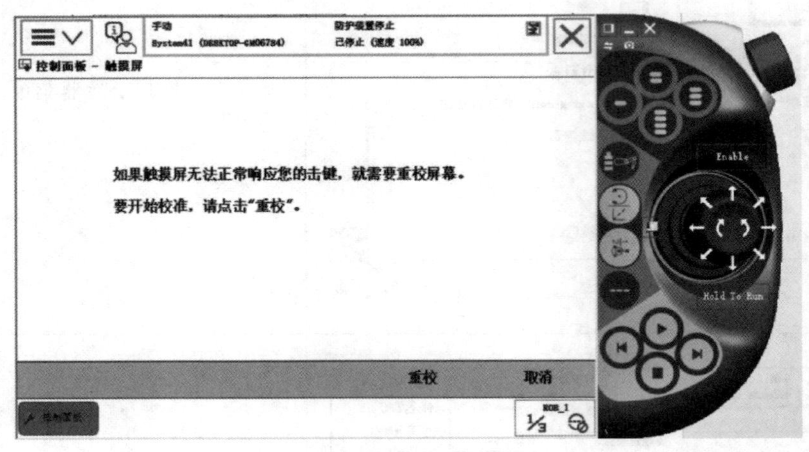

图1-26 示教器触摸屏校准

操作步骤：

第一步 在ABB菜单上，单击“控制面板”。

第二步 单击“触摸屏”。

第三步 单击“重新校准”，屏幕将在数秒内显示为空白。随后屏幕上将出现一系列符号，一次一个。

第四步 用示教器专用触摸笔单击每个符号的中心。

第五步 重新校准完成。

任务1.5 工业机器人手动操纵

任务导入：我们已经学习了工业机器人的基本组成与结构，以及示教器的使用方法。接下来，我们将进入一个非常重要的实践环节——工业机器人的手动操纵。

在实际生产中，手动操纵是操作人员对工业机器人进行调试、维护和故障排除时不可或缺的技能。通过手动操纵，操作人员可以精确控制机器人的运动，确保机器人在各种复杂环境下的安全和高效运行。例如，在机器人安装调试阶段，操作人员需要通过手动操纵来校准机器人的位置和姿态；在生产过程中，如果遇到突发情况，操作人员也可以通过手动操纵及时调整机器人的动作，避免生产事故。

今天，我们将通过一系列任务，学习工业机器人的手动操纵方法。我们将从手动操纵的基本操作讲起，包括如何通过示教器上的按键和操纵杆控制机器人的运动；然后通过实际操作练习，掌握机器人的单轴、线性和重定位运动模式切换等操作技能。

知识链接

1.5.1 工业机器人手动操纵视频

手动操纵机器人运动一共有三种模式：手动关节运动（单轴运动）、手动线性运动和手动重定位运动。下面介绍如何手动操纵工业机器人进行这三种运动。

1.5.1 手动关节运动操纵

一般地，ABB工业机器人由6个伺服电动机分别驱动它的6个关节轴，见图1-27。每次手动操纵一个关节轴的运动，就称为单轴运动。

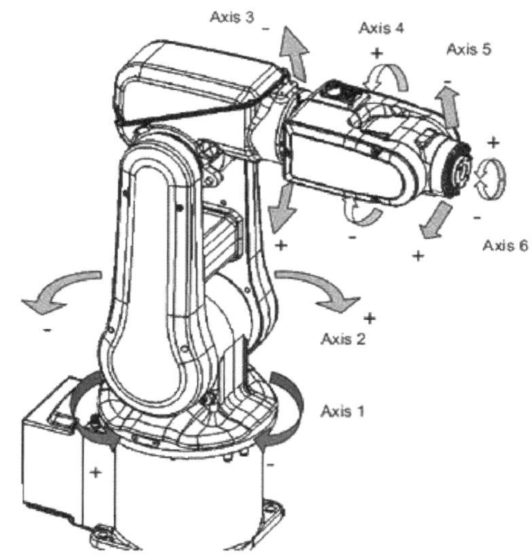

图1-27 工业机器人6个关节轴

工业机器人单轴运动操纵步骤见表1-10。

表1-10 工业机器人单轴运动操纵步骤

图示	说明
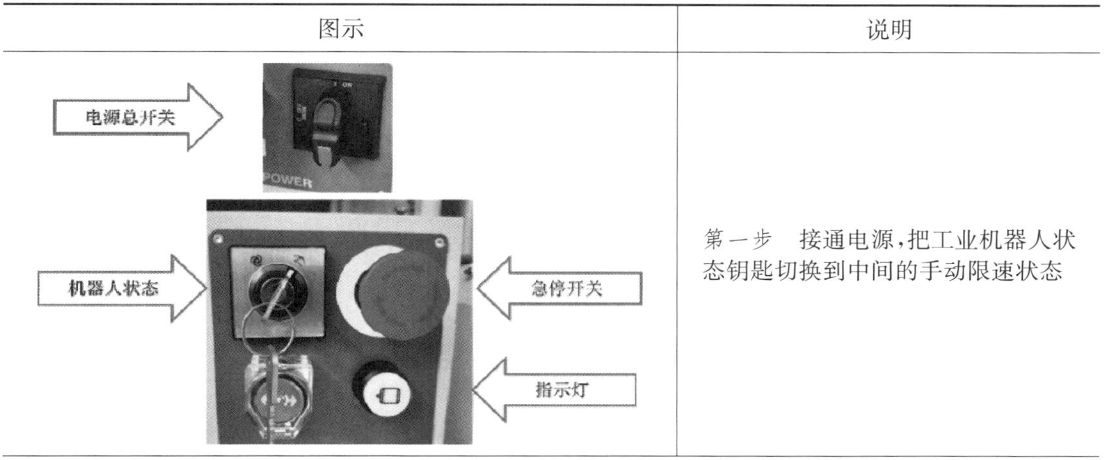	第一步 接通电源，把工业机器人状态钥匙切换到中间的手动限速状态

续 表

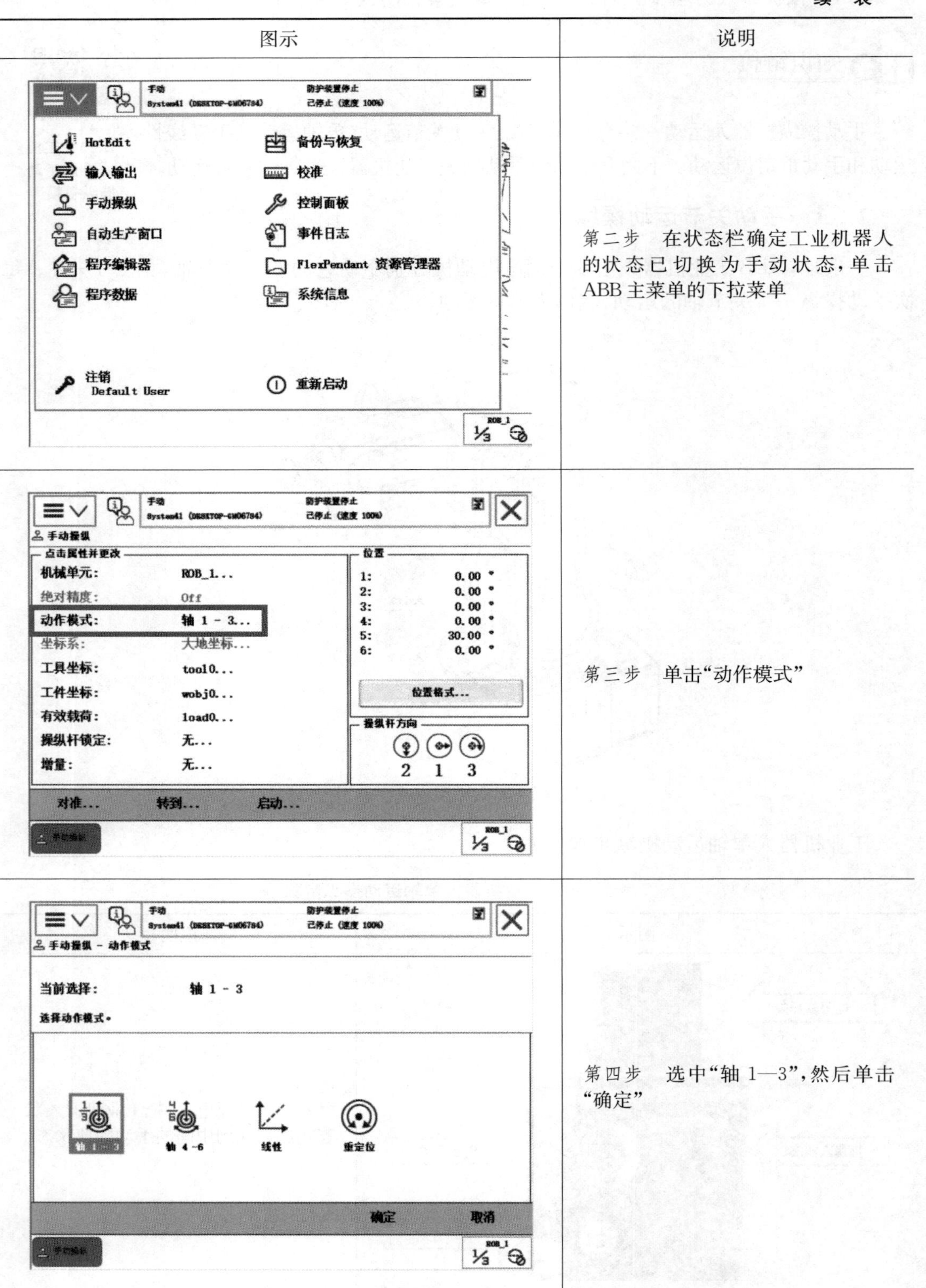

图示	说明
	第二步　在状态栏确定工业机器人的状态已切换为手动状态，单击 ABB 主菜单的下拉菜单
	第三步　单击“动作模式”
	第四步　选中“轴 1—3”，然后单击“确定”

续 表

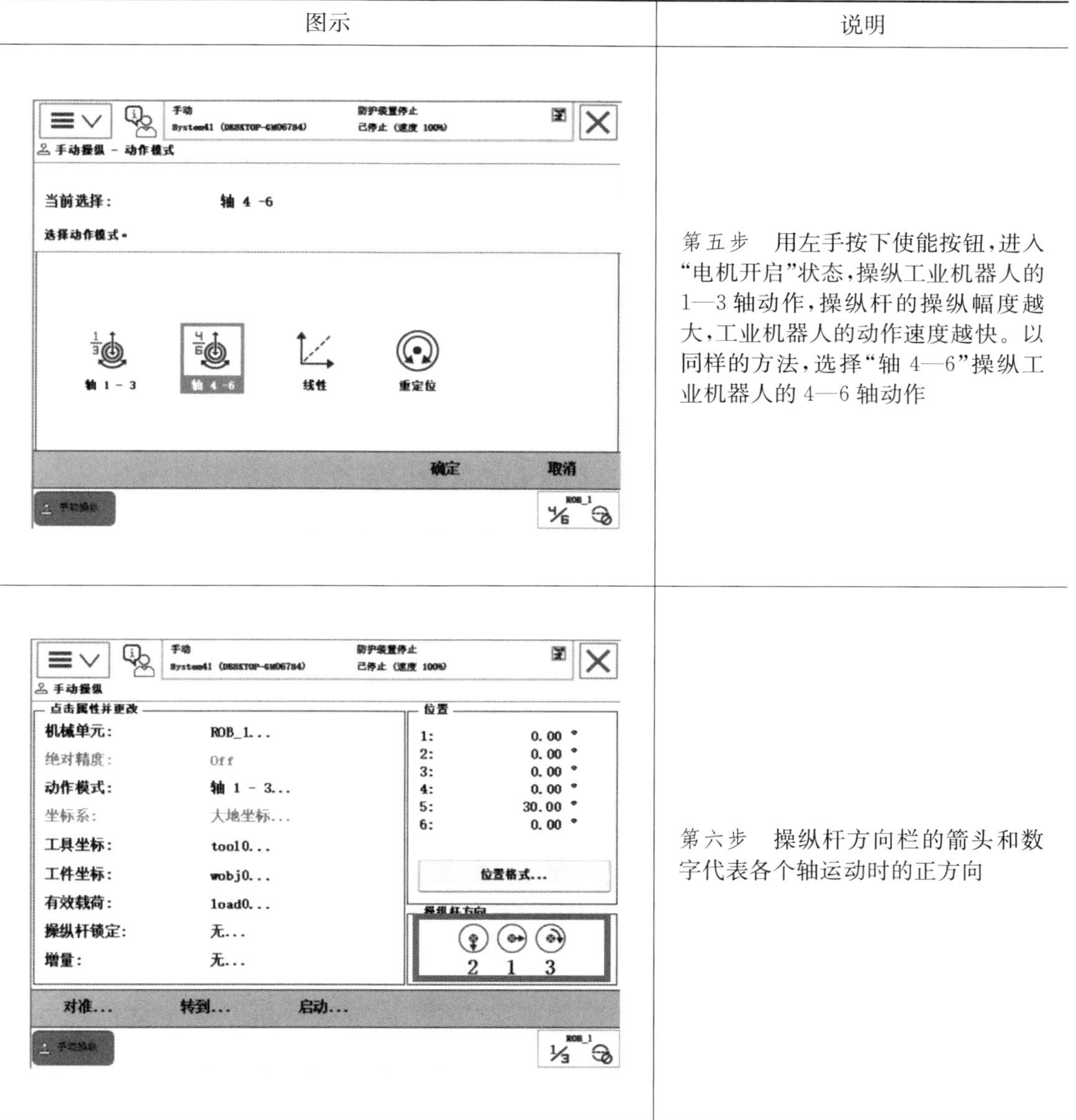

图示	说明
	第五步　用左手按下使能按钮，进入“电机开启”状态，操纵工业机器人的1—3轴动作，操纵杆的操纵幅度越大，工业机器人的动作速度越快。以同样的方法，选择“轴 4—6”操纵工业机器人的4—6轴动作
	第六步　操纵杆方向栏的箭头和数字代表各个轴运动时的正方向

1.5.2　手动线性运动操纵

工业机器人的线性运动是指安装在工业机器人第 6 轴法兰盘上工具的 TCP 在空间做线性运动。线性运动时要指定坐标系。坐标系包括大地坐标、基坐标、工具坐标、工件坐标。线性运动手动操纵步骤见表 1 - 11。

表 1－11　线性运动手动操作步骤

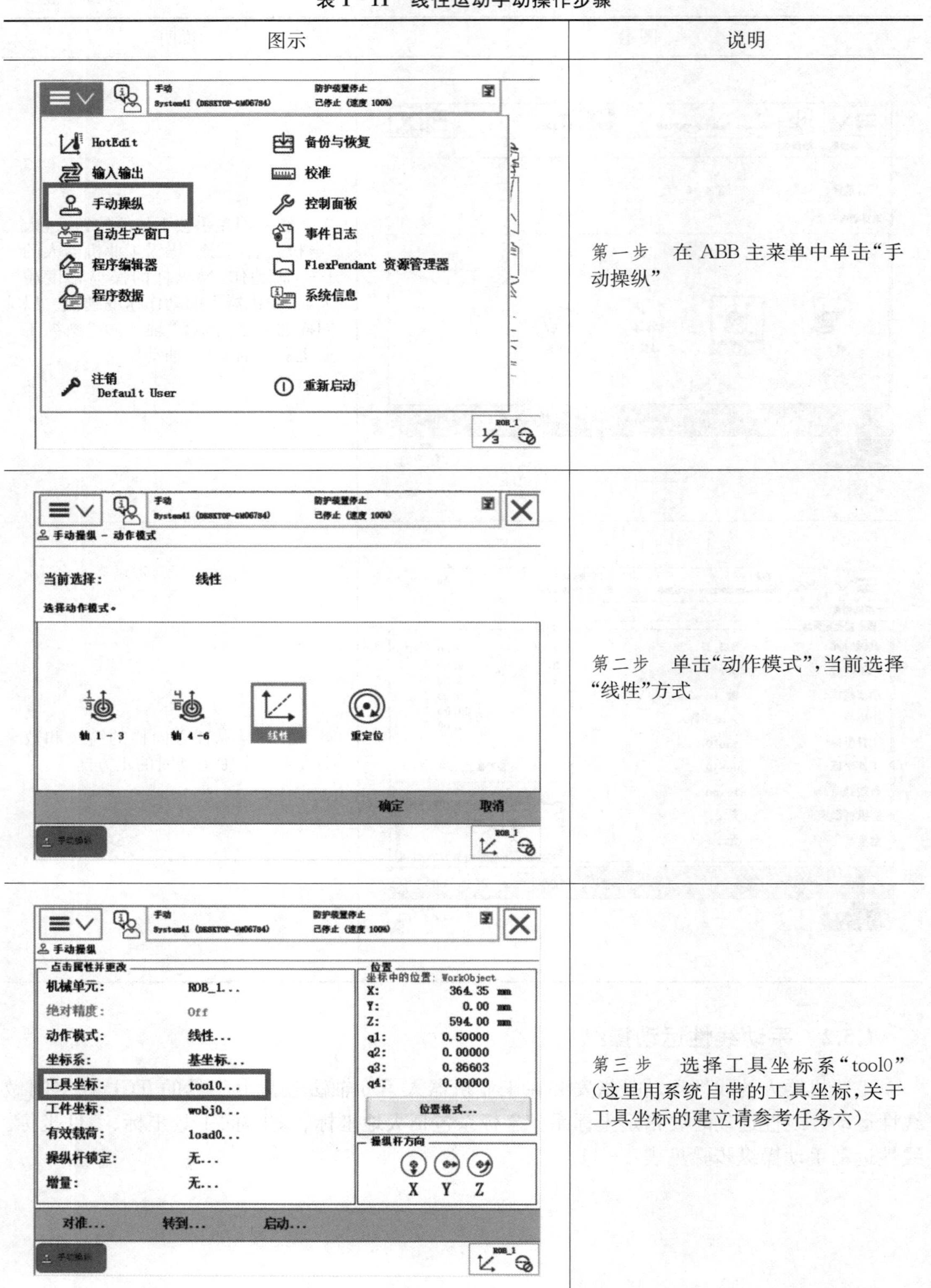

图示	说明
	第一步　在 ABB 主菜单中单击“手动操纵”
	第二步　单击“动作模式”，当前选择“线性”方式
	第三步　选择工具坐标系“tool0”(这里用系统自带的工具坐标，关于工具坐标的建立请参考任务六)

续 表

图示	说明
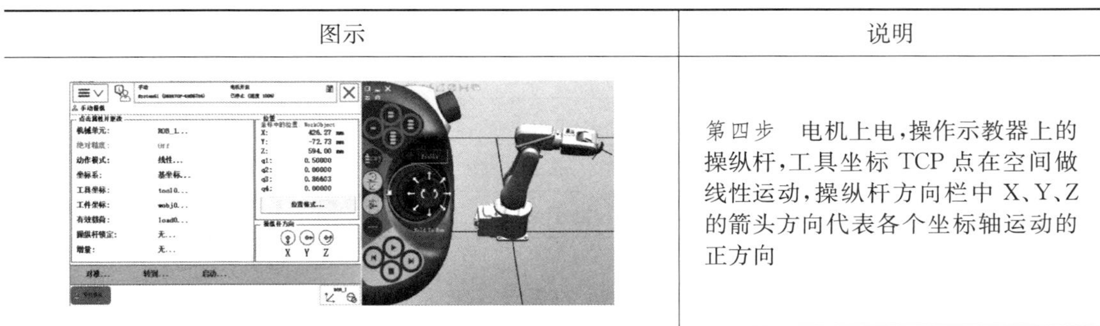	第四步　电机上电，操作示教器上的操纵杆，工具坐标TCP点在空间做线性运动，操纵杆方向栏中X、Y、Z的箭头方向代表各个坐标轴运动的正方向

如果对通过位移幅度来控制工业机器人运动的速度不熟练，那么可以使增量模式来控制工业机器人的运动。

采用增量移动对工业机器人进行微幅调整，可非常精确地进行定位操作。操纵杆偏转一次，工业机器人就移动一步（增量）。如果操纵杆偏转持续一秒或数秒，工业机器人就会持续移动（速率为10步/s）。若默认模式不是增量移动，当操纵杆偏转时，工业机器人将会持续移动。增量模式操作步骤见表1-12。

表1-12　增量模式操作步骤

图示	说明
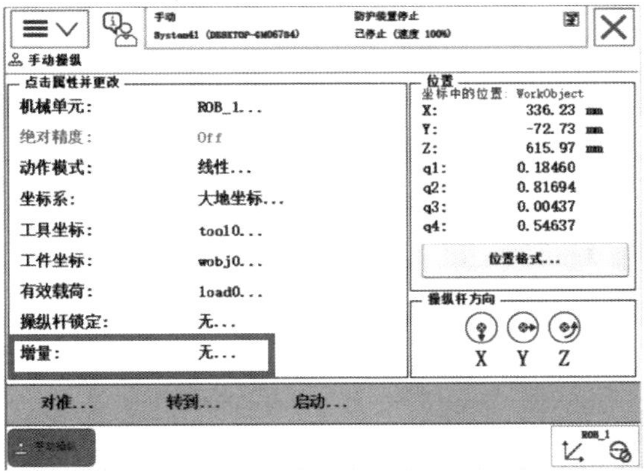	第一步　在ABB主菜单下，单击“增量”
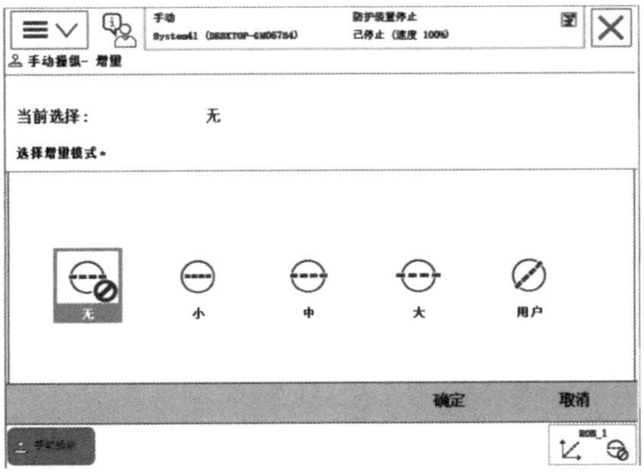	第二步　其中增量对应位移及角度的大小见表1-13，根据需要选择增量模式的移动距离，然后进行确定

表 1-13 增量对应的位移及角度的大小

增量	移动距离/mm	角度/°
小	0.05	0.005
中	1	0.02
大	5	0.2
用户	自定义	自定义

1.5.3 工业机器人手动重定位运动操作

工业机器人的重定位运动是指工业机器人第 6 轴法兰盘上的工具 TCP 点在空间绕着坐标轴旋转的运动，也可以理解为工业机器人绕着工具 TCP 点做姿态调整的运动。以下就是手动操纵重定位运动的方法，具体操作步骤见表 1-14。

表 1-14 工业机器人手动重定位运动操作步骤

图示	说明
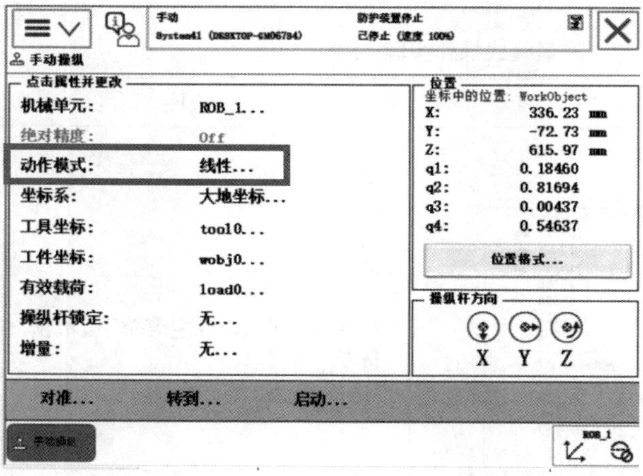	第一步　在 ABB 菜单单击“动作模式”
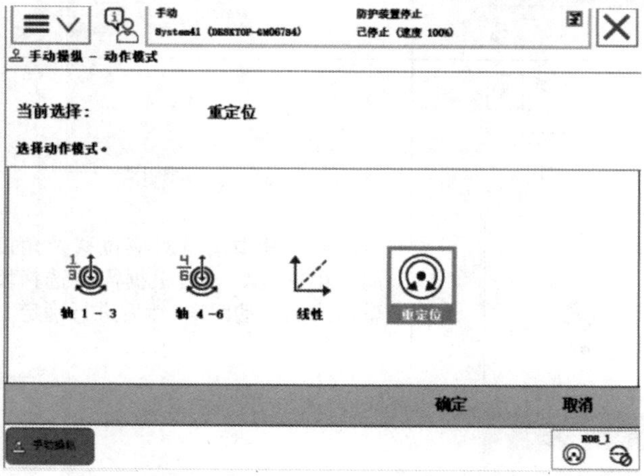	第二步　选中“重定位”，单击“确定”

续 表

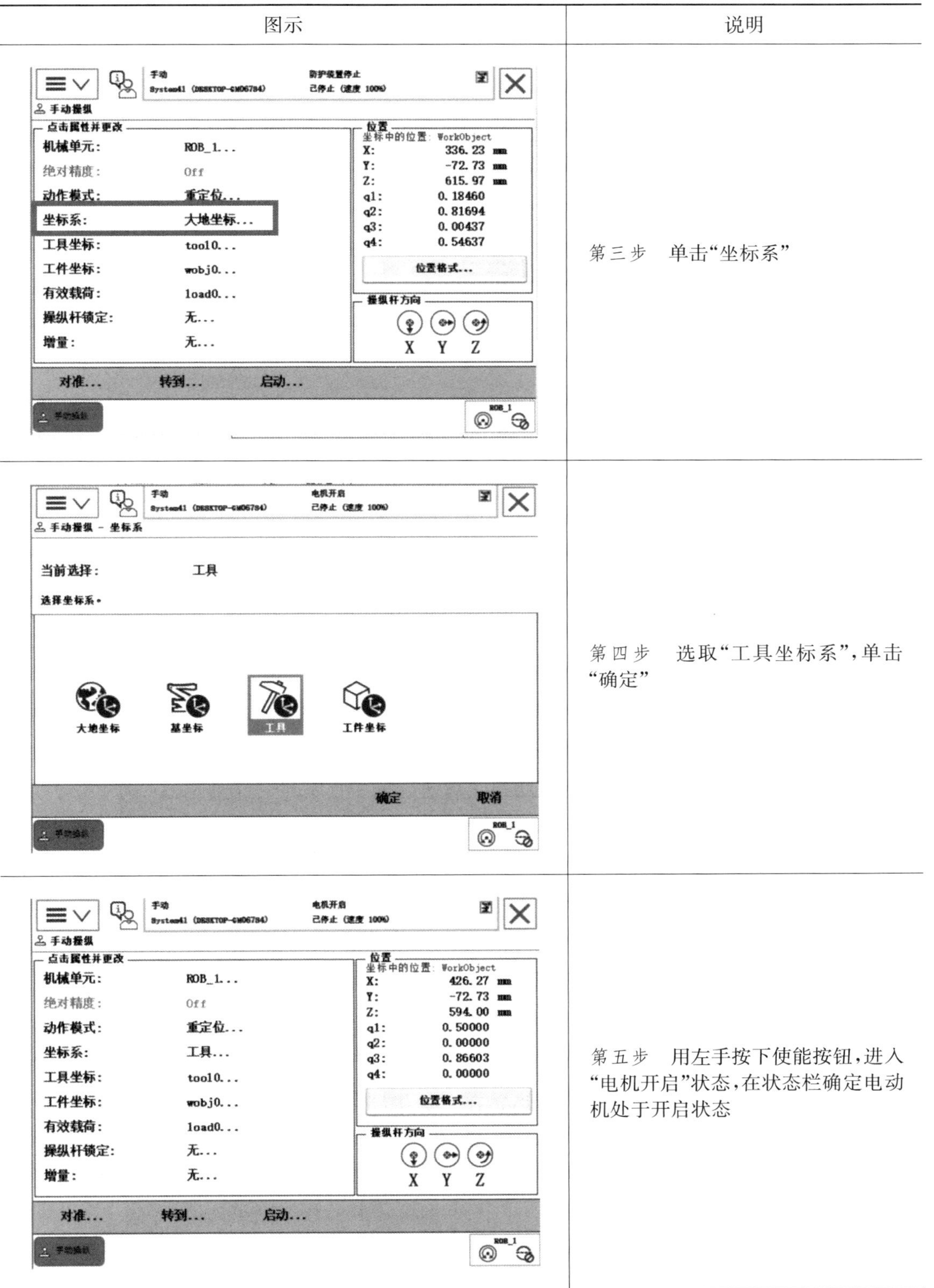

图示	说明
	第三步　单击“坐标系”
	第四步　选取“工具坐标系”，单击“确定”
	第五步　用左手按下使能按钮，进入“电机开启”状态，在状态栏确定电动机处于开启状态

续　表

图示	说明
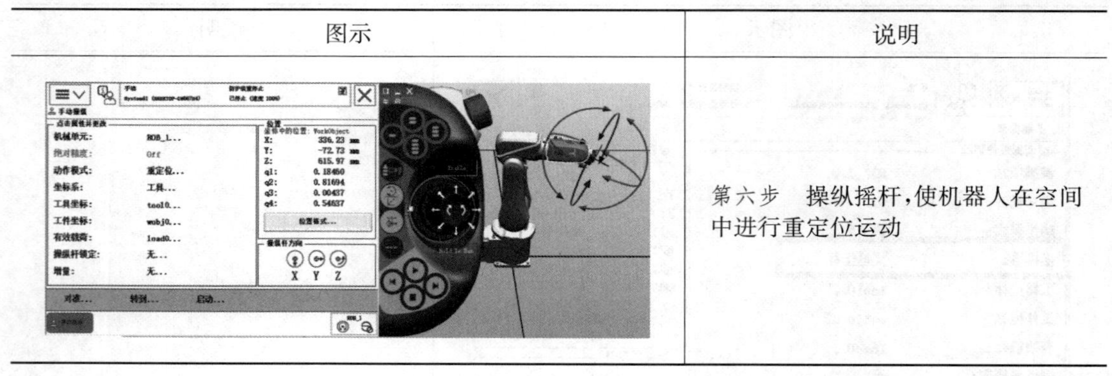	第六步　操纵摇杆,使机器人在空间中进行重定位运动

任务 1.6　工业机器人坐标系

任务导入:我们已经学习了工业机器人的手动操纵方法,掌握了如何通过示教器控制机器人的运动。接下来,我们将深入学习一个非常重要的概念——工业机器人的坐标系。

在工业机器人的操作中,坐标系是描述机器人位置和姿态的基础。通过坐标系,我们可以精确地定义机器人在空间中的位置和运动轨迹。不同的坐标系有不同的应用场景,例如,关节坐标系用于控制机器人的关节运动,直角坐标系用于控制机器人在三维空间中的直线运动,而工具坐标系则用于控制机器人末端执行器的运动。

在实际应用中,正确选择和使用坐标系对于提高机器人的工作效率和精度至关重要。例如,在汽车制造中,机器人需要在复杂的三维空间中进行焊接和装配,这就需要通过精确的坐标系控制来实现。在物流仓储中,机器人需要在货架之间进行货物搬运,这就需要通过直角坐标系来控制机器人的运动轨迹。

知识链接

1.6.1　基坐标系的概念及应用

基坐标系是在工业机器人基座中设置相应的零点,使固定安装的工业机器人的移动具有可预测性,见图 1 - 28。

在正常配置的工业机器人系统中,当站在工业机器人的正前方并在基坐标系中对工业机器人进行微动控制时,将操纵杆拉向自己时,工业机器人将沿 X 轴移动;向两侧移动操纵杆时,工业机器人将沿 Y 轴移动。扭动操纵杆,工业机器人将沿 Z 轴移动。在基坐标系下我们可以看到各关节在零位的时候在 X、Y、Z 方向上都有其对应的坐标值,见图 1 - 29,而这些数值是根据基坐标系的原点位置偏移计算得出的,由此可见有了基坐标系工业机器人才能知道自己的末端在空间中所对应的位置。

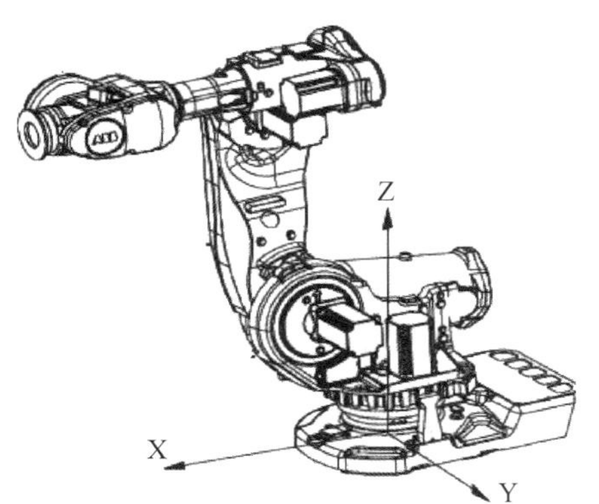

图 1－28　基坐标系位置

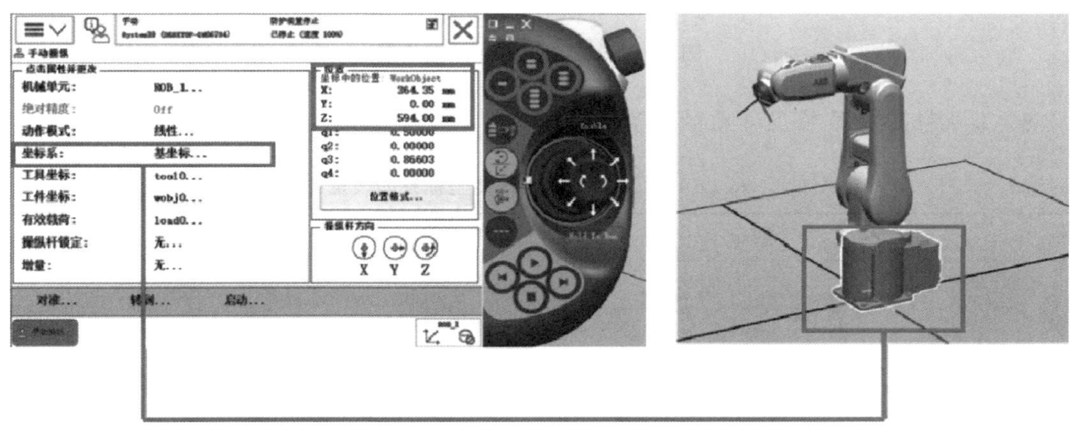

图 1－29　基坐标系下工业机器人关节零位时工具的坐标值

1.6.2　大地坐标系的概念及应用

大地坐标系在工作单元或工作站中的固定位置有其相应的零点，这有助于处理若干个工业机器人或由外轴移动的工业机器人。默认情况下，大地坐标系与基坐标系是一致的。

例如图 1－30 中有两台工业机器人，一台安装于地面，另一台倒置。倒置工业机器人的基坐标系也将上下颠倒。

如果在倒置工业机器人的基坐标系中进行微动控制，则很难预测移动情况，此时可选择大地坐标系取而代之。

如果一台工业机器人在现场需要正向倒置安装（正向吊装），通过操作就可以发现，如果在不改变原有工业机器人大地坐标系进行线性运动的情况下，工业机器人的 X 轴与 Z 轴的运动方向将和我们所预料的常规方向相反。为了使倒置安装的工业机器人更方便地进行示教及程序编写，则需要对工业机器人原有大地坐标系的参数进行相应的修改。操作步骤见表 1－15。

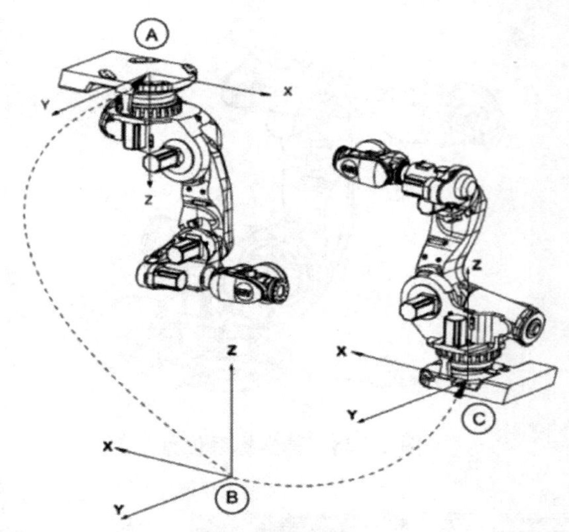

图 1 - 30　工业机器人放置位置

1. 工业机器人吊装坐标系的设置

表 1 - 15　工业机器人吊装坐标系的设置

图示	说明
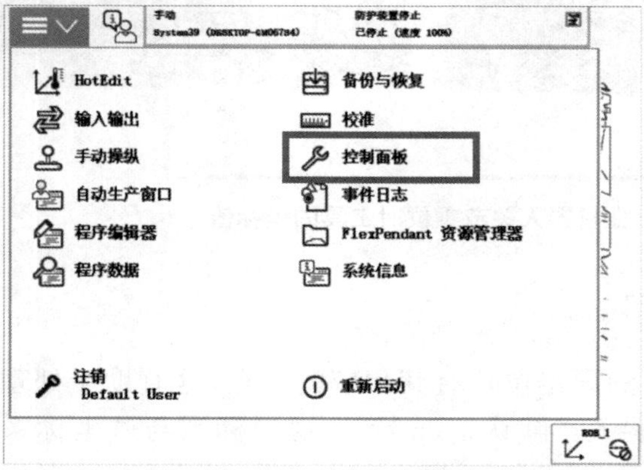	第一步　在 ABB 主菜单下，选择“控制面板
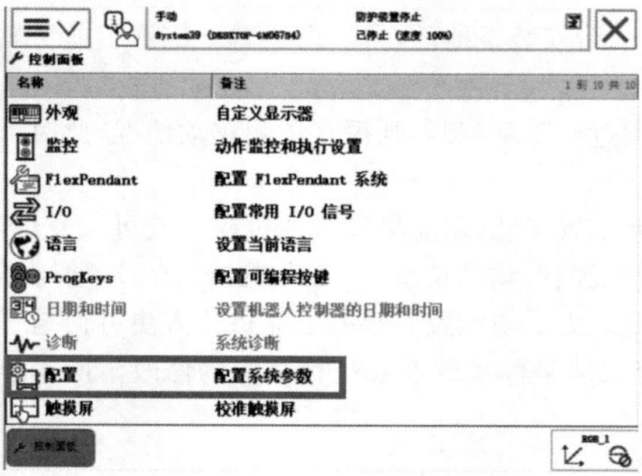	第二步　选择“配置系统参数”

续 表

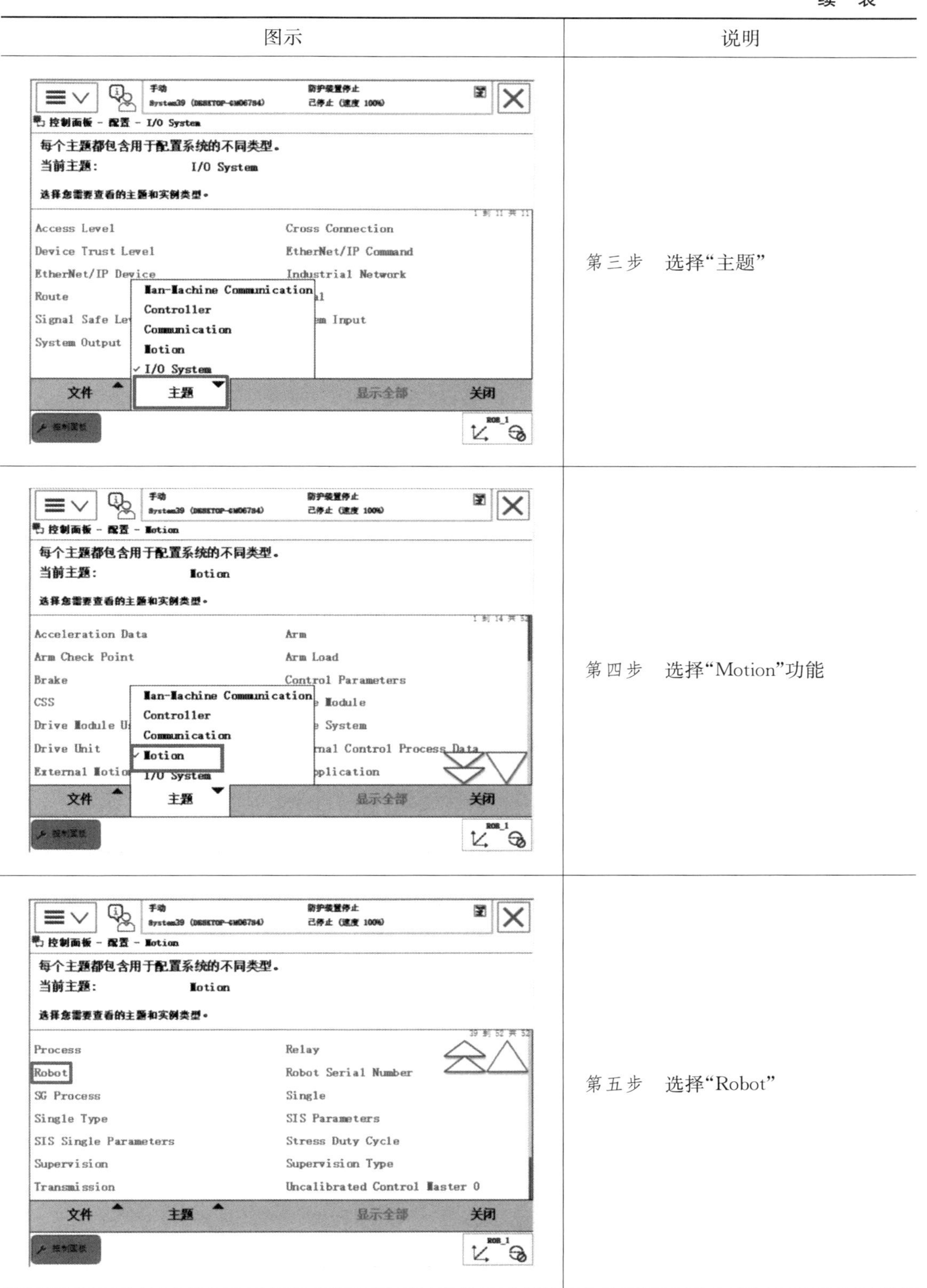

图示	说明
	第三步　选择“主题”
	第四步　选择“Motion”功能
	第五步　选择“Robot”

续 表

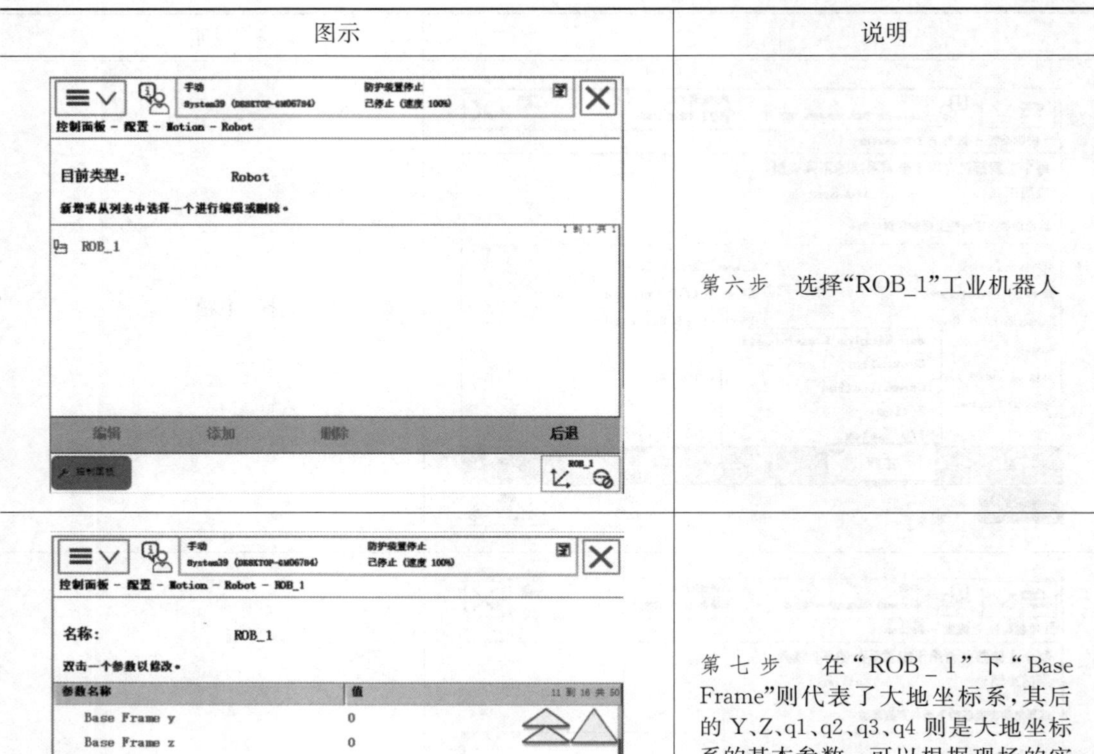

图示	说明
	第六步　选择“ROB_1”工业机器人
	第七步　在“ROB_1”下“Base Frame”则代表了大地坐标系，其后的 Y、Z、q1、q2、q3、q4 则是大地坐标系的基本参数。可以根据现场的实际需求对这 6 个参数进行相应的修改

2. 手动大地坐标系操作

ABB 工业机器人手动大地坐标系操作步骤如表 1 - 16。

1.6.2　手动大地坐标系操作视频

表 1 - 16　手动大地坐标系操作步骤

图示	说明
	工业机器人开机完成后，将控制柜模式开关打到手动模式

续 表

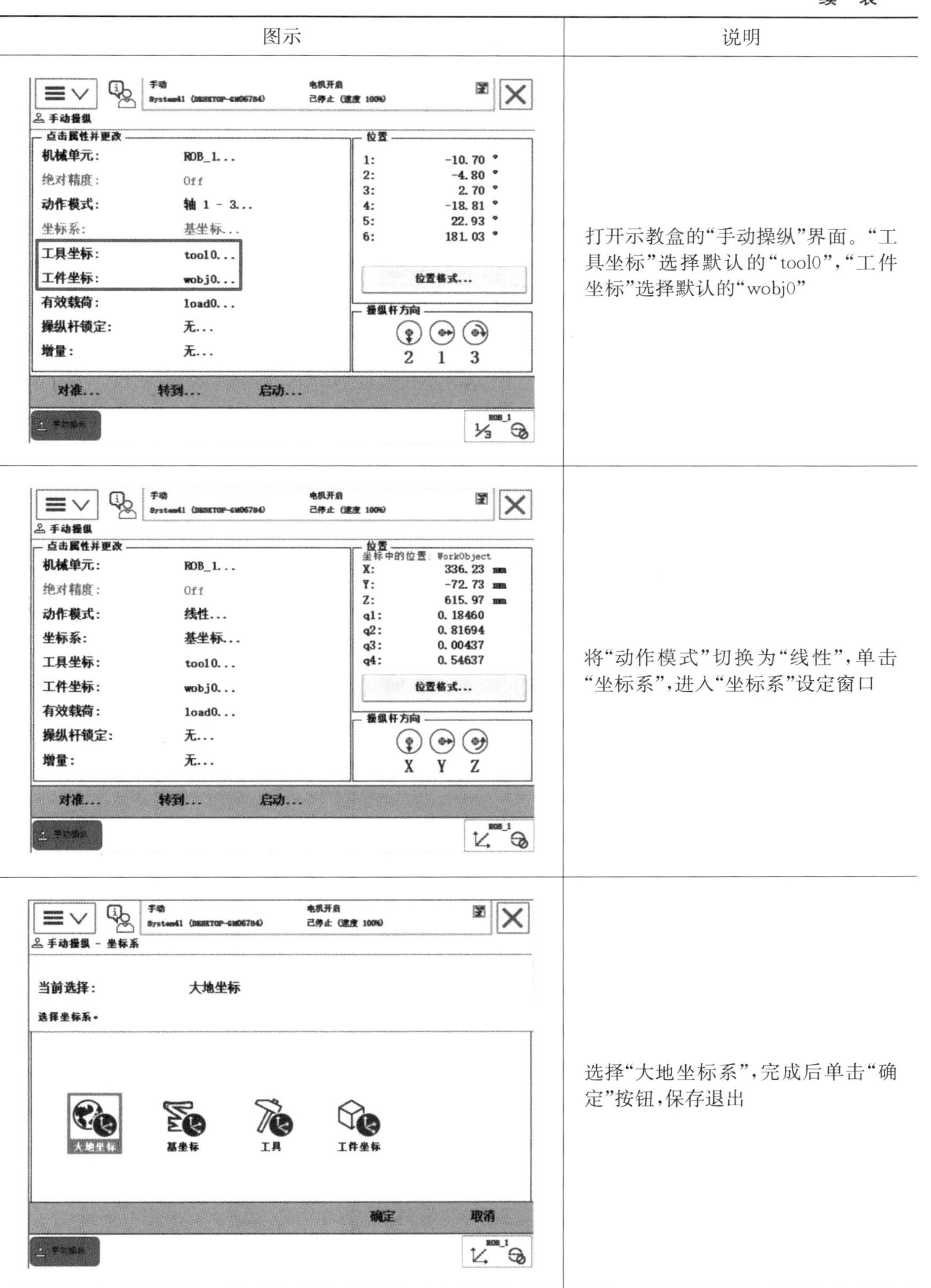

图示	说明
	打开示教盒的“手动操纵”界面。“工具坐标”选择默认的“tool0”,“工件坐标”选择默认的“wobj0”
	将“动作模式”切换为“线性”,单击“坐标系”,进入“坐标系”设定窗口
	选择“大地坐标系”,完成后单击“确定”按钮,保存退出

续　表

图示	说明
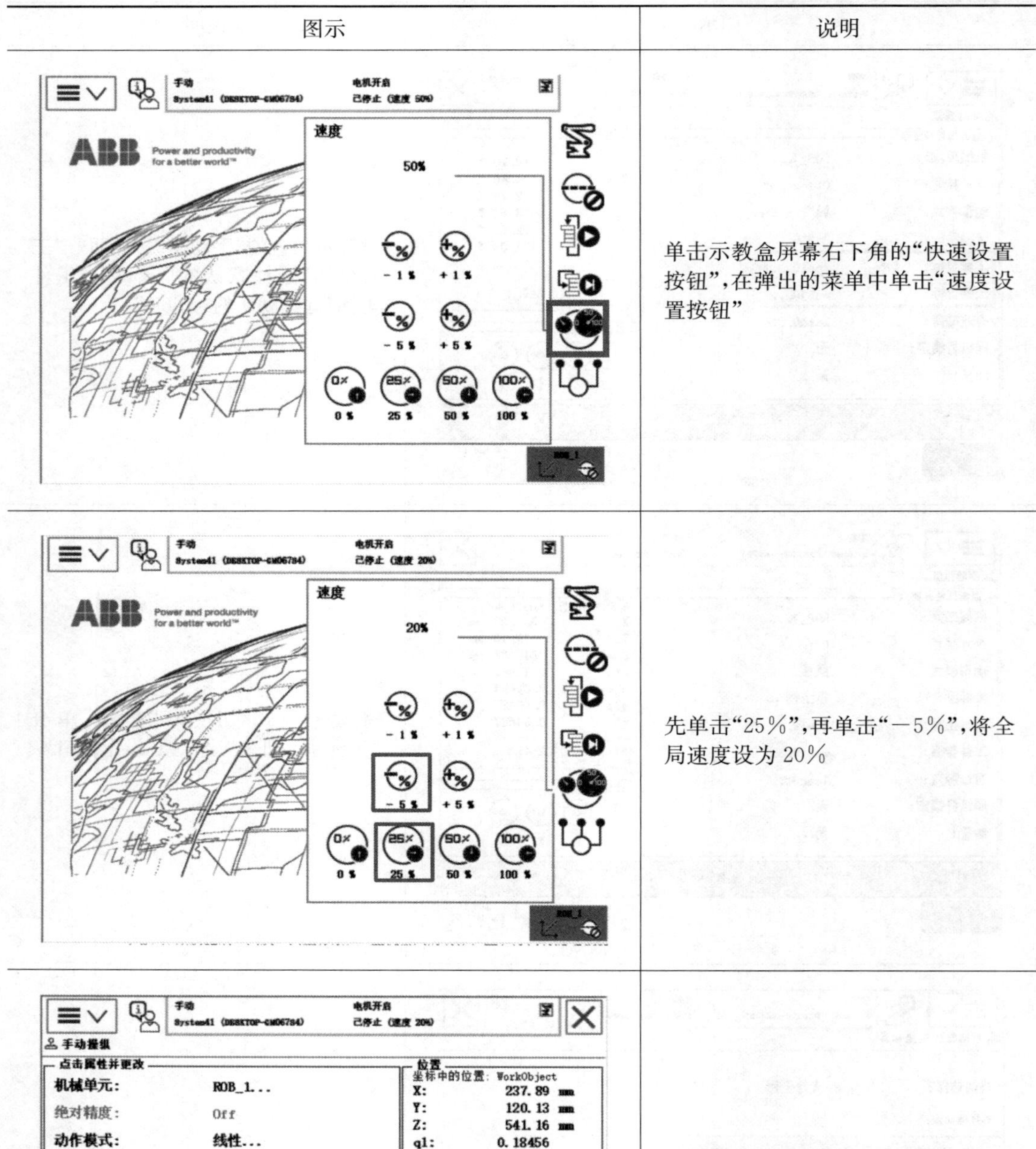	单击示教盒屏幕右下角的“快速设置按钮”，在弹出的菜单中单击“速度设置按钮”
	先单击“25%”，再单击“－5%”，将全局速度设为20%
	使用操作杆移动工业机器人，在大地坐标系下分别沿X、Y、Z轴方向运动，使工业机器人当前位置的值接近240 mm、120 mm、540 mm

续 表

<table>
<tr><th>图示</th><th>说明</th></tr>
<tr><td></td><td>查看工业机器人当前位姿状态，此时工业机器人姿态如左图所示</td></tr>
<tr><td>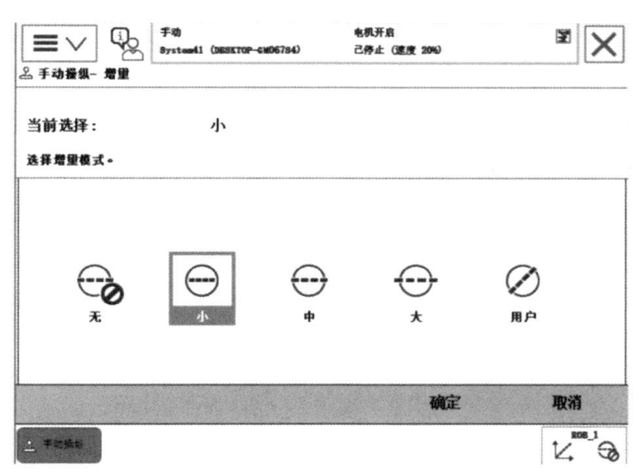
</td><td>微动增量速度设为“小”</td></tr>
<tr><td>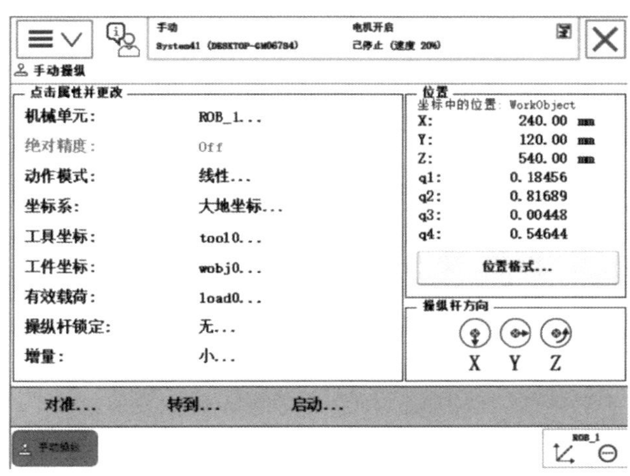
</td><td>再次操作操作杆沿 X、Y、Z 轴方向运动，使工业机器人当前位置各轴的值精确到 240.00 mm、120.00 mm、540.00 mm</td></tr>
</table>

1.6.3　工具坐标系的概念及应用

1.6.3　工具坐标系视频

工具坐标系将工具中心点设为零点，由此定义工具的位置和方向。工具坐标系经常被缩写为 TCPF（Tool Center Point Frame)，而工具坐标系中心缩写为 TCP(Tool Center Point)。执行程序时，工业机器人将 TCP 移至编程位置。这意味着，如果要更改工具及工具坐标系，工业机器人的动作位置和方向将随之被更改，以便随着新的 TCP 到达目标，见图 1－31。

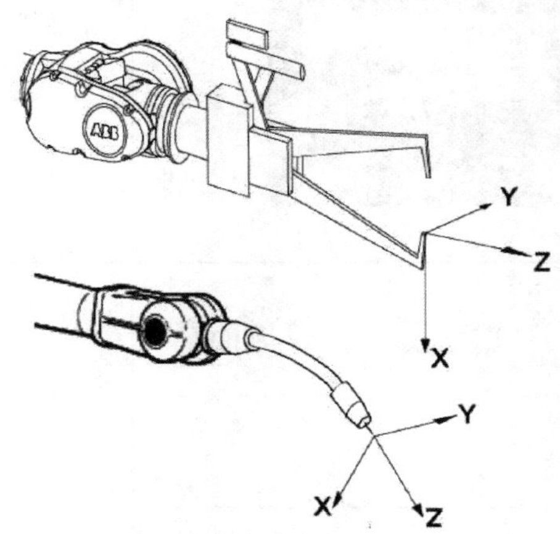

图 1－31　工具坐标系位置

所有工业机器人在手腕处都有一个预定义工具坐标系，该坐标系被称为 tool0。这样就能将一个或多个新工具坐标系定义为 tool0 的偏移值。微动控制工业机器人时，如果机器人做重定位运动，要求机器人运动时不改变工具 TCP 点的方向(例如移动锯条时不使其弯曲)，工具坐标系就显得非常有用了。

1. 坐标系快速切换设置及工具坐标系操作

ABB 工业机器人坐标系快速切换设置操及手动工具操作步骤如表 1－17。

表 1－17　机器人坐标系快速切换设置操及手动工具操作步骤

图示	说明
手动 System1 防护装置停止 已停止（速度 100%） 手动操纵 点击属性并更改 机械单元: ROB_1... 绝对精度: Off 动作模式: 轴 1 - 3... 坐标系: 大地坐标... 工具坐标: tool0... 工件坐标: wobj0... 有效载荷: load0... 操纵杆锁定: 无... 增量: 无... 对准... 转到... 启动... ROB_1 tool0 wobj0 « 显示详情	单击坐标系快速切换界面按钮，单击“显示详情”展开设置菜单

续 表

图示	说明
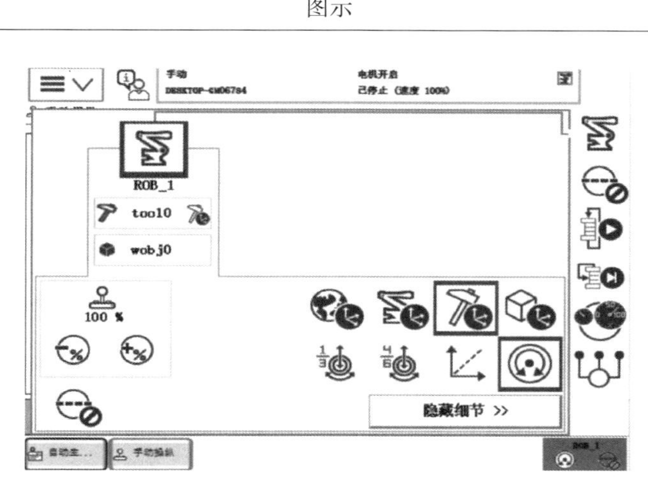	在坐标系快速切换界面中，动作模式选择重定位，坐标系选择工具坐标
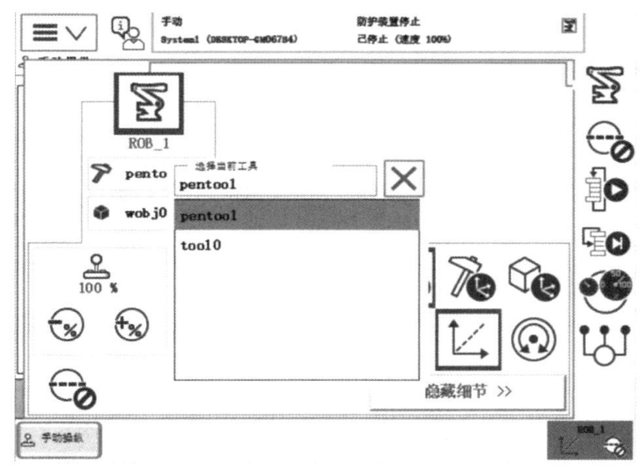	选择工具“pentool”(绘图笔)，如左图所示。工具“pentool”已经标定完成，且预置在工业机器人系统中
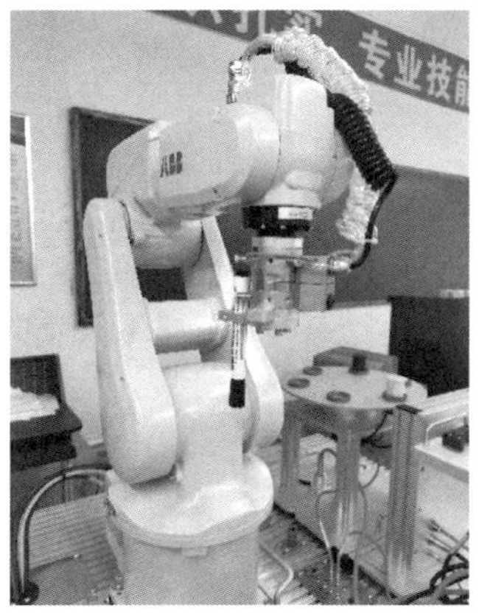	使用关节动作模式将工业机器人调整到各轴角度为 0°，－20°，20°，0°，90°，0°位置

续 表

图示	说明
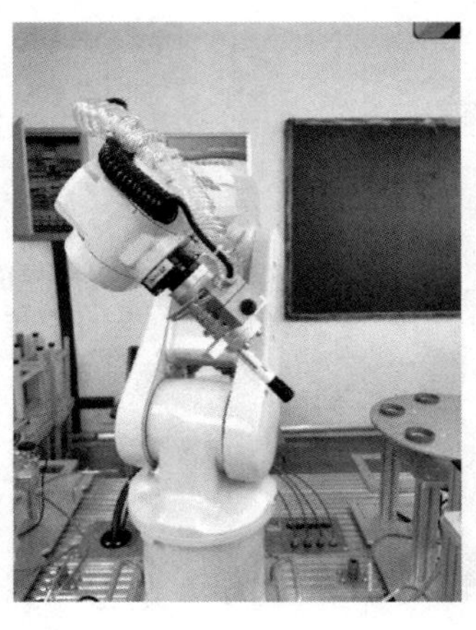	手动操作工业机器人使用重定位功能，将绘图笔近似对齐笔筒开口
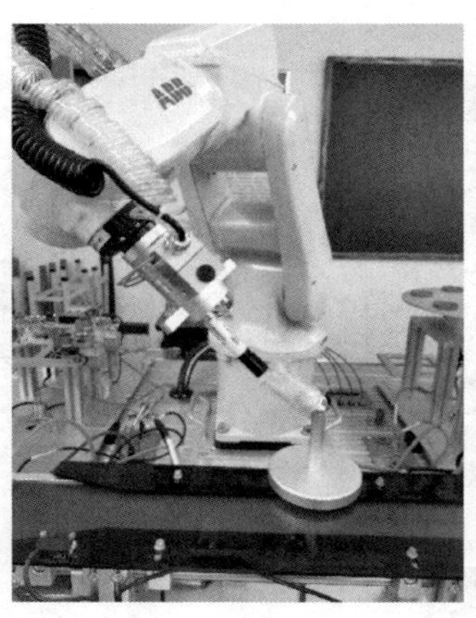	将动作模式切换为线性，坐标系切换为大地坐标系。手动操作工业机器人以线性方式移动，使绘图笔以近似对齐笔筒的姿态靠近开口位置
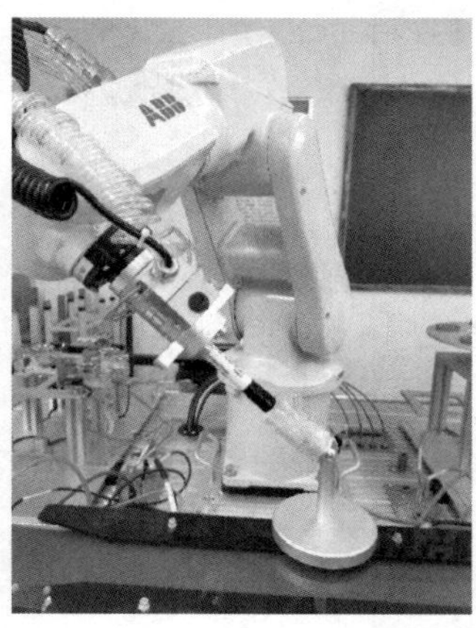	再次将坐标系切换到工具坐标系，并在重定位动作模式下，调整绘图笔工具的姿态，使绘图笔的笔杆方向和笔筒的中心轴线方向保持平行

续　表

图示	说明
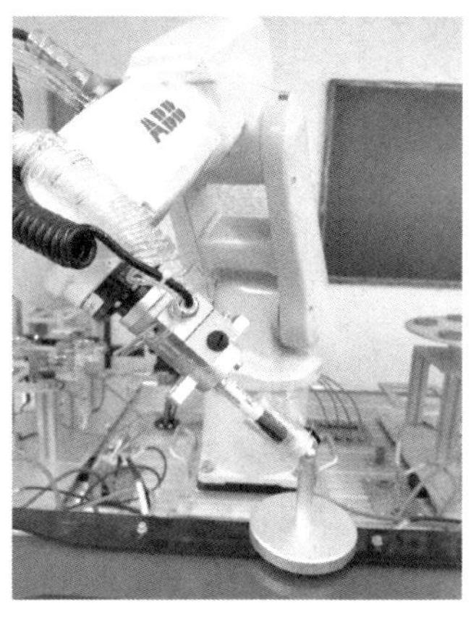	将动作模式切换为线性，单独使用Z轴操作，将绘图笔工具插入笔筒

1.6.4　工件坐标系的概念及应用

工件坐标系是工件相对于大地坐标系(或其他坐标系)的位置。工件坐标系必须定义于两个框架：用户框架(与基座相关)和工件框架(与用户框架相关)。工业机器人可以拥有若干工件坐标系，可以表示不同工件，或者表示同一工件在不同位置的若干副本，见图1-32。

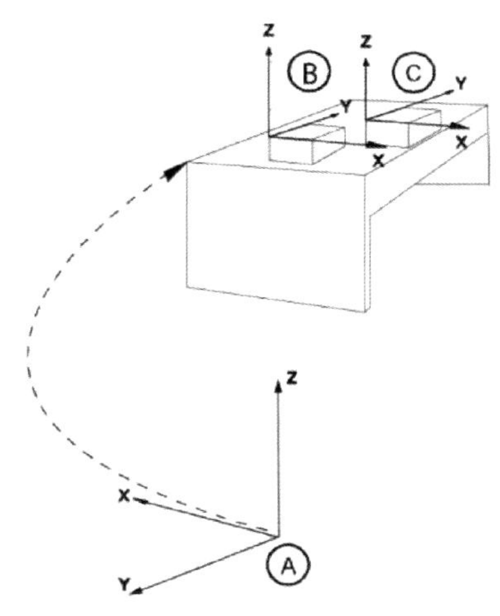

图1-32　工件坐标系位置

对工业机器人进行编程实际上就是在工件坐标系中创建目标和路径。利用工件坐标系有以下优点：

(1) 重新定位工作站中的工件时，只需更改工件坐标系的位置，所有路径将即刻随之更新。

(2) 允许操作以外轴或传送导轨移动的工件，因为整个工件可连同其路径一起移动。

(3) 工件坐标系建立对轨迹的影响较小。

任务 1.7　工业机器人系统备份与恢复

任务导入:我们在学习工业机器人的过程中,已经掌握了机器人的基本组成、操作方法以及坐标系的使用。这些知识和技能都是确保机器人正常运行的重要基础。然而,在实际工作中,机器人系统可能会因为各种原因出现故障或数据丢失,这就需要我们掌握系统备份与恢复的技能,以确保机器人的稳定运行和数据安全。

系统备份与恢复是工业机器人维护中的重要环节。通过备份,我们可以将机器人的系统参数、程序代码和运行数据等保存到外部存储设备中。在系统出现故障或数据丢失时,我们可以通过恢复操作,将备份的数据重新加载到机器人系统中,从而快速恢复机器人的正常运行。这不仅节省了维修时间和成本,还减少了生产中断带来的损失。

我们将学习工业机器人系统备份与恢复的方法和步骤,了解备份和恢复的方法;然后通过实际操作,学习如何使用示教器进行系统备份和恢复。

知识链接

定期对 ABB 工业机器人的数据进行备份,是保证 ABB 工业机器人正常操作的良好习惯。ABB 工业机器人数据备份的对象是所有正在系统内存运行的 RAPID 程序和系统参数。当工业机器人系统出现错误或重新安装后,可以通过备份快速地把工业机器人恢复到原有状态。

1.7.1　工业机器人数据备份和恢复视频

1.7.1　ABB 工业机器人数据备份和恢复的步骤

ABB 工业机器人数据备份和恢复的操作步骤见表 1－18。

表 1－18　ABB 工业机器人数据备份和恢复操作步骤

图示	说明
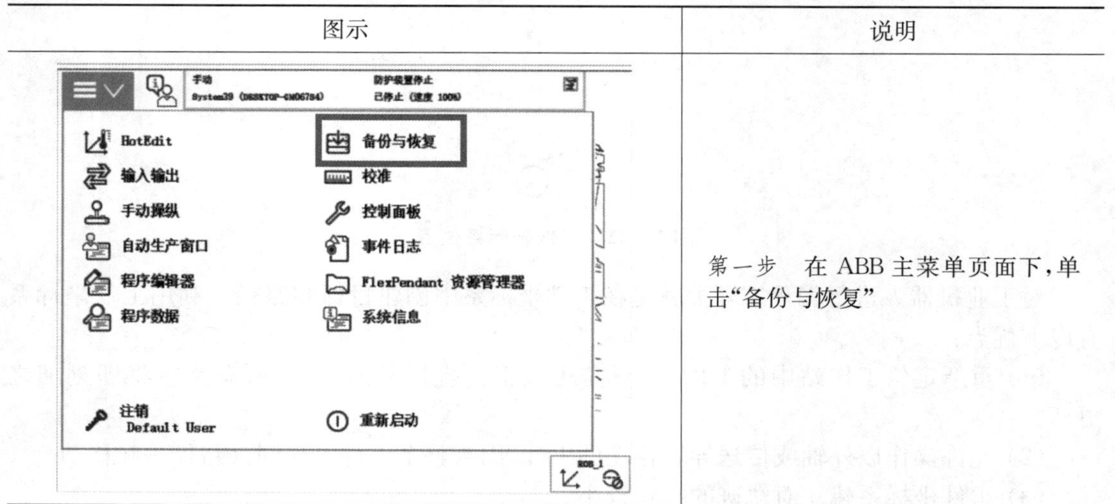	第一步　在 ABB 主菜单页面下,单击"备份与恢复"

续 表

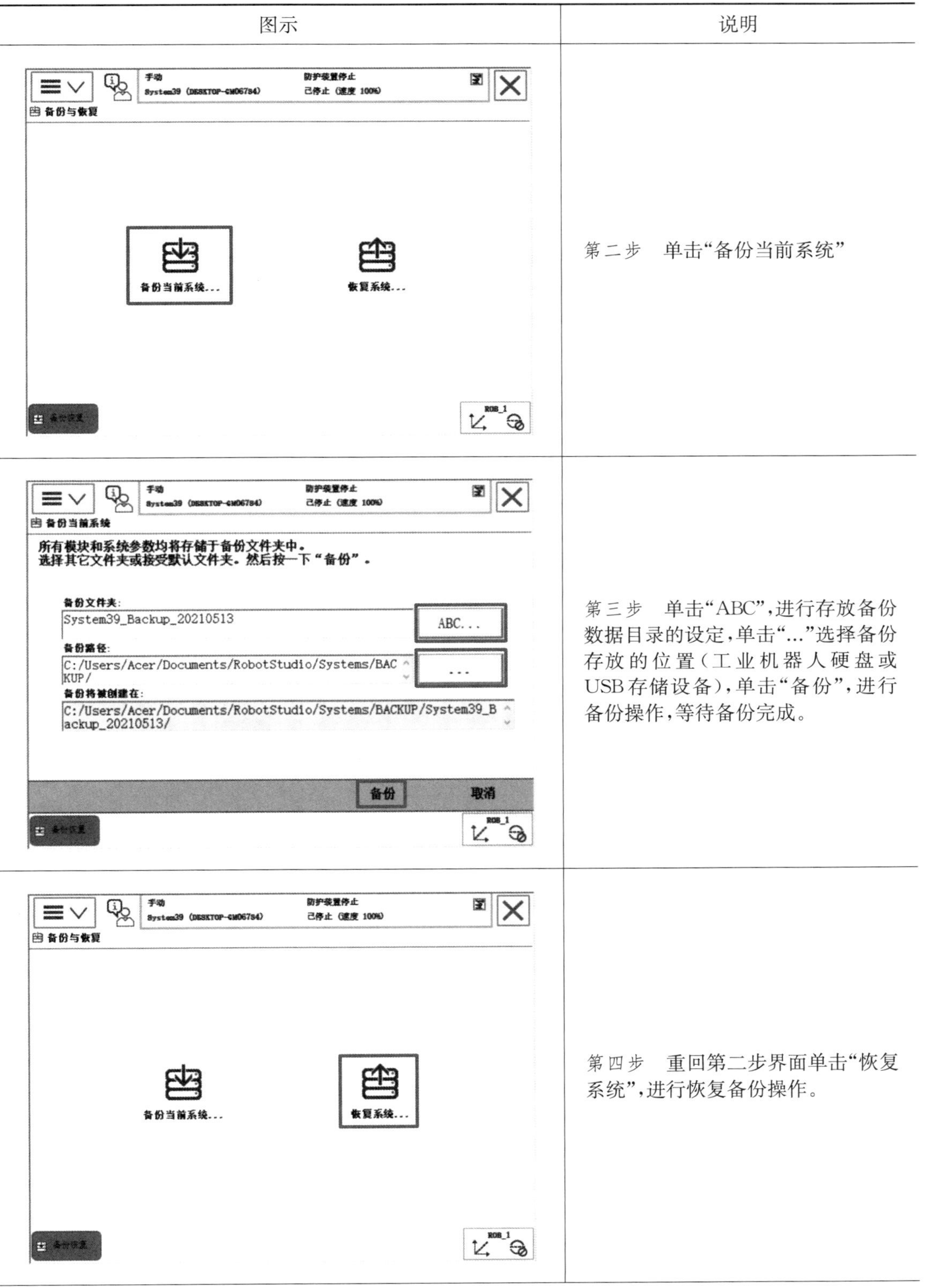

图示	说明
	第二步　单击“备份当前系统”
	第三步　单击“ABC”,进行存放备份数据目录的设定,单击“...”选择备份存放的位置(工业机器人硬盘或USB存储设备),单击“备份”,进行备份操作,等待备份完成。
	第四步　重回第二步界面单击“恢复系统”,进行恢复备份操作。

续 表

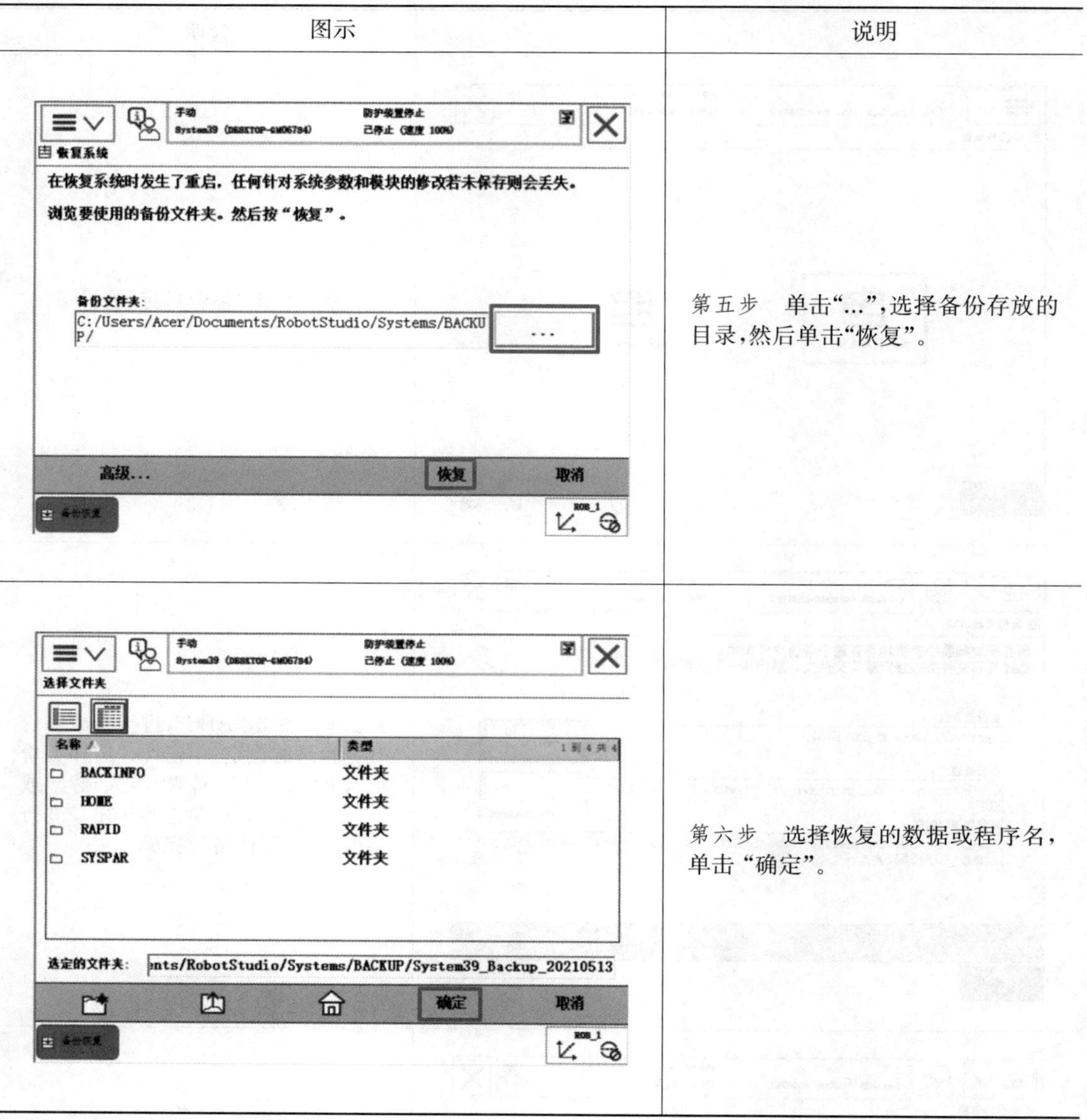

图示	说明
	第五步　单击“...”,选择备份存放的目录,然后单击“恢复”。
	第六步　选择恢复的数据或程序名,单击“确定”。

在进行数据恢复时,要注意的是,备份数据是具有唯一性的,不能将一台工业机器人的备份恢复到另一台机器人中去,这样将会造成系统故障。但是,通常会使用通用的程序和I/O的定义,方便在批量生产时使用,可以通过分别单独导入程序和 EIO 文件来解决实际需要。

1.7.2　单独导入程序

在工业机器人操作中,有时需要将图 1－33 所示的程序或参数进行直接导入操作。

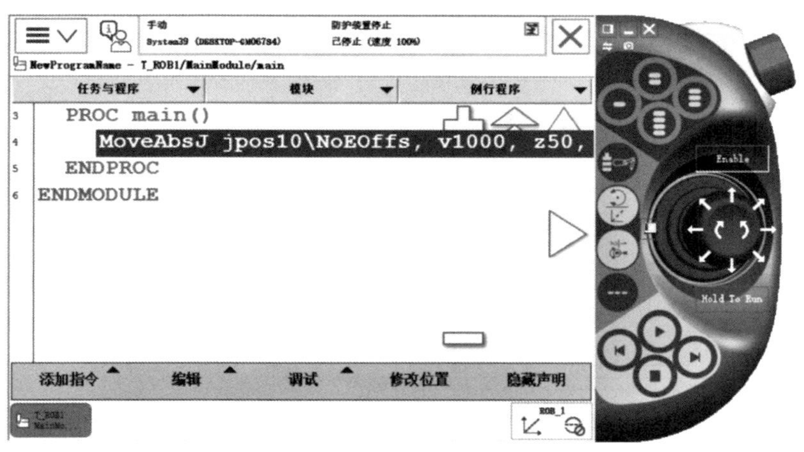

图 1－33　工业机器人程序内容

导入程序操作步骤见表 1－19。

表 1－19　导入程序操作步骤

图示	说明
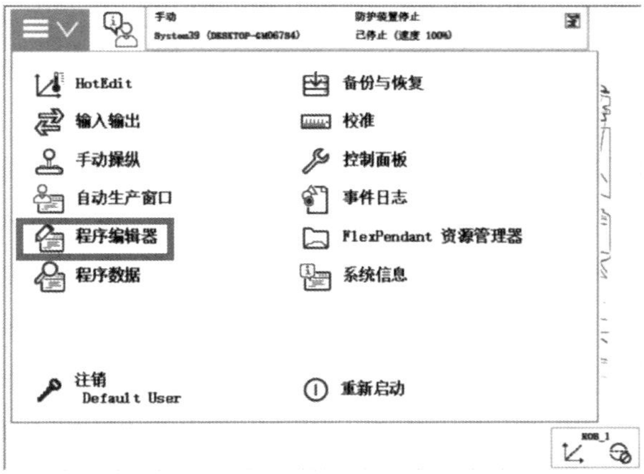	第一步　在 ABB 主菜单下，选择“程序编辑器”
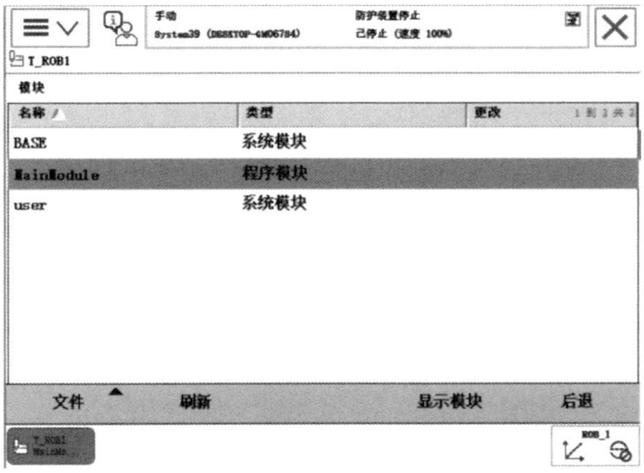	第二步　单击“MainModule”程序模块

续 表

图示	说明
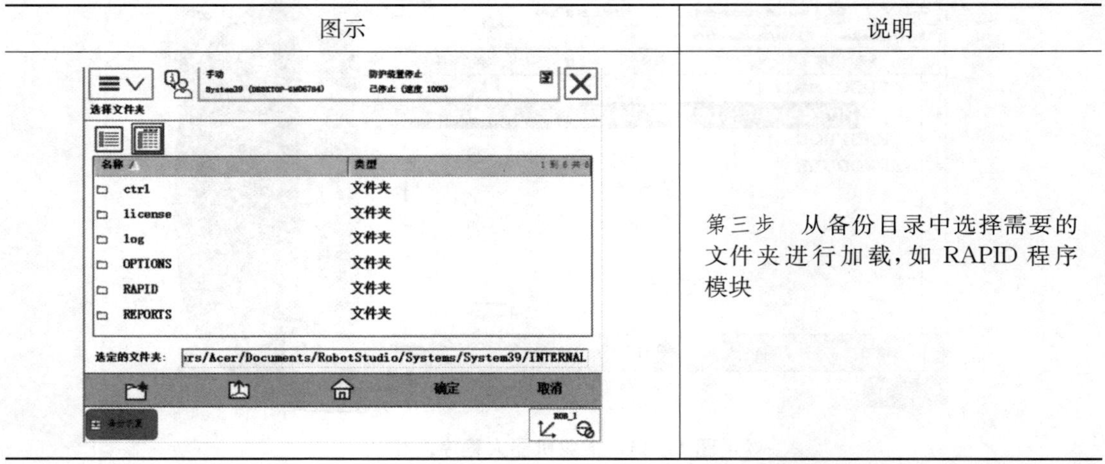	第三步　从备份目录中选择需要的文件夹进行加载，如 RAPID 程序模块

1.7.3　单独导入 EIO 文件

单独导入 EIO 文件操作步骤见表 1－20。

表 1－20　单独导入 EIO 文件操作步骤

图示	说明
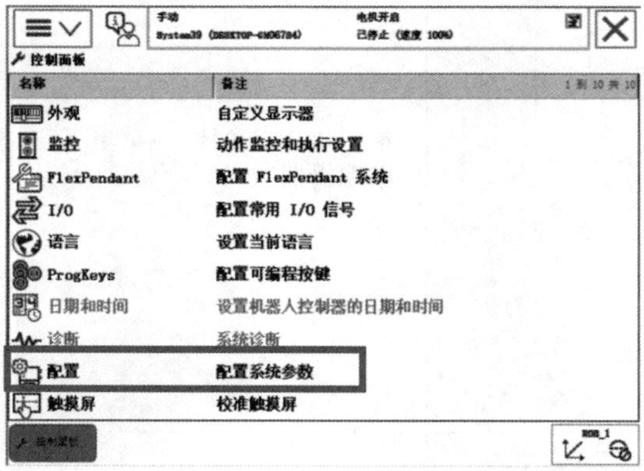 手动 System39 (DESKTOP-6M06784) 电机开启 已停止 (速度 100%) 控制面板 名称 备注 1 到 10 共 10 外观 自定义显示器 监控 动作监控和执行设置 FlexPendant 配置 FlexPendant 系统 I/O 配置常用 I/O 信号 语言 设置当前语言 ProgKeys 配置可编程按键 日期和时间 设置机器人控制器的日期和时间 诊断 系统诊断 配置 配置系统参数 触摸屏 校准触摸屏 ROB_1	第一步　在 ABB 主菜单下，单击“控制面板”，选择“配置”
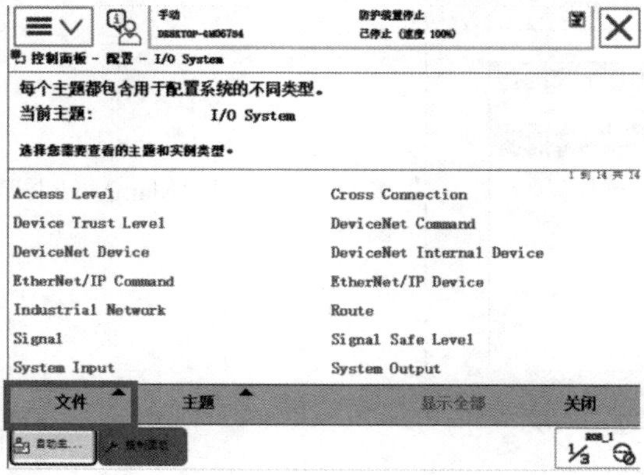 手动 DESKTOP-6M06784 防护装置停止 已停止 (速度 100%) 控制面板 - 配置 - I/O System 每个主题都包含用于配置系统的不同类型。 当前主题: I/O System 选择您需要查看的主题和实例类型。 1 到 14 共 14 Access Level　Cross Connection Device Trust Level　DeviceNet Command DeviceNet Device　DeviceNet Internal Device EtherNet/IP Command　EtherNet/IP Device Industrial Network　Route Signal　Signal Safe Level System Input　System Output 文件　主题　显示全部　关闭 ROB_1	第二步　打开文件菜单

续 表

图示	说明
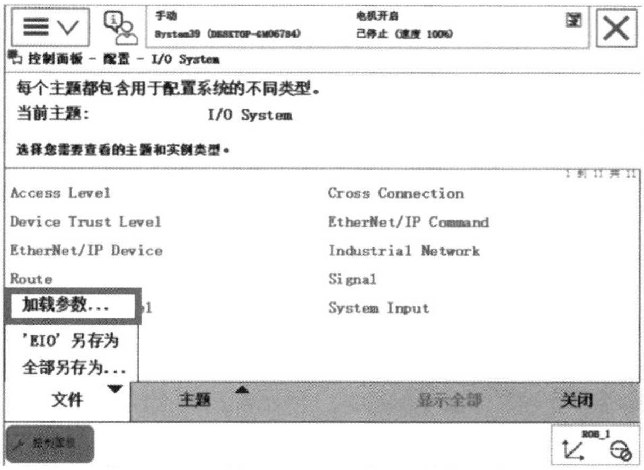 手动 System39 (DESKTOP-6M06784) 电机开启 已停止 (速度 100%) 控制面板 - 配置 - I/O System 每个主题都包含用于配置系统的不同类型。 当前主题: I/O System 选择您需要查看的主题和实例类型。 Access Level / Cross Connection Device Trust Level / EtherNet/IP Command EtherNet/IP Device / Industrial Network Route / Signal 加载参数... / System Input 'EIO' 另存为 全部另存为... 文件 主题 显示全部 关闭	第三步　单击“加载参数”
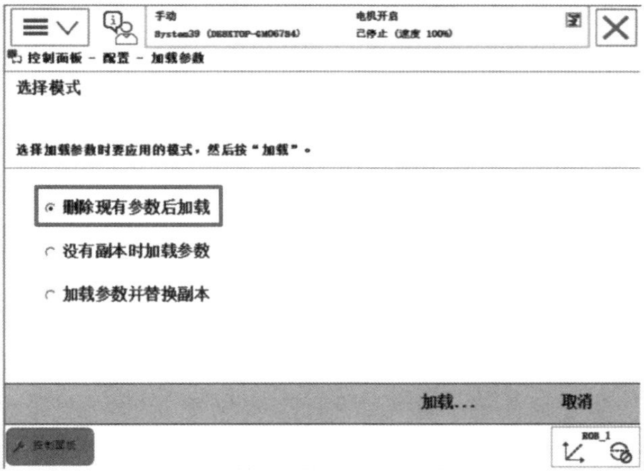 手动 System39 (DESKTOP-6M06784) 电机开启 已停止 (速度 100%) 控制面板 - 配置 - 加载参数 选择模式 选择加载参数时要应用的模式，然后按“加载”。 删除现有参数后加载 没有副本时加载参数 加载参数并替换副本 加载... 取消	第四步　选择“删除现有参数后加载”
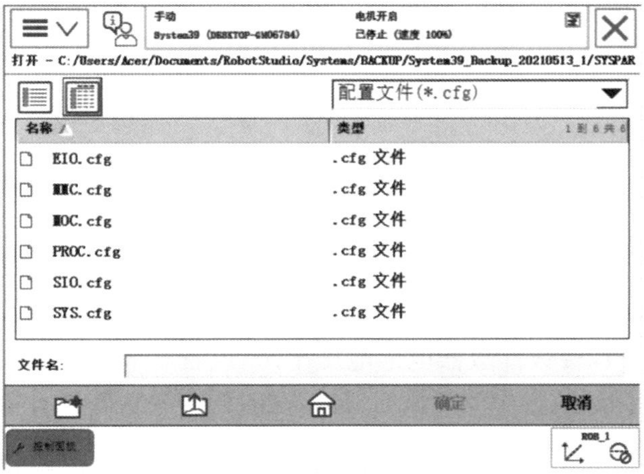 手动 System39 (DESKTOP-6M06784) 电机开启 已停止 (速度 100%) 打开 - C:/Users/Acer/Documents/RobotStudio/Systems/BACKUP/System39_Backup_20210513_1/SYSPAR 配置文件(*.cfg) 名称 / 类型 EIO.cfg / .cfg 文件 MMC.cfg / .cfg 文件 MOC.cfg / .cfg 文件 PROC.cfg / .cfg 文件 SIO.cfg / .cfg 文件 SYS.cfg / .cfg 文件 文件名: 确定 取消	第五步　在备份目录\SYSPAR找到EIO.cfg文件，然后单击“确定”按钮

续 表

图示	说明
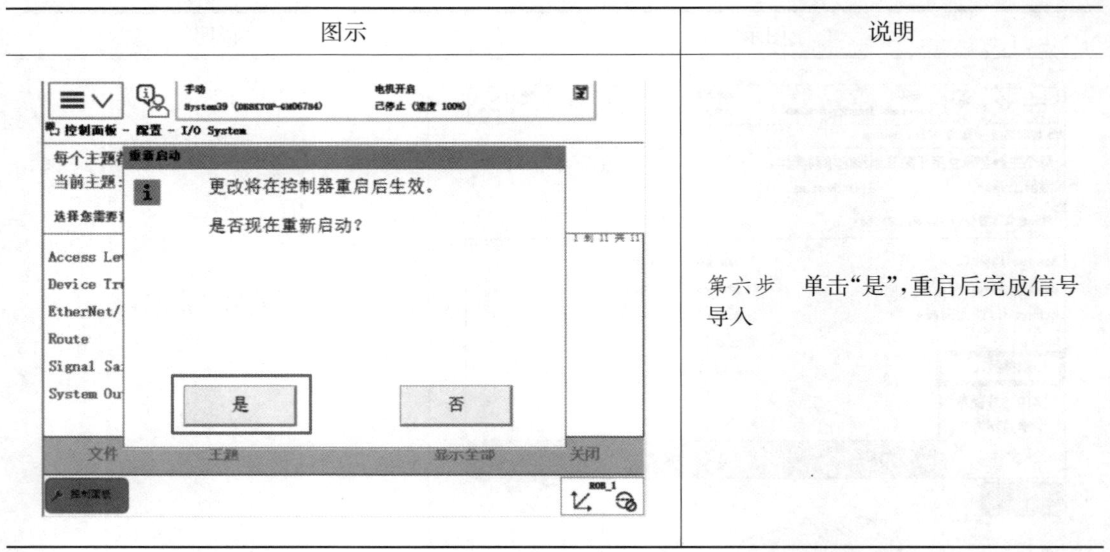	第六步　单击“是”,重启后完成信号导入

任务 1.8　工业机器人转数计数器更新

任务导入:我们在学习工业机器人的过程中,已经掌握了机器人的基本操作和维护技能。接下来我们将学习一个非常重要的维护任务——转数计数器的更新。

转数计数器是工业机器人中的一个重要部件,它记录了每个关节电机的旋转圈数。这些数据对于机器人的精确控制和运动规划至关重要。如果转数计数器的数据丢失或出现错误,机器人可能会出现运动异常,甚至导致碰撞等安全事故。因此,定期更新和校准转数计数器是确保机器人安全运行的重要环节。

我们将从转数计数器的作用和重要性讲起,了解其在机器人控制系统中的作用;然后通过实际操作,学习如何使用示教器进行转数计数器的更新。

知识链接

1.8.1　转数计数器更新

工业机器人各个关节后都有一个转数计数器,用独立的电池供电,以记录各个轴的数据。如果示教器提示 SMB(Serial Measurment Board 串口测量板卡,用于将机器人电动机编码器的模拟量信号转化为数字量信号),转数计数器电池电压不足,或者工业机器人在断电情况下关节发生了移动,例如运输或搬运过程中的颠簸与碰撞,这时候需要对转数计数器进行更新,否则工业机器人运行位置会发生偏差。ABB 工业机器人电动机所带的转数计数器采用单圈绝对值编码器,即电动机转一圈,编码器能输出电动机在该圈下的绝对位置,见

图 1－34。当实际工业机器人转一定度数时，电动机可能需要转几十圈到几百圈，这取决于电动机和减速器之间的减速比。

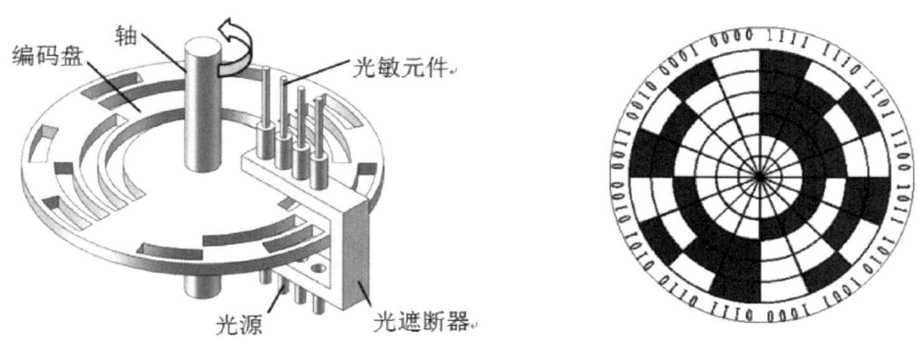

图 1－34　单圈绝对值编码器示意图

工业机器人的电动机旋转超过一圈时，此时旋转的圈数就通过工业机器人来计数(SMB)，见图 1－35。工业机器人实际显示的位置就是由圈数(SMB)＋单圈偏移(编码器)再乘以减速比得到的。

1.8.2　对转数计数器进行更新

在以下情形时可能会出现转数计数器存储器的内容丢失。

(1) 更换伺服电动机转数计数器的电池后。

(2) 当转数计数器发生故障并修复后。

(3) 转数计数器与测量板之前断开以后。

(4) 断电后，工业机器人关节轴发生了移动。

(5) 当系统报警提示“10036 转数计数器未更新”时。若出现上述情况，则需对转数计数器进行更新。

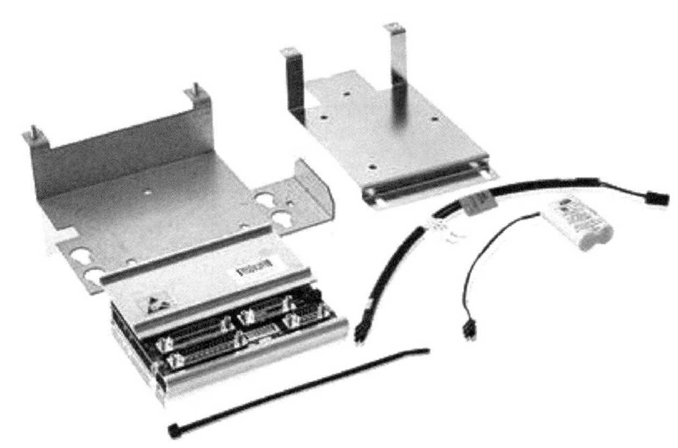

图 1－35　SMB

1.8.3 ABB 工业机器人如何寻找零点

利用手动关节运动的方式，将工业机器人各个关节移动到各自的关节零点。其关节零点会因为工业机器人型号的不同而有所不同。IRB120 工业机器人的校准范围和标记的位置见图 1－36。

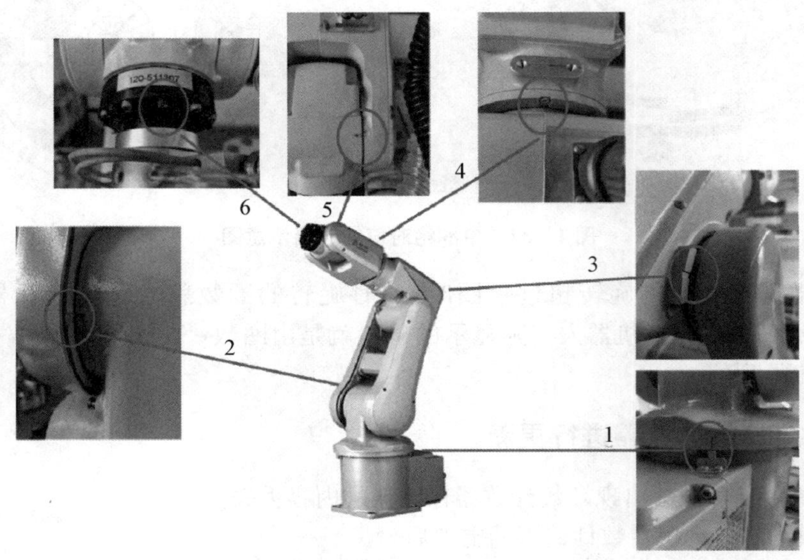

图 1－36 工业机器人零点位置

1.8.4 更新转数计数器视频

1.8.4 更新转数计数器来获取新的零点

更新转数计数器操作步骤见表 1－21。

表 1－21 更新转数计数器操作步骤

图示	说明
	第一步 使用手动操作让工业机器人各个关节轴运动到关节零点刻度位置，各个轴运动的顺序是：4—5—6—1—2—3，各个轴关节零点的位置在工业机器人各轴的轴身上

续 表

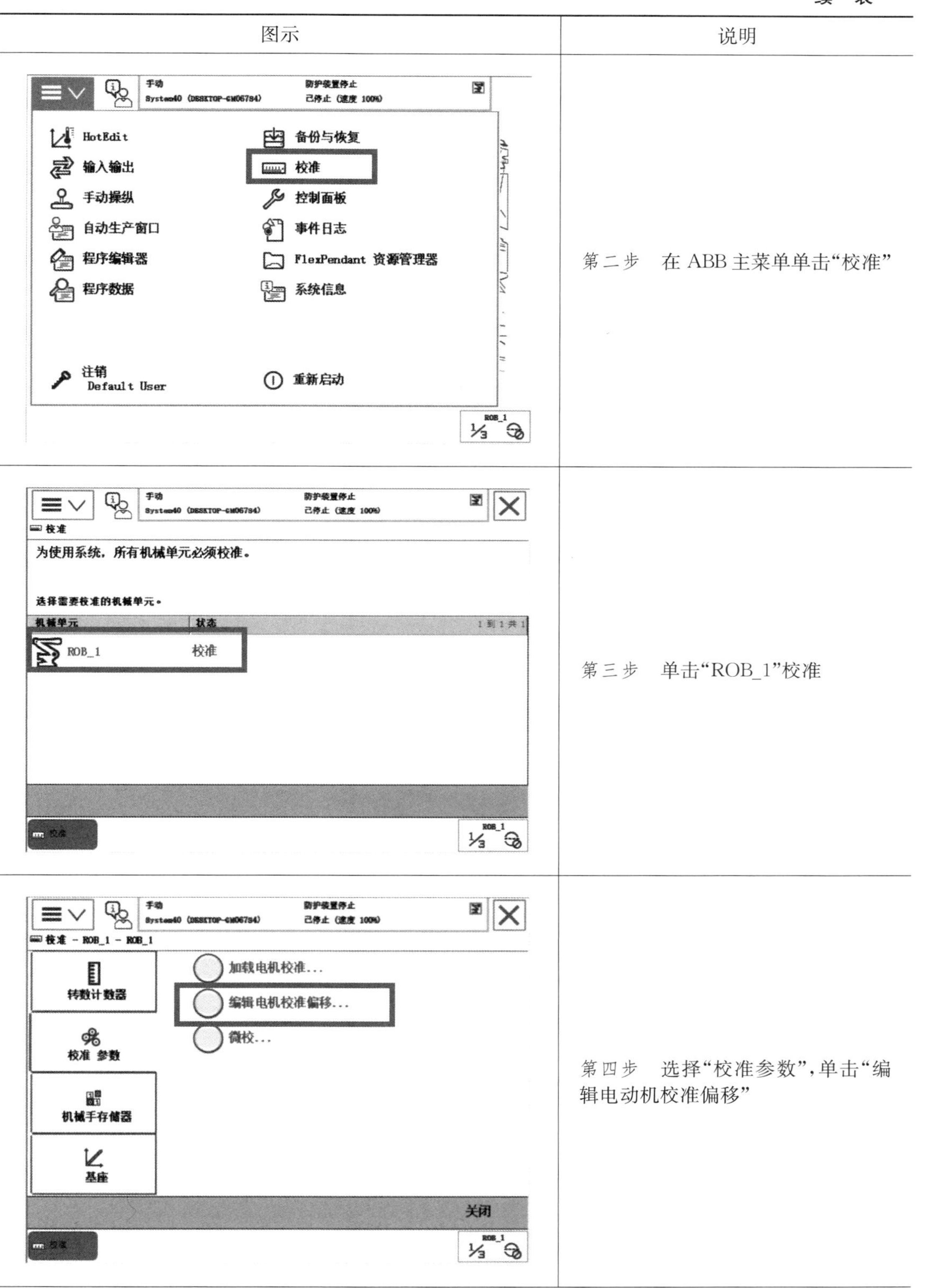

图示	说明
	第二步　在 ABB 主菜单单击“校准”
	第三步　单击“ROB_1”校准
	第四步　选择“校准参数”，单击“编辑电动机校准偏移”

续 表

图示	说明
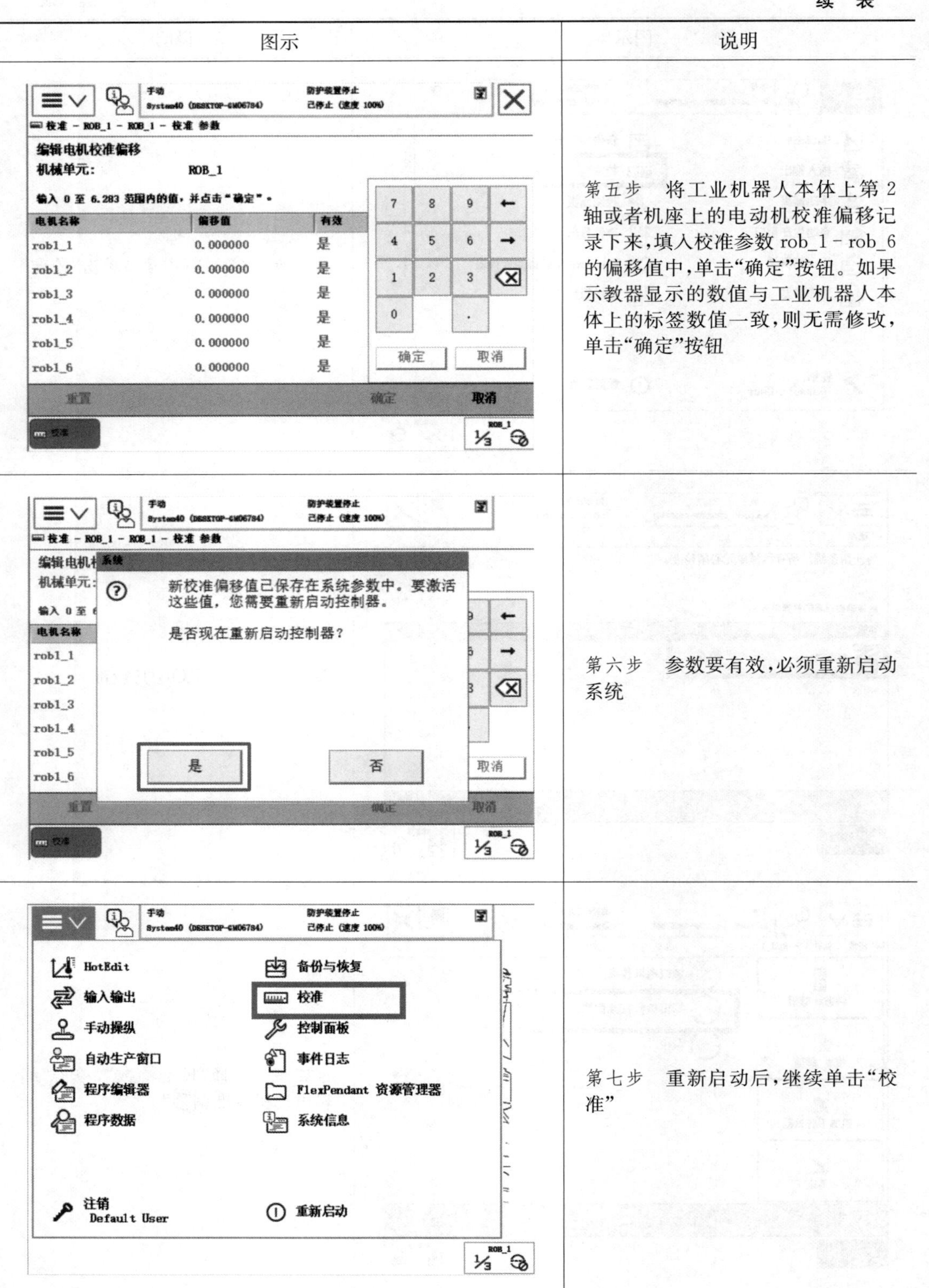	第五步　将工业机器人本体上第 2 轴或者机座上的电动机校准偏移记录下来，填入校准参数 rob_1－rob_6 的偏移值中，单击“确定”按钮。如果示教器显示的数值与工业机器人本体上的标签数值一致，则无需修改，单击“确定”按钮
	第六步　参数要有效，必须重新启动系统
	第七步　重新启动后，继续单击“校准”

续 表

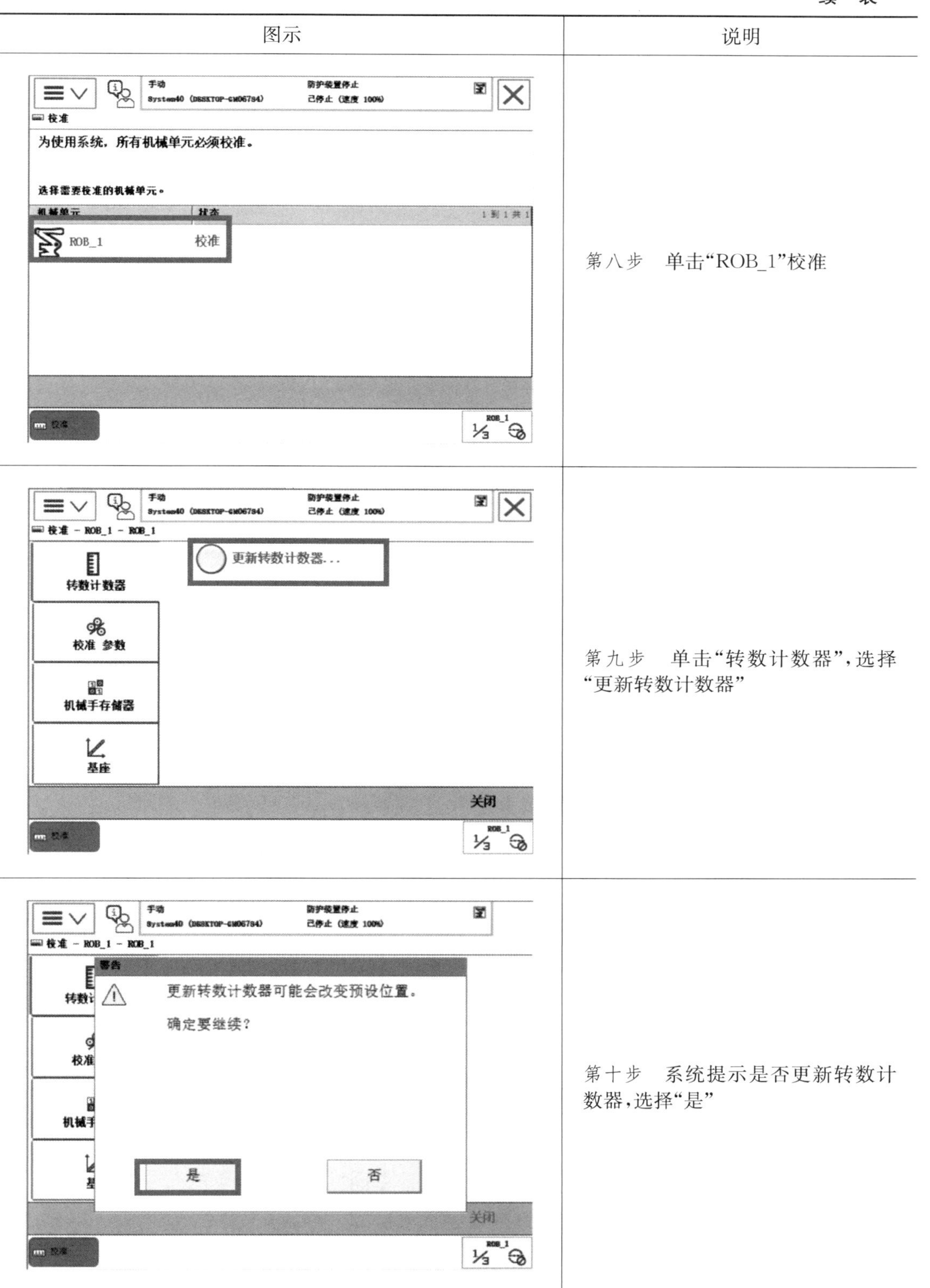

图示	说明
	第八步　单击“ROB_1”校准
	第九步　单击“转数计数器”，选择“更新转数计数器”
	第十步　系统提示是否更新转数计数器，选择“是”

续 表

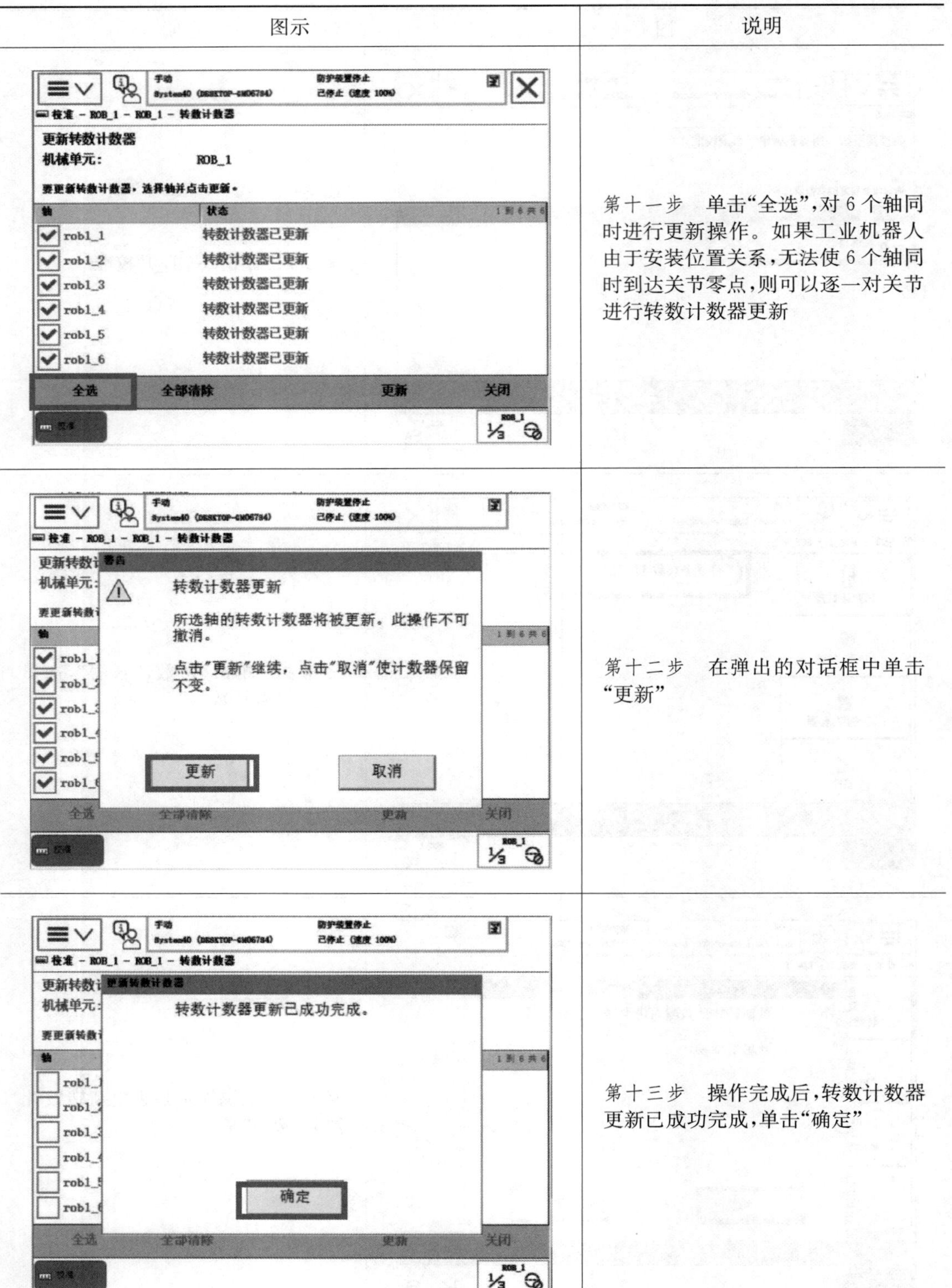

图示	说明
	第十一步　单击“全选”，对 6 个轴同时进行更新操作。如果工业机器人由于安装位置关系，无法使 6 个轴同时到达关节零点，则可以逐一对关节进行转数计数器更新
	第十二步　在弹出的对话框中单击“更新”
	第十三步　操作完成后，转数计数器更新已成功完成，单击“确定”

课后练习

一、填空题

1. 工业机器人根据其结构和功能可以分为不同类型，常见的分类方式包括按________分类、按________分类和按________分类。

2. 工业机器人的基本组成包括________、________和________三个主要部分。

3. 在使用工业机器人的示教器时，可以通过示教器上的________和________来实现对机器人的手动操纵。

4. 工业机器人常用的坐标系包括________坐标系、________坐标系、________坐标系和________坐标系。

5. 为了确保工业机器人系统的安全性和可恢复性，需要定期进行________和________操作。

6. 当工业机器人的转数计数器出现异常时，需要进行________操作以恢复其正常功能。

二、选择题

1. ABB工业机器人的主要组成部分包括以下哪些？（　　）

A. 机械本体、控制系统、驱动系统

B. 控制系统、感知系统、驱动系统

C. 机械本体、控制系统、驱动系统、感知系统

D. 机械本体、感知系统、驱动系统

2. ABB工业机器人的示教器主要用于以下哪些操作？（　　）

A. 编程、调试和监控　　B. 仅编程

C. 仅调试　　D. 仅监控

3. ABB工业机器人的坐标系包括以下哪些类型？（　　）

A. 关节坐标系、直角坐标系、工具坐标系

B. 关节坐标系、直角坐标系、用户坐标系

C. 直角坐标系、工具坐标系、用户坐标系

D. 关节坐标系、工具坐标系、用户坐标系

4. ABB工业机器人系统备份的主要目的是什么？（　　）

A. 提高运行速度　　B. 确保数据安全

C. 优化程序代码　　D. 节省存储空间

5. ABB工业机器人转数计数器更新的主要作用是什么？（　　）

A. 提高机器人的精度　　B. 确保机器人的安全运行

C. 延长机器人的使用寿命　　D. 优化机器人的运动轨迹

三、判断题

1. ABB工业机器人的控制系统是机器人的“大脑”，负责规划和指挥机器人的动作。（　　）

2. ABB工业机器人的示教器可以用于实时监控机器人的运行状态。（　　）

3. ABB工业机器人的转数计数器更新操作只能在系统恢复后进行。（　　）

4. ABB 工业机器人的系统备份文件可以保存到外部存储设备中，以便在需要时恢复。（　）

5. ABB 工业机器人的日志文件记录了机器人的操作历史和故障信息，但不能用于故障诊断。（　）

四、问答题

1. 阐述工业机器人的概念，并说说你想从事的工业机器人技术岗位。
2. 除了汽车领域，工业机器人还在哪些领域应用比较广泛？
3. ABB 工业机器人的基本组成包括哪些部分？请简述各部分的作用。
4. ABB 工业机器人的示教器有哪些主要功能？
5. ABB 工业机器人的坐标系有哪些类型？请简述每种坐标系的特点和应用场景。
6. ABB 工业机器人系统备份的主要步骤是什么？
7. ABB 工业机器人转数计数器更新的步骤是什么？

五、实操题

1. 熟悉示教器的使用，尝试设置增量模式，并操作工业机器人移动。

2. 在工业机器人工作台上找 A 和 B 两个点，利用单轴运动，使工业机器人从 A 点移动到 B 点，再利用线性运动，使工业机器人从 B 点移动到 A 点，说出二者所走的路径有何不同。

3. 在关节坐标系下按住使能按键，通过操作杆手动操作工业机器人，将工业机器人关节移动到表 1 - 22 所示的指定角度。

表 1 - 22　手动关节坐标系操作指定角度

轴	指定角度/(°)	轴	指定角度/(°)
轴 1	90	轴 4	10
轴 2	30	轴 5	90
轴 3	20	轴 6	−90

4. 在大地坐标系线性模式下手动操作工业机器人，使工业机器人移动到表 1 - 23 所示的指定位置。

表 1 - 23　手动大地坐标系操作指定位置

轴	指定位置/mm	轴	指定位置/mm
X	250.0	Z	520.0
Y	110.0		

5. 在工具坐标系下采用重定位动作模式手动操作工业机器人，使工业机器人移动到表 1 - 24 所示的指定角度。

表 1 - 24　手动工具坐标系操作指定角度

轴	指定角度/(°)	轴	指定角度/(°)
绕 X	25	绕 Z	30
绕 Y	−45		

6. 请在示教器上备份实训室内任意工业机器人的系统，并用 U 盘拷贝，存放在计算机上。

7. 把上一题备份系统中的程序模块和系统参数分别导入到与原工业机器人系统硬件配置一致的其他机器人系统，并观察结果。

8. 请参照书中步骤更新实训室内任意工业机器人系统的转数计数器。

项目评价

表 1－25　项目评价

评价项目	评价指标	分值	评分标准	自评	小组评	教师评
知识掌握（30 分）	工业机器人认知	3	能够准确描述工业机器人的定义和作用，列举应用场景。			
	工业机器人分类及应用	3	能够准确分类工业机器人，并说明每种类型的机器人特点及应用案例。			
	机器人的基本组成与结构	5	能够准确描述机器人各组成部分的名称和功能，通过示意图或实物展示组成结构。			
	工业机器人示教器的使用	5	能够熟练操作示教器进行基本操作，完成简单的编程和调试任务。			
	工业机器人手动操纵	5	能够熟练进行手动操纵，控制机器人完成指定动作，正确使用不同坐标系。			
	工业机器人坐标系	3	能够准确描述不同坐标系的特点和应用场景，通过示教器切换和使用不同坐标系。			
	工业机器人系统备份与恢复	3	能够准确描述系统备份与恢复的重要性，通过示教器完成系统备份与恢复操作。			
	工业机器人转数计数器更新	3	能够准确描述转数计数器的作用和更新的重要性，通过示教器完成转数计数器的更新操作。			
技能操作（40 分）	实践操作表现	20	每个学习任务的实践操作表现，包括操作的规范性、熟练程度和准确性。			
	综合应用能力	20	能够综合运用所学知识和技能，完成复杂的操作任务，在实际操作中解决遇到的问题。			

续　表

评价项目	评价指标	分值	评分标准	自评	小组评	教师评
团队协作（10分）	小组讨论	5	在小组讨论中的参与度和贡献度，积极参与讨论，提出自己的见解和建议。			
	团队合作	5	在团队实践操作中的协作能力和团队精神，与团队成员有效沟通，共同完成任务。			
自主学习（10分）	自主学习能力	5	能够主动查阅资料，学习相关知识，通过自主学习解决学习中的问题。			
	作业完成情况	5	每次作业的完成情况，包括作业的质量和按时提交情况，通过作业巩固所学知识。			
安全意识（10分）	安全操作习惯	5	在实践操作中严格遵守安全操作规程，正确使用安全设备，确保自身和设备的安全。			
	安全意识	5	在操作过程中能够及时发现潜在的安全隐患并采取措施，在团队中宣传安全知识，提高团队的安全意识。			

拓展阅读

从两根轴承看中国制造转型升级制造大国加快迈向制作强国

制造业，是立国之本、强国之基。乘“数”而上、向“新”而行，中国制造转型升级步履铿锵。

习近平总书记强调，“任何时候中国都不能缺少制造业”“要坚定不移把制造业和实体经济做强做优做大”“加快建设制造强国”。

轴承，工业的“关节”。

今年6月，福建漳州六鳌海上风电场，搭载国产主轴轴承的16兆瓦风电机组实现批量化运营、全容量并网。

江苏苏州地铁6号线，搭载国产3米级主轴承的“中铁872号”盾构机立下新功。

两根轴承，从无到有、从有到优，折射出新中国成立75年来中国制造从小到大、从大到强的坚实步伐。

拥有全球最完备产业体系，制造业总体规模连续14年位居世界首位，220多种产品产量位居全球第一……中国制造彰显出的坚实底气、创新动能、澎湃活力，为推进中国式现代化提供有力支撑。

从完备产业体系看中国制造坚实底气

习近平总书记强调:“制造业是国家经济命脉所系”“我国是个大国,必须发展实体经济,不断推进工业现代化、提高制造业水平”。

洛轴集团是16兆瓦风电机组主轴轴承生产厂家,集团党委书记、董事长王新莹坦言:“10多年前,高端轴承我们还‘摸不着’,但再难也要啃下这块‘硬骨头’。”

“强内功”,组建国家重点实验室等创新平台;“借外力”,与清华大学等高校院所密切合作。从新能源汽车轴承到风电主轴轴承,再到轨道交通轴承,洛轴新产品接连下线,应用到“嫦娥”“天宫”“中国天眼”等重大装备之中。

洛轴把“一类产品”做到极致,铁建重工专攻盾构机“一种产品”。

研发主轴承,补上盾构机产业链国产化“最后一块拼图”。2019年,铁建重工专门成立研究设计院,历经1000多个日夜终于成功研制出9米级盾构机主轴承。

“这是全球直径最大、承载最高的盾构机主轴承,可供目前全球最大型号的盾构机使用。”铁建重工首席科学家刘飞香感慨,“过去有什么设备施什么工,现在是需要施什么工,我们就能制造出什么装备。”

两根轴承背后,是中国制造完备产业体系彰显的坚实底气。

1949年,新中国第一炉铁水在鞍钢奔腾而出,如今,我国已连续28年居世界第一产钢大国,“手撕钢”不断刷新世界纪录;1956年,第一辆解放牌卡车驶下一汽生产线,如今,我国汽车产销量已连续15年居全球第一,新能源汽车产销量连续9年稳居世界第一。

从“造不了”到“造得出”再到“造得好”,我们用几十年走完发达国家几百年的工业化历程,制造业拥有31个大类、179个中类和609个小类,全球产业门类最齐全、产业体系最完整,产业链、供应链韧性和竞争力持续提升。2023年,制造业增加值占国内生产总值比重26.2%,占全球比重约30%。

体魄强健、筋骨壮实,今天的中国制造拥有稳如磐石的根基与底气。

从产业链协同看中国制造创新动能

习近平总书记强调:“制造业的核心就是创新,就是掌握关键核心技术,必须靠自力更生奋斗,靠自主创新争取。”

9米级盾构机主轴承的突破,背后正是一场原材料、工业母机、工程应用等环节共同参与的创新“接力”——

“压不碎、磨不烂”,材料首先要够硬。以主轴承内齿圈为例,8毫米厚的圈层,洛氏硬度需大于58,常规中碳轴承钢远无法达标。

怎么办?铁建重工与高校合作,历经2年多时间、30多组试验、上百万次疲劳试验,选出最佳钢材元素配比。多家钢铁企业,历经数十次技术讨论与测试,将配方变成产品。

有了材料,还要精密加工。2020年启动研发、2022年产品下线、国产化率超过90%,铁建重工与合作伙伴共同研制的国产9米高速数控铣齿机床,助力主轴承顺利下线。

16兆瓦风电主轴轴承的研发,同样离不开有关方面的“集团作战”。

“大兆瓦风机主轴轴承,没有相关参考资料。关键时刻,主机厂商金风科技送来各类型风机运行数据,解了‘燃眉之急’。”洛轴销售总公司风电部部长姚东感慨,“同舟共济、协同创新,中国制造就有无限可能。”

大中小企业融通创新,产学研各方通力合作,大飞机翱翔蓝天、高速磁浮贴地飞行、国产大型邮轮投入商用……一大批重大标志性创新成果引领中国制造不断攀上新高度。2023年,高技术制造业增加值占规上工业增加值比重为15.7%,比2012年提高6.3个百分点。

推陈致新,升级传统产业;与日俱新,壮大新兴产业;聚焦前沿,布局未来产业……我国因地制宜发展新质生产力,不断塑造发展新动能新优势。目前,战略性新兴产业占国内生产总值比重约13%,全国高新技术企业数量达46.3万家。

以自强不息的精神奋力攀登,今天的中国制造,到处都是日新月异的创造。

从高端化、智能化、绿色化看中国制造澎湃活力

习近平总书记强调,“推动制造业高端化、智能化、绿色化发展。”

全面提升,布局高端,轴承产品持续“上新”:

3月10日,洛轴研制的长白山40米口径射电望远镜轴承通过验收,未来该射电望远镜将为月球探测器精准“引路”。

3月14日,世界首台25兆瓦风电主轴轴承在洛阳轴研科技顺利下线,刷新全球风电轴承最大单机容量纪录。

产品更高端,生产也要更智能。走进铁建重工长沙第二产业园总装厂房,一个现实车间,一个数字车间,线上线下,实时同步。

“瞧,这是一组盾构机刀盘正面数字孪生画面,深浅不一的颜色代表着刀片的受力、磨损情况。”铁建重工数字孪生研究所副所长王永胜说,实时分析这些数据,工程师可以有针对性地优化下一代产品。

“两根轴承”是一个缩影。持续推动产业优化升级,中国制造硕果累累。

向“微笑曲线”两端攀登。量产动力电池单体能量密度达300瓦时每公斤,处于国际领先水平;晶硅—钙钛矿叠层电池效率达34.6%,屡屡刷新世界纪录;新能源汽车、锂电池、光伏产品“新三样”年出口突破万亿元大关……中国制造加快迈向全球产业中高端。

向“数实融合”深度进军。重点工业企业数字化研发设计工具普及率达80.1%,关键工序数控化率达62.9%,工业互联网实现工业大类全覆盖……产业数字化、数字产业化步伐不断加快。

向“绿色低碳”持续发力。推进绿色低碳改造、构建绿色制造体系、培育壮大绿色产业……“十四五”前两年,规模以上工业单位增加值能耗累计下降6.8%。

瞄准“高科技”、追求“高效能”、迈向“高质量”,今天的中国制造,展露新模样,打开新空间,激荡新活力。

“我们将围绕推进新型工业化、发展新质生产力、保持制造业合理比重,把建设制造强国同发展数字经济、产业信息化等有机结合,加快建设以先进制造业为骨干的现代化产业体系。”工业和信息化部党组书记、部长金壮龙表示。

(来源:中国政府网《从两根轴承看中国制造转型升级——制造大国加快迈向制造强国》人民日报,时间:2024-09-11)

项目2　ABB工业机器人编程基础

项目概述：在当今智能制造蓬勃发展的时代，ABB工业机器人作为全球领先的自动化设备，广泛应用于汽车制造、机械加工、电子装配等多个领域。掌握ABB工业机器人编程基础，不仅是进入高端制造业的关键技能，更是推动我国制造业转型升级的重要力量。

本项目以“理论与实践相结合”为核心，旨在帮助学习者系统地掌握ABB工业机器人的编程方法和应用技巧。通过精心设计的项目任务，从基础的机器人操作与编程指令，到复杂的程序逻辑与路径规划，学习者将逐步深入，积累丰富的编程经验。每一个任务都紧密结合实际生产场景，确保学习者能够在真实的工作环境中灵活运用所学知识，解决实际问题。

此外，本项目还强调实践操作的重要性。通过大量的实际编程任务，学习者不仅能够掌握理论知识，还能在实践中不断提升动手能力。这种“做中学”的教学模式，有助于学习者更好地理解和掌握ABB工业机器人的编程技巧，为未来的职业发展打下坚实的基础。

学习目标

知识目标：

(1) 掌握RAPID程序的结构组成：理解RAPID程序的基本框架，包括程序模块、程序主体(MAIN程序)和子程序的组织方式，明确各部分的功能与作用。

(2) 学会工业机器人运动指令运用：熟悉ABB工业机器人的运动指令(如MoveJ、MoveL、MoveC等)，掌握其语法格式、运动特点和适用场景，能够根据任务需求选择合适的运动指令。

(3) 了解工业机器人程序数据的定义：熟悉程序数据的类型(如位置数据、数值数据、I/O数据等)，掌握其定义方法和作用范围，了解不同类型数据在程序中的应用。

(4) 学会工业机器人重要程序数据的建立：掌握关键程序数据(如工具数据、工件数据、系统数据等)的创建方法，能够根据实际任务需求合理设置和调整这些数据，确保程序的正确执行。

(5) 学会工业机器人示教板零件的编程：掌握使用示教板进行零件编程的方法，包括手动输入程序、示教点位、调整参数等操作，能够通过示教板完成简单零件的编程任务。

(6) 学会工业机器人常用的指令应用：熟悉常用的RAPID指令(如赋值指令、逻辑控制指令、I/O控制指令等)，掌握其使用方法和应用场景，能够灵活运用这些指令实现复杂的程序逻辑。

技能目标：

(1) 能够编写结构清晰的 RAPID 程序：根据实际任务需求，编写符合规范的 RAPID 程序，合理组织程序模块和子程序，确保程序的可读性和可维护性。

(2) 熟练运用运动指令完成任务：能够根据任务要求，选择合适的运动指令编写程序，实现机器人在不同路径下的精确运动，确保运动的平滑性和准确性。

(3) 正确定义和使用程序数据：能够根据任务需求，正确定义和使用各种程序数据，合理设置数据的类型、范围和初始值，确保程序的正确执行。

(4) 熟练建立重要程序数据：掌握工具数据、工件数据等重要程序数据的创建和调整方法，能够根据实际应用场景灵活设置这些数据，确保机器人在不同任务中的适应性。

(5) 熟练使用示教板进行编程：能够熟练操作示教板，完成零件的编程任务，包括手动输入程序、示教点位、调整参数等操作，确保程序的准确性和可靠性。

素质目标：

(1) 培养严谨的逻辑思维能力：通过 RAPID 程序的编写和调试，培养学生的逻辑思维能力和问题分析能力，使其能够清晰地规划程序结构，合理安排程序逻辑。

(2) 增强实践操作能力与动手能力：通过示教板编程和实际操作练习，提高学生的实践操作能力和动手能力，使其能够熟练掌握机器人的操作方法和编程技巧。

(3) 培养创新意识与解决问题的能力：鼓励学生在编程过程中积极探索新的方法和优化方案，培养其创新意识和解决实际问题的能力，使其能够适应不断变化的工业自动化需求。

(4) 树立团队协作精神与沟通能力：在复杂的编程任务中，引导学生分工合作，相互配合，共同攻克技术难题，培养其团队协作精神和沟通能力。

(5) 培养安全意识与规范操作习惯：强调工业机器人操作的安全规范，培养学生在实际工作中严格遵守安全操作规程的习惯，确保自身和设备的安全。

(6) 激发学习兴趣与职业责任感：通过实际任务的完成，激发学生对工业机器人编程的学习兴趣，培养其职业责任感和敬业精神，使其在未来的工作中能够认真负责地完成各项任务。

案例导入

又一新国标来了！为什么顶级机器人公司都在发力国家标准？

在全球化竞争日益激烈的新时代，标准已跃升为重塑产业格局的核心驱动力。在智能制造、机器人等战略新兴领域，标准更是重构产业链、价值链的关键要素。

作为我国标准体系中的“金字塔尖”，国家标准不仅是行业治理体系的重要组成部分，更是引领技术创新与提升企业核心竞争力的战略利器。

在机器人产业向智能化、高端化转型的关键阶段，近期，由协作机器人头部企业节卡机器人作为牵头起草单位，主导制定的国家标准——《机器人智能化视觉评价方法及等级划分》正式发布。

该标准紧密围绕机器人智能化视觉领域的应用需求，首次明确了机器人智能化视觉测试包括视觉算法测试、整机测试，定义了包括人体姿态估计、人脸识别、字符识别、物体识别、安全性的 5 大类 19 项机器人智能化视觉测试指标，并详细描述了指标的测试与计算方法，适用于工业机器人、服务机器人、特种机器人等的智能化视觉评价。

这一标准的发布，不仅填补了机器人智能化视觉领域的标准空白，更标志着我国在机器人核心技术的国家标准制定上迈出了里程碑式一步。

在机器人行业快速发展的当下，标准体系的构建却仍在摸索中前行。近年来，尽管行业内陆续有团体标准、地方标准出台，试图规范市场，但整体仍呈现出一种“乱象丛生”的状态，缺乏系统性和权威性。

其中，国家标准的身影尤为稀缺，尤其是涉及机器人智能化视觉这一板块，多数企业仍聚焦于硬件参数或基础性能优化，这也导致了市场上机器人产品的视觉智能化水平参差不齐，企业之间缺乏统一的衡量标尺，消费者在选择产品时往往无所适从。

机器人智能化主要体现在机器人感知、认知、决策等功能在非结构化或动态环境下实现自主作业的能力。而机器人视觉系统则是通过多模态视觉传感，采集目标环境的图像或视频，并对其进行分析处理以获取目标物相关信息，主要包括视觉传感器、图像采集装置、视觉处理软件等。

在 AI 时代的浪潮下，机器人正从单纯的自动化工具，向着与具身智能深度融合的方向迈进，智能化已然成为行业发展的必经之路。而视觉作为机器人感知环境的核心技术，其评价方法及等级划分的缺失制约了行业发展。

只有具备更强大的智能化识别能力，机器人才能作为智能化决策单元，灵活且精准地完成更多复杂场景下的任务，满足工业制造、医疗服务、物流配送等多领域的多样化需求。

作为协作机器人领域的排头兵，节卡始终走在机器人技术前沿，在感知、认知、决策、执行四大要素上不断突破，并把先进技术成果转化到产品中。

此次节卡主导制定的《机器人智能化视觉评价方法及等级划分》国家标准具备独特产业价值:有效填补了行业在智能化视觉领域的规范空白,可帮助行业对机器人产品的视觉识别智能性进行客观、准确的评估,为企业研发提供了技术依据,也为市场建立了统一的质量评估体系,有助于推动整个机器人产业的高质量发展。

结合机器人应用场景,针对不同类型的机器人,此标准还创新性地定义了3类视觉智能等级,并明确了不同智能项目的等级要求与等级判断依据,帮助企业精准定位产品层级,明确机器人智能化视觉发展基线与提升方向,推动行业上下游持标规范机器人设计和生产,提升产业整体智能化品质。

(来源:中国机器人网,时间:2025-06-26)

任务2.1 RAPID 程序结构组成

任务导入:在工业自动化领域,ABB工业机器人凭借其高效、精准的性能,广泛应用于汽车制造、机械加工等行业。而RAPID编程语言作为ABB机器人的核心控制语言,其程序结构的合理设计直接影响到机器人任务的执行效率与准确性。我们将深入探究RAPID程序的结构组成,开启工业机器人编程的精彩之旅。

在汽车生产线上,ABB机器人需要完成复杂的焊接任务。这不仅要求机器人能够精准地到达每一个焊接点,还需要按照既定的顺序和逻辑执行任务。这就需要我们编写结构清晰、逻辑严谨的RAPID程序。程序中包含主程序、子程序、中断程序等不同模块,它们各司其职,协同工作,确保机器人能够高效、稳定地完成任务。

通过本任务的学习,我们将掌握RAPID程序的基本结构组成,学会如何合理组织程序模块,为后续的机器人编程打下坚实的基础。让我们一起走进RAPID程序的世界,开启工业机器人编程的智慧之门,用代码赋予机器人灵动的生命力,让它在生产线上大放异彩,助力制造业的智能化发展。

知识链接

2.1.1　RAPID 程序结构

ABB 工业机器人编程采用 RAPID 语言。RAPID 是一种英文编程语言，所包含的指令可以实现移动机器人、设置输出、读取输入，还能实现决策、重复其他指令、构造程序、与系统操作员交流等功能。图 2 - 1 就是采用 RAPID 语言编写的 ABB 工业机器人的程序。

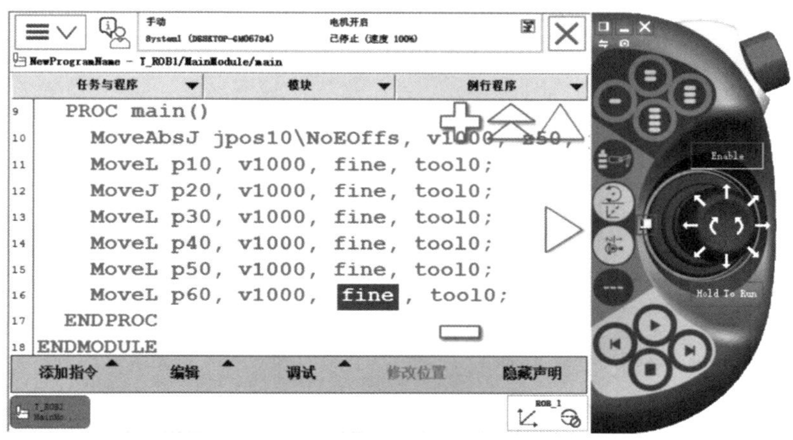

图 2 - 1　ABB 工业机器人 RAPID 语言

2.1.2　RAPID 程序的基本框架

ABB 工业机器人一切从任务和程序开始，通过新建立任务和程序，然后建立程序模块和例行程序，形成 ABB 工业机器人的程序框架，RAPID 程序结构建立的顺序见图2 - 2。

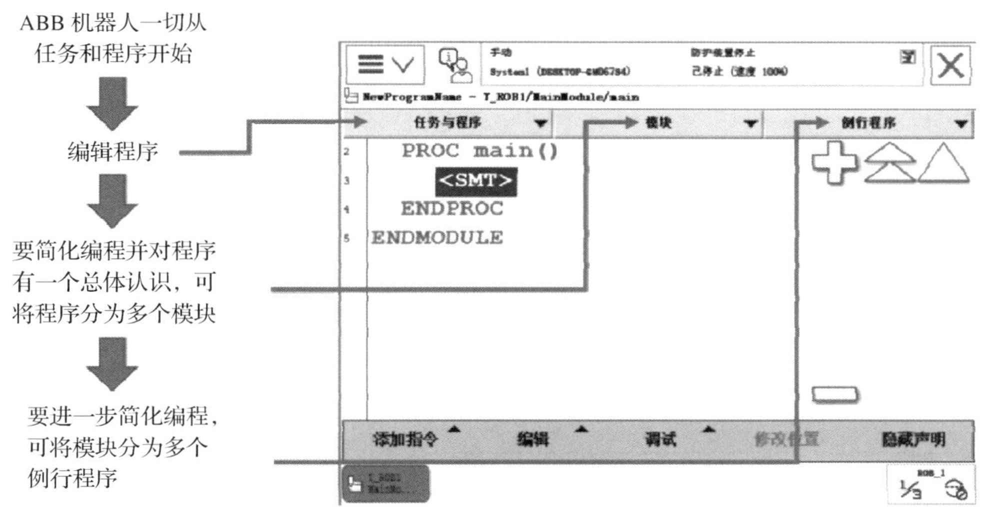

图 2 - 2　RAPID 程序建立的顺序

组成RAPID程序的是程序模块和系统模块，其中每个程序模块包含程序数据、例行程序等，RAPID程序结构框架见表2-1。

表 2-1　RAPID 程序结构框架

RAPID 程序结构框架			
程序模块 1	程序模块 2	程序模块 3	程序模块 4
程序数据 主程序 main 例行程序 中断程序 功能	程序数据 例行程序 中断程序 功能	……	程序数据 例行程序 中断程序 功能

2.1.3　RAPID 程序的建立

1. 程序模块的建立，见表2-2。

表 2-2　程序模块建立步骤

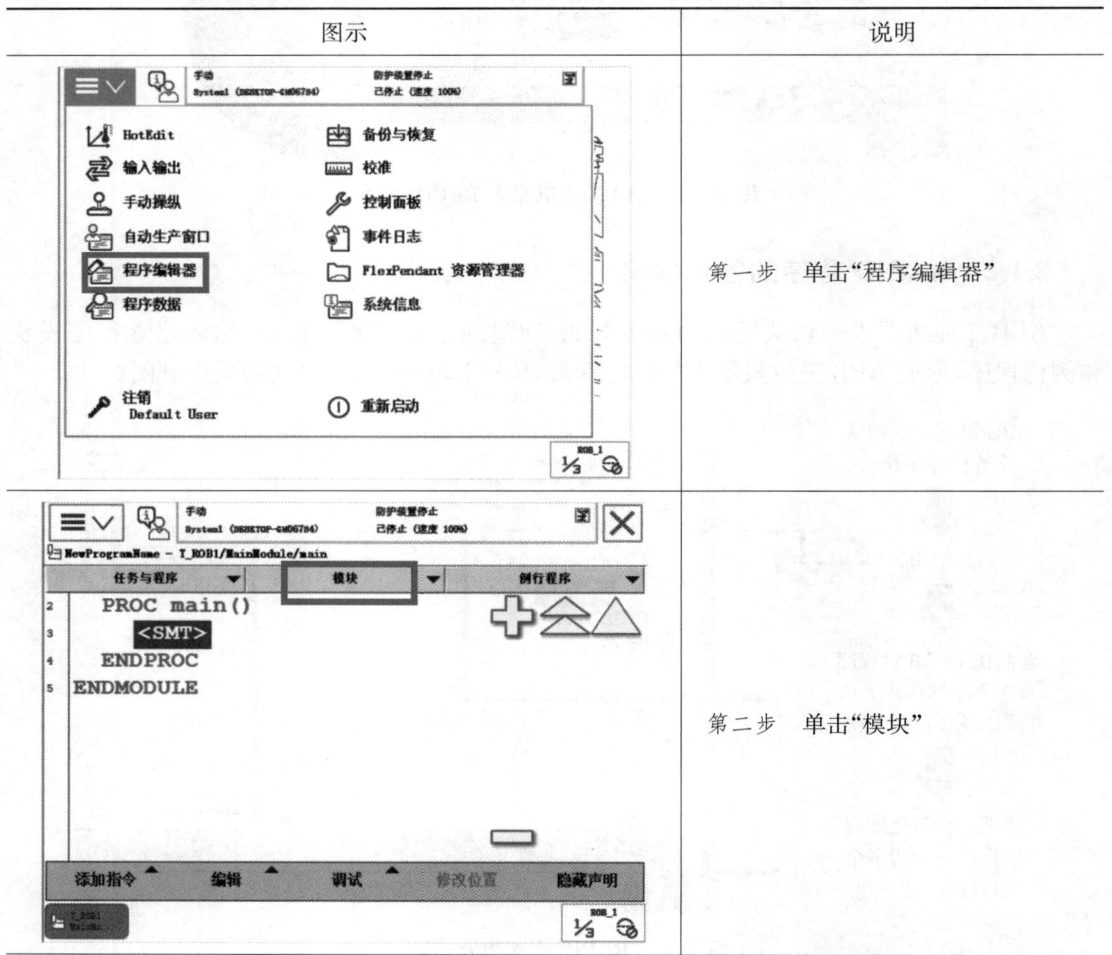

图示	说明
	第一步　单击“程序编辑器”
	第二步　单击“模块”

续 表

图示	说明
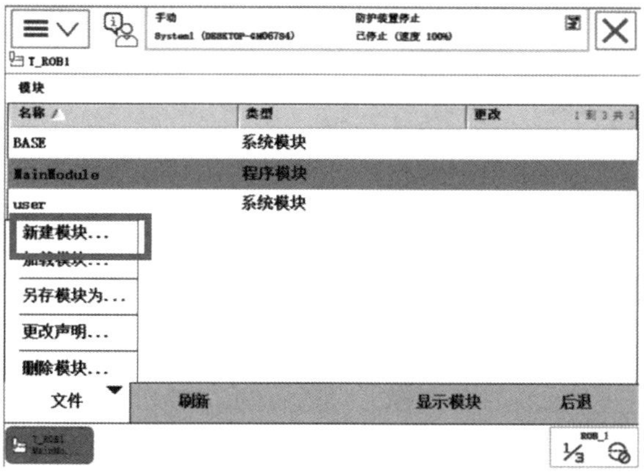 手动 System1 (DESKTOP-6M06784) 防护装置停止 已停止 (速度 100%) T_ROB1 模块 名称 / 类型 更改 BASE 系统模块 MainModule 程序模块 user 系统模块 新建模块… 加载模块… 另存模块为… 更改声明… 删除模块… 文件 刷新 显示模块 后退	第三步　单击“新建模块”
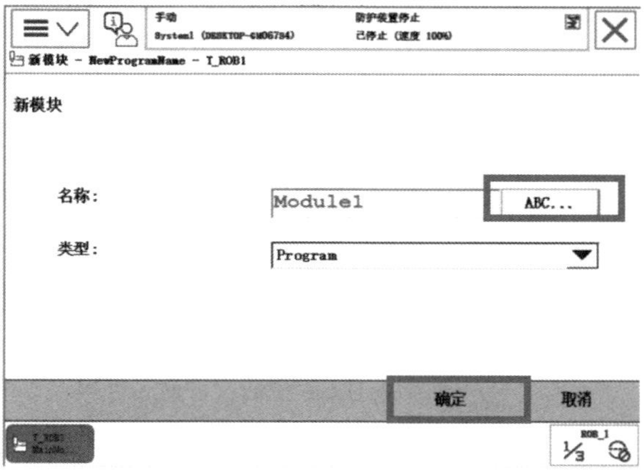 手动 System1 (DESKTOP-6M06784) 防护装置停止 已停止 (速度 100%) 新模块 - NewProgramName - T_ROB1 新模块 名称： Module1 ABC… 类型： Program 确定 取消	第四步　单击“ABC”，可以对新模块进行命名，在类型中选“Program”，单击“确定”，完成模块建立

2. 建立主程序及例行程序，见表 2－3。

表 2－3　例行程序建立步骤

图示	说明
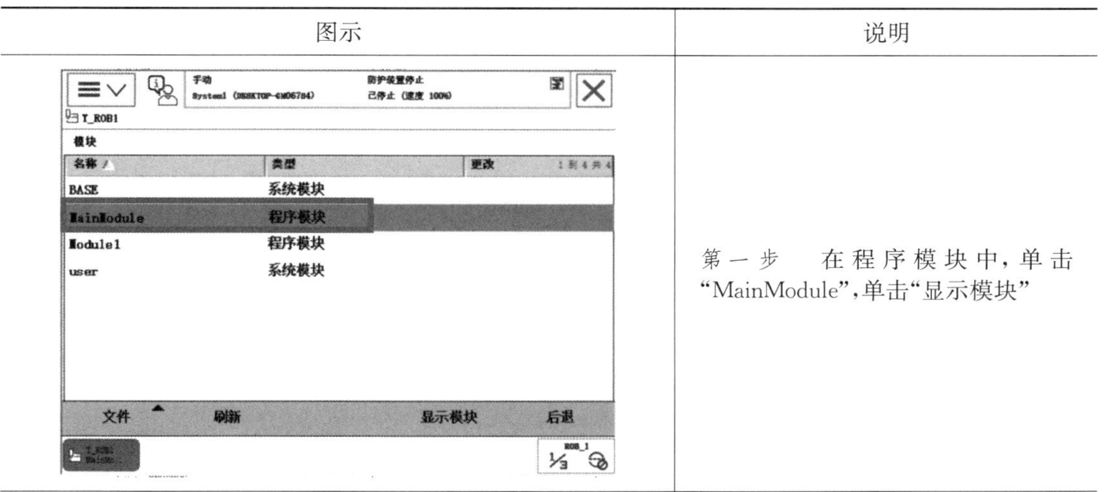	第一步　在程序模块中，单击“MainModule”，单击“显示模块”

续 表

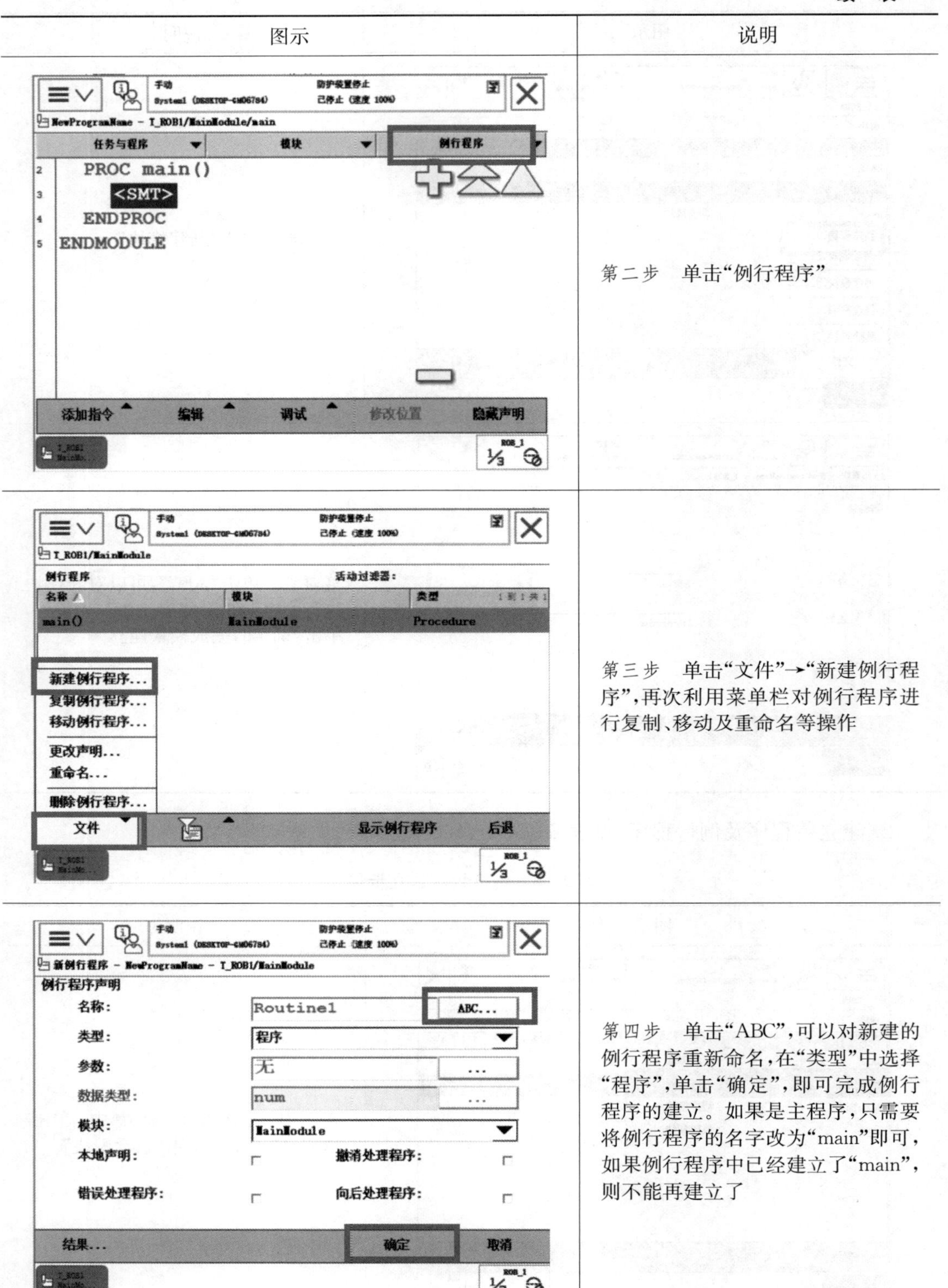

图示	说明
	第二步　单击“例行程序”
	第三步　单击“文件”→“新建例行程序”，再次利用菜单栏对例行程序进行复制、移动及重命名等操作
	第四步　单击“ABC”，可以对新建的例行程序重新命名，在“类型”中选择“程序”，单击“确定”，即可完成例行程序的建立。如果是主程序，只需要将例行程序的名字改为“main”即可，如果例行程序中已经建立了“main”，则不能再建立了

3. 建立中断程序，见表 2-4。

表 2-4 中断程序建立步骤

图示	说明
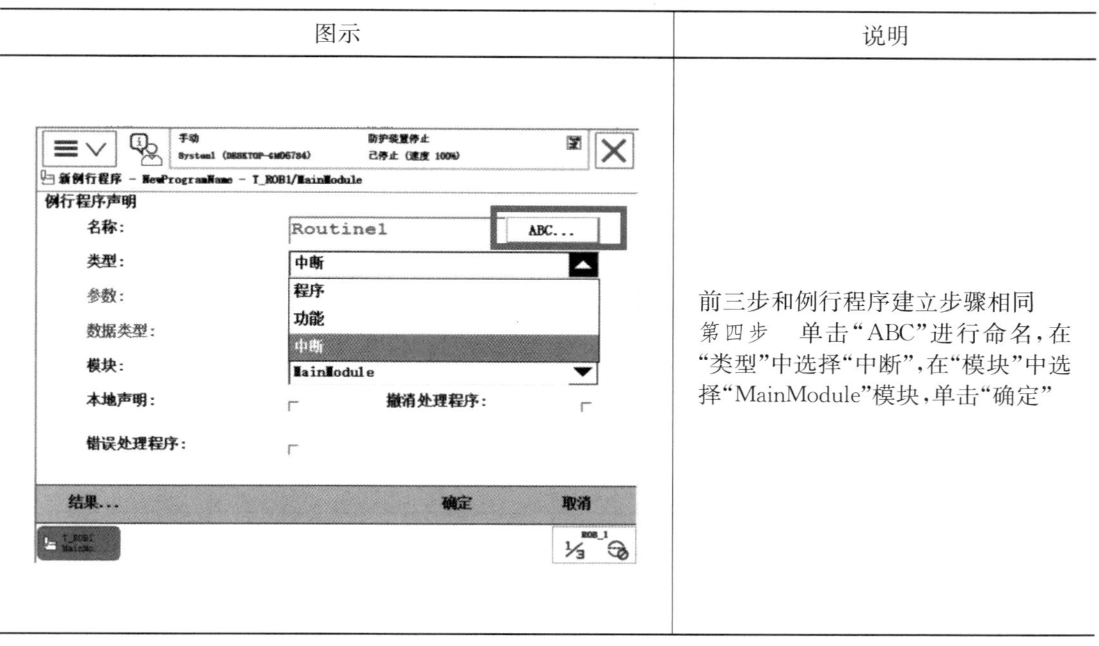	前三步和例行程序建立步骤相同 第四步　单击“ABC”进行命名，在“类型”中选择“中断”，在“模块”中选择“MainModule”模块，单击“确定”

4. 建立功能，见表 2-5。

表 2-5 建立功能

图示	说明
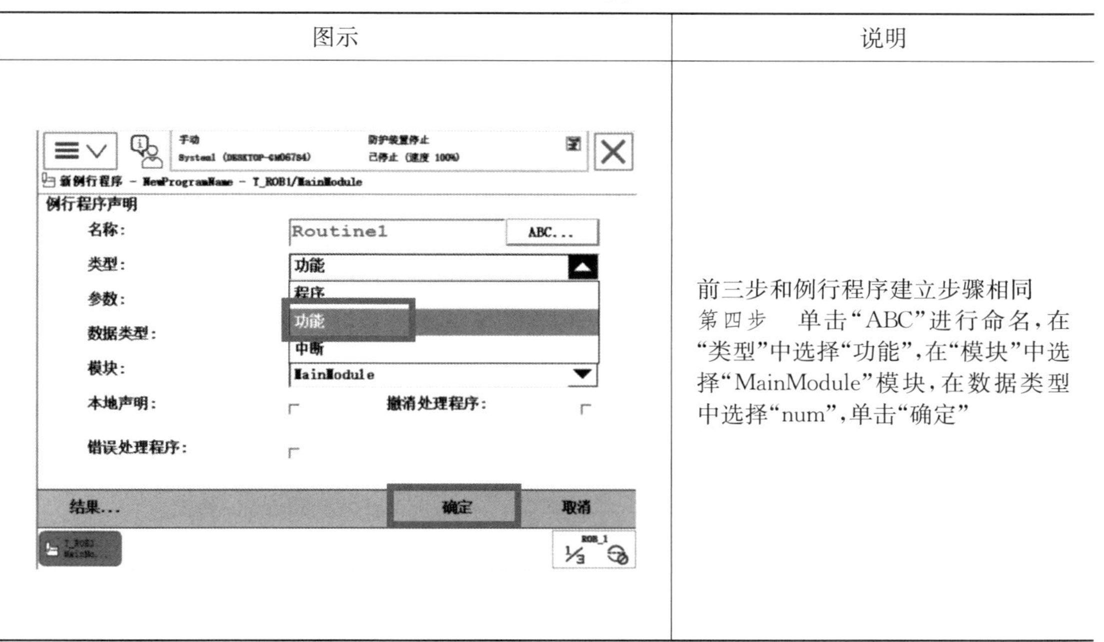	前三步和例行程序建立步骤相同 第四步　单击“ABC”进行命名，在“类型”中选择“功能”，在“模块”中选择“MainModule”模块，在数据类型中选择“num”，单击“确定”

5. 建立程序数据 num，见表 2-6。

表 2-6　建立程序数据 num

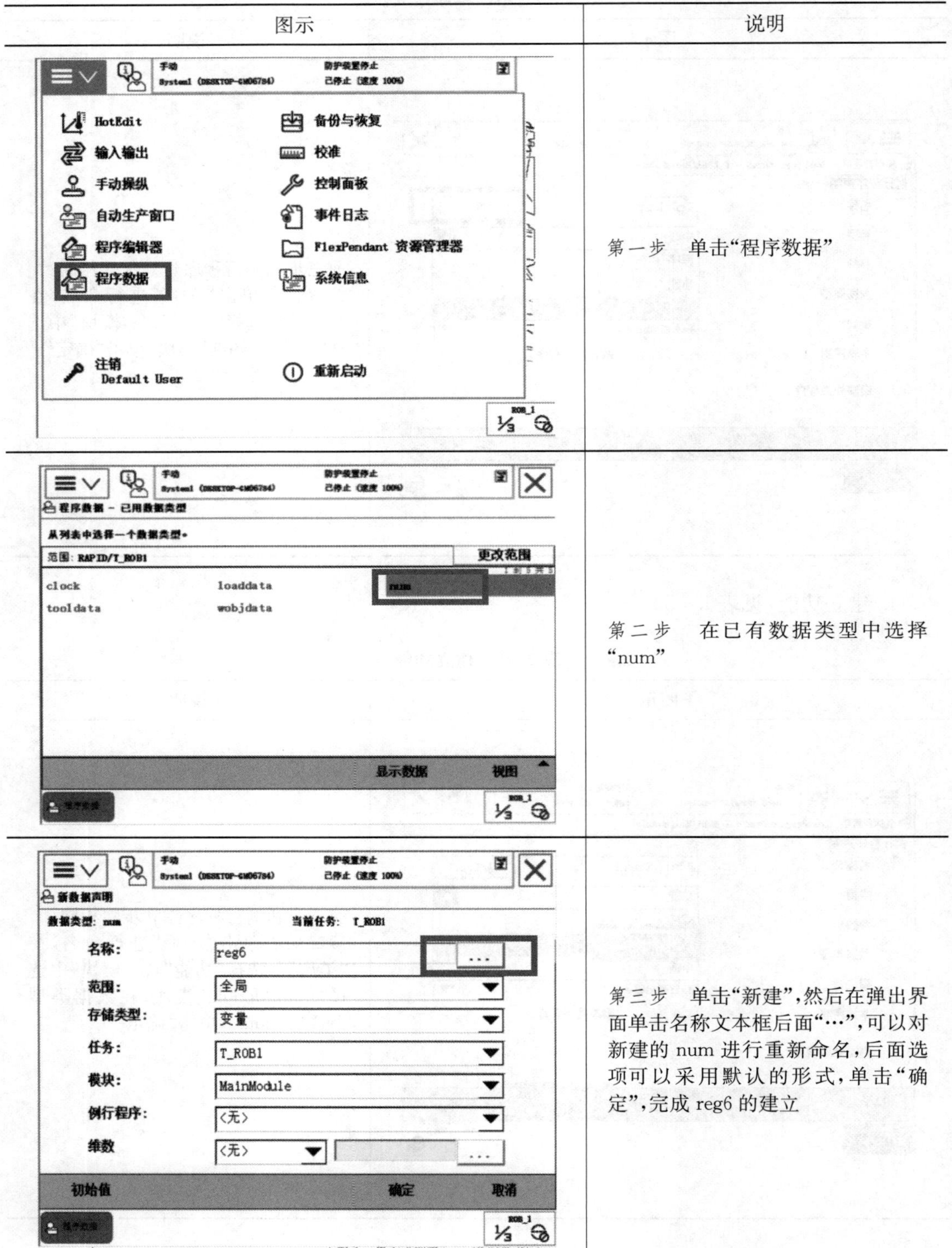

图示	说明
	第一步　单击“程序数据”
	第二步　在已有数据类型中选择“num”
	第三步　单击“新建”，然后在弹出界面单击名称文本框后面“…”，可以对新建的 num 进行重新命名，后面选项可以采用默认的形式，单击“确定”，完成 reg6 的建立

2.1.4 RAPID 程序使用注意事项

（1）RAPID程序是由程序模块与系统模块组成的。一般只通过新建程序模块来构建工业机器人的程序，而系统模块多用于系统方面的控制。

（2）可以根据不同的用途创建多个程序模块，如专门用于主控制的程序模块，用于位置计算的程序模块，用于存放数据的程序模块，这样便于分类管理不同用途的例行程序与数据。

（3）每一个程序模块包含了程序数据、例行程序、中断程序和功能四种对象，但在一个模块中不一定包含这四种对象，程序模块之间的数据、例行程序、中断程序和功能是可以互相调用的。

（4）在RAPID程序中，只有一个主程序main，存在于任意一个程序模块中，并且是作为整个RAPID程序执行的起点。

任务2.2 程序加载和运行

任务导入：在工业自动化领域，ABB工业机器人以其高效、精准的性能，成为生产线上不可或缺的“智能助手”。然而，如何让机器人按照预设的任务精准运行，是每一位技术人员必须掌握的关键技能。今天，我们将通过三个核心任务，深入探索ABB工业机器人的程序加载、运行与调试，开启工业机器人编程与操作的实践之旅。

首先，我们将学习如何在手动模式下加载工业机器人的运行程序。这一步骤是确保机器人能够执行任务的基础，需要我们熟练掌握示教器的操作方法，将精心编写的程序准确无误地加载到机器人的控制系统中。接着，我们将进入手动运行和调试环节，这是验证程序正确性、优化机器人运动轨迹的关键步骤。通过手动运行程序，我们可以细致观察机器人的每一个动作，及时发现并修正潜在问题，确保程序的完美执行。最后，我们将学习如何修改程序指令的位置参数，以适应生产过程中可能出现的变化，如工件位置的微调或任务需求的变更，这将赋予机器人更强的灵活性和适应性。

2.2.1 程序指针

在ABB工业机器人的程序编辑器界面，程序指针（PP）以箭头形式显示在程序行序号位置。光标在程序编辑器中的程序代码处以蓝色突出显示，可显示一行完整的指令或一个变元，如图2－3所示。

无论使用哪种方式启动，程序都将从“程序指针（PP）”位置开始执行。因此，启动程序前，需要将程序指针指向需要启动的程序行。

程序启动并非每次都从首行开始，根据实际情况可能从中间开始，因此，ABB工业机器

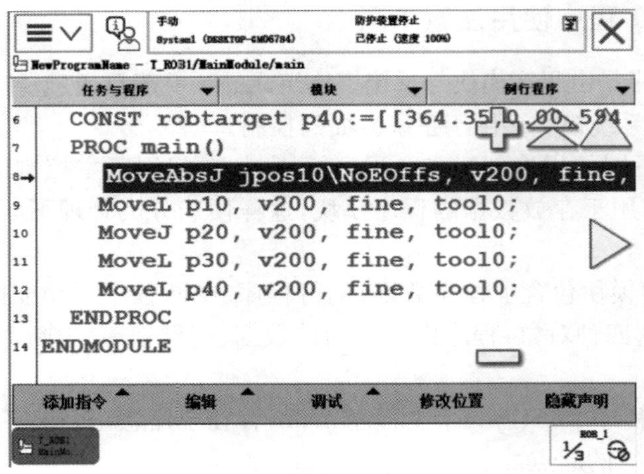

图 2-3　程序指针及光标

人系统提供了三种方式设置程序指针，分别是 PP 移至 Main、PP 移至光标和 PP 移至例行程序，如图 2-4 所示。

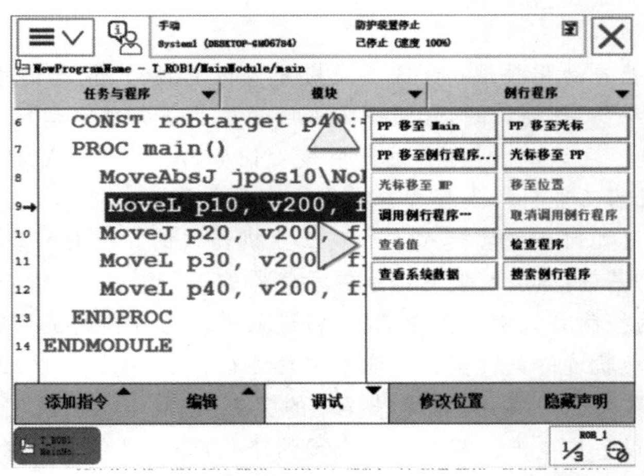

图 2-4　调试菜单

1. PP 移至 Main

工业机器人程序与计算机程序类似，都有一个程序开始入口。在系统中，这个程序入口为“例行程序 Main”的首行。因此，“PP 移至 Main”就相当于将程序指针位置设为首行。只是这个“首行”是逻辑上的，对应程序行的序号不是“1”。

2. PP 移至光标

先选中需要设置程序指针使其高亮显示，然后单击“PP 移至光标”使程序指针移动到光标所在程序行。

3. PP 移至例行程序

如果需要从其他例行程序启动，单击“PP 移至例行程序”进入例行程序选择指定启动的程序，然后再使用“PP 移至光标”功能指定程序指针位置。

2.2.2 运行模式

工业机器人的运行模式有手动运行、自动运行和外部自动运行三种方式。根据需要选择工业机器人的运行方式。

1. 手动运行

在操作工业机器人到达任务所需要的位置时，需使用手动运行操作工业机器人。在执行程序自动运行前，也需要使用手动运行，进行程序的调试。手动运行主要包括以下两部分：

(1) 示教/编程；

(2) 在手动运行模式下测试、调试程序。

2. 自动运行

自动运行用于不带上级控制系统(PLC)的工业机器人，程序执行时的速度等于编程设定的速度，并且手动无法运行工业机器人。通常情况按下系统启动按钮后，工业机器人开始连续执行程序，直至程序运行完成。

3. 外部自动运行

外部自动运行用于带上级控制系统(PLC)的工业机器人，程序执行时的速度等于编程设定的速度，并且手动无法运行工业机器人。通常情况按下系统外部启动按钮后，工业机器人开始连续执行程序，直至程序运行完成。

自动运行模式和外部自动运行模式均必须配备安全防护装置，而且它们的功能必须正常，所有人员应位于由防护装置隔离的区域之外方能运行程序。

2.2.3 程序指令修改点位

程序编辑器是 ABB 工业机器人编辑程序的主要窗口。在示教盒触摸屏左上角单击 ABB“菜单键”，然后选中“程序编辑器”进入程序编辑器界面，如图 2－5 所示。

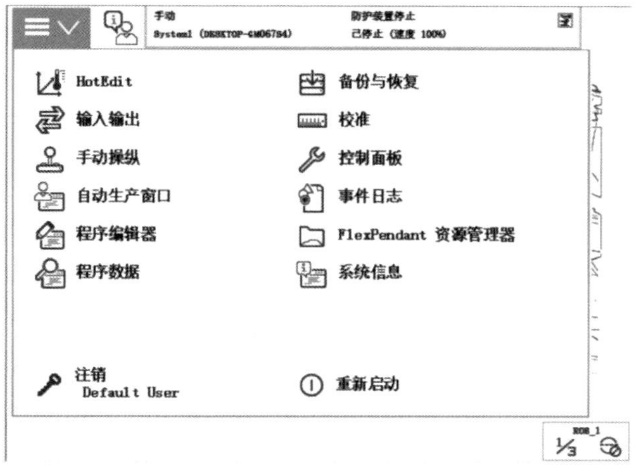

图 2－5 进入程序编辑器

程序编辑器界面有多个功能子菜单，分别用于程序管理、指令管理、程序编辑调试等功能，如图 2－6 所示，其中加深显示的是一条工业机器人运行程序。

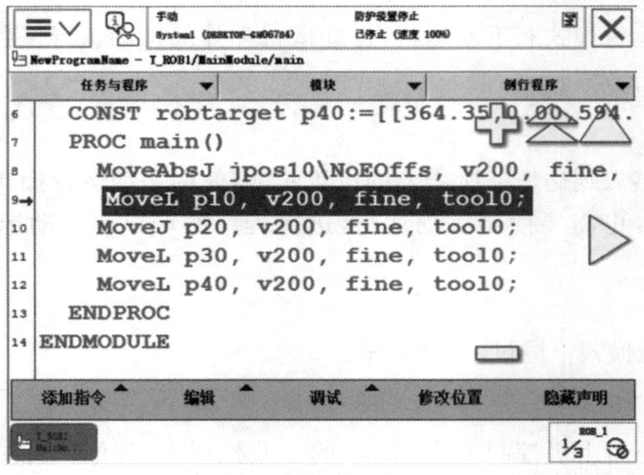

图 2－6　程序编辑器界面

在工业机器人运行程序“MoveL p10，v200，fine，tool0”中，“p10”是工业机器人运行的目标点，目标点位置数据包含机器人六个关节的电机轴角度，如需修改目标点位置，可在程序编辑器界面，选中需要修改位置的指令，将工业机器人手动移动到新的目标点，然后单击“修改位置”按钮即可修改目标点位置。本任务程序中各运动指令对应图形位置如图 2－7 所示。

图 2－7　程序运动

2.2.4　加载程序

ABB 工业机器人系统中，手动或自动运行程序前都需要先加载程序。加载程序的操作步骤如表 2－7。

2.2.4　加载程序视频

表 2－7 加载程序步骤

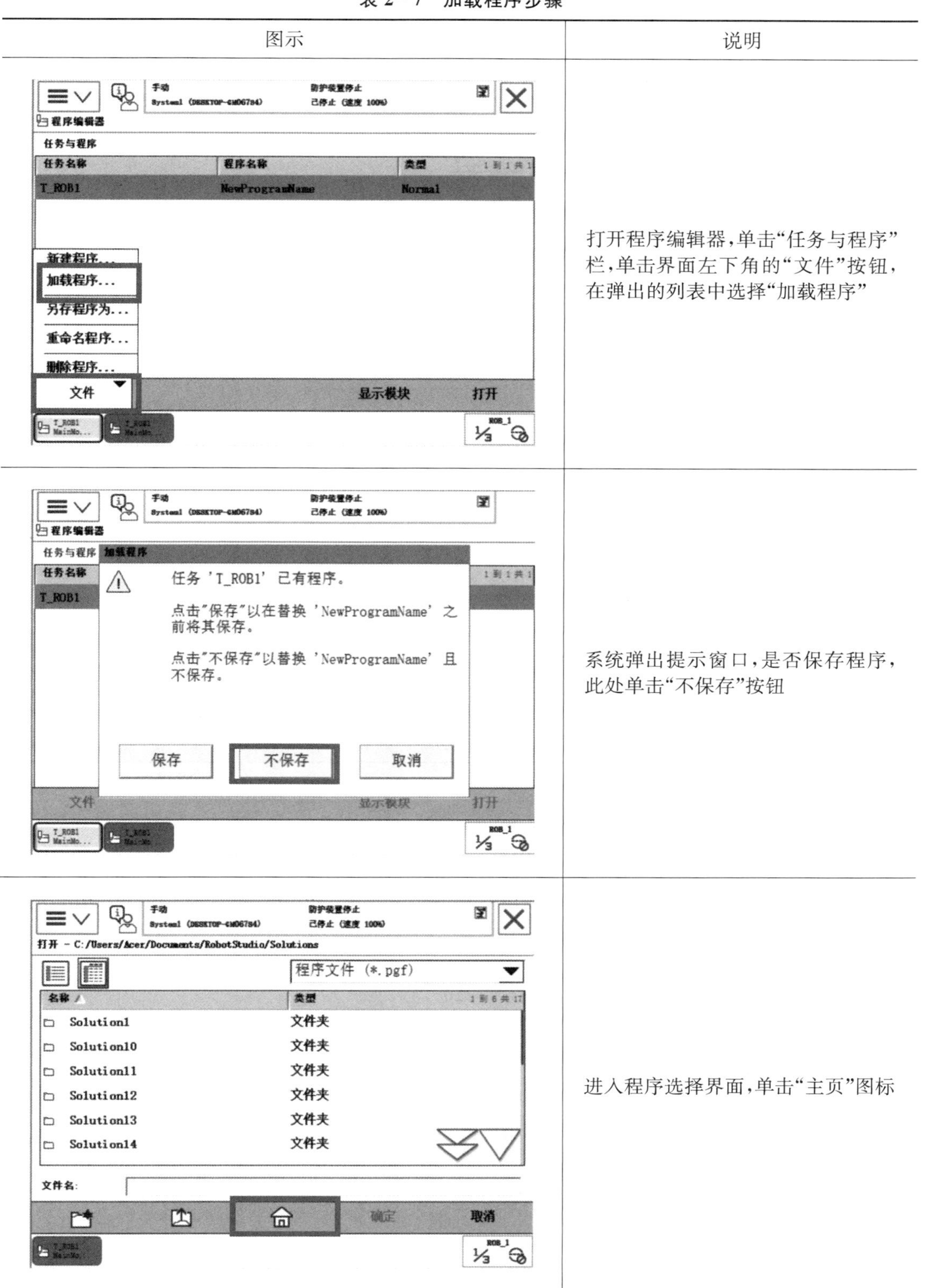

图示	说明
	打开程序编辑器，单击“任务与程序”栏，单击界面左下角的“文件”按钮，在弹出的列表中选择“加载程序”
	系统弹出提示窗口，是否保存程序，此处单击“不保存”按钮
	进入程序选择界面，单击“主页”图标

续 表

图示	说明
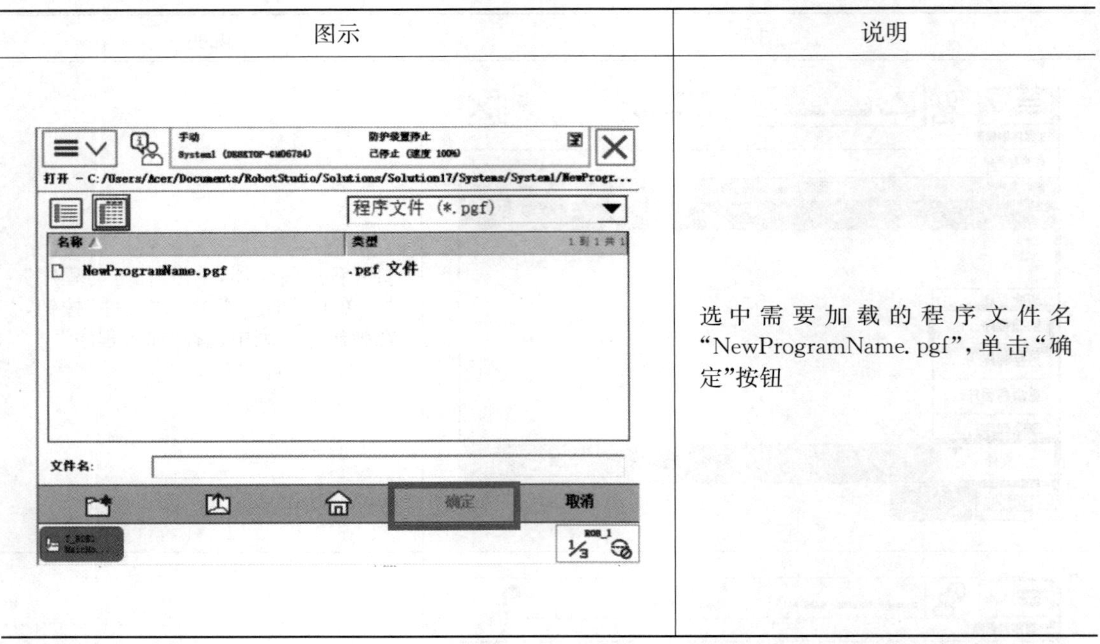	选中需要加载的程序文件名“NewProgramName.pgf”，单击“确定”按钮

2.2.5 手动运行

将“PP 移至 Main”，通过示教盒上的“程序启动”“单步向前”“单步后退”“程序停止”按键，手动运行程序的操作步骤如表 2－8。

表 2－8 手动运行步骤

图示	说明
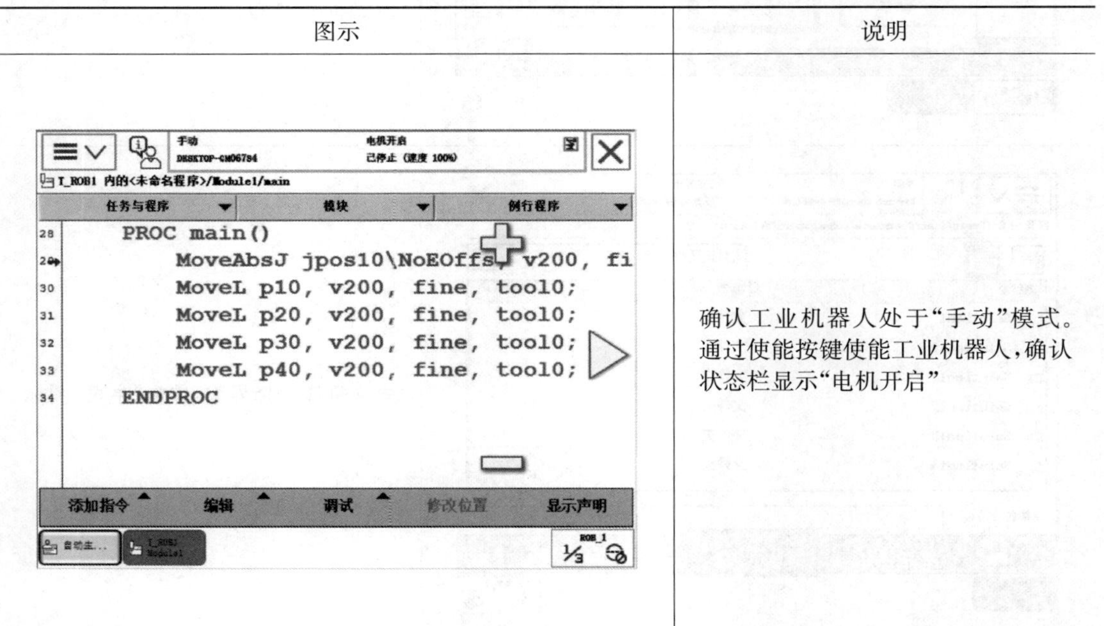	确认工业机器人处于“手动”模式。通过使能按键使能工业机器人，确认状态栏显示“电机开启”

续　表

图示	说明
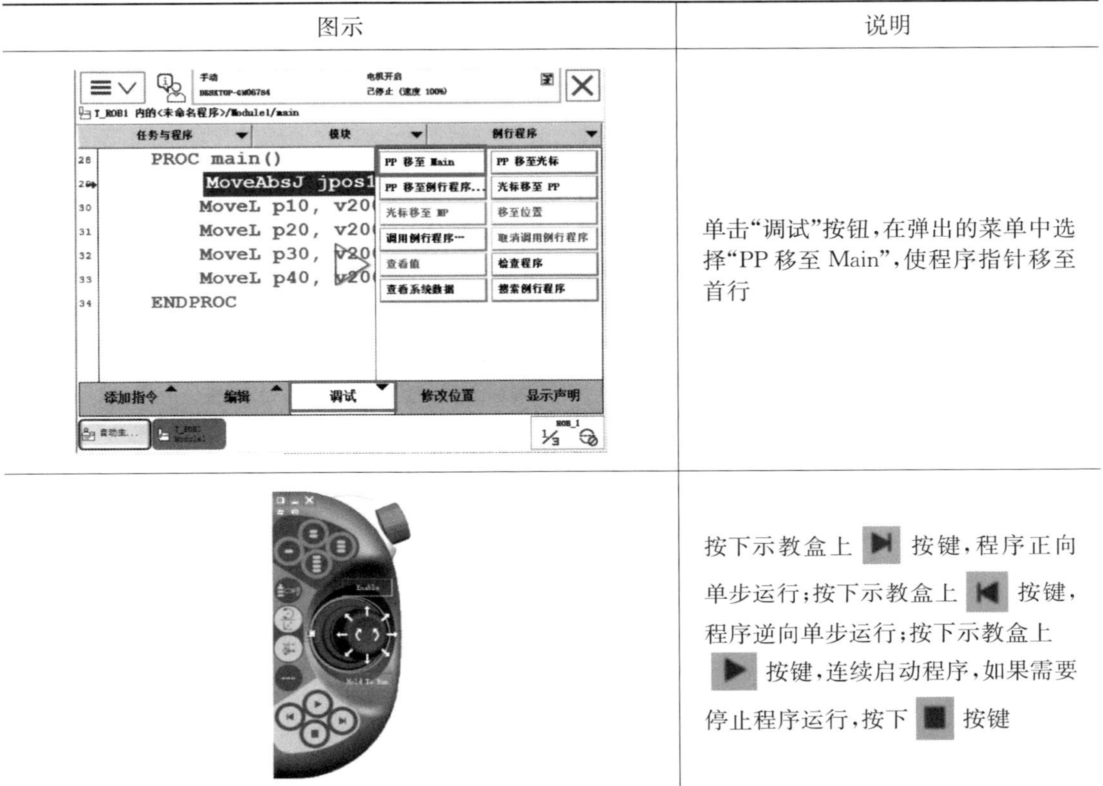	单击“调试”按钮，在弹出的菜单中选择“PP 移至 Main”，使程序指针移至首行
	按下示教盒上 按键，程序正向单步运行；按下示教盒上 按键，程序逆向单步运行；按下示教盒上 按键，连续启动程序，如果需要停止程序运行，按下 按键

2.2.6　位置修正

要修正程序指令中的工业机器人运动目标点的位置，可以通过手动操作使工业机器人末端工具达到新的位置，然后在示教盒程序编辑器程序中修改位置，具体操作步骤如表 2－9。

表 2－9　位置修正步骤

图示	说明
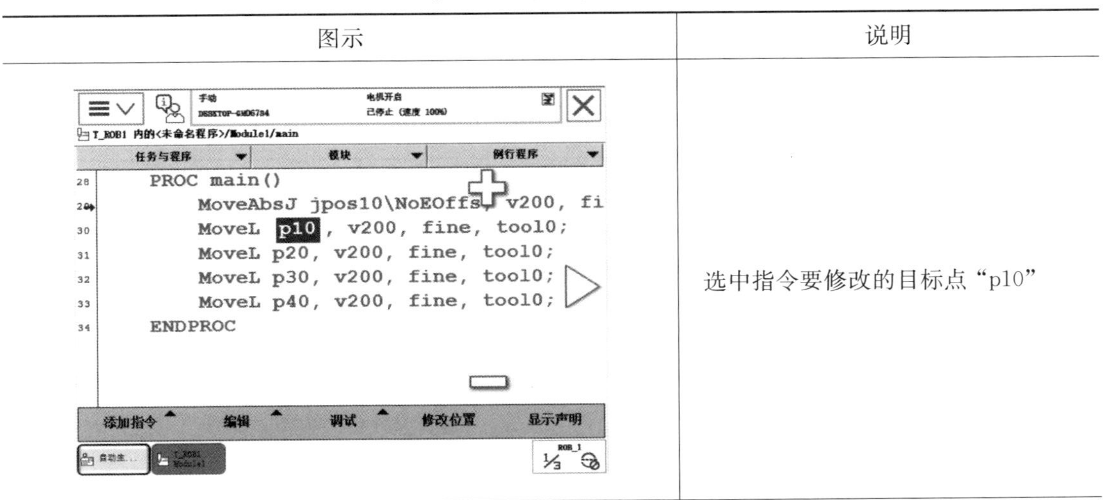	选中指令要修改的目标点“p10”

续 表

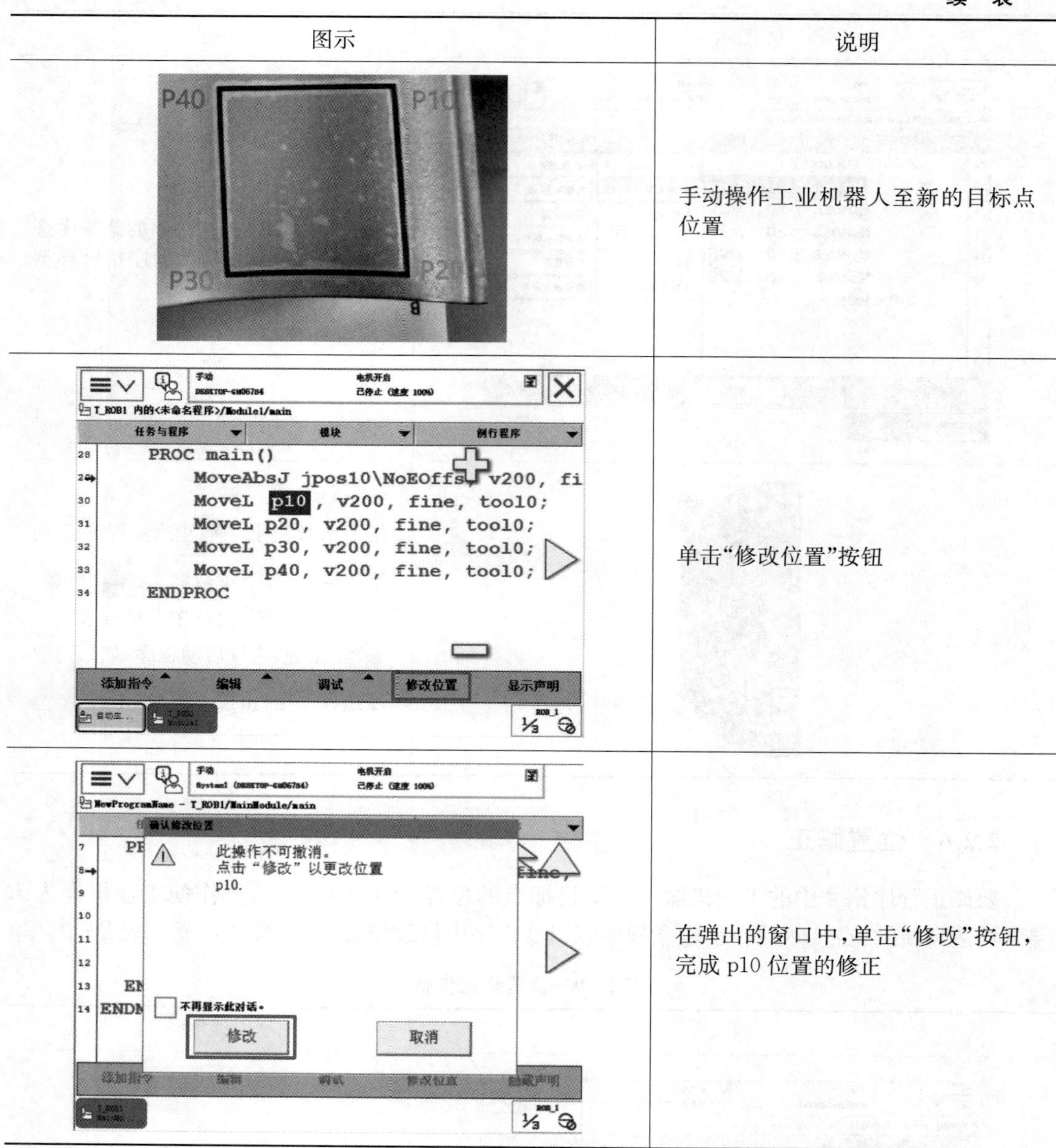

图示	说明
	手动操作工业机器人至新的目标点位置
	单击“修改位置”按钮
	在弹出的窗口中，单击“修改”按钮，完成 p10 位置的修正

对照图上方法，使用同样的方法修改 p20—p40 点的位置，再次运行程序，观察工业机器人的运动。

任务 2.3　工业机器人运动指令

任务导入： 在工业自动化生产中，工业机器人的运动精度和灵活性直接决定了生产效率和产品质量。ABB 工业机器人提供了多种运动指令，以满足不同场景下的任务需求。今天，我们将深入学习这四种常用的运动指令：关节运动（MoveJ）、线性运动（MoveL）、圆弧运动（MoveC）和绝对位置运动（MoveAbsJ），掌握它们的特性和应用场景，为实现高效、精准的自动化生产打下坚实基础。

通过本任务的学习，我们将深入了解这四种运动指令的语法、特点和适用场景，并通过实际操作练习，掌握如何根据具体任务需求选择合适的运动指令，编写高效的机器人程序。让我们一起探索工业机器人运动指令的奥秘，让机器人在空间中灵活运动，精准完成各项任务，为智能制造贡献力量。

知识链接

工业机器人在空间中常用的运动指令主要有关节运动（MoveJ）、线性运动（MoveL）、圆弧运动（MoveC）和绝对位置运动（MoveAbsJ）四种方式。

2.3.1 绝对位置运动指令视频

2.3.1 绝对位置运动指令

绝对位置运动指令用 MoveAbsJ 表示，MoveAbsJ 用于将机械臂和外轴移动至轴位置中指定的绝对位置。

例 1：MoveAbsJ p50，v1000，z50，tool2；

通过速度数据 v1000 和区域数据 z50，机械臂以及工具 tool2 得以沿非线性路径运动至绝对轴位置 p50。

例 2：MoveAbsJ ＊，v1000\T：=5，fine，grip3；

机械臂以及工具 grip3 沿非线性路径运动至停止点，该停止点存储为指令（标有＊）中的绝对轴位置。整个运动耗时 5 s。

例 3：工业机器人回零操作，步骤见表 2－10。

表 2－10 工业机器人回零操作步骤

图示	说明
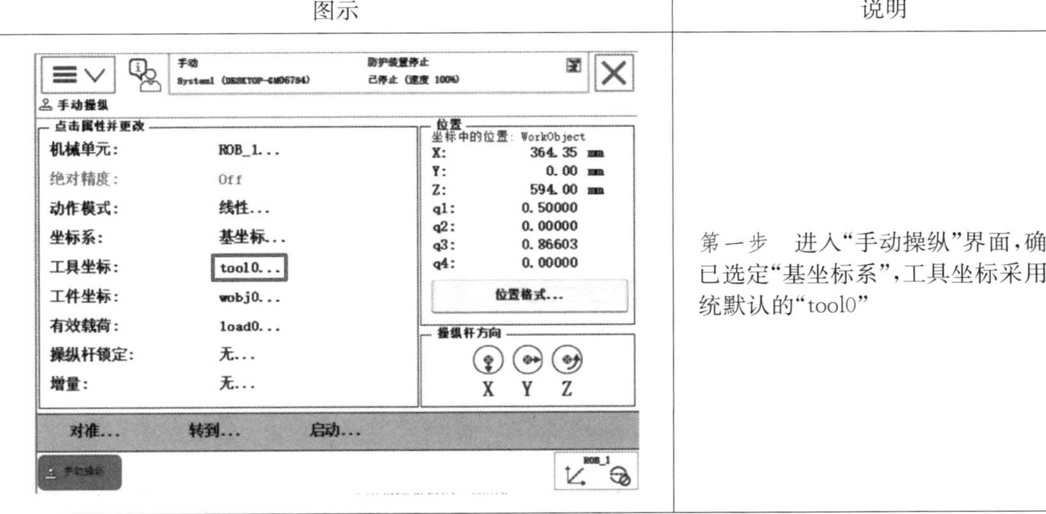	第一步 进入“手动操纵”界面，确认已选定“基坐标系”，工具坐标采用系统默认的“tool0”

续 表

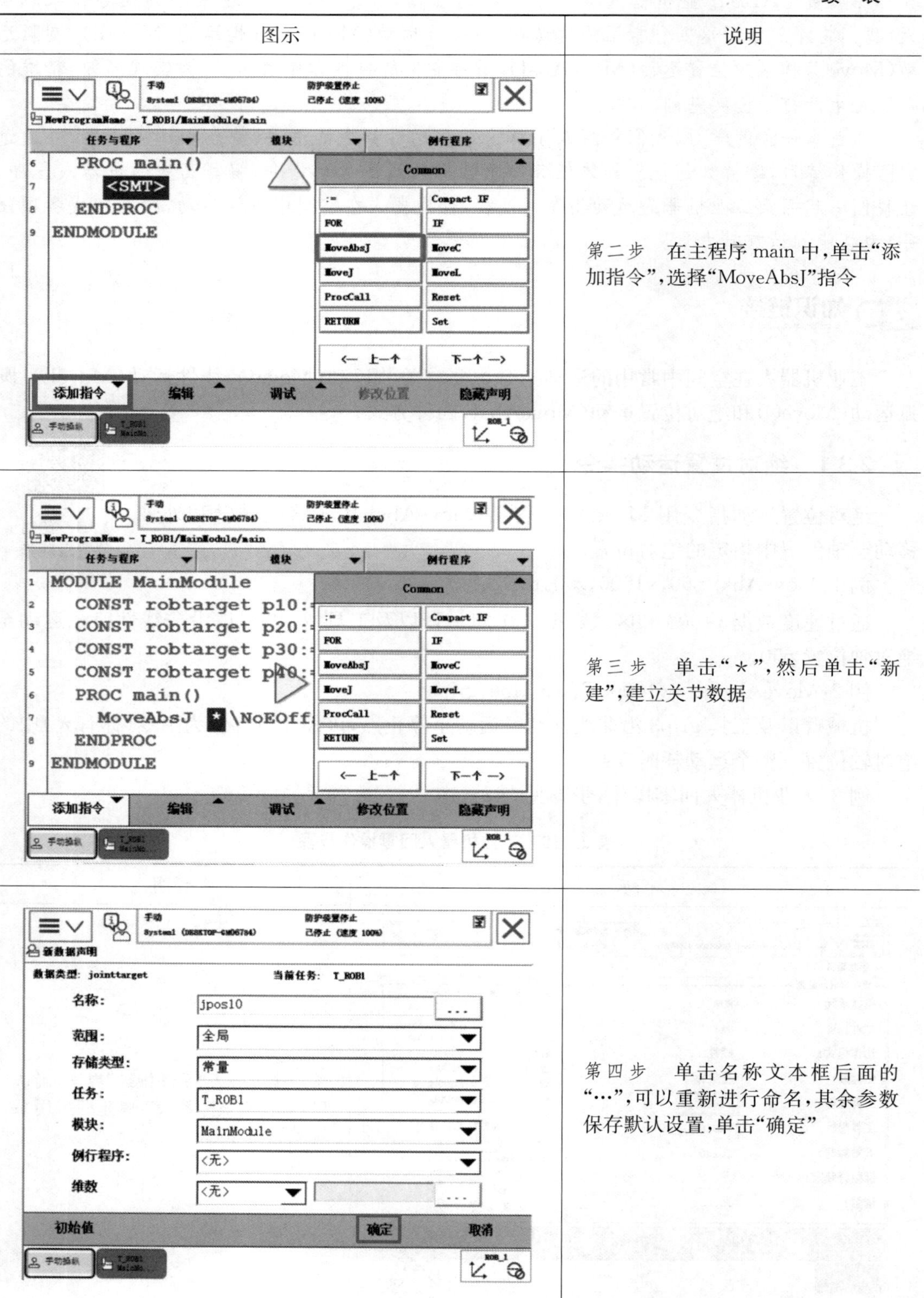

图示	说明
	第二步　在主程序 main 中，单击“添加指令”，选择“MoveAbsJ”指令
	第三步　单击“*”，然后单击“新建”，建立关节数据
	第四步　单击名称文本框后面的“…”，可以重新进行命名，其余参数保存默认设置，单击“确定”

续 表

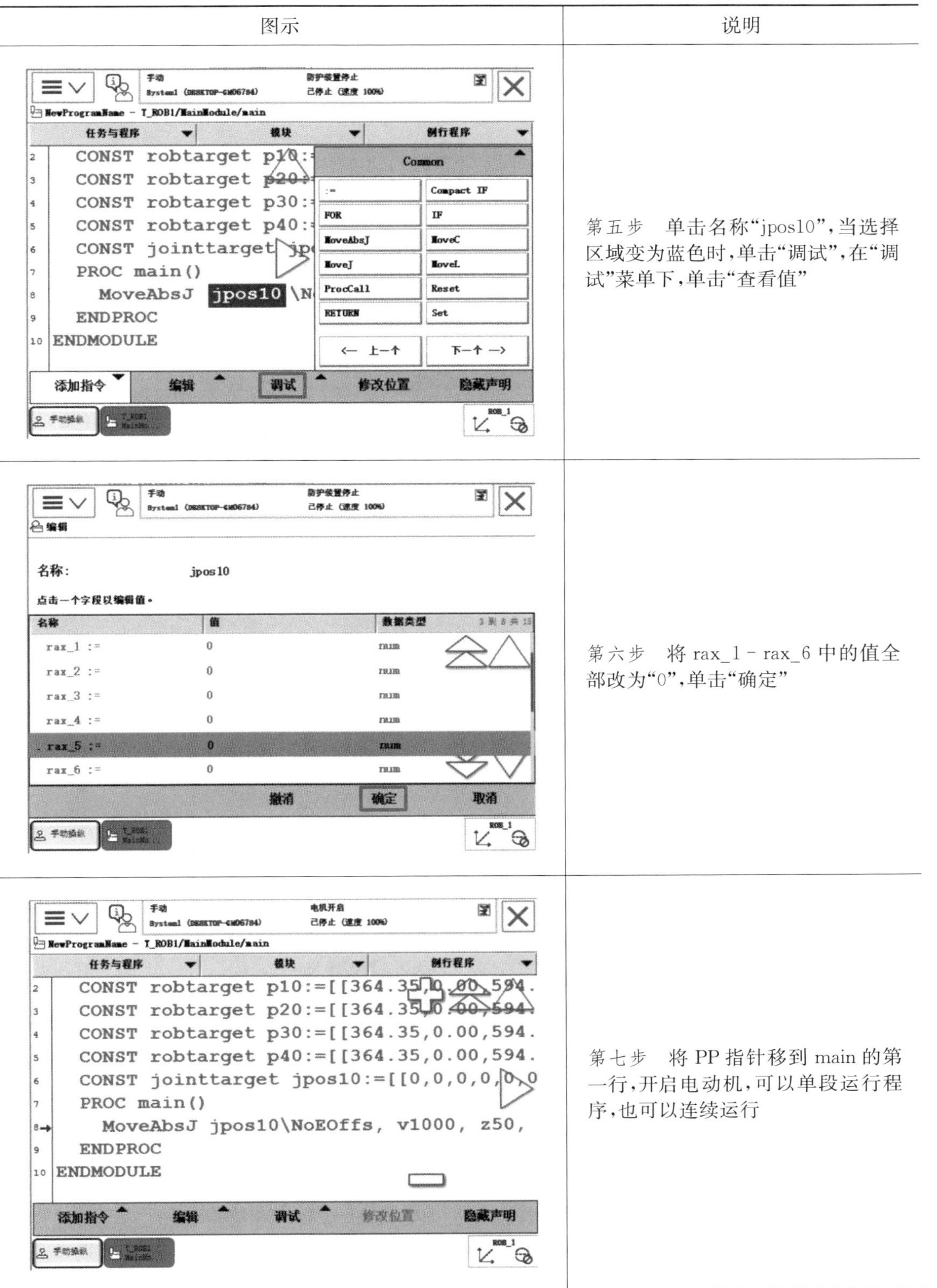

图示	说明
	第五步　单击名称“jpos10”，当选择区域变为蓝色时，单击“调试”，在“调试”菜单下，单击“查看值”
	第六步　将 rax_1 - rax_6 中的值全部改为“0”，单击“确定”
	第七步　将 PP 指针移到 main 的第一行，开启电动机，可以单段运行程序，也可以连续运行

续 表

图示	说明
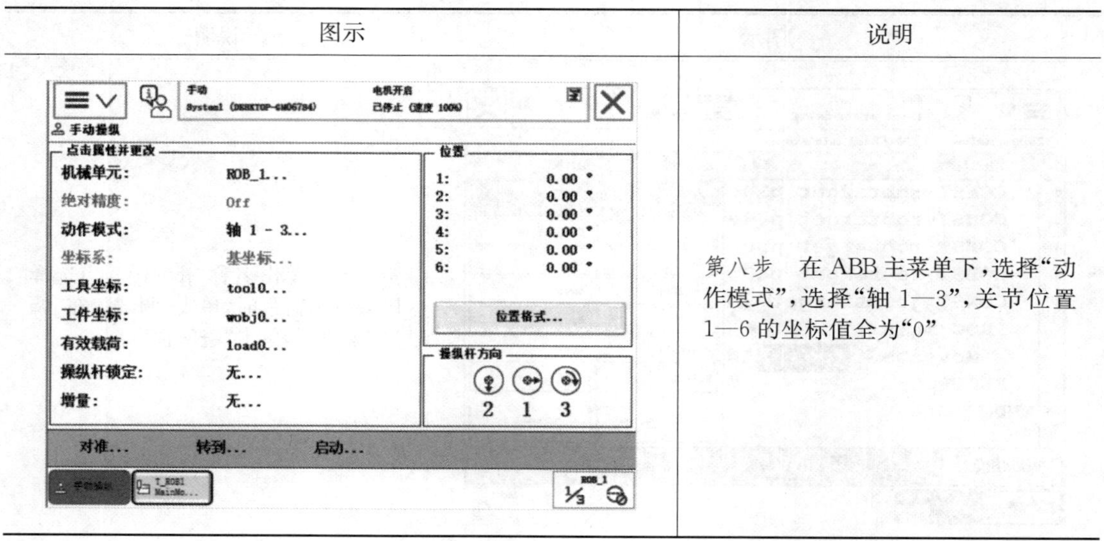	第八步　在 ABB 主菜单下，选择“动作模式”，选择“轴 1—3”，关节位置 1—6 的坐标值全为“0”

2.3.2　关节运动指令

关节运动指令用 MoveJ 表示，用于将机械臂迅速从一点移动至另一点；机械臂和外轴沿非线性路径运动至目标位置；所有轴均同时到达目标位置。

例 1：MoveJ p1，vmax，z30，tool2；

将 tool2 的 TCP(工具中心点)沿非线性路径移动至位置 p1，其速度数据为 vmax，且区域数据为 z30。

例 2：MoveJ ＊，vmax \T：= 5，fine，grip3；

将 grip3 的 TCP 沿非线性路径移动至存储于指令中的停止点(标记有＊)，整个运动耗时 5 s。

注意：关节运动指令用在对路径精度要求不高的情况下，工业机器人的 TCP 从一个位置移动到另一个位置，两个位置之间的路径不一定是直线。关节运动路径见图 2－8。

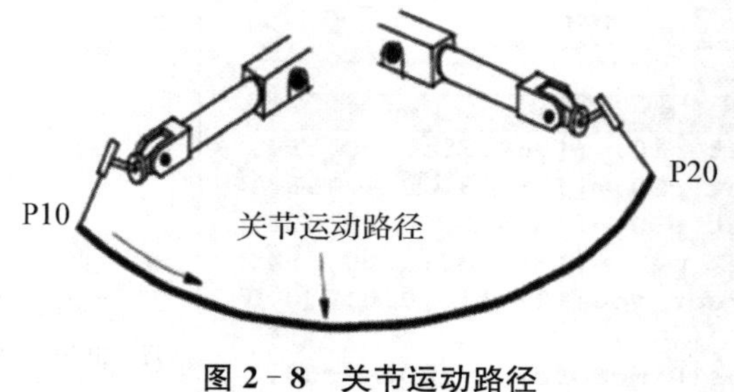

图 2－8　关节运动路径

2.3.3　线性运动指令

线性运动指令用 MoveL 表示，用于将 TCP 沿直线移动至目标位置。当 TCP 保持固定时，则该指令亦可用于调整工具方位。

例 1：MoveL p1，v1000，z30，tool2；

将 tool2 的 TCP 沿直线运动至位置 p1，其速度数据为 v1000，且区域数据为 z30。

例 2：MoveL *，v1000\T：=5，fine，grip3；

将 grip3 的 TCP 沿直线移动至存储于指令中的停止点(标记有*)，完整的运动耗时 5 s。

注意：线性运动是指工业机器人的 TCP 从起点到终点的路径始终保持为直线。一般在如焊接、涂胶等对路径要求高的场合使用此指令。线性运动路径见图 2－9。

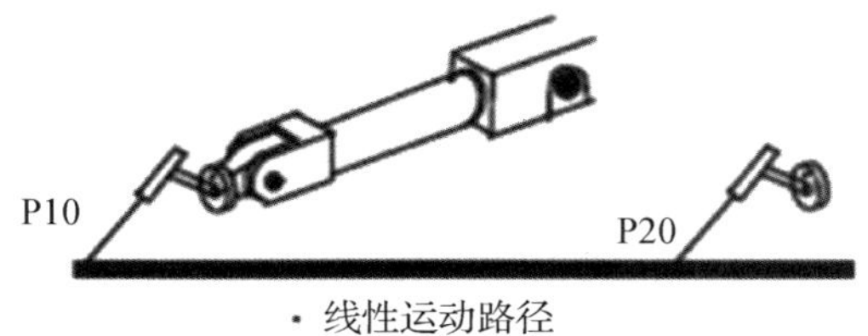

图 2－9　线性运动路径

2.3.4　圆弧运动指令

圆弧运动指令用 MoveC 表示，用于将 TCP 沿圆弧移动至目标位置。移动期间，该周期的方位通常相对保持不变。

例 1：MoveC p1，p2，v500，z30，tool2；

将 tool2 的 TCP 沿圆弧移动至位置 p2，其速度数据为 v500 且区域数据为 z30。根据起始位置、圆周点 p1 和目的点 p2，确定该圆弧。

例 2：MoveL p1，v500，fine，tool1；

MoveC p2，p3，v500，z20，tool1；

MoveC p4，p1，v500，fine，tool1；

图 2－10 显示了如何通过 MoveC 指令，实施一个完整的圆。

注意：圆弧路径由起点、中间点、终点三个位置点构成，当前位置圆弧的起点不能和第二点位置重合，即 p10 不能和 p30 重合，见图 2－11。

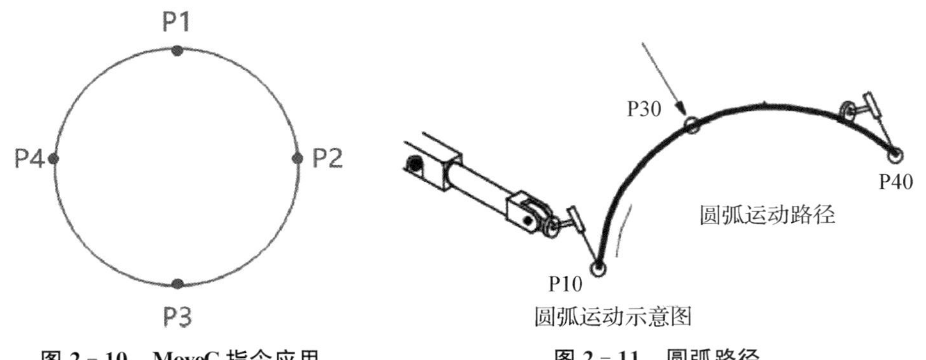

图 2－10　MoveC 指令应用　　**图 2－11　圆弧路径**

2.3.5　运动指令应用

编制圆弧与直线轨迹程序，绘制图形如图 2－12 所示。

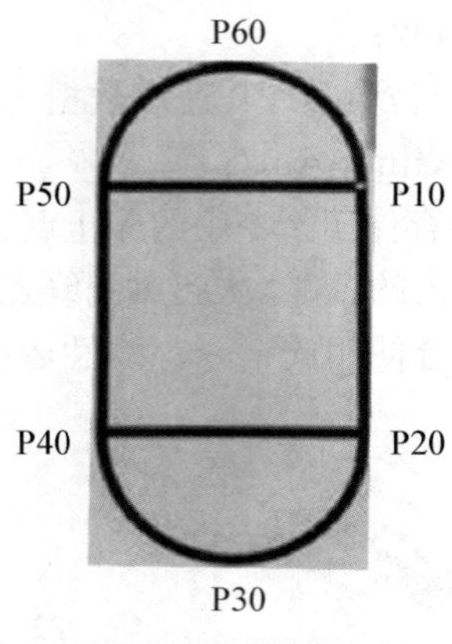

2.3.5 圆弧与直线轨迹视频

图 2－12 绘制图形

1. 使用 MoveAbsJ 记录起始点

将工业机器人移动至任务的起始位置，通过使用 MoveAbsJ 指令记录任务的起始点，操作步骤如表 2－11。

表 2－11 使用 MoveAbsJ 记录起始点步骤

图示	说明
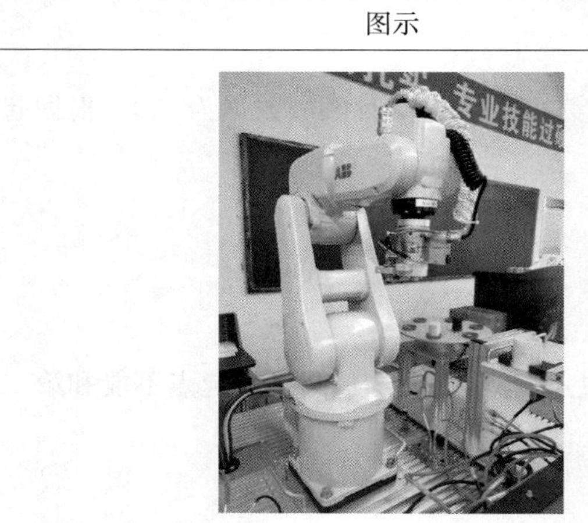	将工业机器人移动到任务起始点位置
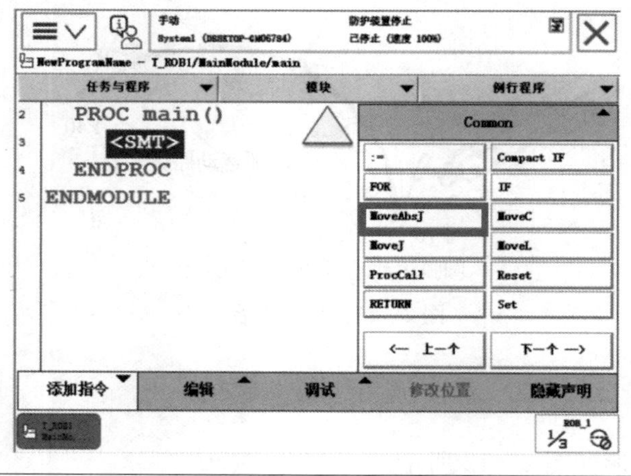	在程序编辑器中，单击“添加指令”按钮，在右侧“Common”栏，选中“MoveAbsJ”指令

续　表

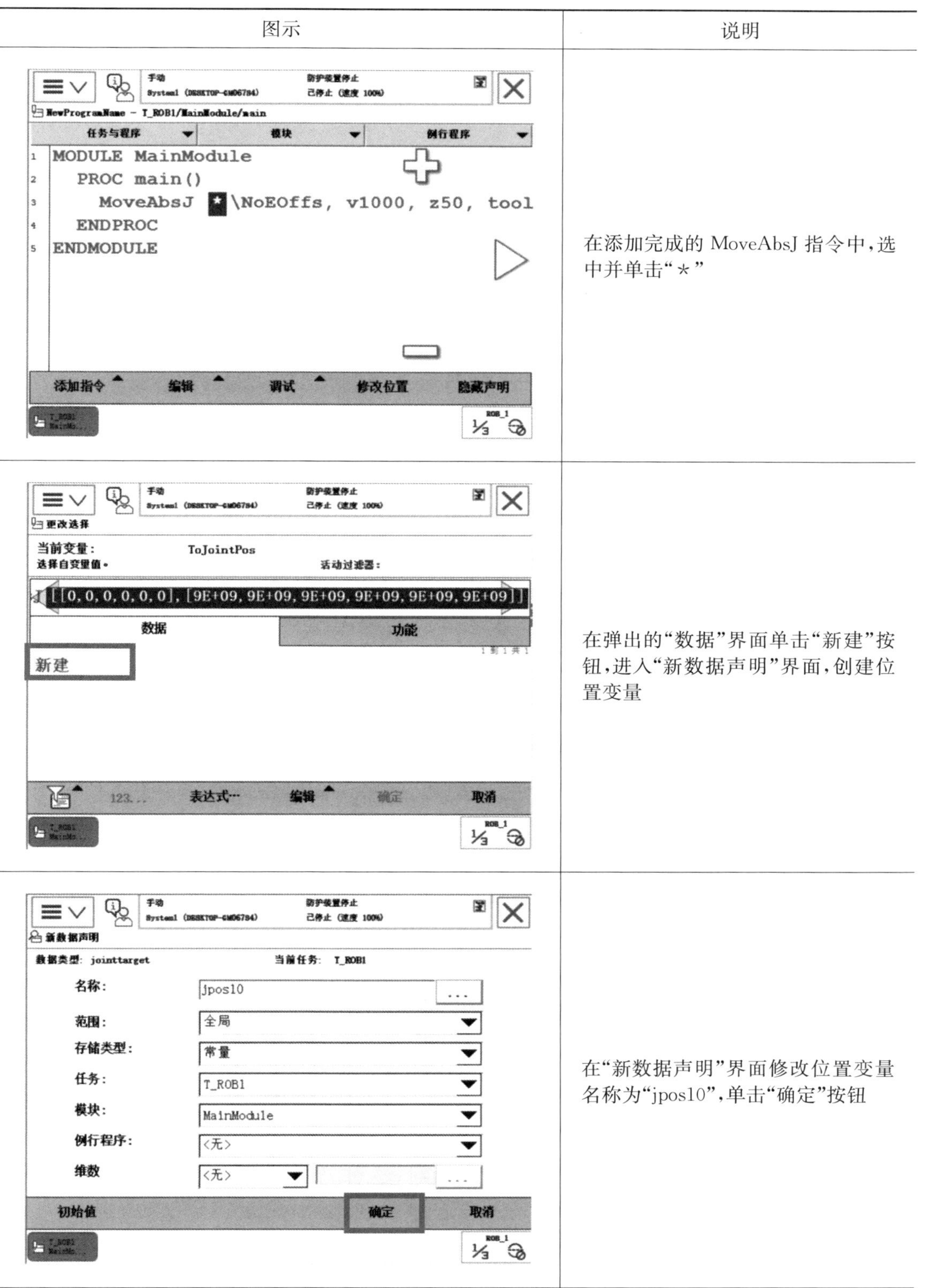

图示	说明
	在添加完成的 MoveAbsJ 指令中，选中并单击“*”
	在弹出的“数据”界面单击“新建”按钮，进入“新数据声明”界面，创建位置变量
	在“新数据声明”界面修改位置变量名称为“jpos10”，单击“确定”按钮

续 表

图示	说明
手动 System1 (DESKTOP-6M06784) 防护装置停止 已停止 (速度 100%) 更改选择 当前变量: ToJointPos 选择自变量值。 活动过滤器: MoveAbsJ jpos10 \NoEOffs , v1000 , z50 , tool10; 数据 功能 新建 jpos10 123... 表达式… 编辑 确定 取消	再次单击“确定”按钮，保存并返回程序编辑器，完成起始位置的记录

2. 使用 MoveJ 指令记录切割开始点

通过移动工业机器人至轨迹的开始点，使用 MoveJ 指令实现工业机器人运动，具体操作步骤如表 2－12。

表 2－12　MoveJ 指令记录切割开始点步骤

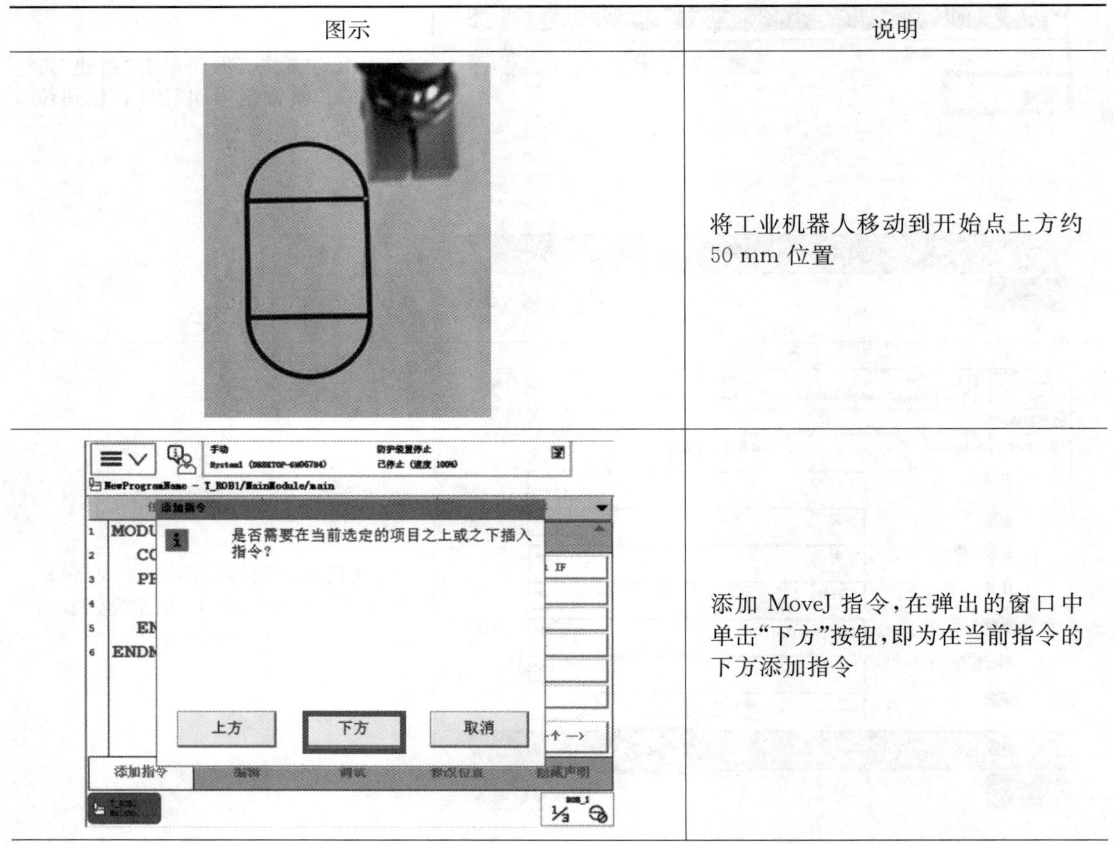

图示	说明
	将工业机器人移动到开始点上方约 50 mm 位置
	添加 MoveJ 指令，在弹出的窗口中单击“下方”按钮，即为在当前指令的下方添加指令

续 表

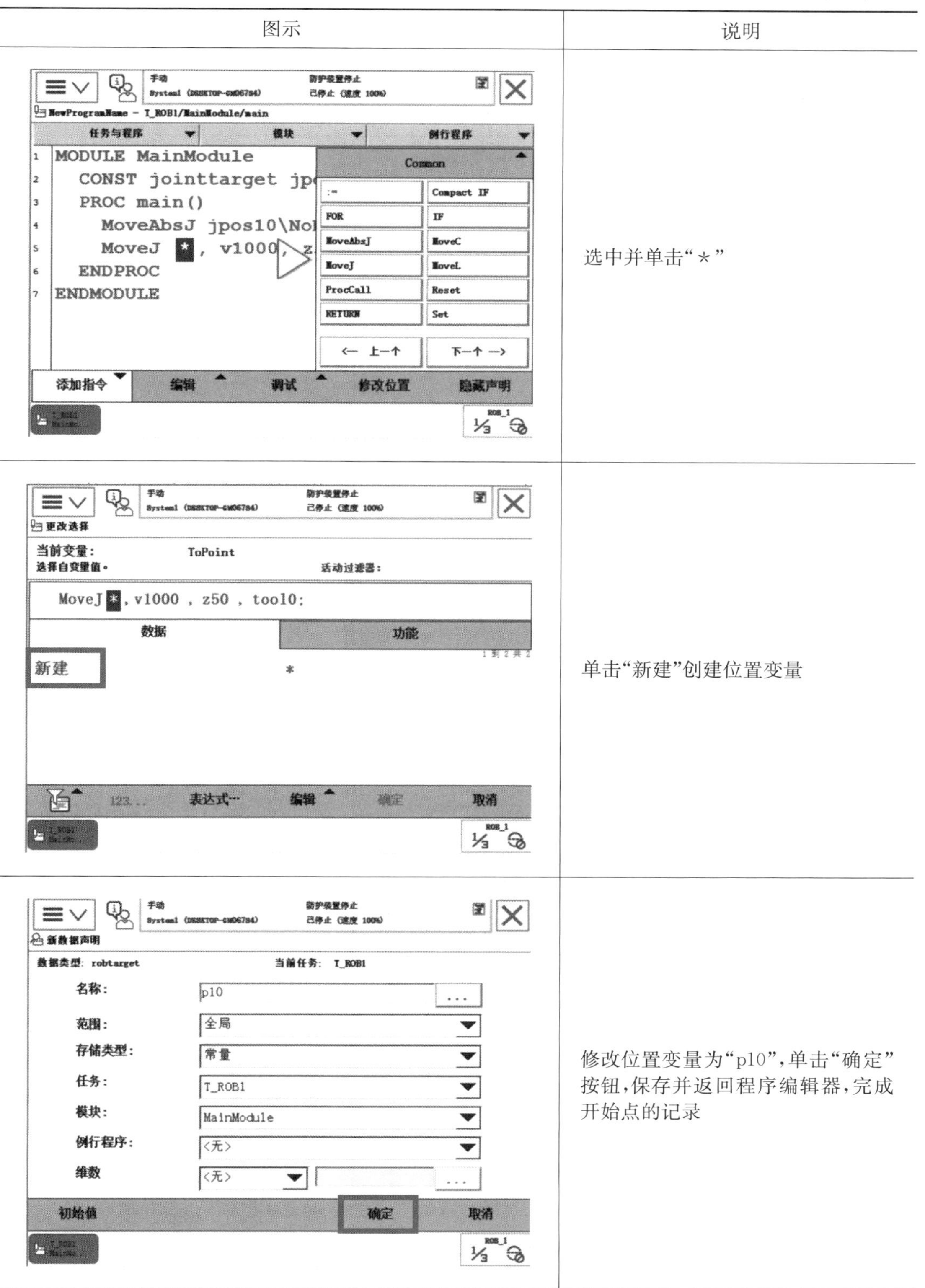

图示	说明
	选中并单击“*”
	单击“新建”创建位置变量
	修改位置变量为“p10”，单击“确定”按钮，保存并返回程序编辑器，完成开始点的记录

3. 使用 MoveL 指令记录第一段直线

通过移动工业机器人至直线段的末端点，使用 MoveL 指令实现工业机器人的直线运动，具体操作步骤如表 2-13。

表 2-13　MoveL 指令记录第一段直线步骤

图示	说明
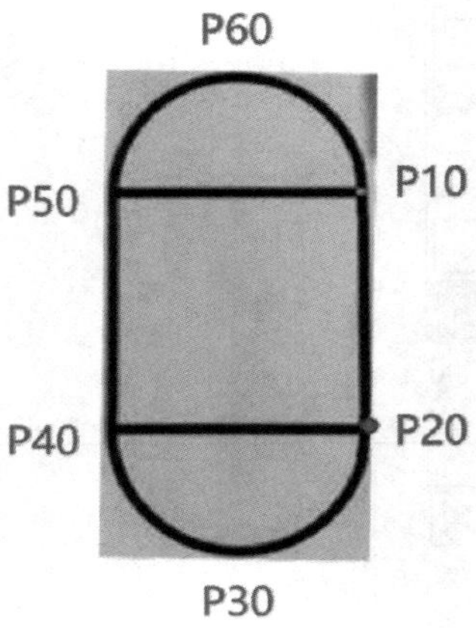 P60 P50　P10 P40　P20 P30	将工业机器人移动到第一段直线末端点 p20

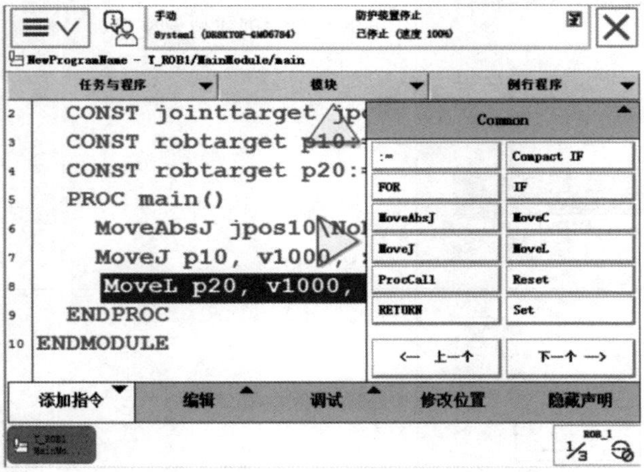 CONST jointtarget jpo…
CONST robtarget p10:…
CONST robtarget p20:…
PROC main()
MoveAbsJ jpos10\NoE…
MoveJ p10, v1000, …
MoveL p20, v1000, …
ENDPROC
ENDMODULE
Common: := / Compact IF / FOR / IF / MoveAbsJ / MoveC / MoveJ / MoveL / ProcCall / Reset / RETURN / Set
添加指令　编辑　调试　修改位置　隐藏声明
	添加 MoveL 指令，自动生成位置变量 p20，并将工业机器人当前位置记录在 p20

4. 使用 MoveC 指令记录第一条圆弧

移动工业机器人至圆弧中间点和末端点，使用 MoveC 指令实现工业机器人圆弧运动，具体操作步骤如表 2-14。

表 2-14 MoveC 指令记录第一条圆弧步骤

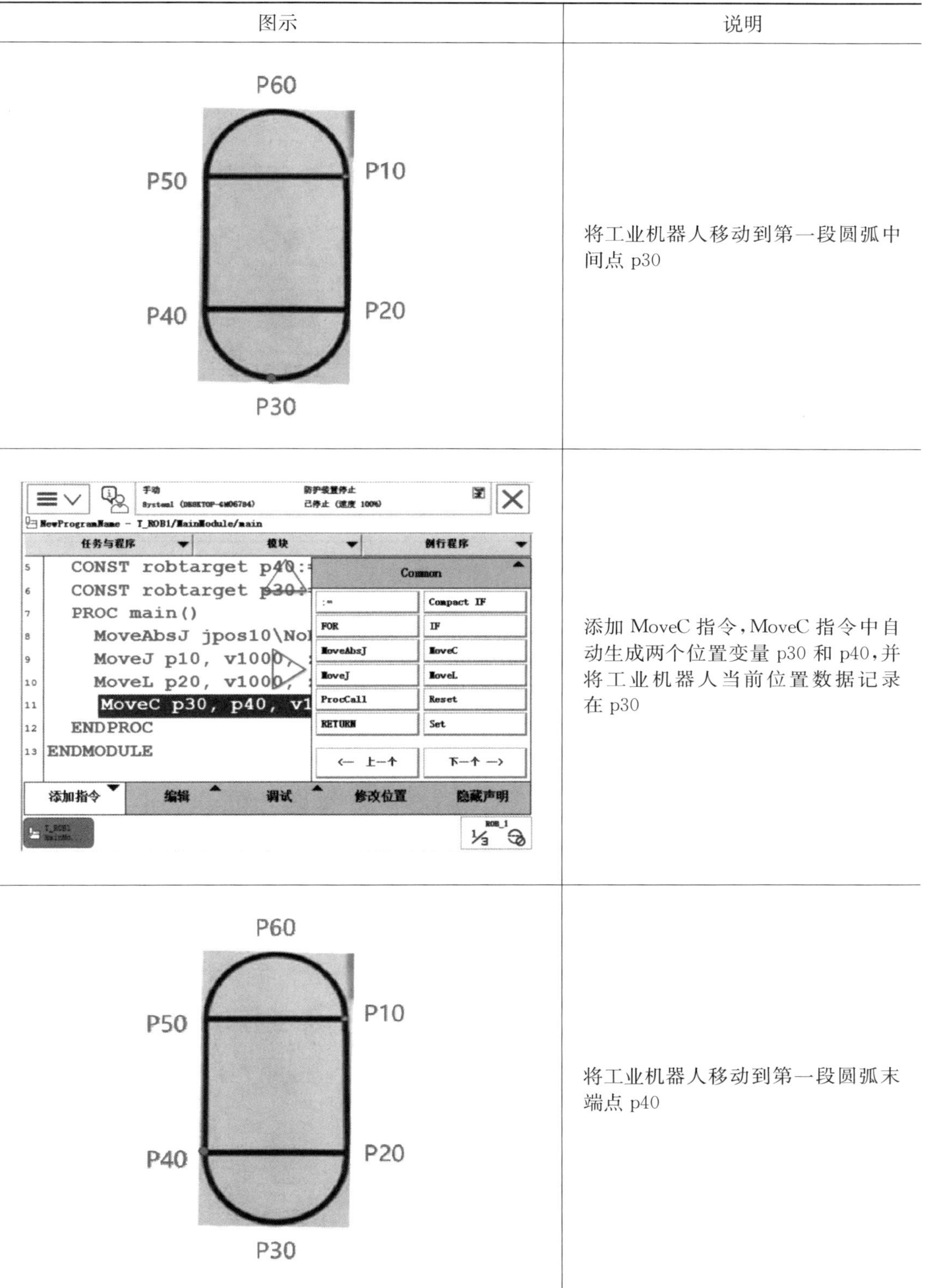

图示	说明
	将工业机器人移动到第一段圆弧中间点 p30
	添加 MoveC 指令，MoveC 指令中自动生成两个位置变量 p30 和 p40，并将工业机器人当前位置数据记录在 p30
	将工业机器人移动到第一段圆弧末端点 p40

续 表

图示	说明
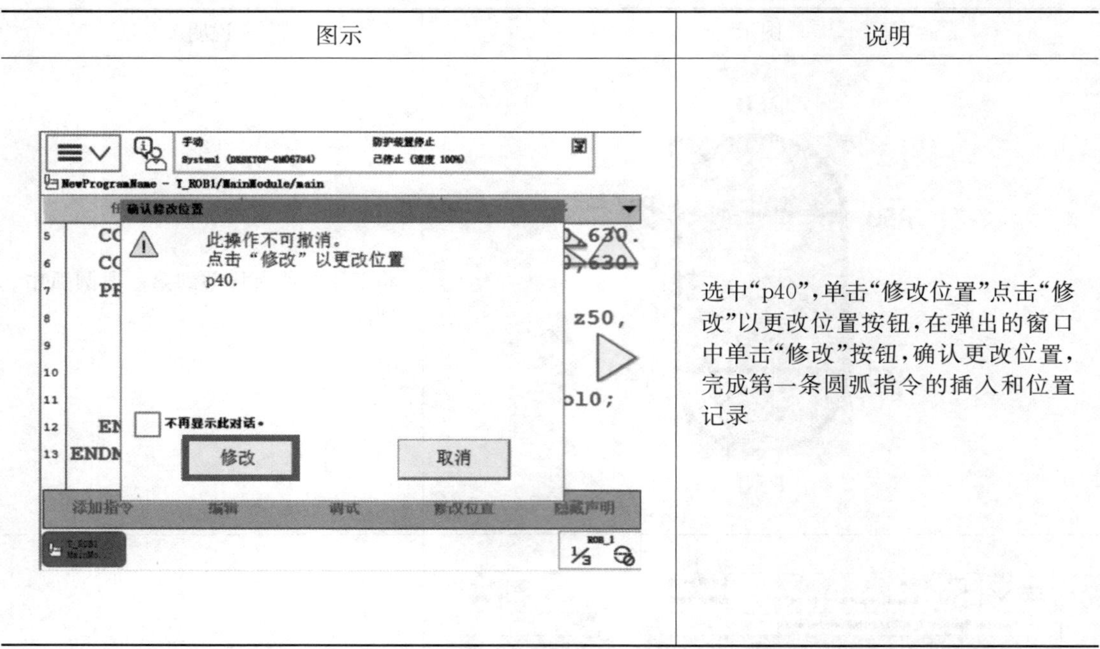	选中“p40”，单击“修改位置”点击“修改”以更改位置按钮，在弹出的窗口中单击“修改”按钮，确认更改位置，完成第一条圆弧指令的插入和位置记录

5. 编制封闭轨迹程序

根据任务的要求，通过使用 MoveL、MoveC 和 MoveAbsJ 指令记录另外半条曲线的轨迹点，以完成整条封闭的椭圆形轨迹，具体操作步骤如表 2-15。

表 2-15　封闭轨迹程序步骤

图示	说明
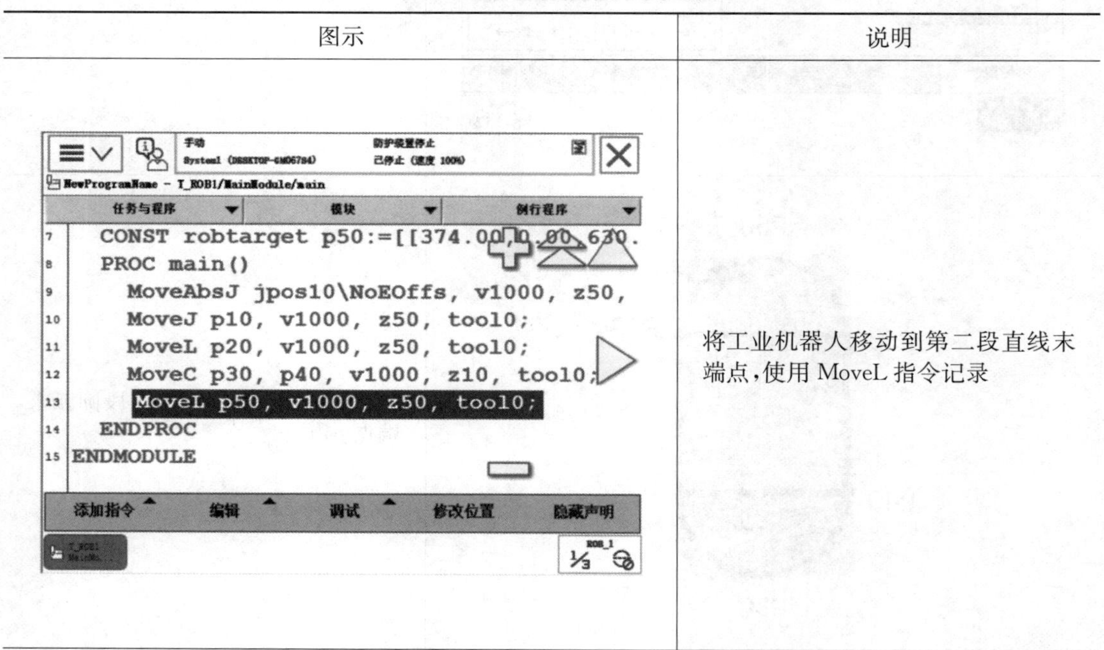	将工业机器人移动到第二段直线末端点，使用 MoveL 指令记录

续 表

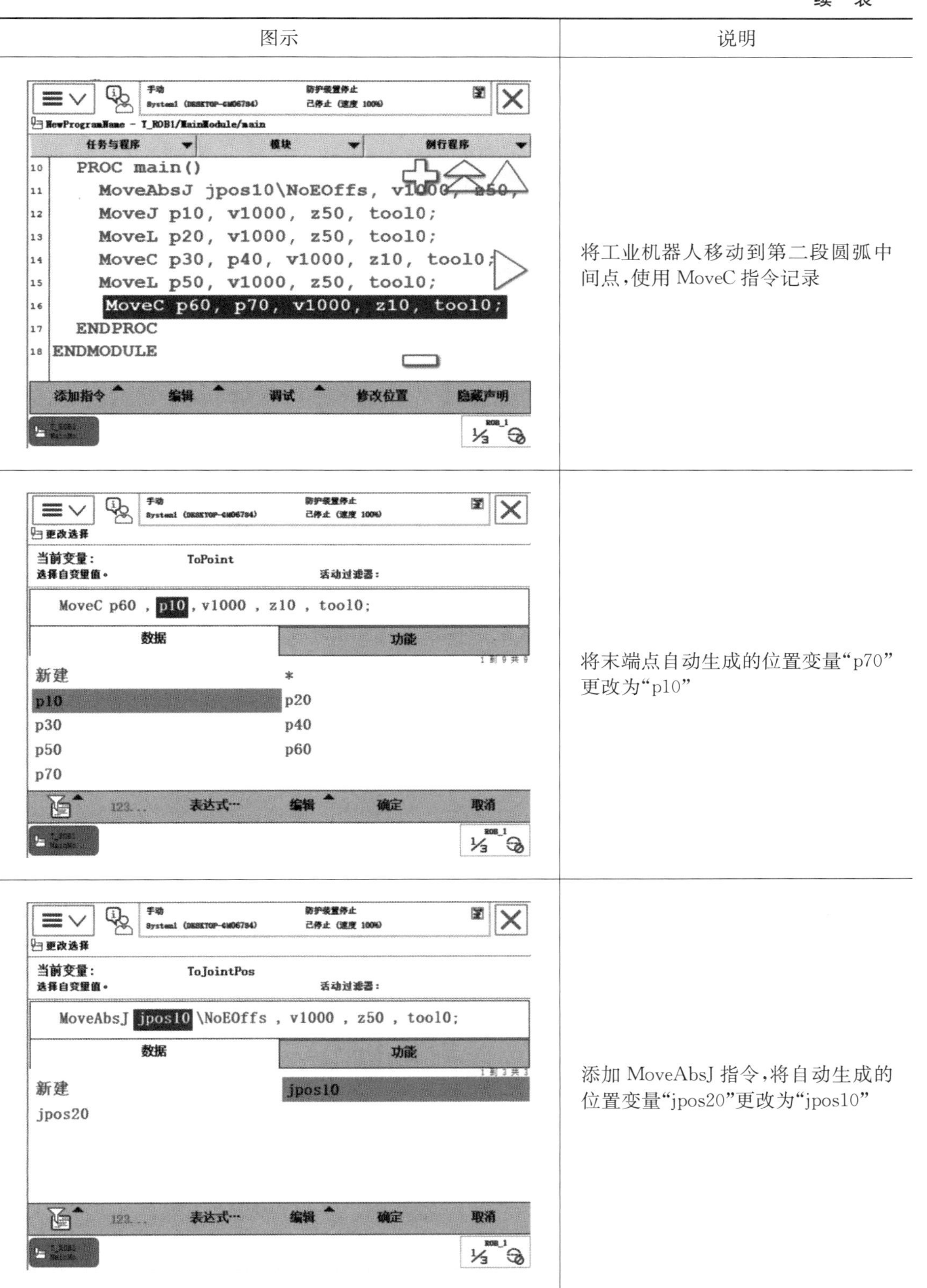

图示	说明
	将工业机器人移动到第二段圆弧中间点,使用 MoveC 指令记录
	将末端点自动生成的位置变量“p70”更改为“p10”
	添加 MoveAbsJ 指令,将自动生成的位置变量“jpos20”更改为“jpos10”

续 表

图示	说明
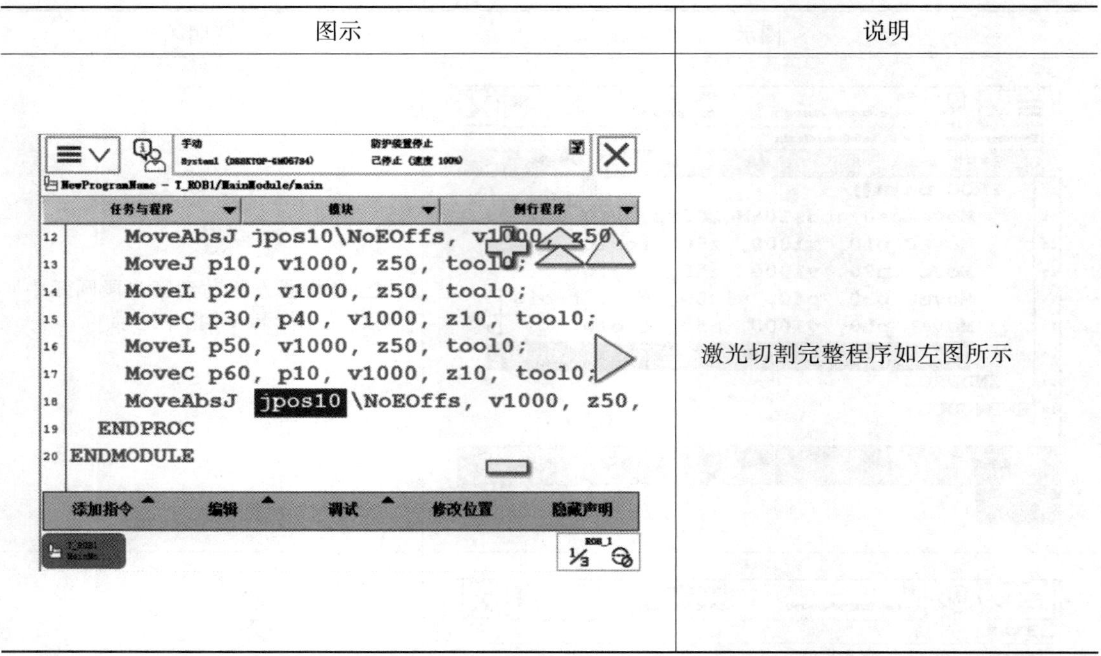	激光切割完整程序如左图所示

6. 指令参数修改

在运动程序指令中修改工业机器人的运行速度和转弯半径，以达到实际工作需求，具体操作步骤如表 2 - 16。

表 2 - 16　指令参数修改步骤

图示	说明
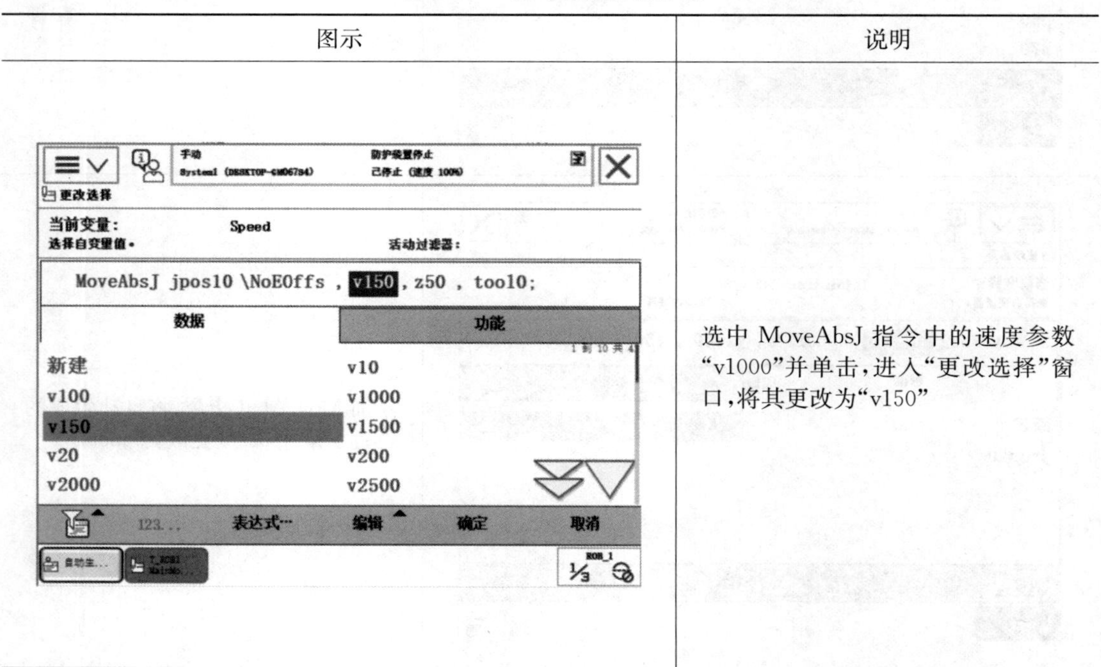	选中 MoveAbsJ 指令中的速度参数“v1000”并单击，进入“更改选择”窗口，将其更改为“v150”

续 表

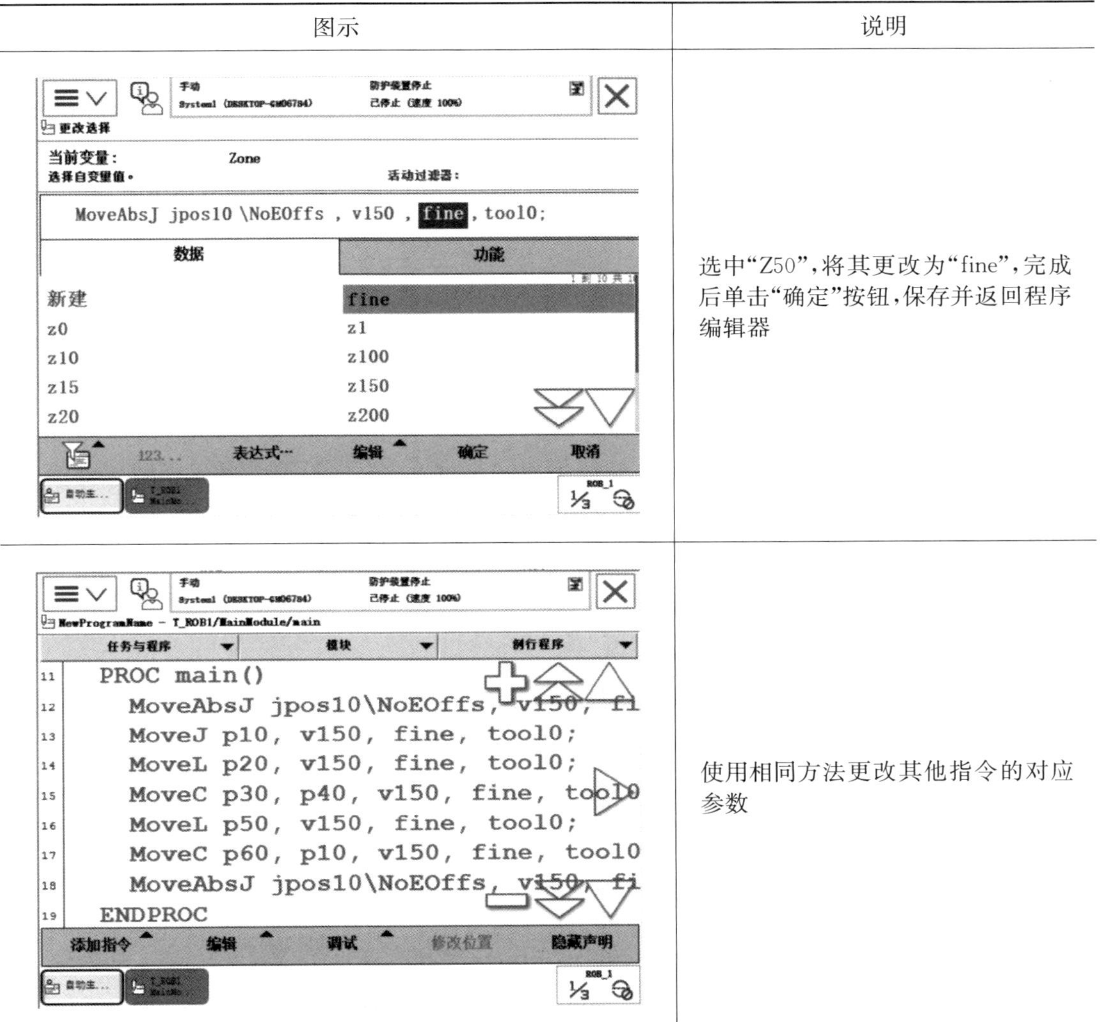

图示	说明
	选中“Z50”，将其更改为“fine”，完成后单击“确定”按钮，保存并返回程序编辑器
	使用相同方法更改其他指令的对应参数

运行程序如表 2-17 所示。

表 2-17 运行程序

程序	程序说明
MoveAbsJ jpos10\NoEoffs,v150,fine,tool0;	工业机器人返回原点
MoveJ p10,v150,fine,tool0;	关节方式到达 p10 点
MoveL p20,v150,fine,tool0;	直线方式到达 p20 点
MoveC p30,p40,v150,fine,tool0;	圆弧方式到达 p20→p30→p40
MoveL p50,v150,fine,tool0;	直线方式到达 p50 点
MoveC p60,p10,v150,fine,tool0;	圆弧方式到达 p50→p60→p10
MoveAbsJ jpos10\NoEoffs,v150,fine,tool0;	工业机器人返回原点

任务 2.4　程序数据的应用及介绍

任务导入：在工业机器人编程的世界里，程序数据就如同机器人的“记忆”，它记录着任务所需的各种信息，从位置坐标到运动参数，从工具属性到系统状态，这些数据是确保机器人精准执行任务的关键。

想象一下，在一个繁忙的自动化生产线上，ABB 工业机器人需要在不同的工位之间移动，完成焊接、装配、搬运等多种任务。为了实现这些任务，机器人必须准确记住每个工位的位置、所需工具的参数以及运动过程中的速度和精度要求。这些信息就是通过程序数据来定义和存储的。程序数据不仅决定了机器人的运动轨迹，还影响着任务的执行效率和质量。

通过本任务的学习，我们将了解程序数据的定义方法，掌握不同类型数据的存储类型，并通过实际案例学习如何在程序中应用这些数据。我们还将深入探讨如何建立常用程序数据，确保机器人能够根据不同的任务需求灵活调整其行为。掌握这些技能后，你将能够编写出更加智能、高效的机器人程序，让机器人在复杂多变的生产环境中游刃有余，为智能制造注入强大动力。

知识链接

2.4.1　工业机器人程序数据的定义

程序数据是在程序模块或系统模块中设定的值和定义的一些环境数据。创建的程序数据可由同一个模块或其他模块中的指令进行引用。

例如：MoveJ pHome，v400，fine，tool0\Wobj：= Wobj0；

工业机器人常用的指令，所包含的程序数据有以下几类，见表 2－18。

表 2－18　程序数据说明

程序数据	数据类型	说明
pHome	robtarget	工业机器人运动目标位置数据
v400	speeddata	工业机器人运动速度数据
fine	zonedata	工业机器人运动区域数据
tool0	tooldata	工业机器人工具 TCP 数据
Wobj0	wobjdata	工业机器人工件坐标数据

在 ABB 工业机器人中，程序数据可以有多个，并且可以根据实际情况进行程序数据的创建，为工业机器人带来逻辑能力与算数的灵活性，部分 ABB 工业机器人程序数据见图 2－13。

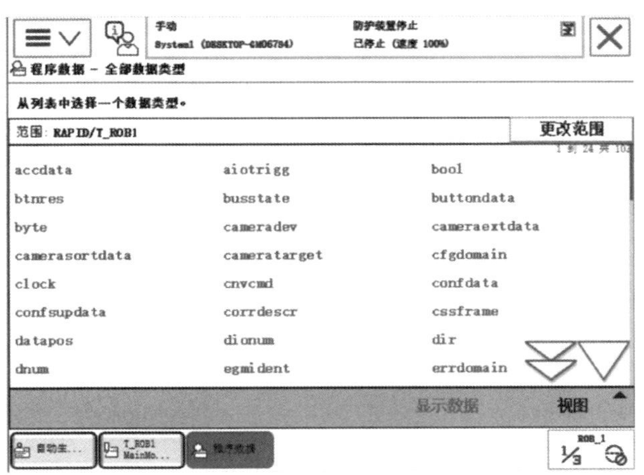

图 2-13 部分 ABB 工业机器人程序数据

2.4.2 程序数据的存储类型

程序数据虽然很多，但其存储类型有三类。

1. 变量(VAR)

变量型数据在程序执行的过程中和程序停止时，都会保持当前值。但如果程序指针被移动到(main)主程序后，数值则会丢失(恢复到初始值)。

例 1：

```
VAR num part:=0;
VAR string name:="John";
VAR bool finished:=FALSE;
PROC main()
part:=10-1;
name:="John";
finished:=TRUE;
ENDPROC
```

在定义数据时，可定义变量数据的初始值。part 的初始值为 0；name 的初始值为 John；finished 的初始值为 FALSE。在程序中执行变量型程序数据的赋值，在指针复位后将恢复初始值。

2. 可变量(PERS)

可变量最大的特点是无论程序指针如何，都会保持最后赋予的值。

例 2：

```
PERS num nCount:=1;
PERS string text:="Hello";
PROC main()
nCount:=8;
text:="hi";
ENDPROC
```

定义名称为 nCount 的数值型数据和名称为 text 的字符型数据，在工业机器人执行的 RAPID 程序中也可以对可变量存储类型数据进行赋值的操作。在程序执行以后，赋值的结果会一直保持，直到对其重新赋值。

3. 常量(CONST)

常量的特点是在定义时已经赋予了数值，并不能在程序中进行修改，除非进行手动修改。

例 3：MODULE：modle2

```
CONST num nCount:=9.18;
CONST string greating:="Hello";
ENDMODULE
```

nCount 为数值型的常量，值为 9.18；greating 为字符型的常量，字符为“Hello”。存储类型为常量的程序数据，不允许在程序中进行赋值操作。

ABB 工业机器人常用的程序数据见表 2-19，其中必须掌握的部分以粗黑体标志。

表 2-19　常用程序数据表

程序数据	说明	程序数据	说明
bool	布尔量	pos	位置数据(只有 X、Y 和 Z)
byte	整数数据 0—255	pose	坐标转换
clock	计时数据	robjoint	工业机器人轴角度数据
dionum	数字输入/输出信号	**robtarget**	机器人与外轴的位置数据
extjoint	外轴位置数据	**speeddata**	机器人与外轴的速度数据
intnum	中断标志符	**string**	字符串
jointtarget	关节位置数据	**tooldata**	工具数据
loaddata	负载数据	trapdata	中断数据
mecunit	机械装置数据	**wobjdata**	工件数据
num	数值数据	**zonedata**	TCP 区域半径数据

2.4.3　程序数据应用举例

我们通过一个实例来运行程序并调试后，观察不同的存储类型、程序执行结果的变化。

例：PROC main()

```
ncount2:=2;
ncount3:=3;
WaitTime 5;
Routine1;
ENDPROC
PROC Routine1()
ncount2:=ncount2 + ncount1;
ncount3:=ncount3 + ncount1;
WaitTime 5;
```

ENDPROC
ENDMODULE

示例中定义了 3 个变量，存储类型分别是变量、可变量和常量，程序执行的结果会根据指针的位置发生相应变化。

2.4.4 常用程序数据的建立

2.4.4 常用程序数据的建立视频

1. speeddata 速度数据的建立

速度数据用 speeddata 表示，用于规定机械臂和外轴均开始移动时的速率，单位为mm/s。对于 speeddata 速度数据的建立有两种情况：

（1）常用的 speeddata 程序数据系统已经建立，可以直接调用，见图 2 - 14。

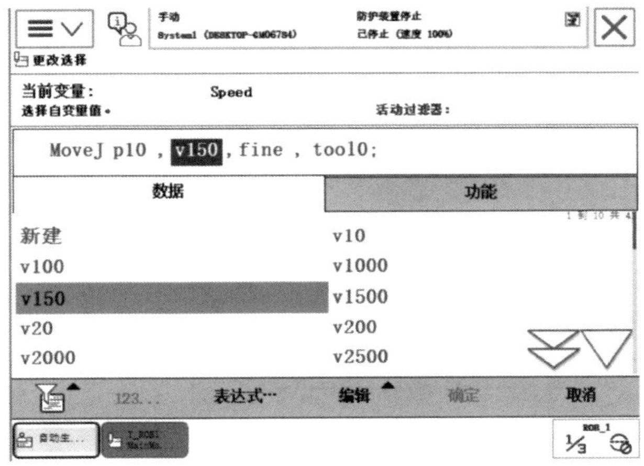

图 2 - 14　工业机器人速度数据选择

（2）系统中没有的 speeddata 程序数据，例如，在工艺中需要一个速度数据为 v230，这时就需要进行 speeddata 程序数据的新建，具体建立过程建立方法见表2 - 20。

表 2 - 20　速度数据的建立

图示	说明
手动 System1 (DESKTOP-6M06784) 防护装置停止 已停止 (速度 100%) HotEdit　备份与恢复 输入输出　校准 手动操纵　控制面板 自动生产窗口　事件日志 程序编辑器　FlexPendant 资源管理器 程序数据　系统信息 注销 Default User　重新启动 ROB_1 1/3	第一步　在 ABB 主菜单下，单击“程序数据”

续 表

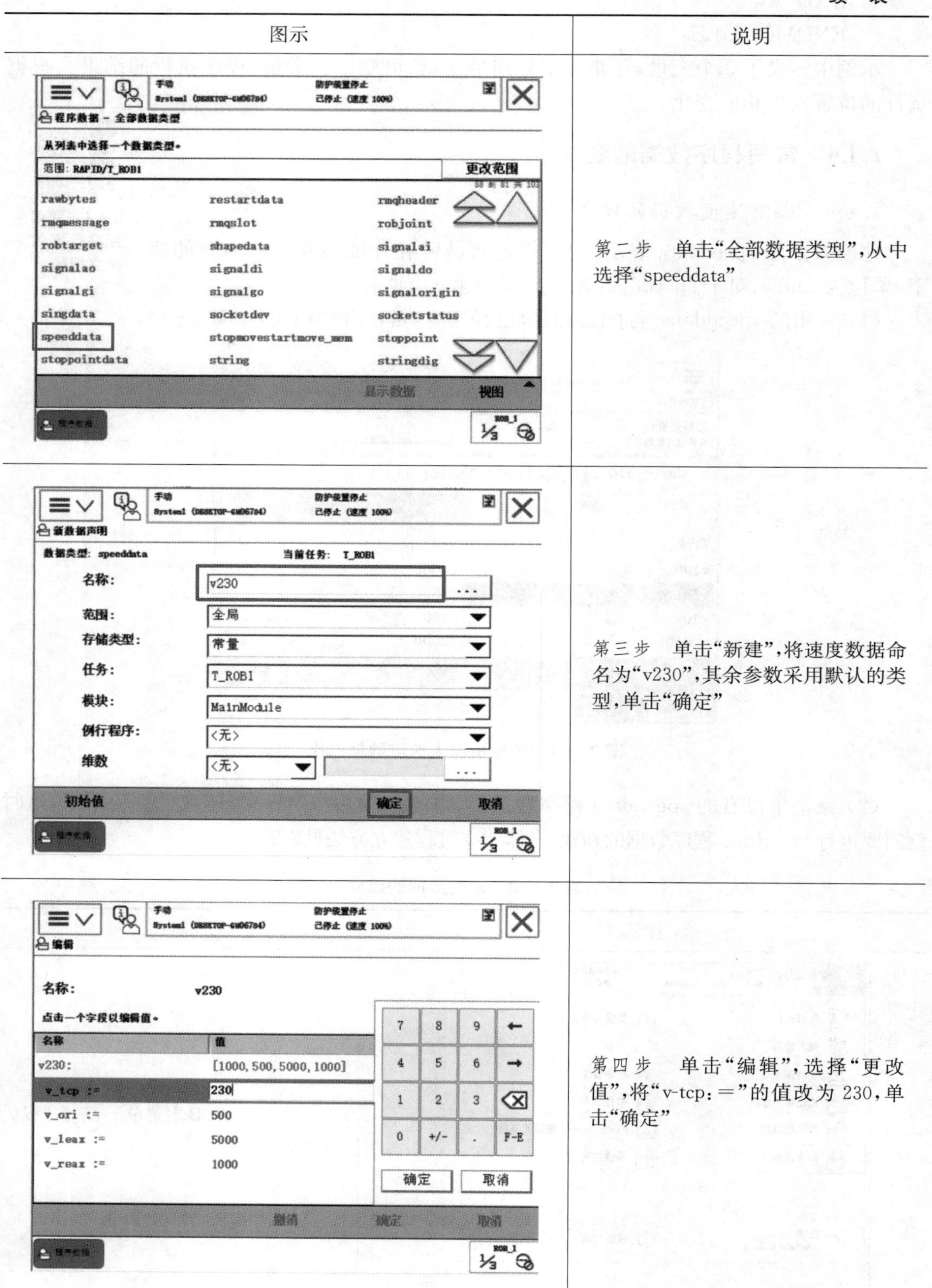

图示	说明
	第二步　单击“全部数据类型”，从中选择“speeddata”
	第三步　单击“新建”，将速度数据命名为“v230”，其余参数采用默认的类型，单击“确定”
	第四步　单击“编辑”，选择“更改值”，将“v-tcp：=”的值改为 230，单击“确定”

续 表

图示	说明
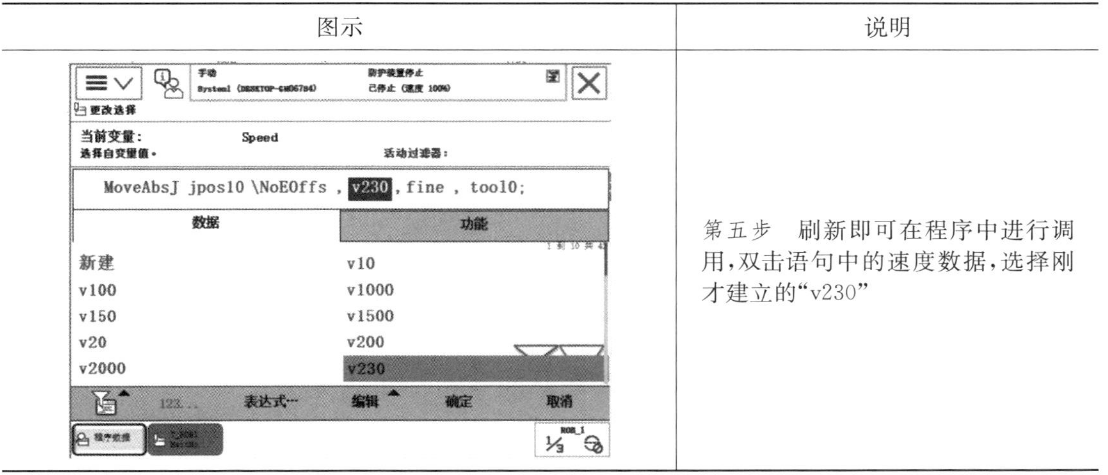	第五步　刷新即可在程序中进行调用，双击语句中的速度数据，选择刚才建立的“v230”

2. zonedata 区域数据的建立

zonedata 区域数据：用于规定如何结束一个位置，即在向下一个位置移动之前，轴必须如何接近编程位置，单位为 mm。工业机器人最终停留在位置 1 还是位置 2，由 zonedata 区域数据决定，见图 2-15。

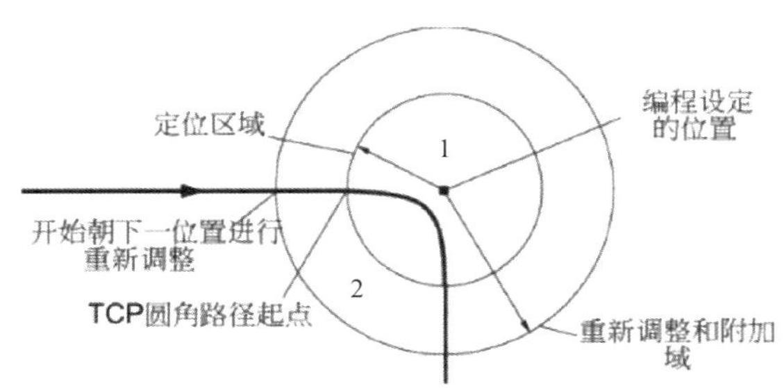

图 2-15　zonedata 数据应用

(1) 常用的 zonedata 区域数据系统已经建立，可以直接调用，见图 2-16。

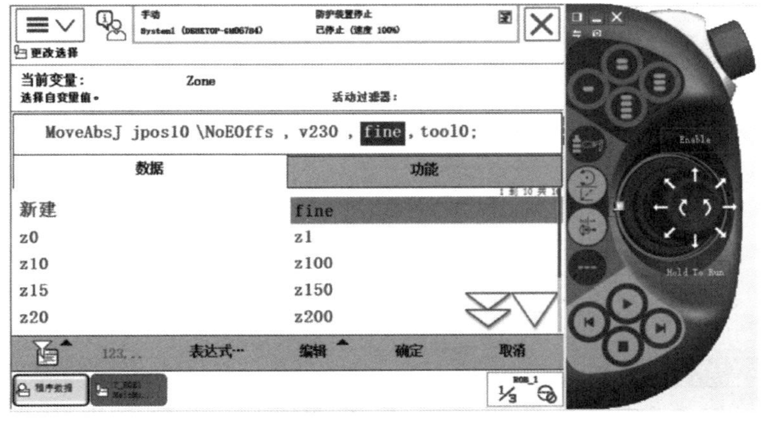

图 2-16　zonedata 数据选择

（2）系统中没有的 zonedata 程序数据，例如，需要一个转弯半径的数据为 Z35，这时就需要进行 zonedata 程序数据的新建，具体建立过程见表 2－21。

表 2－21　zonedata 数据的建立

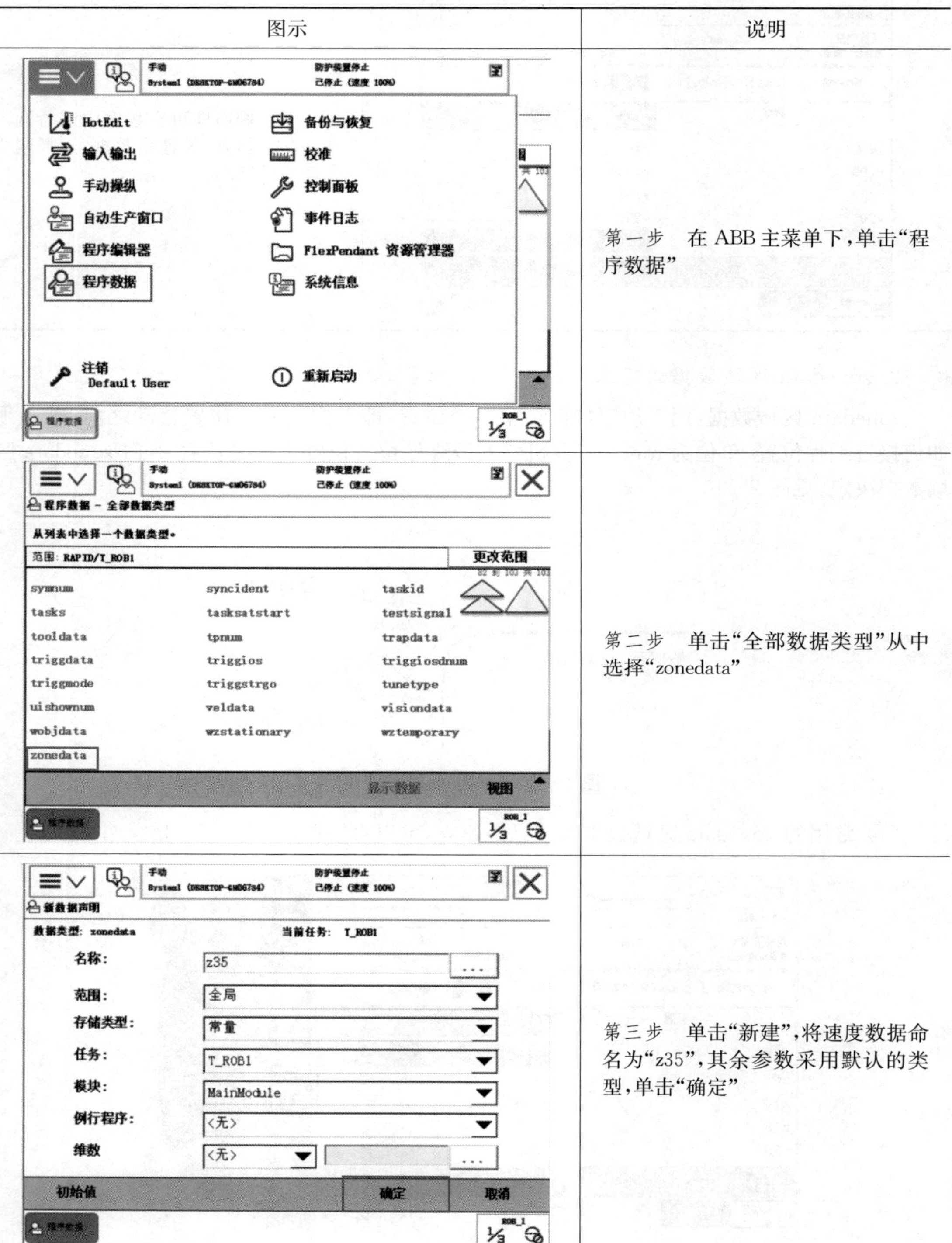

图示	说明
	第一步　在 ABB 主菜单下，单击“程序数据”
	第二步　单击“全部数据类型”从中选择“zonedata”
	第三步　单击“新建”，将速度数据命名为“z35”，其余参数采用默认的类型，单击“确定”

续 表

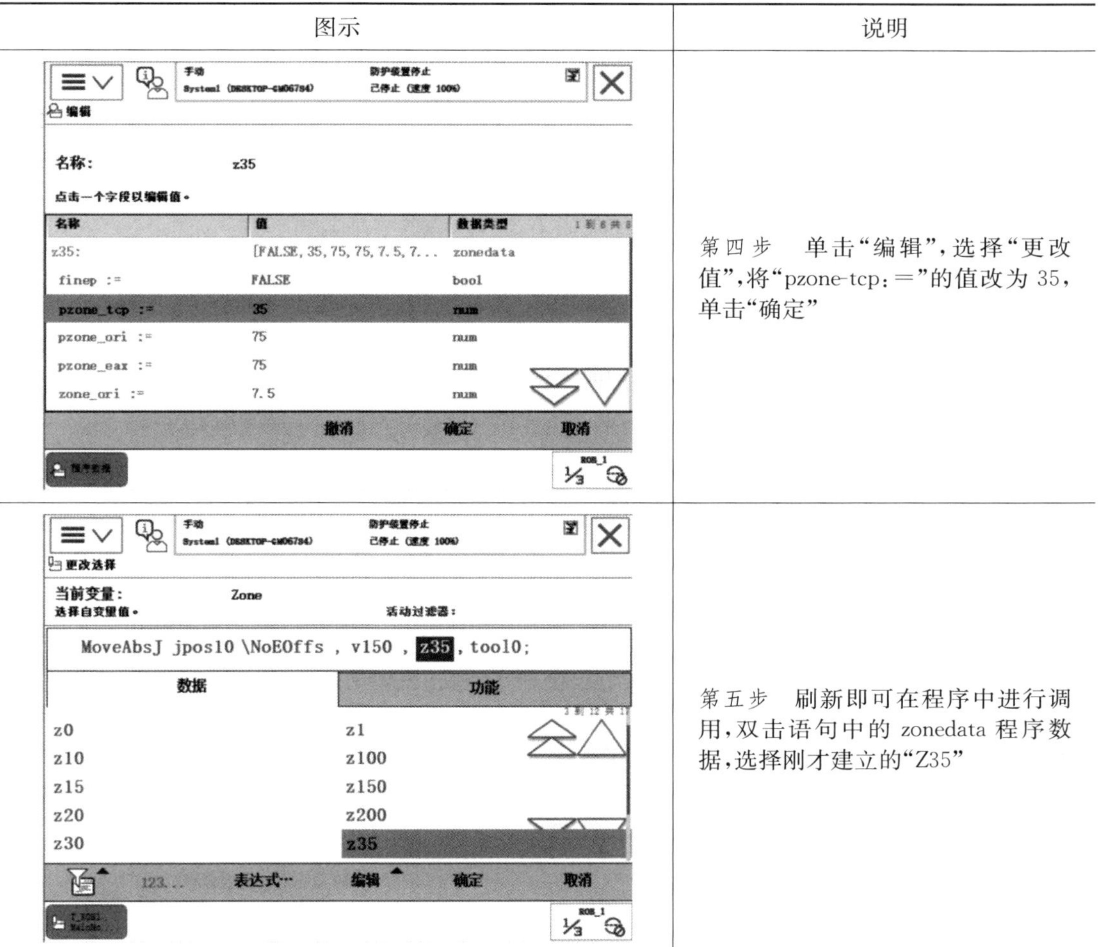

图示	说明
	第四步　单击“编辑”，选择“更改值”，将“pzone-tcp：=”的值改为 35，单击“确定”
	第五步　刷新即可在程序中进行调用，双击语句中的 zonedata 程序数据，选择刚才建立的“Z35”

3. bool 逻辑值的建立

例 1：flagl：= TRUE；向标志分配值 TRUE

例 2：VAR bool highvalue；

　　VAR num regl；

　　…

　　highvalue：= regl＞100；

如果 reg1 大于 100，则向 highvalue 分配值 TRUE；否则，分配 FALSE。

例 3：IF highvalue Set dol；

如果 highvalue 为 TRUE，则设置 do1 信号。

4. num 数值的建立

数值用 num 表示，多用于如计数器的场合。

num 数据类型的值可以为整数，例如－5；小数，例如 3.45；指数，例如 2E3（$=2\times10^3=$ 2000）等。

例 4：VAR num regl；

regl：= 3；

将 regl 指定为值 3。

例 5：

a：= 10 DIV 3；DIV 表示取整

b：= 10 MOD 3；MOD 表示取余

整数除法，向 a 分配一个整数(=3)，并向 b 分配余数(=1)。

任务 2.5　工业机器人重要程序数据的建立

任务导入：在工业机器人的编程与应用中，有一个至关重要的环节，那就是构建完善的编程环境。这就好比在建造一座高楼大厦之前，必须先打好坚实的基础。而在这个基础中，有三个关键的程序数据是不可或缺的，它们分别是工具数据(tooldata)、工件坐标(wobjdata)和负载数据(loaddata)。这些数据就像是机器人的“装备手册”、“工作地图”和“力量指南”，为机器人的精准操作提供了必要的参数支持。

想象一下，在汽车制造工厂中，工业机器人需要进行高精度的焊接作业。为了确保焊接质量，机器人必须准确知道焊接工具的形状、尺寸和重量，这就需要我们提前定义好工具数据(tooldata)。同时，机器人还需要清楚工件的位置和方向，以便能够精确地到达焊接点，这就需要设置工件坐标(wobjdata)。此外，当机器人搬运重物时，了解负载的重量和分布情况对于确保机器人的运动安全和稳定性至关重要，这就需要我们配置负载数据(loaddata)。

通过本任务的学习，我们将掌握如何建立这三个关键程序数据，为后续的编程工作做好充分准备。这不仅能够提高机器人的工作效率，还能确保其在复杂任务中的稳定性和安全性。让我们一起动手，为工业机器人的高效运行打下坚实的基础，让机器人在生产线上发挥出最大的价值。

知识链接

在进行正式的编程之前，必须构建必要的编程环境，其中有三个必需的关键程序数据(工具数据 tooldata、工件坐标 wobjdata、负载数据 loaddata)要在编程前进行定义。

2.5.1　工具数据建立

工具坐标

1. 工具数据 tooldata 的定义

工具数据 tooldata 用于描述安装在工业机器人第六轴上工具 TCP、质量、重心等参数数据。默认 TCP 位于工业机器人法兰盘中心，工业机器人原始的 TCP 点即 tool0 点见图 2 - 17。

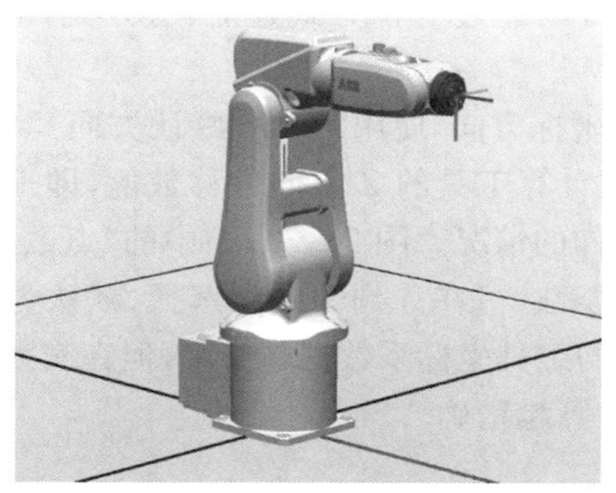

图 2-17　工业机器人原始的 TCP 点

一般不同的工业机器人应配置不同的工具，例如，弧焊机器人使用弧焊枪作为工具，而用于搬运板材的工业机器人就会使用吸盘式的夹具作为工具，焊接系统见图 2-18，码垛系统见图 2-19。

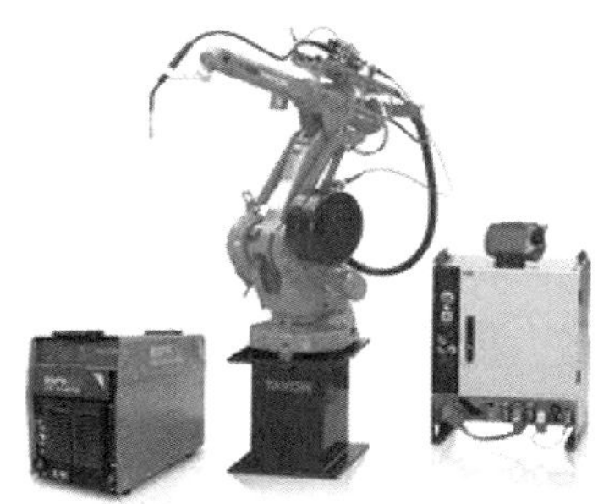

图 2-18　焊接系统

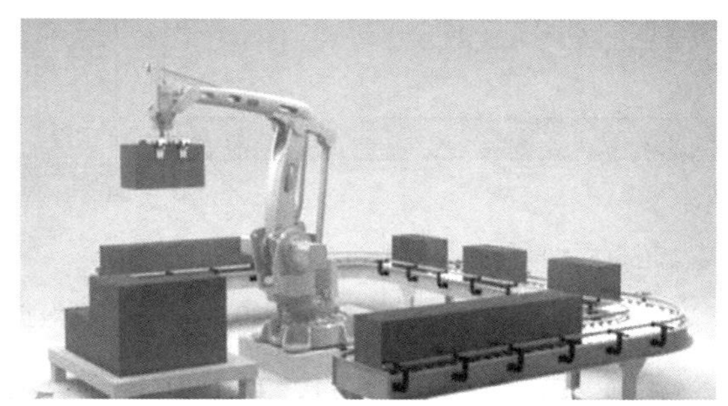

图 2-19　码垛系统

2. 工具数据 tooldata 的建立方法

工业机器人 TCP 数据的设定原理：

(1) 在工业机器人工作范围内找一个非常精确的固定点作为参考点。

(2) 在工业机器人已安装的工具上确定一个参考点(最好是工具的中心点)。

(3) 用之前介绍的手动操纵工业机器人的方法，去移动工具上的参考点，以四种以上不同的工业机器人姿态尽可能与固定点无限接近，但不能碰上。为了获得更准确的 TCP，在以下例子中使用六点法进行操作，第四点使工具的参考点垂直于固定点，第五点使工具参考点从固定点向将要设定为 TCP 的 X 方向移动，第六点使工具参考点从固定点向将要设定为 TCP 的 Z 方向移动。

(4) 工业机器人通过这四个位置点的位置数据计算求得 TCP 的数据，然后将 TCP 的数执据保存在 tooldata 程序数据中，供程序调用。

执行程序时，工业机器人将 TCP 移至编程位置。如果要更改工具以及工具坐标系，工业机器人的移动将随之更改，以便新的 TCP 到达目标。所有工业机器人在手腕处都有一个预定义工具坐标系，该坐标系被称为 tool0。这样就能将一个或多个新工具坐标系定义为 tool0 的偏移值。

工业机器人的 tooldata 可以通过三种方式建立，分别是四点法、五点法、六点法，如图 2－20(a)所示。

四点法，不改变 tool0 的坐标方向，使用“TCP(默认方向)”方法计算得到的工具数据不改变默认工具坐标系方向，仅计算工具的 Z 方向偏移数值，即工具长度。因此，该方法仅适用于工具末端点在 Z 方向延伸的情况。图 2－20(b)中的“点数”，是指标定工具坐标系需测定工具末端点示教的不同位姿数，可在 3 到 9 之间选择，默认为 4 点。理论上点数越多，利用不同的位姿数据计算得到的工具坐标系数据越精确，但在实际操作时，由于示教精度的影响，也并不是选择点数越多计算越精确。

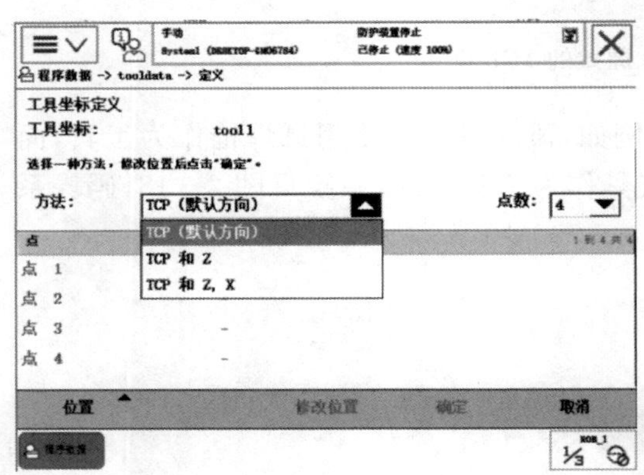

(a) tool1 工具数据标定方法选择

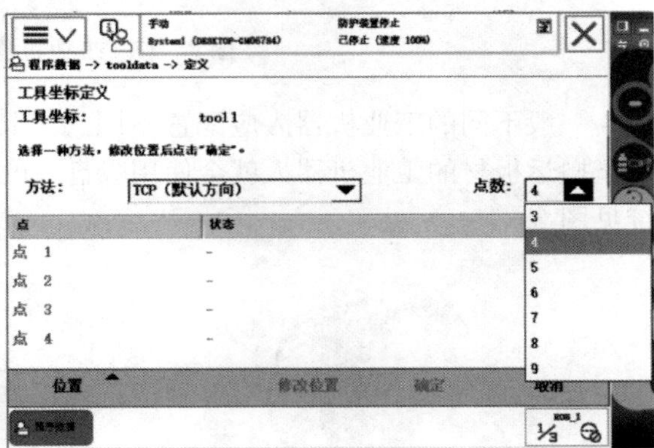

(b) tool1 工工具数据标定点数选择

图 2－20　tool1 工具数据标定界面

五点法，改变 tool0 的 Z 方向，“TCP 和 Z”方法是增加了 Z 点的定义，以工具末端点与 Z 点的连线为工具坐标系的 Z 轴，对应 Z 方向改变的工具。“TCP 和 Z”方法可兼容“TCP(默认方向)”方法，即 Z 方向不变的工具，也可用此方法定义工具数据。

六点法，改变 tool0 的 x 和 Z 方向(在焊接应用中最为常见)。“TCP 和 Z,X”方法则增加了 Z 点和 X 点的定义，以工具末端点与 Z 点的连线为工具坐标系的 Z 轴，以工具末端点与 X 点的连线为工具坐标系的 X 轴，对应 Z、X 方向改变的工具。“TCP 和 Z,X”方法可兼容其他方法。在获取前三个点的姿态位置时，其姿态位置相差越大，最终获取的 TCP 精度越高。

2.5.2　工具数据

工具数据(tooldata)是工业机器人系统用于描述工具的 TCP、重量、重心等参数的数据，也用于描述新工具坐标系相对于默认工具坐标系的位姿变换。图 2－21 所示为选择数据类型界面，图 2－22 为 tooldata(以 tool1 为例)中包含的参数。工具数据中包含多个参数，其数据结构如下：

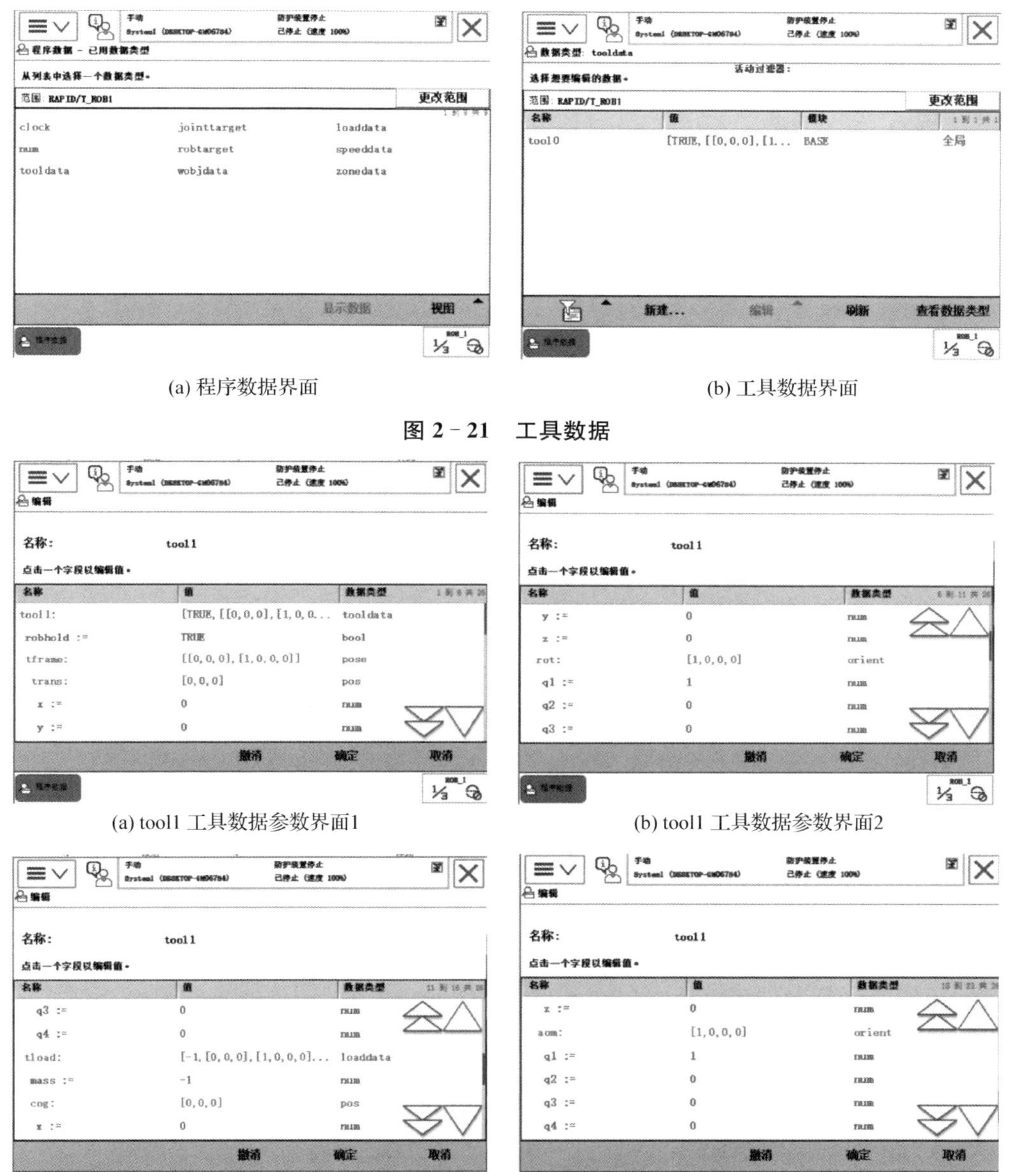

(a) 程序数据界面　　(b) 工具数据界面

图 2－21　工具数据

(a) tool1 工具数据参数界面1　　(b) tool1 工具数据参数界面2

(c) tool1 工具数据参数界面3　　(d) tool1 工具数据参数界面4

图 2－22　tooldata 中包含的参数

1. robhold

该参数为单一数据类型，其数据类型为 bool，用于描述工具是否由工业机器人夹持，即工具是否安装在工业机器人末端。

2. tframe

tool frame 的缩写，用于描述实际工具坐标系与默认工具坐标系的位姿变换关系，由 trans(位置)和 rot(姿态)两组参数构成。

3. trans

该组包含 x、y、z，共 3 个参数，分别用于描述实际工具末端点与默认工具末端点 x、y、z 方向的位置。

4. rot

该组包含 q1、q2、q3、q4，共 4 个参数，用 4 元数的形式表达实际工具坐标系与默认工具坐标系间的姿态变换。

5. tload

tool load 的缩写，用于描述实际工具的重心位姿、惯性矩等参数。

6. mass

工具负载的质量，单位为 kg。

7. cog

该组包含 x、y、z，共 3 个参数，分别用于描述工具负载的重心位置与默认工具末端点 x、y、z 方向的位置。

8. aom

该组包含 q1、q2、q3、q4 共 4 个参数，这 4 个参数的平方和为 1，用 4 元数的形式表达工具坐标系在基坐标系中的姿态变换。

9. ix、iy、iz

围绕力矩惯性轴的惯性矩，单位为 $kg \cdot m^2$。

2.5.3 创建工具数据

2.5.3－1 创建工具数据视频

1. 工具数据 tooldata 的建立。

下面以六点法为例，介绍工具数据 tooldata 建立的步骤(工业机器人工作模式必须在手动模式下)，见表 2－22。

表 2－22 工具数据 tooldata 建立的步骤

图示	说明
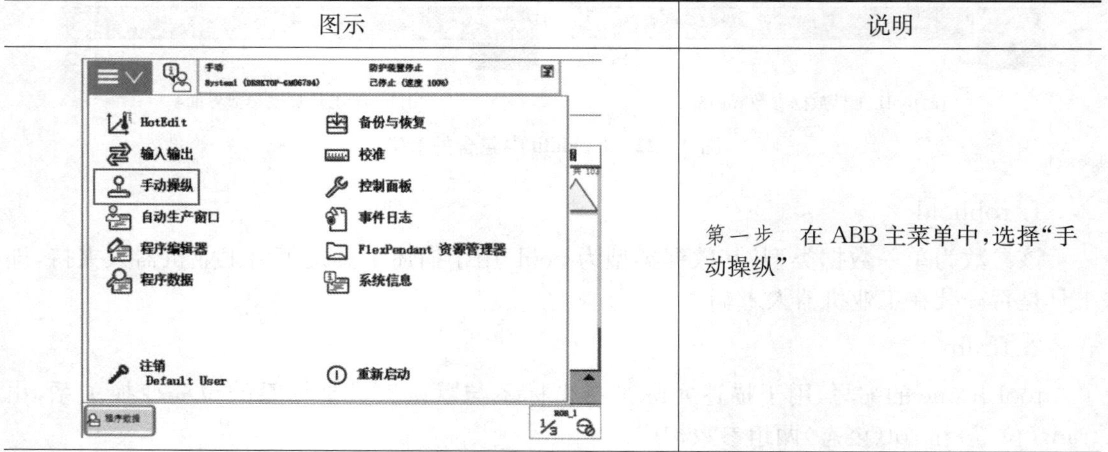	第一步 在 ABB 主菜单中，选择“手动操纵”

续 表

图示	说明
	第二步　在手动操纵界面内，选择“工具坐标”，单击“新建”，在弹出界面名称栏中单击“…”，对工具进行重新命名，其余采用默认的参数和类型，单击“确定”
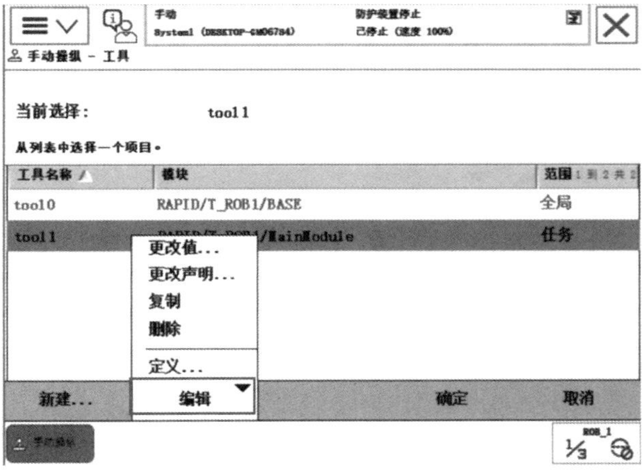	第三步　单击“编辑”，在弹出菜单中选择“定义”
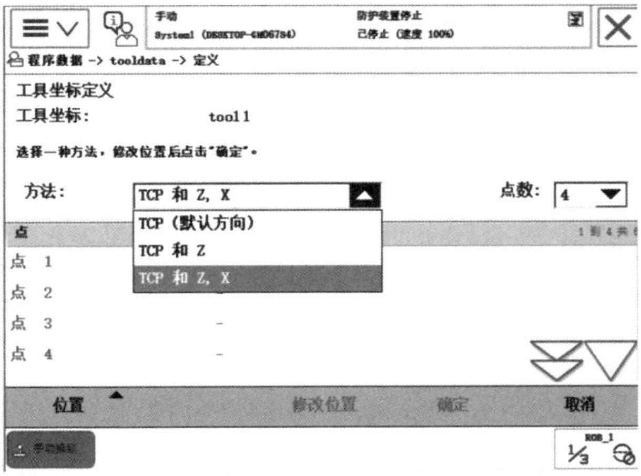	第四步　选择“TCP 和 Z，X”，采用六点法进行工具数据定义

续 表

图示	说明
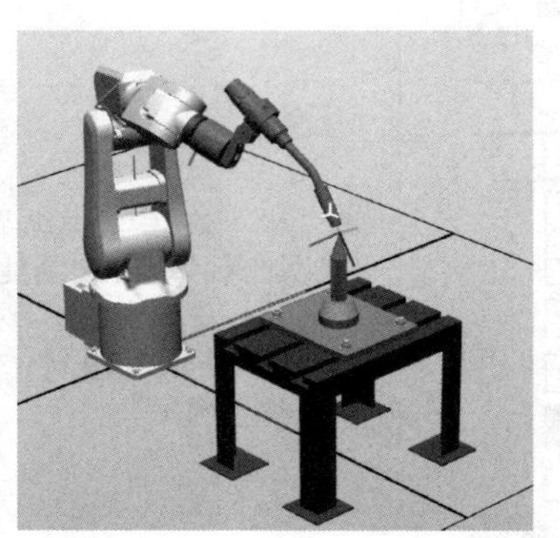	第五步　选择合适的手动操纵模式。用操纵杆使工业机器人工具参考点靠近固定点，作为第一个点
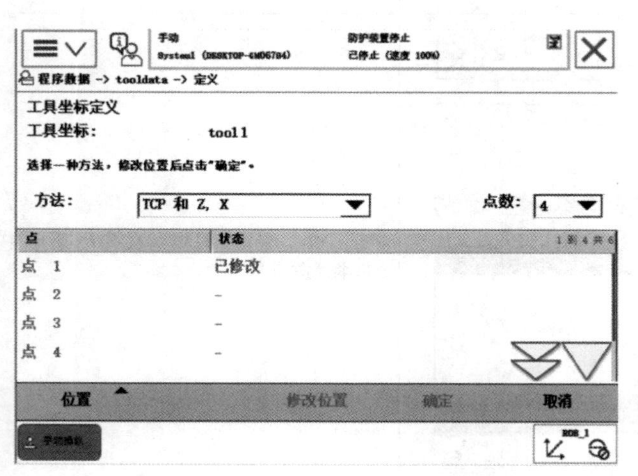	第六步　选择"点 1"，单击"修改位置"，将点 1 位置记录为当前点位置
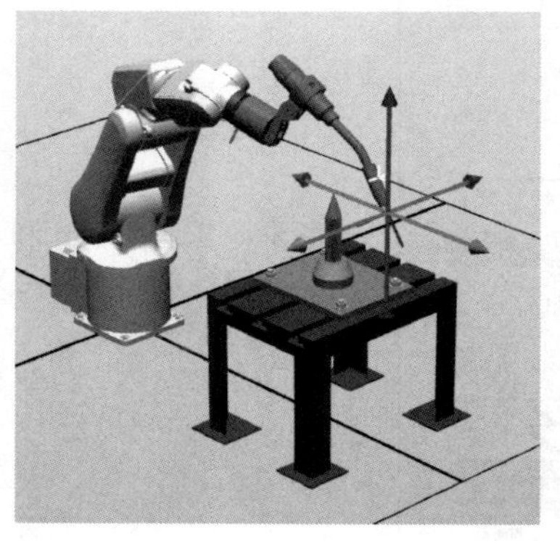	第七步　选择"线性运动"操纵模式。用操纵杆使工业机器人工具参考点向 X 正方向移动一段距离，作为延伸器点 X

续 表

图示	说明
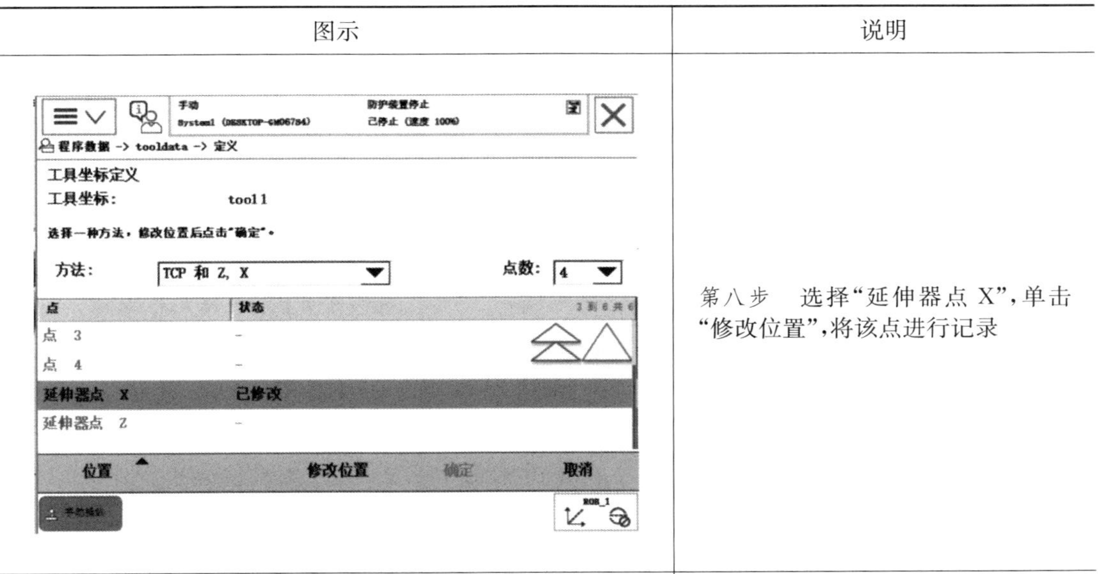	第八步　选择“延伸器点 X”，单击“修改位置”，将该点进行记录
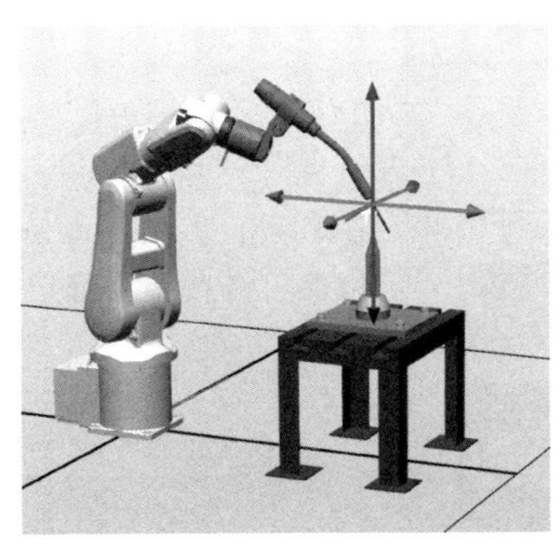	第九步　将工具线性移回到第一点位置，选择“线性运动”操纵模式。用操纵杆使工业机器人工具参考点向 Z 正方向移动一段距离，作为延伸器点 Z
手动 System1 (DESKTOP-GM06784) 防护装置停止 已停止 (速度 100%) 程序数据 -> tooldata -> 定义 工具坐标定义 工具坐标: tool1 选择一种方法，修改位置后点击"确定"。 方法: TCP 和 Z, X 点数: 4 点 状态 点 3 - 点 4 - 延伸器点 X 已修改 延伸器点 Z 已修改 位置 修改位置 确定 取消 ROB_1	第十步　选择“延伸器点 Z”，单击“修改位置”，将该点进行记录

续 表

<table>
<tr><th>图示</th><th>说明</th></tr>
<tr><td>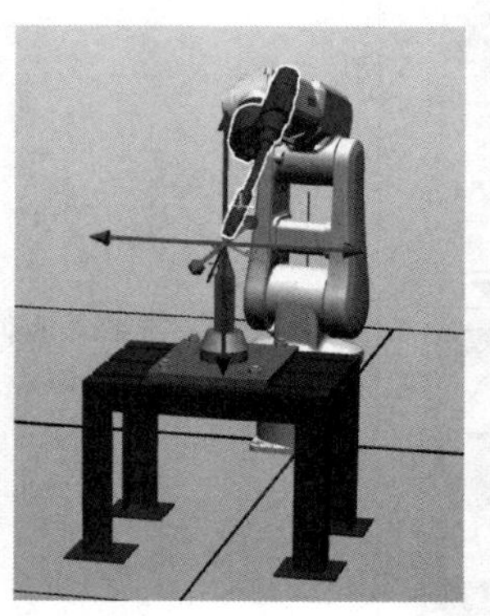</td><td>第十一步　将工具线性移回到第一点位置，选择“关节运动”模式，将第四轴和第六轴转动适当的角度。用操纵杆使工业机器人工具参考点以线性方式运动到尖端点，作为第二个点</td></tr>
<tr><td>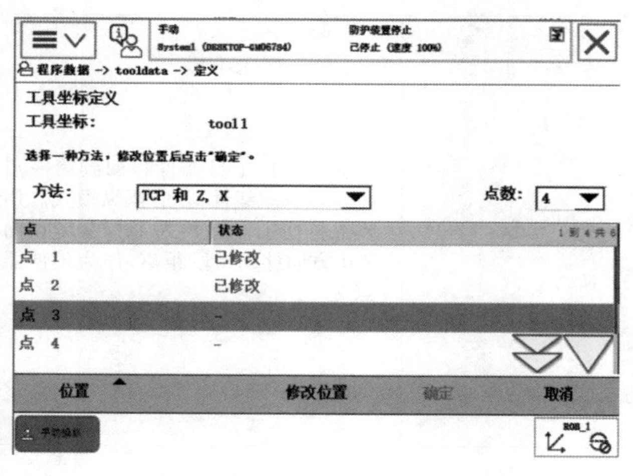
</td><td>第十二步　选择“点 2”，单击“修改位置”，将点 2 位置记录为当前点位置</td></tr>
<tr><td>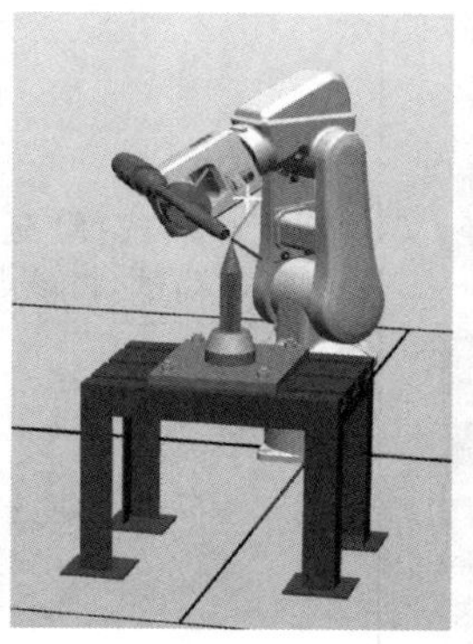</td><td>第十三步　将工具线性移回到第一点位置，选择“关节运动”模式，将第四轴和第六轴转动适当的角度。用操纵杆使工业机器人工具参考点以线性方式运动到尖端点，作为第三个点</td></tr>
</table>

续 表

<table>
<tr><th>图示</th><th>说明</th></tr>
<tr><td>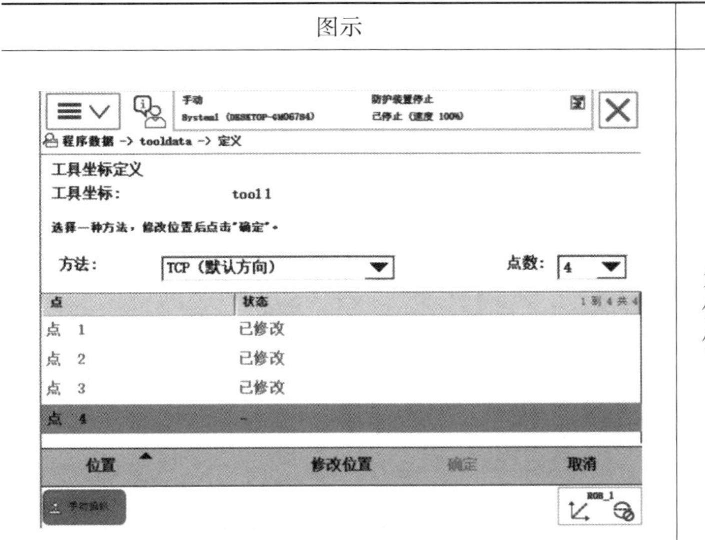</td><td>第十四步　选择“点 3”，单击“修改位置”，将点 3 位置记录为当前点位置</td></tr>
<tr><td>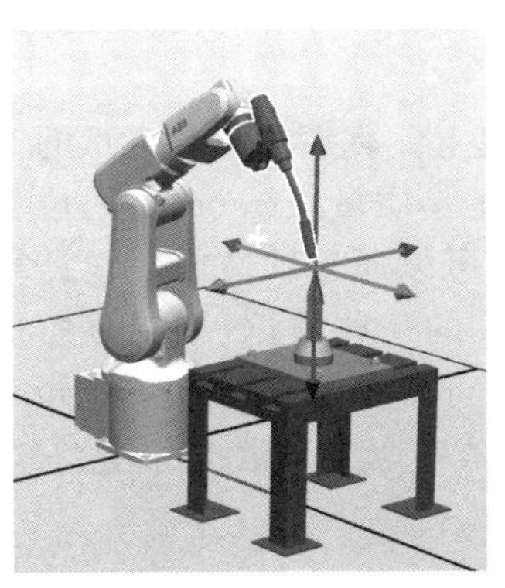</td><td>第十五步　将工具线性移回到第一点位置，选择“关节运动”模式，将第五轴和第六轴转动适当的角度。用操纵杆使工业机器人工具参考点以线性方式运动到尖端点，作为第四个点</td></tr>
<tr><td>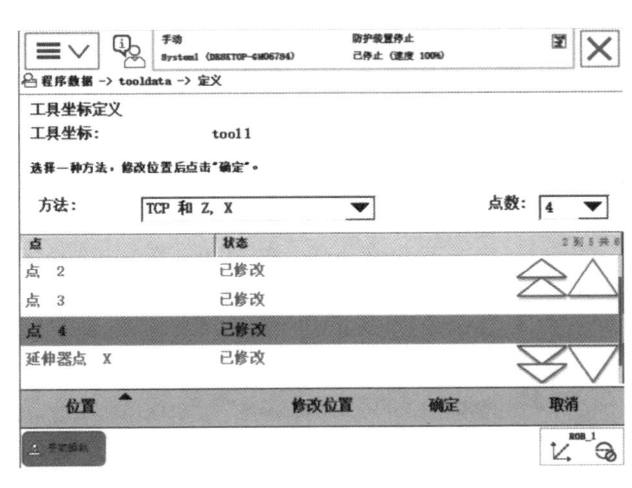</td><td>第十六步　选择“点 4”，单击“修改位置”，将点 4 位置记录为当前点位置。单击“确定”，六点法建立焊枪工具数据 tooldata 完成</td></tr>
</table>

续 表

图示	说明
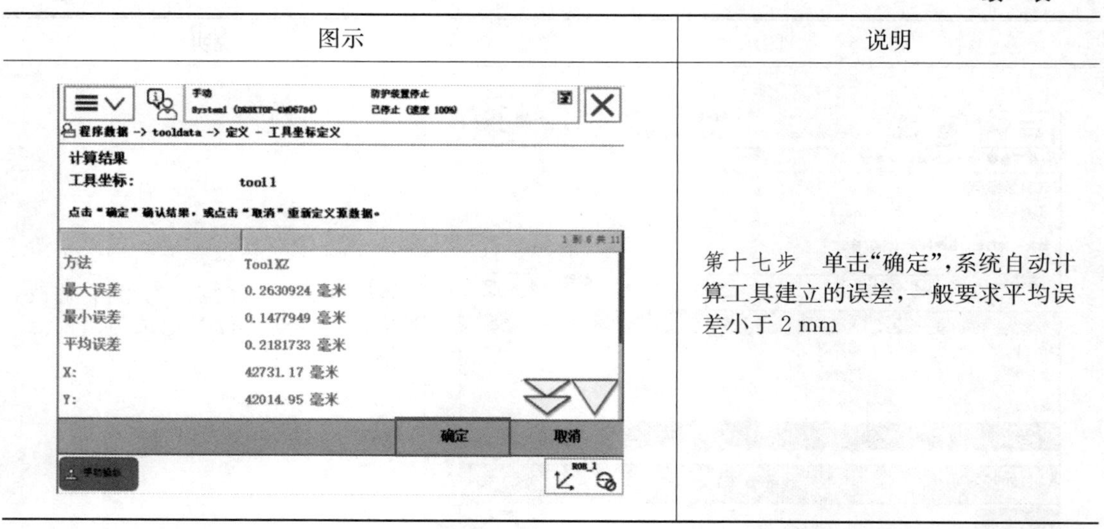	第十七步 单击“确定”，系统自动计算工具建立的误差，一般要求平均误差小于 2 mm

2. 吸盘(夹爪)tooldata 的建立

工业机器人除了用作焊接之外，还广泛地用于搬运和码垛领域。当工业机器人用于搬运时，一般选用的工具有真空吸盘、夹爪等。

这些工具一般会直接安装在工业机器人法兰盘上。真空吸盘和夹爪的工具数据 tooldata 建立只需要设定三个参数：mass(工具质量)、trans(重心位置数据)、cog(TCP 位置数据)，这些值在工具设计时可以通过软件或数学计算求得。以真空吸盘为例，在设置前已知道吸盘相关的一些数据，如工具质量 20 kg、重心位于 tool0 点+Z 方向 30 mm，TCP 位于 tool0 点+Z 方向 50 mm，只要找到相应参数的位置，填入相应的值就可以完成吸盘工具数据的建立，建立过程见表 2-23。

2.5.3-2 tooldata 的设置视频

表 2-23 吸盘 tooldata 建立步骤

图示	说明
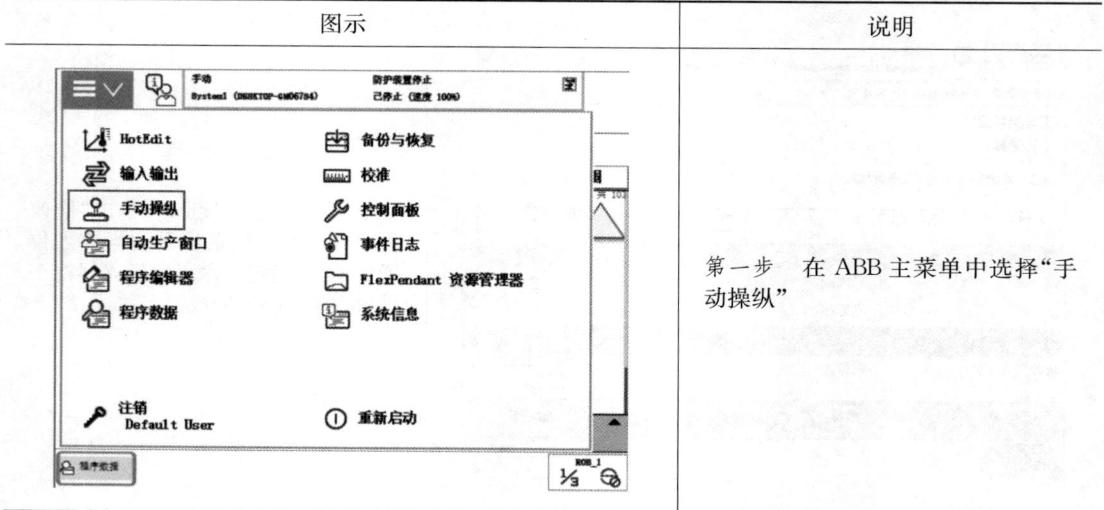	第一步 在 ABB 主菜单中选择“手动操纵”

续 表

图示	说明
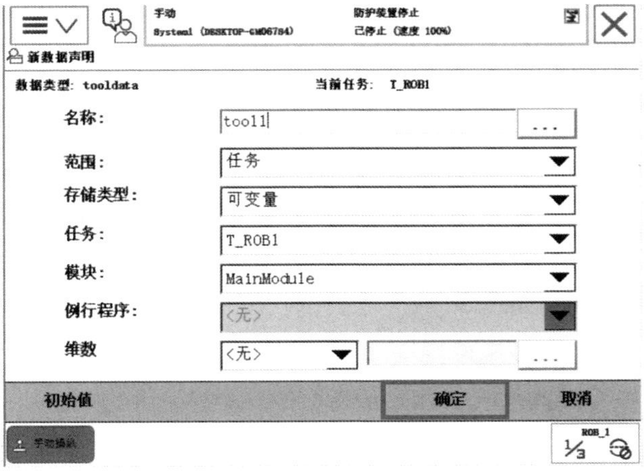	第二步　在手动操纵界面内，选择“工具坐标”单击“新建”，在弹出界面的名称栏中可以对工具进行重新命名，其余采用默认的参数和类型，单击“确定”
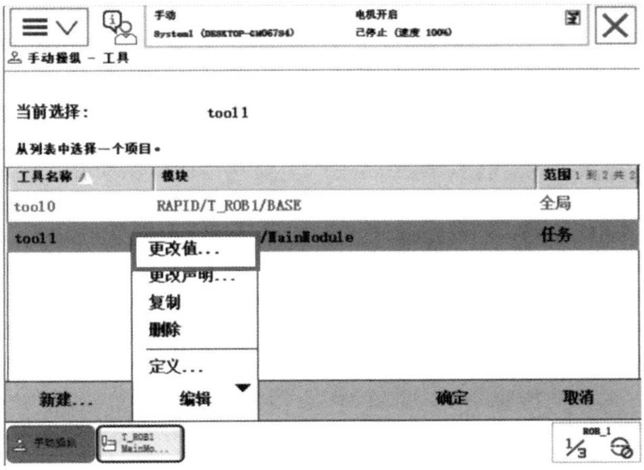	第三步　单击“更改值”
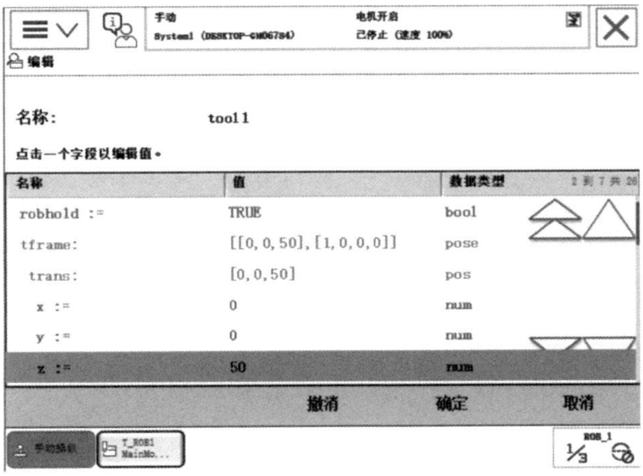	第四步　单击“trans”中的参数 z:=，将其值改为“50”

续 表

图示	说明
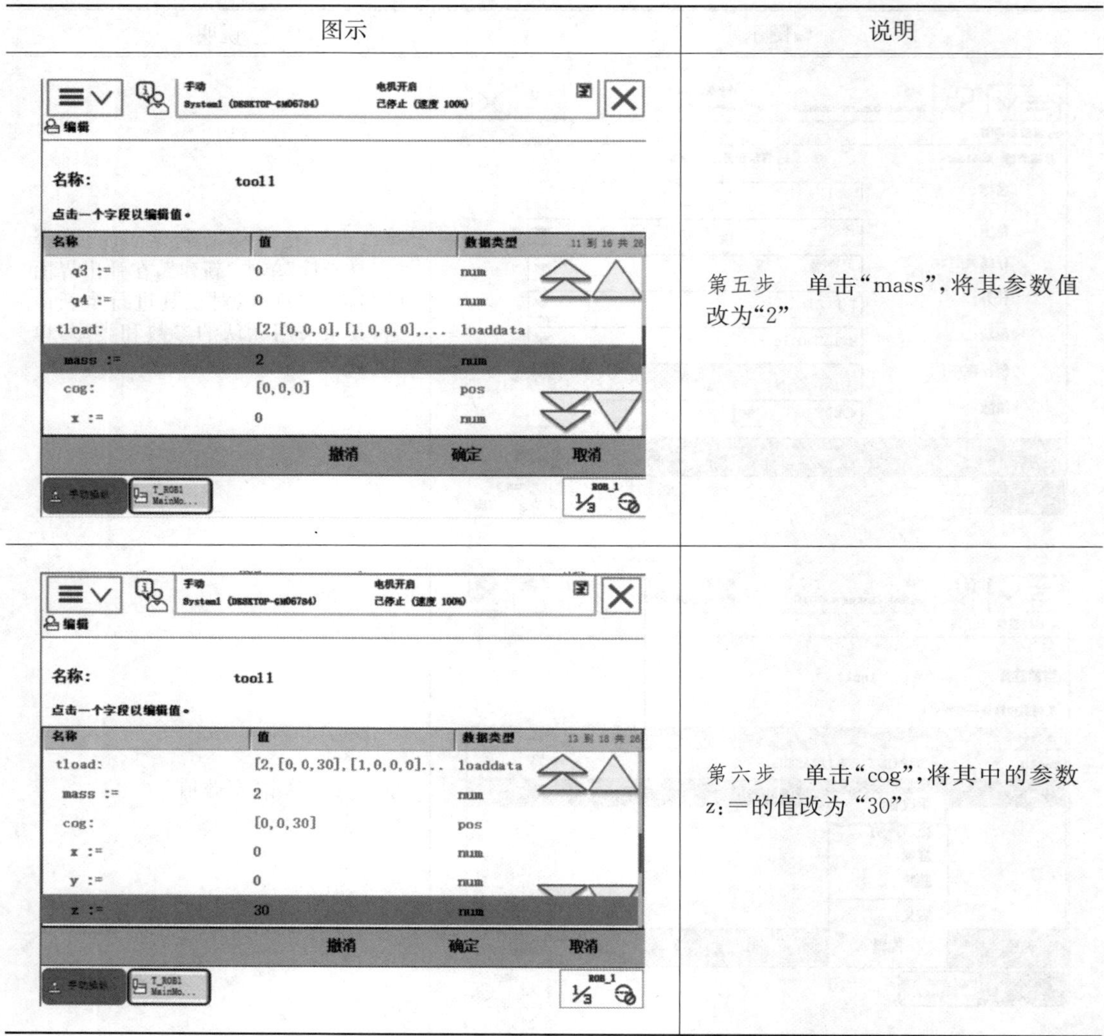	第五步　单击“mass”，将其参数值改为“2”
	第六步　单击“cog”，将其中的参数 z：=的值改为“30”

3. 工具数据 tooldata 的精度控制

工具数据建立的精度直接影响焊接过程中的焊枪的工作路径，在确定数据时，精度的检验可通过以下两种方式进行：

(1) 工具数据在建立的过程中，通过六点法自动计算 TCP 的位置，可通过查看平均偏差的大小来判断工具数据建立的精度，平均偏差越小，说明工具数据精度越高。

(2) 将工具放置在物体的尖端点上，通过采用工业机器人重定位方式，观察工业机器人在位置变化时 TCP 相对于尖点的位移。

为了提高工具数据建立的精度，我们可以采用以下两种方法。

① 工业机器人在采用六点法靠近尖端点时，各个轴变化的姿态相差越大，最终获取的 TCP 精度越高。

② 利用六点法靠近尖端点时，每次位置点偏差越小，精度越高，所以在靠近尖端点时，

尽可能采用增量运动方式靠近，但不能碰到尖端点。

2.5.4 工件数据建立

1. 工件数据的定义

工件数据也称工件坐标，用 wobjdata 表示，用来定义工件相对于大地坐标系或其他坐标系的位置。工业机器人可以拥有若干工件坐标系，或者表示不同工件，或者表示同一工件在不同位置的若干副本。工业机器人进行编程就是在工件坐标系中创建目标和路径，见图 2-23。

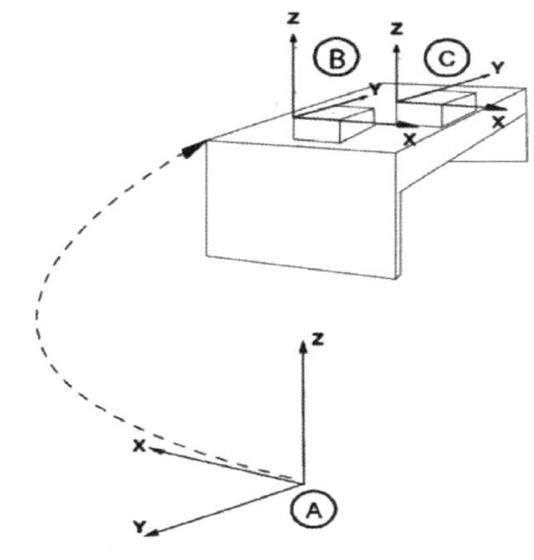

图 2-23 工件数据的位置

利用工件坐标系进行编程，重新定位工作站中的工件时，只需要更改工件坐标，所有路径将即刻随之更新；允许操作以外轴或传送导轨移动的工件，因为整个工件可连同其路径一起移动，见图 2-24。即在图 2-24(a)工件坐标 B 中对 A 对象进行了轨迹编程，当工件坐标变化成图 2-24(b)中工件坐标 D 后，只需在工业机器人系统中重新定义工件坐标 D，则工业机器人的轨迹就自动更新到 C 了，不需要再次轨迹编程。

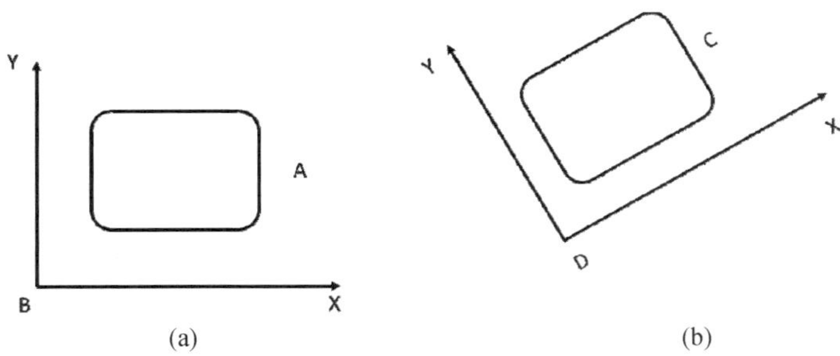

图 2-24 工件数据的应用

同理，对于示教板上面的图形如图 2-25，如果定义了工件数据 wobj1，在 wobj1 下，编制好图形的路径，当将工件移动一定位置或旋转一定角度时，我们只需重新定义 wobj1，不需要改变程序中示教板零件图形的指令，就可以完成图形的轨迹编程。

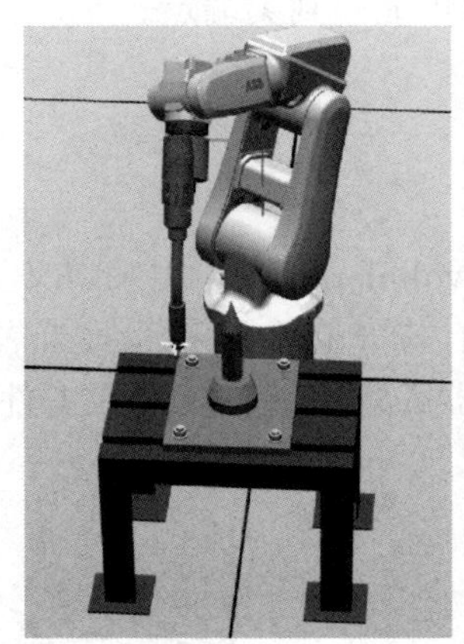

图 2-25　工件数据在示教板的应用

2. 工件数据的建立

在工件的平面上，只需要定义三个点 X1、X2、Y1，就可以建立一个工件坐标系，见图 2-26。其中，X1 确定原点位置，X1、X2 确定 X 轴，Y1 确定 Y 轴，通常我们采用右手笛卡儿坐标系进行 Z 轴的确定。即伸出右手，用拇指方向表示 X 轴，用食指方向表示 Y 轴，用中指方向表示 Z 轴；它们之间两两垂直，见图 2-27。

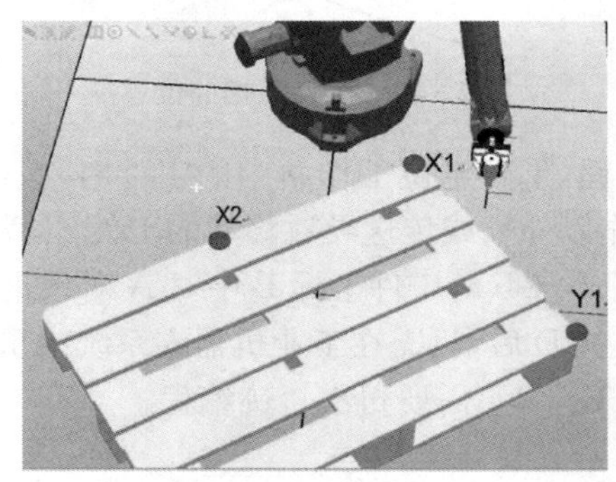

图 2-26　工件坐标系建立

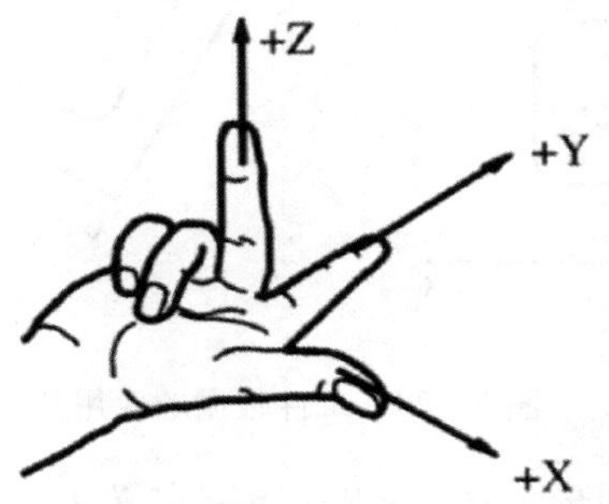

图 2-27　右手笛卡尔坐标系

2.5.4　工件数据的建立视频

要注意三个点的拾取顺序和位置，否则工件坐标系建立会有误。以图 2-25 为例建立工件数据的步骤见表 2-24。

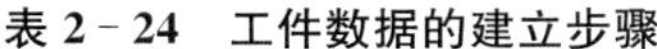

表 2-24 工件数据的建立步骤

图示	说明
 手动 DESKTOP-GM06784 防护装置停止 已停止（速度 100%） 手动操纵 点击属性并更改 机械单元：ROB_1... 绝对精度：Off 动作模式：线性... 坐标系：基坐标... 工具坐标：tool1... 工件坐标：wobj0... 有效载荷：load0... 操纵杆锁定：无... 增量：无... 位置 坐标中的位置：WorkObject X: 364.35 mm Y: 0.00 mm Z: 594.00 mm q1: 0.50000 q2: 0.00000 q3: 0.86603 q4: 0.00000 位置格式... 操纵杆方向 X Y Z 对准... 转到... 启动...	第一步　在手动操纵界面中，将“动作模式”选为“线性”模式，选择“坐标系”为基坐标系，选择新建的“工具坐标系”tool1
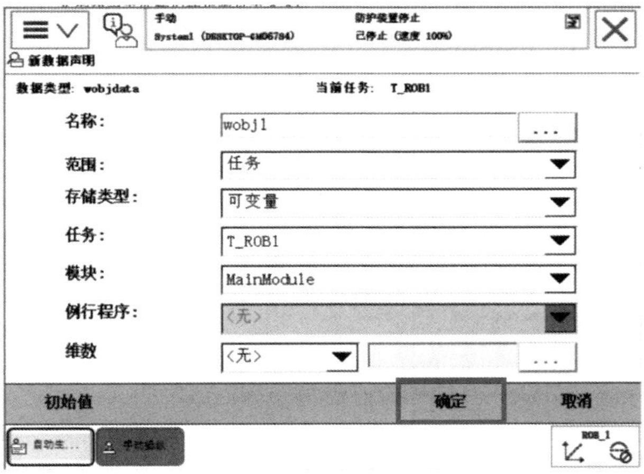 手动 System1 (DESKTOP-GM06784) 防护装置停止 已停止（速度 100%） 新数据声明 数据类型：wobjdata　当前任务：T_ROB1 名称：wobj1 范围：任务 存储类型：可变量 任务：T_ROB1 模块：MainModule 例行程序：<无> 维数 <无> 初始值　确定　取消	第二步　单击“工件坐标系”，然后单击“新建”。在弹出界面的名称栏里输入工件坐标系名称，单击“…”，可对工件坐标系进行重新命名，其余选项和内容按照默认的格式，单击“确定”
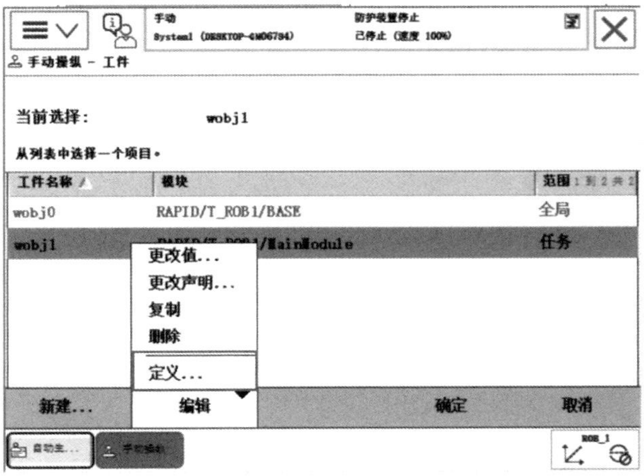 手动 System1 (DESKTOP-GM06784) 防护装置停止 已停止（速度 100%） 手动操纵 - 工件 当前选择：wobj1 从列表中选择一个项目。 工件名称　模块　范围 wobj0　RAPID/T_ROB1/BASE　全局 wobj1　RAPID/T_ROB1/MainModule　任务 更改值... 更改声明... 复制 删除 定义... 新建...　编辑　确定　取消	第三步　单击“编辑”，选择“定义”，在“用户方法”栏中选择“3 点”

续　表

图示	说明
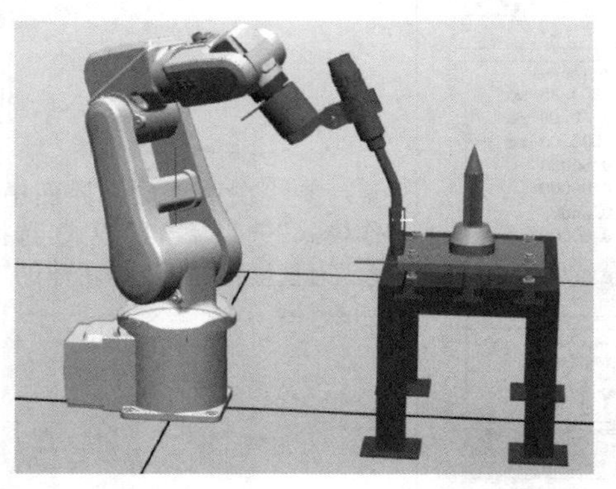	第四步　将工业机器人焊枪工具以线性运动的方式，移动到工作台边缘位置
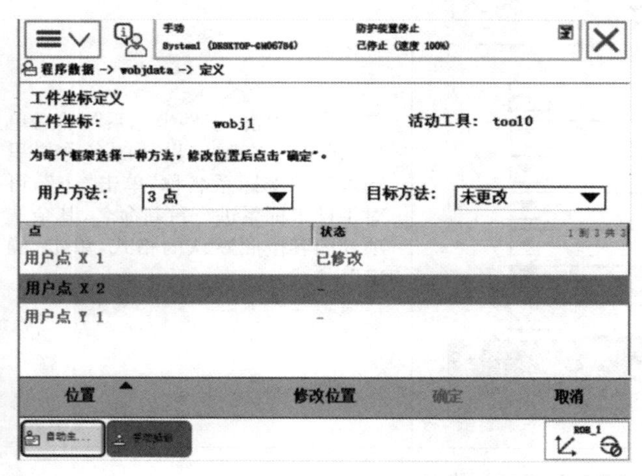	第五步　在左图对话框中，选择“用户点 X1”，单击“修改位置”
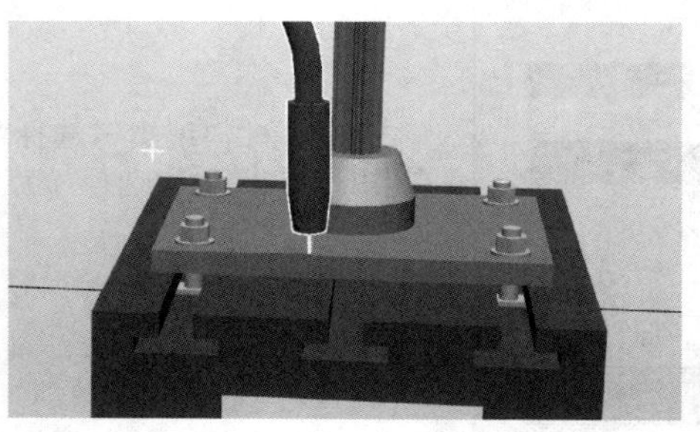	第六步　将工业机器人焊枪工具以线性运动的方式，移动到工作台边缘位置

续 表

图示	说明
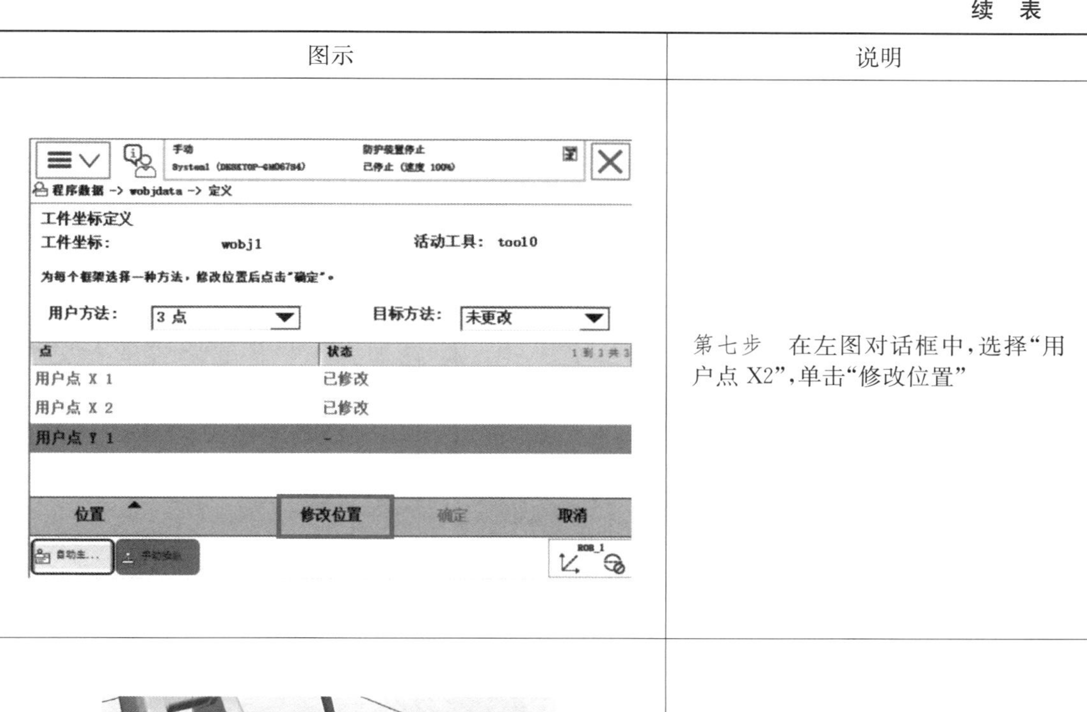	第七步　在左图对话框中，选择“用户点 X2”，单击“修改位置”
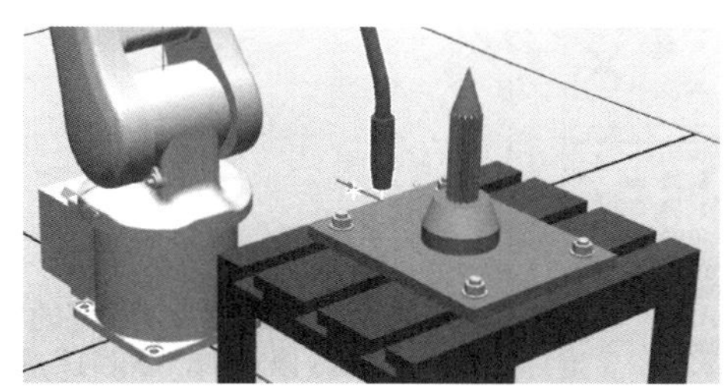	第八步　将工业机器人焊枪工具以线性运动的方式，移动到工作台边缘位置
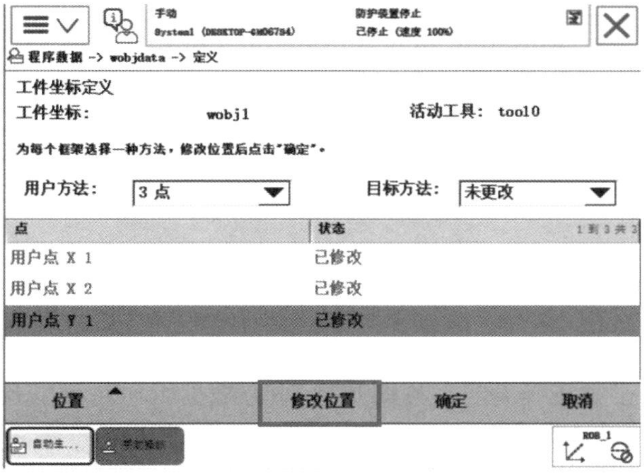	第九步　在左图对话框中，选择“用户点 Y1”，单击“修改位置”

续 表

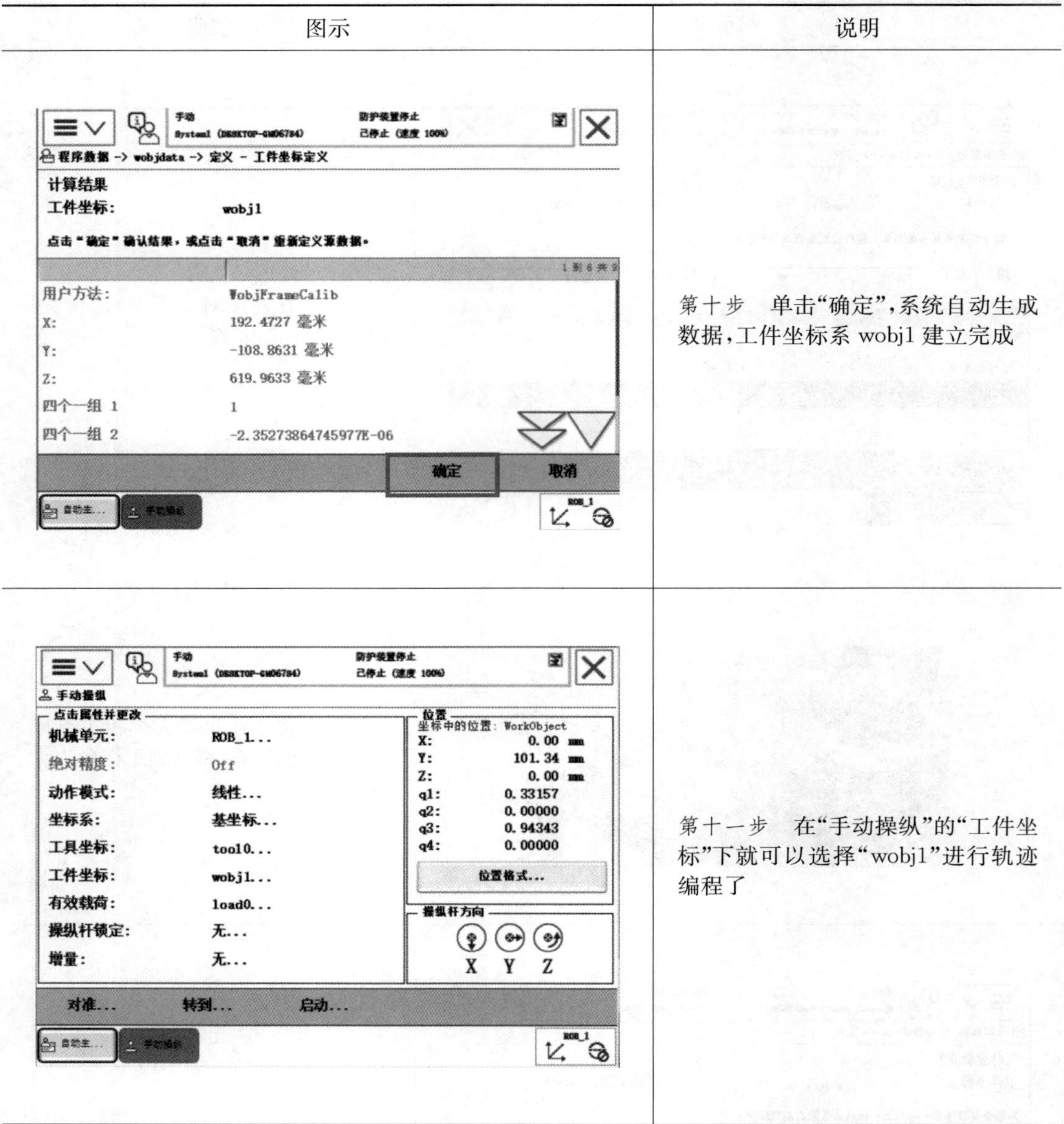

图示	说明
	第十步　单击“确定”,系统自动生成数据,工件坐标系 wobj1 建立完成
	第十一步　在“手动操纵”的“工件坐标”下就可以选择“wobj1”进行轨迹编程了

2.5.5　负载数据建立

1. 负载数据的定义

负载数据 loaddata,用于描述机械臂安装法兰的负载,即机械臂夹具所施加的载荷。对于搬运工作的工业机器人,见图 2 - 28,必须正确设定夹具的质量、重心数据 tooldata 以及搬运对象的质量和重心数据 loaddata,其重心数据 tooldata 是基于工业机器人法兰盘中心 tool0 来设定的。

图 2-28　工业机器人搬运码垛系统

2. 负载数据的建立方法

建立 loaddata 需要建立四个参数，即：mass，有效载荷的质量，单位为 kg；cog，有效载荷重心，单位为 mm，如果使用固定工具，则用机械臂所移动工件的坐标系来表示夹具所夹持有效载荷的重心；aom，力矩轴的姿态，始于 cog 的有效载荷惯性矩的主轴方向；ix、iy、iz：有效载荷的转动惯量，单位为 kg · m^2。这些值可以通过计算求得，也可以通过工业机器人自测得到，具体 loaddata 建立参数见表 2-25。

表 2-25　loaddata 有效载荷参数表

名称	参数	单位
有效载荷质量	load.mass	kg
有效载荷重心	load.cog.x load.cog.y load.cog.z	mm
力矩轴方向	load.aom.q1 load.aom.q2 load.aom.q3 load.aom.q4	
有效载荷的转动惯量	ix iy iz	kg · m^2

loaddata 参数如果是通过计算得到的，则只需要将相关的参数填入相应的位置即可，具体建立过程见表 2-26。

2.5.5　loaddata 参数建立视频

表 2－26 loaddata 参数建立

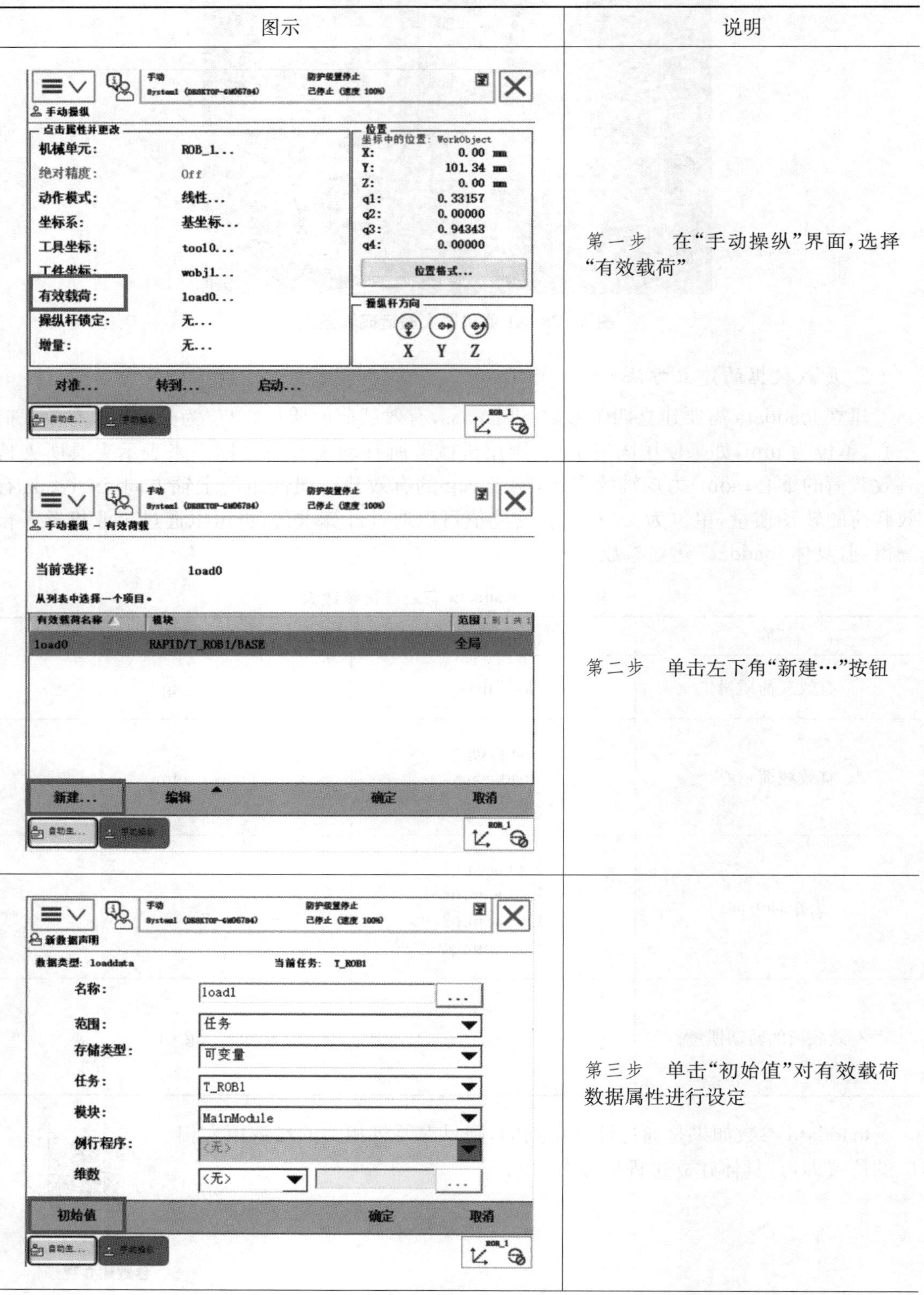

图示	说明
	第一步　在“手动操纵”界面，选择“有效载荷”
	第二步　单击左下角“新建…”按钮
	第三步　单击“初始值”对有效载荷数据属性进行设定

续 表

图示	说明
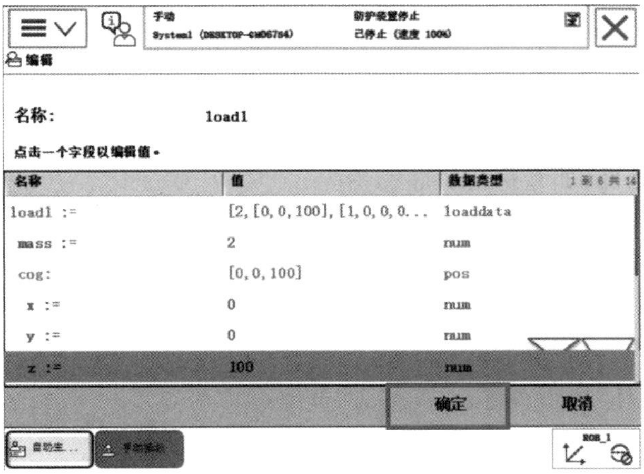	第四步 对有效载荷的数据根据实际情况进行设定，单击“确定”按钮

也可以通过工具自动识别程序，对 tooldata 和 loaddata 进行识别。Loadldentify 是 ABB 工业机器人开发的，可用于自动识别安装在六轴法兰盘上的工具(tooldata)和载荷(loaddata)的重量，以及重心(设置 tooldata 和 loaddata 是自己测量工具的质量和重心，然后填写参数进行设置，但是这样会有一定的不准确性)。

在手持工具的应用中，应使用 Loadldentify 识别工具的质量和重心；在手持夹具的应用中，应使用 LoadIdentify 识别夹具和搬运对象的质量和重心。

注意：负载数据定义不正确可能会导致机械臂机械结构过载，常常会引起以下后果，建议在使用时要慎重。

(1) 机械臂将不会运动，提出报警。

(2) 路径准确性受损，包括过渡风险。

(3) 机械结构过载风险。

任务 2.6 工业机器人常用指令介绍

任务导入：在工业机器人的编程与应用中，指令是指挥机器人完成各种任务的基本单元。就像人类通过语言交流一样，机器人通过指令来理解并执行我们的命令。ABB 工业机器人的 RAPID 编程语言提供了丰富的指令集，这些指令涵盖了从简单的运动控制到复杂的逻辑判断和数据处理。今天，我们将深入学习这些常用指令，为编写高效、灵活的机器人程序打下坚实基础。

通过本任务的学习，将系统地了解 ABB 工业机器人的常用指令，包括它们的语法、功能和应用场景。我们将通过实际编程示例，展示如何使用这些指令编写出能够完成具体任务的程序。

知识链接

2.6.1 逻辑循环指令

1. Compact IF 指令的结构及使用

Compact IF 指令含义：如果满足条件，那么执行后面的指令。

Compact IF 指令的使用：仅在满足给定条件的情况下执行单个指令时，使用 Compact IF。

例 1：Compact IF reg1>5

GOTO next；

如果 regl 大于 5，在 next 标签处继续执行程序。

例 2：Compact IF reg2>10

Set dol；

如果 reg2>10，则设置 do1 信号。

Compact IF 和 IF 指令的区别：前者用于一个条件满足后就执行一句指令；而后者则根据不同的条件来执行不同的指令，且条件判定的数量可以根据实际情况增加或减少。

2. IF 指令的结构及使用

IF 指令含义：如果满足条件，那么……；否则……

IF 指令的使用：根据是否满足条件，执行不同的指令时，使用 IF 指令，也就是根据不同的条件去执行不同的指令。

例 3：IF nCount = 1 THEN

bPalletFull：= TRUE；

ELSEIF nCount = 2 THEN

bPalletFull：= FALSE；

ELSE

Set dol；

ENDIF

3. FOR 指令的结构及使用

FOR 指令的含义：重复执行判断指令。

FOR 指令的使用：用于一个或多个指令需要重复执行数次的情况。

例 4：FOR i FROM 1 TO 6 DO

ncount = ncount + 1；

将 ncount 连续加 1，重复执行 6 次。

例 5：FOR i FROM 1 TO 6 DO

rPick；

例行程序 rPick，无返回值重复执行 6 次。

4. WHILE 指令的结构及使用

WHILE 指令的含义：只要……便重复运行程序。

WHILE 指令的使用：只要给定条件表达式评估为 TRUE 值便运行程序，当重复执行一些指令时使用 WHILE。WHILE 和 FOR 的区别是 FOR 可以知道重复次数。

例 6：WHILE regl < reg2 DO

……

regl:= regl + 1;

ENDWHILE

如果 regl=1，reg2=10，只要 regl<reg2，则重复 WHILE 块中的 reg1:=reg1+1 指令。注意语句：WHILE Condition DO...ENDWHILE 中 Condition 数据类型要为 bool。

2.6.2 赋值指令

赋值指令"：="的含义：分配一个数值。

赋值指令"：="的使用：用于向数据分配新值，该值可以是一个恒定值，亦可以是一个算术表达式，例如，reg1+5 * reg3。

例 1：regl:= 5;

将 reg1 指定为值 5。

例 2：regl:= reg2 - reg3;

将 reg1 的值指定为 reg2—reg3 的计算结果。

例 3：counter:= counter + 1;

将 counter 增加 1。

2.6.3 I/O 控制指令

1. Set 指令

Set 指令的含义：设置数字输出信号。

Set 指令的使用：用于将数字输出信号的值设置为 1。

例 1：Set do15;

将信号 do15 设置为 1。

例 2：Set weldon;

将信号 weldon 设置为 1。

注意：必须建立 do15、weldon 信号，否则无法进行置位。

2. Reset 指令

Reset 指令的含义：重置数字输出信号。

Reset 指令的使用：用于将数字输出信号的值重置为零。

例 3：Reset do15;

将信号 do15 设置为 0。

例 4：Reset weld;

将信号 weld 设置为 0。

注意：如果在 Set、Reset 指令前有运动指令 MoveJ、MoveL、MoveC、MoveAbsJ 的转弯区域数据，必须使用 fine 才可以准确地输出 I/O 信号的状态。

例 5：moveL p10 v200，fine，tooll；

Reset do15；

moveL p20 v200，fine，tool1；

3. PulseDO 指令

PulseDO 指令的含义：产生关于数字输出信号的脉冲。

PulseDO 指令的作用：用于产生关于数字输出信号的脉冲。

例 6：PulseDO/PLength = 0.2 do15；

输出信号 do15 产生的脉冲长度为 0.2 s。

2.6.4 等待指令

1. WaitTime 指令

WaitTime 指令的含义：等待给定的时间。

WaitTime 指令的使用：WaitTime 用于等待给定的时间。该指令可用于等待，直至机械臂和外轴静止，单位为 s。

例 1：WaitTime 0.5；

程序执行等待 0.5 s。

例 2：WaitTime 50；

程序执行等待 50 s。

2. WaitUntil 指令

WaitUntil 指令的含义：等待直至满足条件。

WaitUntil 指令的使用：等待直至满足逻辑条件。WaitUntil 指令可用于布尔量、数字量和 I/O 信号值的判断。如果条件到达指令中的设定值，程序继续往下执行；否则就一直等待，除非设定了最大等待时间。

例 3：WaitUntil di1 = 1；

WaitUntil do1 = 0；

WaitUntil bPalletFull = TRUE；

WaitUntil nCount = 8；

仅在已设置条件满足后，继续执行程序。

3. WaitDI 指令

WaitDI 指令的含义：等待直至已设置数字输入信号。

WaitDI 指令的使用：WaitDI 即 Wait Digital Input，用于等待，直至已设置数字信号输入。

例 4：WaitDI di4，1；

仅在已设置 di4 输入为 1 后，继续执行程序。

例 5：WaitDI grip_status，0；

仅在已设置 grip_status 输入为 0 后，继续执行程序。

4. WaitDO 指令

WaitDO 指令的含义：等待直至已设置数字信号输出。

WaiDO 指令的使用：WaitDO 即 Wait Digital Output，等待数字信号输出，直至已设置数字信号输出。

例 6：WaitDO do4，1；

仅在已设置 do4 输出为 1 后，继续执行程序。

例 7：WaitDO grip_status，0；

仅在已设置 grip_status 输出为 0 后，继续执行程序。

2.6.5 例行程序调用指令

ProcCall 指令

ProcCall 指令的含义：调用新无返回值程序。

ProcCall 指令的使用：用于将程序执行转移至另一个无返回值程序。当充分执行完无返回值程序后，程序执行将继续调用后面的指令。

例 1：PROC main()

```
……
pick1;
Set do1;
……
ENDPROC
PROC pick()
TPWrite "ERROR";
ENDPROC
```

调用 pick1 无返回值程序。当该无返回值程序执行完后，程序执行返回过程调用后的指令 Set do1。

例 2：对 Set、Reset、WaitDI 及 WaitTime 等指令进行综合应用，输入程序，运行并分析结果。

```
MODULE MainModule
PROC main()
Routine1;
ENDPROC
PROC Routine1()
WaitDI di1,1;
Set do1;
WaitTime 1;
Reset do1;
ENDPROC
```

ENDMODULE

2.6.6 功能指令

1. Abs 指令

Abs 指令的含义:获得绝对值。

Abs 指令的使用:用于获取绝对值,即数字数据的正值。

例 1:reg1:=Abs(reg2);

将 reg1 指定为 reg2 的绝对值。如果 reg2 为−2,则 reg1 为 2。

2. AND 指令

AND 指令的含义:评估一个逻辑值。

AND 指令的使用:用于评估两个条件表达式(真/假)。

例 2:VAR num a;

VAR num b;

VAR bool c;

c:=a>5 AND b=3;

如果 a 大于 5,且 b 等于 3,则 c 的返回值为 TRUE;否则,返回值为 FALSE。

3. NOT 指令

NOT 指令的含义:转化一个逻辑值。

NOT 指令的使用:用于转化一个逻辑值(真/假)的条件表达式。

例 3:VAR bool mybool;

VAR bool youbool;

youbool:=NOT mybool;

如果 mybool 为 TRUE,则 youbool 为 FALSE;如果 mybool 为 FALSE,则 youbool 为 TRUE。

4. OR 指令

OR 指令的含义:评估一个逻辑值。

OR 指令的使用:用于评估一个逻辑值(真/假)的条件表达式。

例 5:VAR num a;

VAR num b;

VAR bool c;

……

c:=a>5 OR b=3;

如果 a 大于 5,或 b 等于 3,则 c 的返回值为 TRUE;否则,返回值为 FALSE。

5. Offs 指令

Offs 指令的含义:替换机械臂位置。

Offs 指令的使用:用于在一个机械臂位置的工件坐标系中添加一个偏移量。

例 4:MoveL Offs(p2,0,0,10),v1000,z50,tool1;

将机械臂移动至 p2 点 Z 方向 10 mm,X、Y 方向不变的新位置。

例 5:p2:=Offs(p1,5,10,15);

MoveL p2,v1000,z50,tool1;

机械臂位置 p1 沿 X 方向移动 5 mm,沿 Y 方向移动 10 mm,且沿 Z 方向移动 15 mm。

偏移的另外一种使用情形:多数类型的程序数据均是组合型数据,包含了多项数值或字符串,可以对其中任何一项参数进行赋值。

PERS robtarget

p1:=[[374,0,630],[0.707107,0,0.707107,0],[0,0,0,0],[9E+09,9E+09,9E+09,9E+09,9E+09,9E+09]];

目标点数据包含了四组数据,从前到后依次是 TCP 位置数据(trans)、姿态(rot)数据轴配置数据(mohconf)和外部轴数据(extax),可以分别对该数据的某项进行数值操作。

课后练习

一、填空题

1. RAPID 程序的基本结构包括程序模块和________。

2. 在 ABB 工业机器人中,运动指令用于控制机器人的运动方式,常见的运动指令有 MoveL、MoveJ、________和 MoveC。

3. 在 RAPID 程序中,加载程序的指令是________,运行程序的指令是 START。

4. 程序数据在 RAPID 程序中用于存储变量和参数,常见的程序数据类型包括 PERS(持久变量)、VAR(局部变量)和________(常量)。

5. 在工业机器人编程中,________指令用于定义工具的坐标系,以便机器人能够正确地操作工具。

6. 工业机器人常用指令中,WaitTime 指令用于在程序中插入一个________,以控制程序的执行节奏。

二、选择题

1. 关于 RAPID 程序结构,以下说法正确的是(   )。

A. RAPID 程序中只能有一个主程序

B. 子程序不能被主程序调用

C. 中断程序可以被主程序调用

D. RAPID 程序中可以有多个主程序

2. 程序加载到 ABB 工业机器人控制器中,以下哪种方式是不正确的(   )。

A. 通过示教器手动加载

B. 利用网络传输加载

C. 直接通过 USB 接口插入程序文件

D. 使用外部存储设备加载

3. 工业机器人运动指令中,用于关节运动的指令是(   )。

A. MoveJ　　　　B. MoveL

C. MoveC　　　　　　　　　　　　　　　D. MoveAbsJ

4. 程序数据的应用中，以下哪种数据类型用于定义工具的属性（　　）。

A. tooldata　　　　　　　　　　　　　　B. wobjdata

C. loaddata　　　　　　　　　　　　　　D. num

5. 在简单图形轨迹编程中，绘制一个矩形轨迹，最少需要使用（　　）个运动指令。

A. 2　　　　　　　　　　　　　　　　　B. 3

C. 4　　　　　　　　　　　　　　　　　D. 5

三、判断题

1. RAPID 程序的主程序可以调用子程序，但子程序不能调用其他子程序。（　　）

2. 程序加载完成后，必须通过示教器手动启动程序才能运行。（　　）

3. 工业机器人运动指令中，线性运动指令 MoveL 可以保证机器人从起点到终点的运动轨迹是直线。（　　）

4. 程序数据中的工件坐标数据 wobjdata 用于定义机器人工作时的工件位置。（　　）

5. 在简单图形轨迹编程中，圆弧运动指令 MoveC 可以用于绘制完整的圆形轨迹。（　　）

四、问答题

1. 请简述 RAPID 程序的基本结构组成，并说明各部分的作用。

2. 写出变量和可变量在使用上的区别。

3. 工业机器人运动指令中，关节运动（MoveJ）、线性运动（MoveL）、圆弧运动（MoveC）和绝对位置运动（MoveAbsJ）各适用于什么场景？请分别举例说明。

4. 程序数据的应用中，工具数据（tooldata）和工件数据（wobjdata）的作用是什么？请分别说明。

5. 在简单图形轨迹编程中，如何确保机器人绘制的图形轨迹精确无误？请列举至少 3 个关键步骤。

五、实操题

1. 试着在虚拟示教器上用六点法建立一个焊枪工具的 TCP。

2. 试着在实训室的工作台上建立一个合适的工件坐标。

3. 编写一个 RAPID 程序，实现机器人在绝对位置模式下，从初始位置移动到目标位置，并返回初始位置。要求使用绝对位置运动指令（MoveAbsJ）。

4. 随便找出 p1、p2、p3、p4 四个点，利用 MoveC 指令能画出一个正圆吗？试着画一下。

5. 利用本任务所学的循环指令或条件指令设计一个工业机器人重复工作的小程序，并进行上机实践。

项目评价

表 2-27 项目评价

评价项目	评价指标	分值	评分标准	自评	小组评	教师评
程序结构、运动指令（10分）	结构完整、层次清晰、易于理解、正确使用运动指令，路径准确	10	完全符合要求得10分，部分符合得5—9分，不符合得0—4分。			
数据应用（10分）	数据定义准确、应用合理，工具数据、工件数据等关键数据建立准确	10	完全符合要求得10分，部分符合得5—9分，不符合得0—4分。			
基础程序（10分）	程序逻辑清晰，运行无误	10	完全符合要求得10分，部分符合得5—9分，不符合得0—4分。			
技能操作（40分）	实践操作表现	20	每个学习任务的实践操作表现，包括操作的规范性、熟练程度和准确性。			
	综合应用能力	20	能够综合运用所学知识和技能，完成复杂的操作任务，在实际操作中解决遇到的问题。			
团队协作（10分）	小组讨论	5	在小组讨论中的参与度和贡献度，积极参与讨论，提出自己的见解和建议。			
	团队合作	5	在团队实践操作中的协作能力和团队精神，与团队成员有效沟通，共同完成任务。			
自主学习（10分）	自主学习能力	5	能够主动查阅资料，学习相关知识，通过自主学习解决学习中的问题。			
	作业完成情况	5	每次作业的完成情况，包括作业的质量和按时提交情况，通过作业巩固所学知识。			
安全意识（10分）	安全操作习惯	5	在实践操作中严格遵守安全操作规程，正确使用安全设备，确保自身和设备的安全。			
	安全意识	5	在操作过程中能够及时发现潜在的安全隐患并采取措施，在团队中宣传安全知识，提高团队的安全意识。			

拓展阅读

具身智能，让人形机器人更聪慧

图①：在极氪智慧工厂第 40 万台汽车下线现场，工业版人形机器人正进行车标精准质检。
图②：世界机器人大会上展示的机器人。
图③：第二十六届中国国际高新技术成果交易会上，观众体验一款灵巧手。

屈膝、下蹲、从托盘上稳稳夹起 6 公斤的物料箱平举至胸前，倒退、转身、小步走向左后侧的无人物流车拖车旁，精准对位，低头、屈膝、弯腰，将物料箱放在拖车上，然后转身回到托盘前，继续搬运……

走进比亚迪长沙星沙园区物流仓库，两台身高 172 厘米的优必选工业版人形机器人 Walker S1 正在交替进行模拟搬运作业。“从最初一台人形机器人跑通所有搬运场景，到实现与无人物流车协同作业，再到两台机器人协作搬运，自 2024 年 10 月下旬进厂实训以来，搬运效率提升了一倍。”优必选科技副总裁、研究院院长焦继超说。

这并不是优必选人形机器人第一次走进汽车工厂。此前，在极氪 5G 智慧工厂第 40 万台汽车下线现场，作为实训“质检员”的 Walker S1 成功完成了车标及车灯毫米级精准质检等工作。岁末年初，Walker S1 还在另外 3 家制造业企业进行实训。

“2022 年世界机器人大会上仅有 3 款人形机器人参展，2023 年增至 10 款，2024 年已达 27 款。截至去年 11 月 18 日，人形机器人领域共发生了 49 起融资，最大单笔近 10 亿元，总融资超 80 亿元。我国人形机器人整机公司从 2024 年初的 31 家增至 80 家，全球超过 200 家。”谈起人形机器人的行业热度，国家地方共建人形机器人创新中心首席科学家江磊如数家珍。

与人形机器人同样火热的还有具身智能。近期，不少从事自动驾驶研发的技术专家投身具身智能领域，具身智能投资和创业热度再攀新高。那么，什么是具身智能？它与人工智能有什么关系？具身智能的终极形态就是人形机器人吗？

"具身智能的英文是 Embodied Intelligence，通俗地说，是指将人工智能融入机器人等物理实体，赋予它们像人一样感知、学习和与环境动态交互的能力。"焦继超说，这一最早在 1950 年提出的概念，着重强调的是智能体通过身体与环境的互动产生智能行为。在国家人工智能发展战略中，具身智能是能够使人工智能脱离数字世界与物理世界发生交互的唯一方式，将对现实世界产生深远影响。

人形机器人是具身智能的物理形态之一。中国工程院院士孙凝晖表示，具身智能指有身体并支持与物理世界进行交互的智能体，如机器人、无人车等，通过多模态大模型处理多种传感数据输入，由大模型生成运动指令对智能体进行驱动，替代传统基于规则或者数学公式的运动驱动方式，实现虚拟和现实的深度融合。

江磊告诉记者，人形机器人发展有两条路径：一条是本田阿西莫路径，强调机器人只是一个硬件平台，更加侧重机器人的机械工程和运动能力，不过该路径已于 2018 年停止研发；另一种是特斯拉路径，主张将人形机器人的发展与具身智能相结合，强调智算中心、数据中心和云服务平台等 AI(人工智能)基础设施的支持，"新一代人形机器人应该是机器人＋具身智能＋AI 基础设施的联合体。"

按照特斯拉的计划，今年，人形机器人"擎天柱"将实现小批量生产，2026 年将实现大规模量产。而国内人形机器人头部企业，也将 2025 年视作人形机器人的"量产元年"。2024 年 12 月 26 日，乐聚机器人首条产线正式启动，预计可年产 200 台人形机器人。优必选也计划加大 Walker 系列人形机器人的交付量。"哪家企业能先量产，先进入各个工业场景，就可能在竞争中胜出。"乐聚机器人董事长冷晓琨说，目前乐聚人形机器人"夸父"已经开始探索在工业场景的应用，最终目标是走向家庭服务。

（来源：新华网《人民日报》2025 年 01 月 08 日 18 版）

项目 3　ABB 工业机器人应用

项目概述：在现代制造业中，工业机器人已经成为提高生产效率、质量和灵活性的关键技术。工业机器人为企业提供了产品生产解决方案，广泛应用于汽车制造、电子装配、物流等多个领域。通过 ABB 工业机器人的编程应用，不仅能够提高生产效率和质量，还能推动产业升级和创新发展。本项目将通过实际案例，深入探讨 ABB 工业机器人在不同领域的应用，帮助学习者掌握工业机器人的编程、操作和维护技能。同时通过对工业机器人应用程序结构以及流程的分析，掌握工业机器人应用程序优化，同时培养学生的创新思维和实践能力。

学习目标

知识目标：

(1) 精通 ABB 工业机器人编程语言 RAPID：熟悉 RAPID 语言的高级特性，包括程序结构、指令集、数据类型、程序模块的创建与调用，以及中断处理等，能够编写高效、复杂的机器人程序。

(2) 掌握工业机器人在不同领域的应用知识：了解 ABB 工业机器人在汽车制造、电子装配、物流等领域的具体应用案例，熟悉各领域对机器人性能和功能的特殊要求，以及相应的编程和操作技巧。

技能目标：

(1) 熟练操作 ABB 工业机器人：能够熟练使用示教器进行机器人的手动操作，包括点动控制、程序运行控制、坐标系切换等，快速准确地完成机器人的初始化设置和基本操作任务。

(2) 高效编写与调试机器人程序：根据实际生产任务需求，能够独立编写复杂的 ABB 工业机器人程序，运用 RAPID 语言的各种指令和功能，实现机器人精确的运动控制和任务执行。同时，掌握程序调试技巧，快速定位并解决程序中的错误和问题，确保程序的稳定运行。

(3) 设计与优化机器人工作路径：针对不同的应用场景，能够合理规划机器人的运动路径，考虑生产效率、运动精度、避碰等因素，运用运动学和动力学知识，优化路径规划，提高机器人的工作效率和工作质量。

素质目标：

(1) 培养创新思维与问题解决能力：通过项目实践和案例分析，鼓励学生积极探索新的编程方法、路径规划方案和系统集成策略，培养学生的创新思维和独立解决问题的能力，使其能够适应不断变化的工业自动化需求，为企业的技术升级和创新发展提供支持。

（2）增强团队协作与沟通能力：在项目实施过程中，学生需要分组合作完成复杂的机器人应用任务，通过团队协作，学会合理分配任务、有效沟通协调、共同攻克技术难题，培养学生的团队合作精神和集体荣誉感，提高其在团队中的协作能力和沟通技巧，为未来的职业发展奠定良好的团队合作基础。

（3）树立敬业精神与职业素养：引导学生树立对工业机器人技术领域的热爱和敬业精神，培养其严谨的工作态度、高度的责任心和良好的职业道德，使其在工作中能够严格遵守操作规程，注重工作质量和效率，为企业和社会创造价值，成为具有高素质的职业技术人才。

（4）强化安全意识与规范操作习惯：强调工业机器人操作的安全规范和重要性，通过实际操作训练和安全教育，使学生养成良好的安全操作习惯，能够正确处理机器人操作过程中可能出现的安全风险，确保自身和他人的安全，避免因违规操作导致的事故和损失，增强学生的安全意识和自我保护能力。

案例导入

刚上过央视的这个机器人，新年迈开“新步伐”

1月8日，一个身高170厘米，迈着轻盈自如步伐，在深圳街头行走的人形机器人视频火爆出圈，引爆了海内外各大社交媒体平台。不少人惊呼：“步态太自然了！”

英伟达高级AI研究科学家Jim Fan看到视频都倍感惊讶：“这是真的吗？真不是Sora生成的吗？”其实，这个超酷的机器人并不是第一次出现，深圳市众擎机器人科技有限公司推出的这款人形机器人SE01在刚刚过去的“启航2025”央视跨年晚会上就曾惊艳亮相过。现场观众发视频感叹道：“这不是钢铁侠嘛，在这蓝光隧道里酷炫登场，感觉下一秒就要飞起来！”

昨日，深圳特区报记者找到这个机器人的“娘家”——位于深圳湾创新科技中心的深圳市众擎机器人科技有限公司，想再实探这款超酷机器人的“真容”。原来，之前的街头机器人行走，是在做“多地形长距离的稳定性测试”。

“公司测试场地有限，我们就想干脆把它拉到楼下走一走。没想到路人随手拍的短视频一下子就火爆海内外媒体平台。”深圳市众擎机器人科技有限公司联创&市场营销负责人姚淇元笑着说。

自然步态，打破机器人与真人间的壁垒

上了央视的这款人形机器人，是众擎在2024年10月推出的当家旗舰产品——首款全尺寸通用人形机器人SE01，众擎将它定位为工业机器人。

它身高170厘米，体重约为55公斤，整机共32个自由度，其关节最大扭矩330牛·米，常态行走速度达每秒2米，可实现上下蹲、俯卧撑、转圈走、抓取、跑跳等人类动作，运动性能堪称媲美国际运动健将。

姚淇元介绍，它在全球范围内首次真正解决了机器人的自然步态难题，彻底告别其他机器人小碎步、弯着腿、踩着脚的病态步伐，实现走平、走快、走稳、走优雅的目的，极大缩小了机器人与人类之间的差距；它还重新定义了人形概念，它是全球首创使用端到端神经网络方式将机器人步态提升到真人标准的产品，加上静止身形与运动姿态都是优雅且节能的，进一步打破了机器人与真人之间的壁垒。

“众擎基于多年积累的发明专利群，实现了整机全栈自研，我们也是全球少数几家同时具备三大类型高性能动力关节研发能力的人形机器人公司。已研发设计测试通过了10款人形机器人专用关节，能满足从四足到人形，从工业级别到生活服务级的综合需求。”姚淇元表示，目前人形机器人在软硬件技术路线上的共识尚未完全形成，盲目跟随其他公司的技术路线可能并不明智。在SE01的设计中，众擎走出了一条独特的技术路线，注重寿命更长且成本更低的解决方案。在不使用六维力传感器和行星滚柱丝杆的情况下，依然实现流畅运行和工业级寿命(超过10年)，“我相信在深圳生产的这系列产品在世界范围内都是比较领先的。”

不懈奋战，6个月解决世界机器人难题，习近平总书记在党的二十大报告中强调，科技是第一生产力，创新是第一动力。深圳市众擎机器人科技有限公司推出的这款人形机器人SE01，正是我国在人工智能和机器人领域自主创新的典范。通过掌握核心技术，众擎机器人不仅在国内市场取得了突破，还在国际舞台上展示了中国科技的实力。

在采访中，记者发现，众擎机器人这家企业就像它的机器人产品一样令人惊艳和与众不同，既有初创企业的干劲和闯劲，又有成熟企业的持重与坚定。

众擎机器人于2023年10月在深圳创立，在短短一年多的时间里，已经发布三款面向不同场景、不同功能的人形机器人产品。不仅速度快、质量高，还各具特色。

2024年7月，众擎率先推出了首款专业级双足机器人SA01，“非常有意思，也正是在那一个月，深圳发布了打造人工智能先锋城市行动方案，多条内容就涉及我们这个具身智能领域。”姚淇元说。

3个月后，机器人SE01发布，就是后来上了央视跨年晚会的那款产品；2个月后的2024年12月，身高138厘米的新一代全开放通用人形机器人PM01又迈着优雅的步伐“走来”。

不到一年的时间里，完成了如此之多“不可能任务”，姚淇元说：“这主要得益于深圳完备的产业供应链和良好的科创氛围。”

姚淇元向记者讲述了推出SE01背后的故事。“在SE发布之前，市面上的人形机器人均是弯着腿、屈着膝、小碎步走路，而众擎创始人赵同阳认为这种行走姿态不应该是个常态，未来的人形机器人一定要优雅地迈步走路。优秀的运动控制是未来人形机器人实现复杂动作的基础，基于出色的运动控制算法，并且在全球顶尖的工程师团队的努力下，我们在创立公司以来的这段时间里不懈奋战、不间断研发测试，终于打造出了全尺寸通用人形机器人

SE01，让机器人自然步态行走惊艳全世界。”

作为一家初创科技企业，众擎机器人员工总数只有 50 人，但 90%以上是研发人员，创立至今，研发投入已达到数千万元。对众擎来说，投入的一大重点就是人才。公司创立后，创始人赵同阳凭借激情和真诚打动了人形机器人各个领域的几十位核心骨干，汇集了来自 UC Berkeley、清华、普渡、港中文、北理工、北航、东京大学等名门学府的顶尖具身智能、运控算法人才，完成新团队组建后，很快设计出四条细分领域的产品路线和战略规划。

开放开源，持续推动具身智能革命性创新

SE01 的惊艳登场，不仅体现了众擎进攻具身智能赛道的决心，也为未来具身智能的持续革新开了个好头。采访当天，记者在众擎公司门口看到一行醒目的大字——打造全球领先的通用人形机器人并持续推动具身智能革命性创新。

姚淇元介绍，目前面向科研教育版的 SA01 双足人形机器人，日产能可达 3—4 台，订单和交付均已过百台，众擎还与 STEMHUB 携手，让人形机器人走进课堂，共同推进 K12 教育领域机器人创新；SE01 与 PM01 两款产品则主要面向工业行业和商业领域，PM 作为高性能的硬件平台，可让两款机器人通过接入开发者生态，实现多场景的定向应用。

众擎不仅快速推出了真正可规模化交付的产品，还做到了极具竞争力的价格。姚淇元表示，未来众擎计划将全尺寸人形机器人的售价控制在 15 万元—20 万元人民币。这一战略不仅使得更多企业和个人能够接触到先进的人工智能技术，也让众擎在市场竞争中保持价格优势和技术领先。

“众擎用 6 个月的时间让世界看到众擎速度，向世界展示众擎效率，用亲民的价格带来众擎的诚意，用全开源的方式表达众擎的格局。”姚淇元说，具身智能领域的竞争已全面展开，众擎将力争在具身智能领域取得领先地位，掌握人形机器人的话语权，成为 AI 行业的领跑者。

“2025 年，对众擎来说是极为关键的一年，既要与世界范围内的具身智能机器人科技企业相互借鉴学习，更要充分发挥我们的研发和深圳的科创产业供应链优势，跑出属于我们的加速度，因为众擎所处的是一座向来以跑出加速度著称的科创之城，这也是我们重要的信心源泉。”姚淇元说。

习近平总书记多次强调，要弘扬工匠精神，追求卓越。众擎机器人在研发过程中，注重每一个细节，力求做到极致。SE01 机器人不仅在技术上实现了突破，还在外观设计和用户体验上追求完美。这种精益求精的精神，正是我们每一位学习者在学习工业机器人编程和应用时需要具备的品质。

（来源：深圳特区报　　2025 年 01 月 12 日）

任务 3.1　模拟焊接编程

任务导入：在工业机器人编程的世界中，RAPID 语言是 ABB 机器人的核心编程语言，它如同机器人的“指令手册”，能够精确地指挥机器人完成各种复杂任务。今天，我们将深入学习 RAPID 语言的基础知识，掌握其数据类型和程序结构，并通过子程序调用方法实现一个模拟焊接编程应用，为实际生产任务做好准备。

在汽车制造、电子装配等行业，焊接是关键的生产环节之一。工业机器人凭借其高精度和灵活性，广泛应用于焊接任务。为了实现高效的焊接作业，我们需要编写精确的 RAPID 程序。这不仅要求我们熟悉 RAPID 语言的数据类型（如位置数据、数值数据、逻辑数据等），还需要掌握程序的基本结构（如主程序、子程序、中断程序等）。通过合理组织程序结构，我们可以使程序更加清晰、高效，便于维护和扩展。

在本任务中，我们将通过一个模拟应用来实践 RAPID 语言的编程技巧。我们将学习如何编写主程序和子程序，并通过子程序调用实现路径的精确控制。通过这个任务，将不仅掌握 RAPID 语言的基础知识，还能将理论应用于实际，编写出能够高效完成焊接任务的程序。

知识链接

在工业应用中，工业机器人程序一般以结构化、模块化的形式组织编制，可提高程序的易读性与维护的便捷性。通常以子程序的形式编写各个相对独立的流程或功能，以主程序为框架调用其他流程或功能的子程序，从而完成复杂的整体任务。

本任务通过学习 RAPID 语言，掌握 RAPID 数据类型和程序结构，采用子程序调用方法实现模拟焊接编程应用。

3.1.1 RAPID 语言

RAPID 语言是 ABB 工业机器人平台使用的语言，具有很强的组合性。程序的编写风格类似于 VB 和 C 语言，但与 Python、C＃等面向对象的语言相比有很多差别。RAPID 语言和高级语言的对比说明如下：

1. 数据格式

C 语言有 Int、String 等数据格式，RAPID 语言也有类似的数据格式，如 Num、字符串等常用的数据格式。RAPID 有常量（CONST）和变量（PERS、VAR），有全局变量和局部变量，也可预定义变量。

2. 数学表达式

RAPID 语言和其他编程语言一样，都有完整的数学表达式，除了加、减、乘、除之外，还有取余和取整。另有矢量的加减（Pos±Pos）、矢量的乘法（Pos * Pos OrPos * N）和旋转的链接（Orient * Orient）。

3. 指令集

RAPID 语言和一般编程语言，尤其是 VB 很相似，都有判断（IF、TEST）、循环（FOR AND WHILE）、返回（RETURN）、跳转（GOTO）和停止（STOP）等指令，有常用的等待函数 WaiTime、WaitUntil（有条件的等待）、WaitDI 和 WaitDO（等待数字信号）等，还有数据转换指令 StrTOByte、ByteToStr、ValToStr 和 StrToVal。

4. 数学公式

RAPID 语言的数学公式有赋值（：＝）、绝对值（ABS）、四舍五入（ROUND）、平方（Sqrt）

和正弦、余弦(Sin、Cos)等,还有欧拉角、四元素的转换函数(EulerZYX 和 OrientZYX)和姿态矩阵的运算(PoseMult、PosVect)。

5. 程序函数

RAPID 语言和其他编程语言相似,也有函数,可分为有返回值的函数和没有返回值的函数,返回的数值类型用户可以自定义,但只能返回一种数据类型,数量也只能是一个,也可采用全局变量、字符串或有多个变量的数值类型作为返回值。例如,需要返回三个整数数据,则可以返回一个 Pos 类型。

6. 系统和时间

RAPID 语言有简单的读取系统时间和日期的函数,可用于简单的计时和记录日志时写下日期。

7. 文件操作

RAPID 语言有简单的文件操作,包含的指令有创建文件夹(MakeDir)、删除文件夹(RemeDir)、打开和关闭文件夹(OpenDir 和 CloseDir)、复制(Copy Dir)和检索(Search Dir)等。

3.1.2 RAPID 数据

RAPID 数据是在 RAPID 语言编程环境下定义的用于存储不同数据类型信息的数据结构类型。RAPID 语言定义了上百种工业机器人可能用到的数据类型,用于存放编程需要的各种类型常量和变量。另外,RAPID 语言允许用户根据这些已定义好的数据类型,依照实际需求创建新的数据结构类型。

RAPID 数据按照存储类型可分为变量(VAR)、可变量(PERS)和常量(CONTS)。变量在定义时可以赋值,也可以不赋值。

1. 变量(VAR)

变量型数据在程序执行的过程中和程序停止时,保持当前的值。但如果程序指针被移到主程序后,则数值会丢失。在工业机器人执行的 RAPID 程序中可以对变量存储类型程序数据进行赋值操作。

变量应用举例:

VAR num length:=0;名称为 length 的数值型数据,赋值为 0

VAR string name:="John";名称为 name 的字符型数据,赋值为 John

VAR bool finish:=FALSE;名称为 finish 的布尔型数据,赋值为 FALSE

2. 可变量(PERS)

可变量(PERS)最大的特点是无论程序的指针如何,都会保持最后被赋的值。

可变量应用举例:

PRES number:=1;名称为 number 的数值型数据赋值为 1

PRES string test:="hello";名称为 test 的字符型数据赋值为 hello

在工业机器人执行的 RAPID 程序中,也可以对可变量存储类型数据进行复制操作,在程序执行后,赋值的结果会一直保持,直到对其重新赋值。

3. 常量(CONST)

常量的特点是在定义时已赋予了数值,不能在程序中进行修改,除非手动修改。

常量应用举例:

CONST num gravity:=9.81;名称为 gravity 的数值型数据赋值为 9.81

CONST string gravity:="hello";名称为 gravity 的字符型数据赋值为 hello

4. 常用 RAPID 数据类型

根据不同的数据用途,可定义不同的数据类型,表 3-1 所示为 ABB 工业机器人系统中常用的数据类型。

表 3-1 常用的数据类型

序号	数据类型	类型说明	序号	数据类型	类型说明
1	bool	布尔量	11	orient	姿态数据
2	byte	整数数据 0~255	12	pos	位置数据(只有 X、Y 和 Z)
3	clock	计时数据	13	pose	机器人轴角度数据
4	dionum	数字输入/输出信号	14	robjoint	机器人与外部轴的位置数据
5	extjoint	外部轴位置数据	15	speeddata	机器人与外部轴的速度数据
6	intnum	中断标志符	16	string	字符串
7	jointtarget	关节位置数据	17	tooldata	工具数据
8	loaddata	负荷数据	18	trapdata	中断数据
9	mecunit	机械装置数据	19	wobdata	工件数据
10	num	数值数据	20	zonedata	TCP 转弯半径数据

3.1.3 程序结构

ABB 工业机器人程序结构有 3 个层级,分别为程序、模块和例行程序。

程序是描述整个任务的结构,系统一般只能加载 1 个程序运行(多任务需要系统选项支持)。例行程序则是执行具体任务的程序,它是编程的主要对象,是指令的载体。模块是例行程序的管理结构,可以将例行程序按照需要进行分类和组织。

在创建程序时,系统自动生成 3 个模块:MainModule、BASE 和 USER 模块,如图 3-1 所示。其中 BASE 和 user 为系统模块,BASE 模块禁止用户操作,在 user 模块中,用户可创建例行程序。BASE 和 user 模块为所有程序共用,一般将例行程序存放到程序模块中。除了自动生成的 MainModule 模块外,为便于程序管理,用户可根据需要自行创建其他程序模块。

在 MainModule 模块中,系统自动生成了 main 例行程序,如图 3-2 所示。main 例行程序是程序入口,程序执行时从 main 例行程序首行开始运行。一个程序可以包含多个模块,一个模块可以包含多个例行程序。不同模块间的例行程序根据其定义的范围可互相调用。

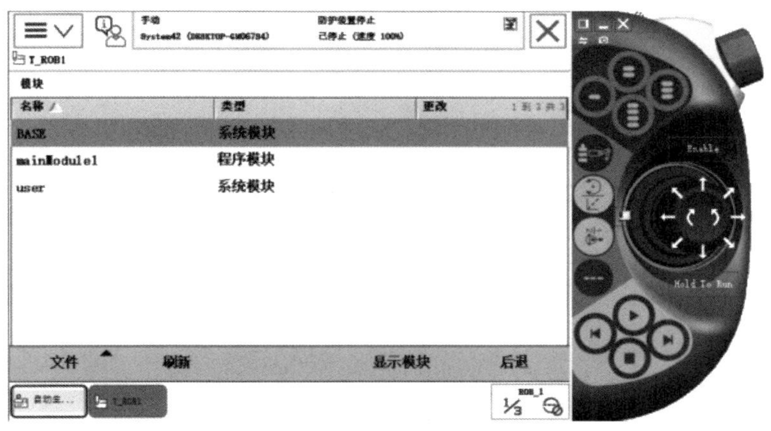

图 3－1　系统模块与程序模块

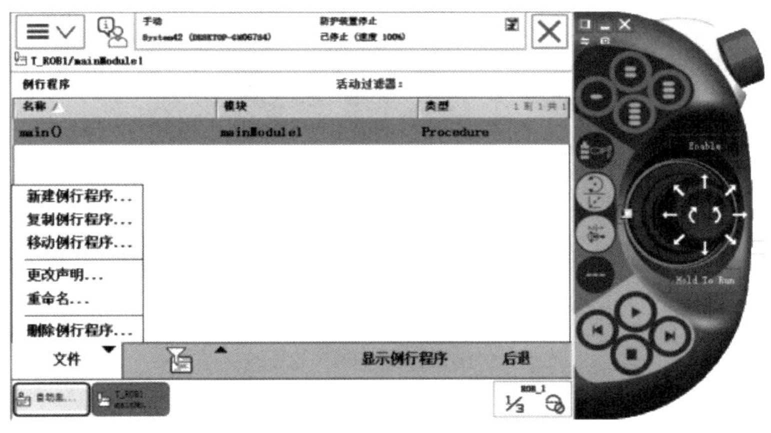

图 3－2　MainModule 模块程序

3.1.4　ProcCall 指令

ProcCall 指令用于将程序执行转移至另一个无返回值程序。当执行完成无返回值程序后，程序将继续执行调用后面的指令。

通常有可能将一系列参数发送至新的无返回值程序。无返回值程序的参数必须符合以下条件：

(1) 必须包括所有的强制参数；

(2) 必须以相同的顺序进行放置；

(3) 必须采用相同的数据类型；

(4) 必须采用有关于访问模式(输入、变量或永久数据对象)的正确类型。

程序可相互调用，并可反过来调用另一个程序；程序也可自我调用，即递归调用。允许的程序等级取决于参数数量，通常允许 10 级以上。

程序实例：MoveJ p10，v1000，z50，tool0；//工业机器人以关节运动方式到达 p10 位置

Routine1；//调用 Routine1 例行程序

MoveJ p20，v1000，z50，tool0；//工业机器人以关节运动方式到达 p20 位置

以上程序实例中，MoveJ p10 程序行执行完成后，调用 Routine1 无返回值程序并执行。待 Routine1 程序执行完成后，继续执行 MoveJ p20 程序行。

ProcCall 指令并不显示在程序行内，只显示被调用的程序名称。

3.1.5 规划焊接工件轨迹

本任务需完成长方形轨迹的焊接，如图 3－3 所示。要完成如上焊接任务，需要完成 5 个关键位置点的示教，其中 qishi 为准备点，p10、p20、p30、p40 为 4 个焊接关键位置点。

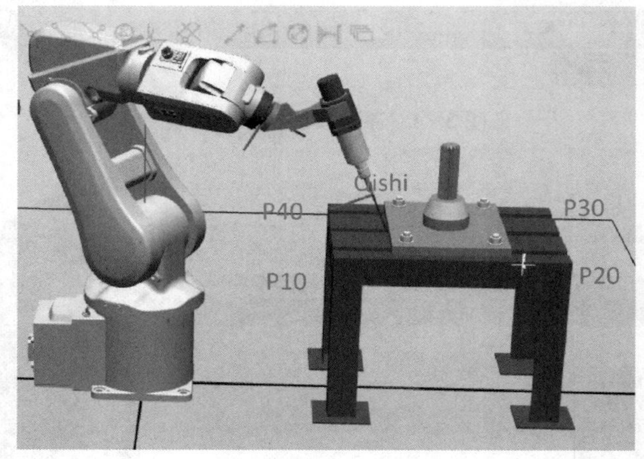

图 3－3 焊接工件关键位置图

3.1.6 编制模拟焊接程序

3.1.6 模拟焊接程序视频

1. 创建程序结构

本任务需要创建主程序 main 和 2 个子程序 home、line，创建步骤如表 3－2。

表 3－2 例行程序建立步骤

图示	说明
手动 DESKTOP-GM06784 防护装置停止 已停止（速度 100%） HotEdit 输入输出 手动操纵 自动生产窗口 程序编辑器 程序数据 备份与恢复 校准 控制面板 事件日志 FlexPendant 资源管理器 系统信息 注销 Default User 重新启动	单击左上角主菜单按钮，选择“程序编辑器”

续 表

图示	说明
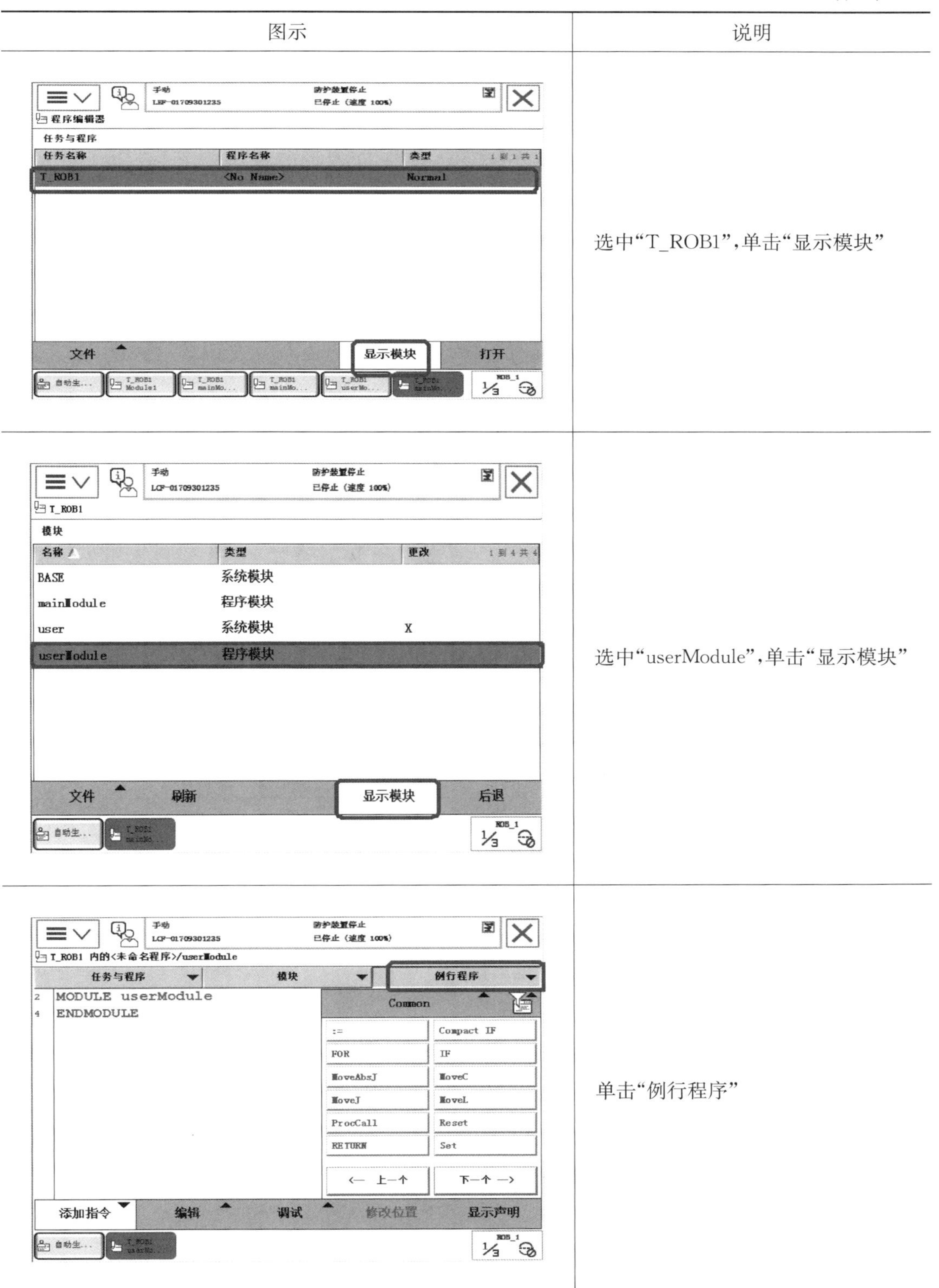	选中“T_ROB1”，单击“显示模块”
	选中“userModule”，单击“显示模块”
	单击“例行程序”

续 表

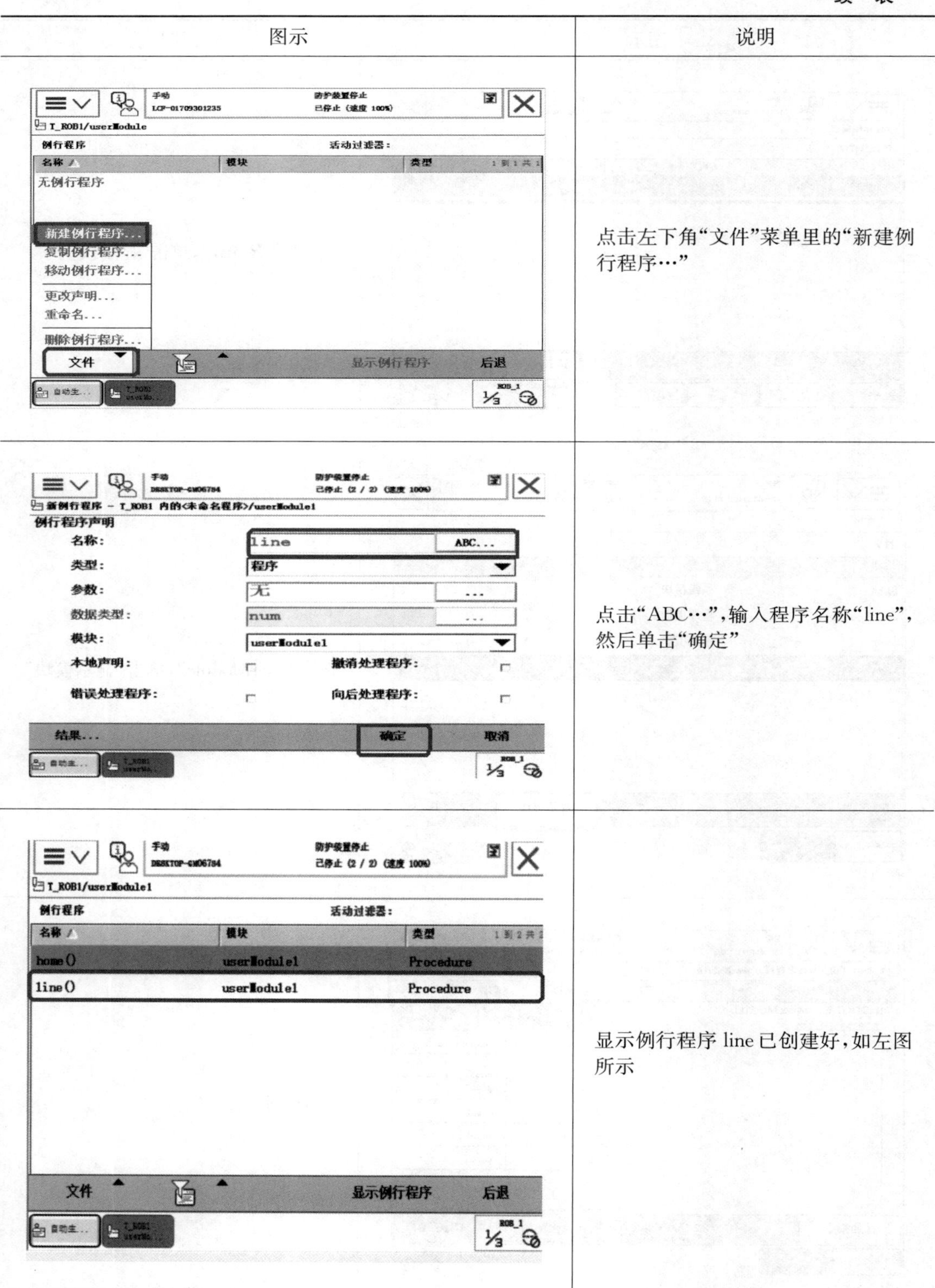

图示	说明
	点击左下角“文件”菜单里的“新建例行程序…”
	点击“ABC…”,输入程序名称“line”,然后单击“确定”
	显示例行程序 line 已创建好,如左图所示

续 表

图示	说明
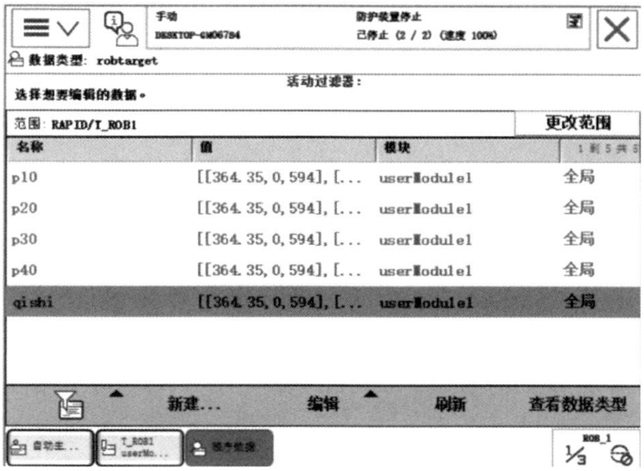	建立好的程序数据

2. 编写焊接程序

完成工业机器人模拟焊接的任务，需要编写 main、home、line 三个例行程序，home 程序及其说明如表 3－3 所示，line 程序及其说明如表 3－4 所示，main 程序及其说明如表3－5 所示。

表 3－3 home 程序及其说明

程序	说明
MoveAbsJ home1\NoEOffs，v200，fine，tool0；	工业机器人返回原点

表 3－4 line 程序及其说明

程序	说明
MoveAbsJ qishi\NoEOffs，v200，fine，tool0；	关节方式到达起始点
MoveL p10，v200，fine，tool0；	直线方式到达 p10 点
MoveL p20，v200，fine，tooll；	直线方式到达 p20 点
MoveL p30，v200，fine，tool1；	直线方式到达 p30 点
Movel p40，v200，fine，tool1；	直线方式到达 p40 点
MoveL p10，v200，fine，tool0；	直线方式到达 p50 点

表 3－5 main 主程序及其说明

程序	说明
Home	调用 home 子程序
Line	调用 line 子程序
Home	调用 home 子程序

任务 3.2　简单轨迹编程

任务导入:在工业机器人的应用中,无论是汽车制造中的车身焊接,还是电子生产中的零部件装配,精确的轨迹控制都是关键。而这一切,都始于对机器人基本运动指令、工具数据和工件数据的深入理解和灵活运用。今天,我们将通过这些基础知识,迈出实践的第一步——对一些简单图形进行轨迹编程。

在一个自动化生产线上,工业机器人需要沿着预设的轨迹移动,完成焊接、切割或喷涂等任务。这些轨迹可能是直线、圆弧,甚至是更复杂的几何图形。为了实现这些任务,机器人必须准确知道自己的运动路径、所使用的工具特性以及工件的位置和方向。这就需要我们熟练掌握基本运动指令(如 MoveJ、MoveL、MoveC 等),并正确设置工具数据(tooldata)和工件数据(wobjdata)。

通过本任务的学习,我们将从简单的图形轨迹编程开始,逐步掌握如何使用基本运动指令控制机器人的运动路径。我们将通过实际操作,编写程序使机器人绘制出直线、圆形、矩形等简单图形。这不仅能够帮助我们巩固基本运动指令的使用方法,还能让我们熟悉工具数据和工件数据在实际编程中的应用。通过这些实践,我们将为后续更复杂的任务打下坚实的基础。

3.2.1　编制带参数例行程序

本任务需使用带参数的例行程序和 Offs 位置偏移函数,画一个边长为 50 和 100 的正方形。Offs 位置偏移函数如图 3-4 所示,是指示机器人以目标点位置为基准,在其 X、Y、Z 方向上进行偏移的命令。

例如 Movel offs(p10,0,0,100),v1000,fine,tool0,Offs 指令见表 3-6 所示,常用于安全过渡点和入刀点的设置。

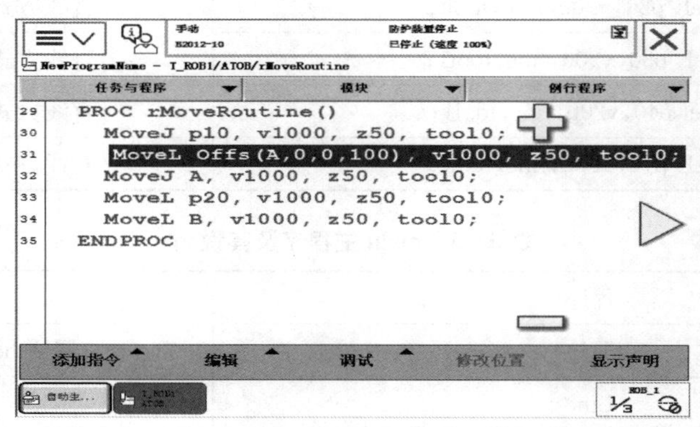

图 3-4　焊接工件关键位置图

3.2.1　带参数例行程序视频

表 3-6 Offs 指令说明

参数	定义	操作说明
P10	目标点位置数据	定义机器人 TCP 的运动目标
0	X 方向上的偏移量	定义 X 方向上的偏移量
0	Y 方向上的偏移量	定义 Y 方向上的偏移量
100	Z 方向上的偏移量	定义 Z 方向上的偏移量

在调用带参数的例行程序时，必须提供相应参数，参数的数据类型可点击数据类型，可选择合适的数据类型。例行程序的参数有四种存取模式，单击模式，见图 3-5，可进行选择。

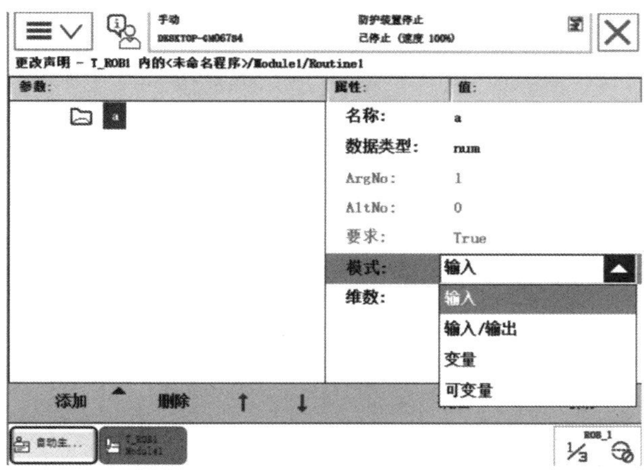

图 3-5 参数模式

带参数例行程序模式的选择：

INPUT(输入)：通常例行程序参数被设为该模式并作为例行程序数据来处理。在例行程序内改变该变量对相应自变量没有影响。

INOUT(输入/输出)：如果例行程序参数被设为该模式，则相应的自变量必须是可被例行程序修改的 VAR 或 PERS 数据。

VAR：如果例行程序参数被设为该模式，则相应的自变量必须是可被例行程序修改的 VAR 数据。

PERS：如果例行程序参数被设为该模式，则相应的自变量必须是可被例行程序修改的 PERS 数据。

1. 创建程序结构

本任务需要创建主程序 main，新建带参数的 routine1 例行程序和 ghome 回原点例行程序，由主程序分别调用 routine1，ghome 例行程序，绘制不同大小不同正方形，创建步骤如表 3-7。

表 3－7 创建程序结构

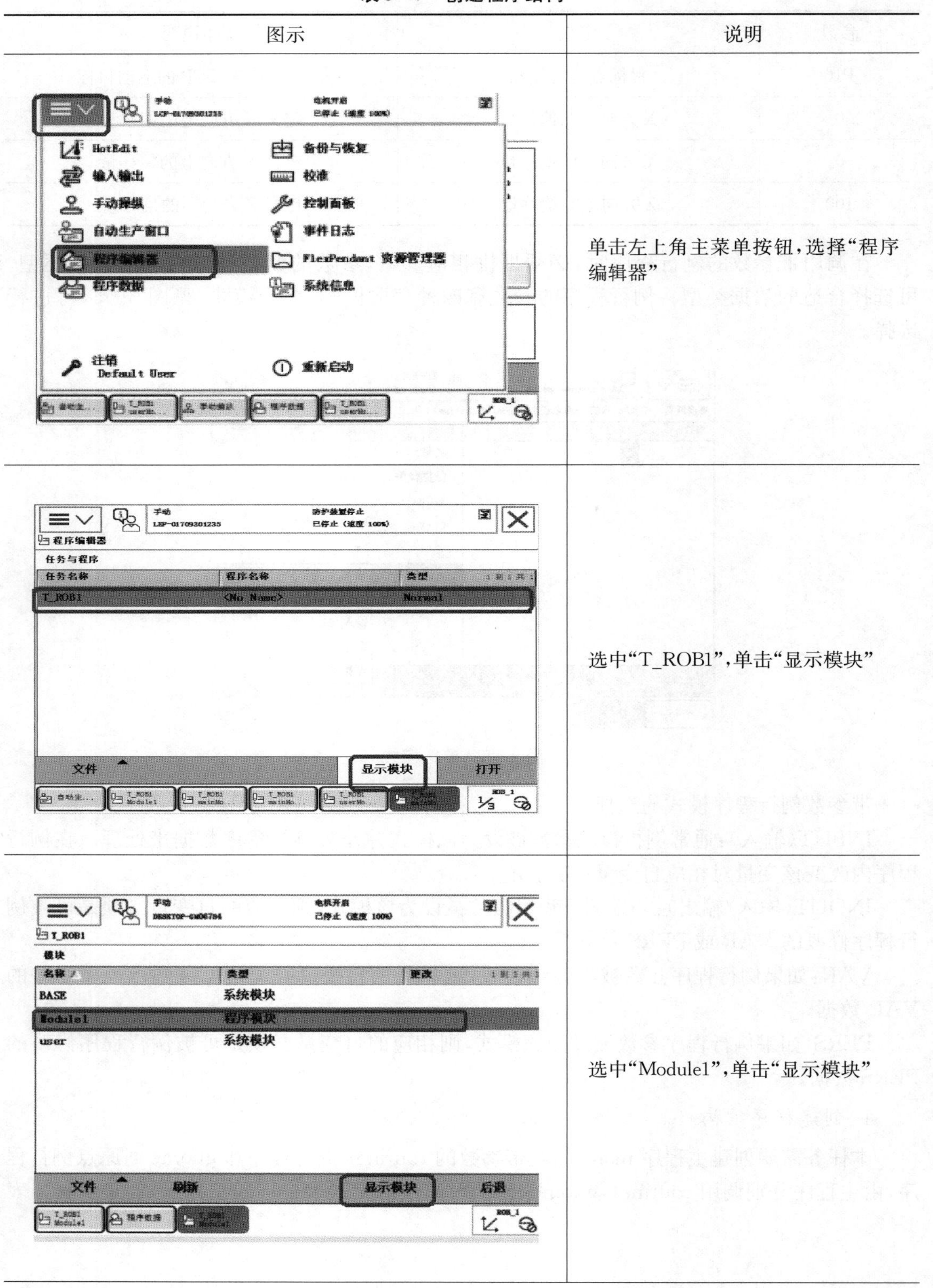

图示	说明
	单击左上角主菜单按钮，选择“程序编辑器”
	选中“T_ROB1”，单击“显示模块”
	选中“Module1”，单击“显示模块”

续 表

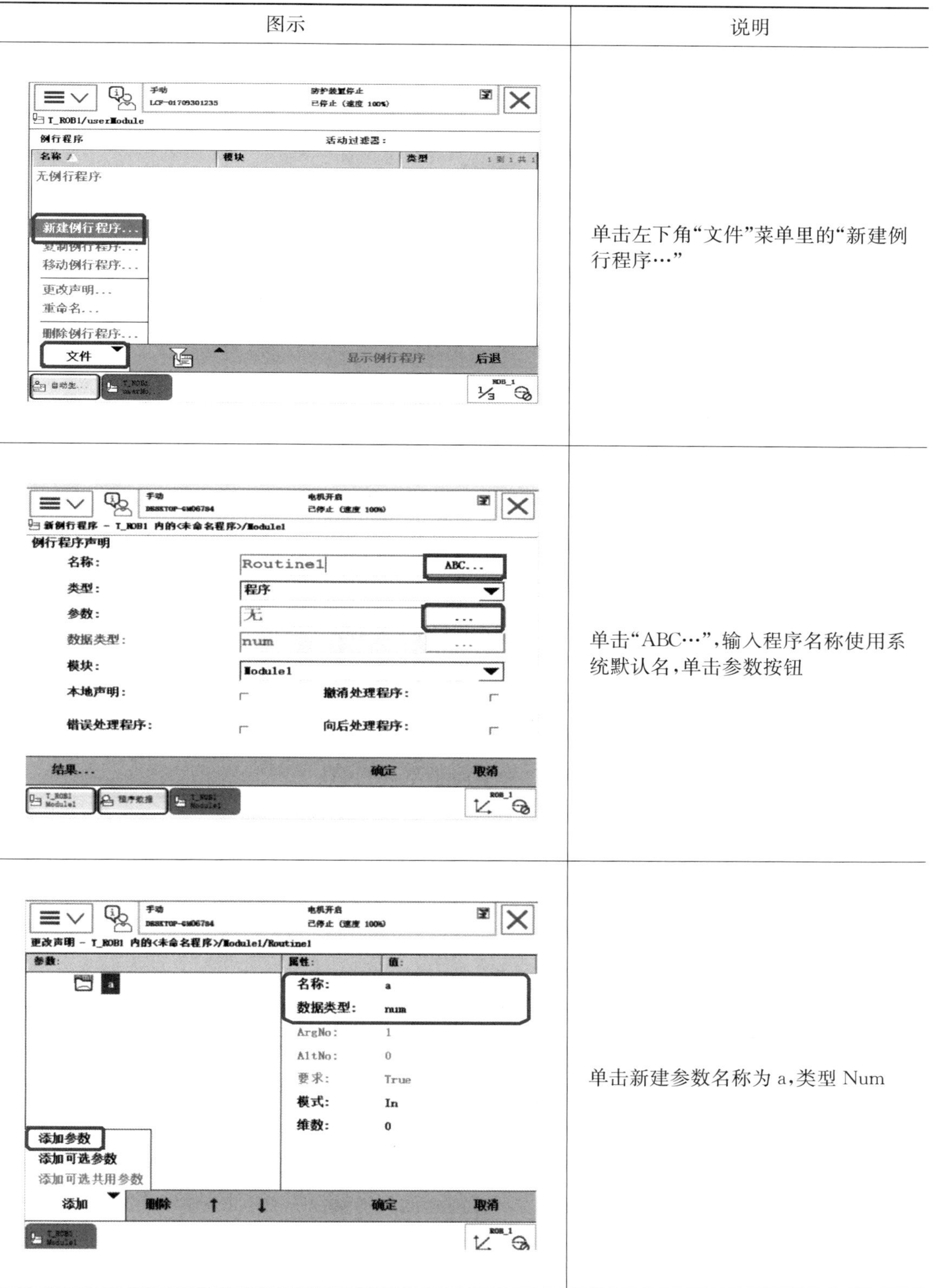

图示	说明
	单击左下角“文件”菜单里的“新建例行程序…”
	单击“ABC…”,输入程序名称使用系统默认名,单击参数按钮
	单击新建参数名称为 a,类型 Num

续 表

图示	说明
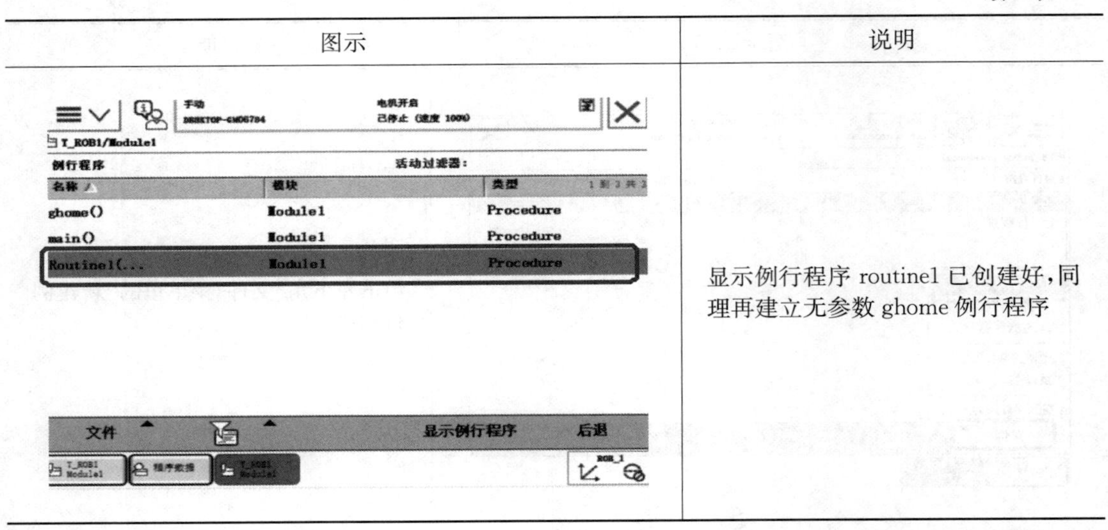	显示例行程序 routine1 已创建好，同理再建立无参数 ghome 例行程序

2. 编写程序

完成工业机器人取模拟焊接的任务，需要编写 main、ghome、routine1 三个例行程序，ghome 程序及其说明如表 3－8 所示，routine1 程序及其说明如表 3－9 所示，main 程序及其说明如表 3－10 所示。

表 3－8　ghome 程序及其说明

程序	说明
MoveAbsJ home\NoEOffs，v200，fine，tool0；	工业机器人返回原点

表 3－9　routine1 程序及其说明

程序	说明
MoveJ p10\NoEOffs，v200，fine，tool0；	关节方式到达起始点
MoveL offs(p10，a，0，0)v200，fine，tool0；	以 p10 为基点，x 方向偏移 a
MoveL offs(p10，a，a，0)v200，fine，tool0；	以 p10 为基点，x，y 方向偏移 a
MoveL offs(p10，0，a，0)v200，fine，tool0；	以 p10 为基点，y 方向偏移 a
MoveL offs(p10，0，0，0)v200，fine，tool0；	到达 p10 点

表 3－10　main 主程序及其说明

程序	说明
ghome	调用 ghome 子程序
routine1 50	调用 routine1 子程序，a 为 50
routine1 100	调用 routine1 子程序，a 为 100
ghome	调用 ghome 子程序

3.2.2 条件逻辑判断指令实现圆周轨迹运动任务

在该任务中，要求工业机器人从工作原点开始运行，沿工作台如图 3-6 所示的圆周轨迹运行 2 次后，回到工作原点，每次圆周运动后等待 2 s 再继续运行，即运行轨迹为：工作原点—点 1—点 2—点 3—点 4—点 1—等待 2 s—圆周运动—等待 2 s—工作原点。

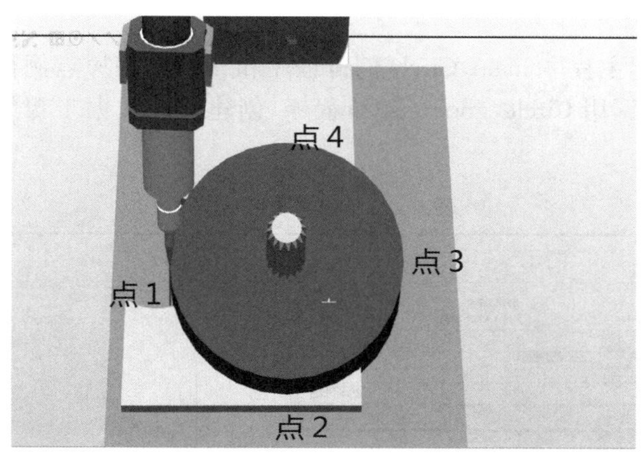

图 3-6 圆周轨迹运动

1. 赋值指令

赋值指令“:=”是用于对程序数据进行赋值，赋值可以是一个常量或数学表达式。例如：Count1 := 5；是一个常量赋值语句，表示将数值 5 赋给 count。Count2 := Count1+2；是一个数学表达式赋值，表示将 Count1 的值加上 2 之后赋值给 Count2。例如，当 Count1 的值为 5 时，Count2 的值就为 7。

2. 逻辑判断指令

逻辑判断指令 FOR 是重复执行判断指令，用于一个或多个指令需要重复执行数次的情况。例如：

```
PROC Circle2( )
    FOR count FROM 1 TO 3 DO
        Circle;
    ENDFOR
ENDPROC
```

该段程序表示将例行程序 Circle 重复执行 3 次。

3. WaitTime 时间等待指令

WaitTime 时间等待指令，用于程序在等待一个指定的时间以后，再继续向下执行，也称为延时指令。例如：

```
PROC Circle2( )
    FOR countset FROM 1 TO 3 DO
        Circle;
```

```
        WaitTime 5;
    ENDFOR
ENDPROC
```

该段程序表示将例行程序 Circle 重复执行 3 次，并且在每次执行完例行程序 Circle 后，都要延时等待 5 秒。

4. 创建程序数据

本任务需要创建主程序 main，Circle 例行程序和 ghome 回原点例行程序，由主程序分别调用 Circle，ghome 例行程序，创建程序数据步骤如表 3－11。

3.2.2 条件逻辑判断指令实现圆周轨迹运动视频

表 3－11 创建程序数据

图示	说明
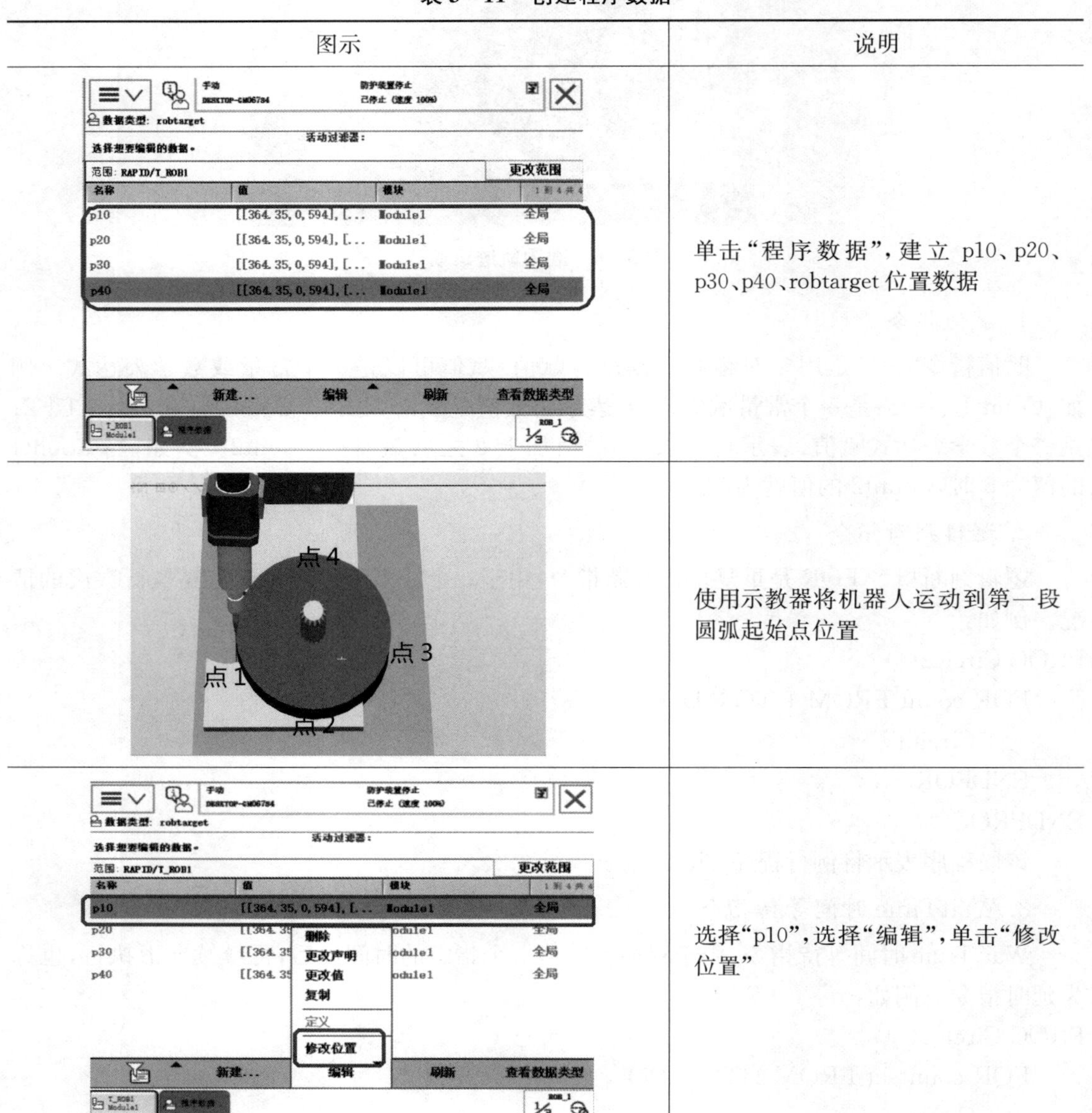	单击"程序数据"，建立 p10、p20、p30、p40、robtarget 位置数据
	使用示教器将机器人运动到第一段圆弧起始点位置
	选择"p10"，选择"编辑"，单击"修改位置"

续 表

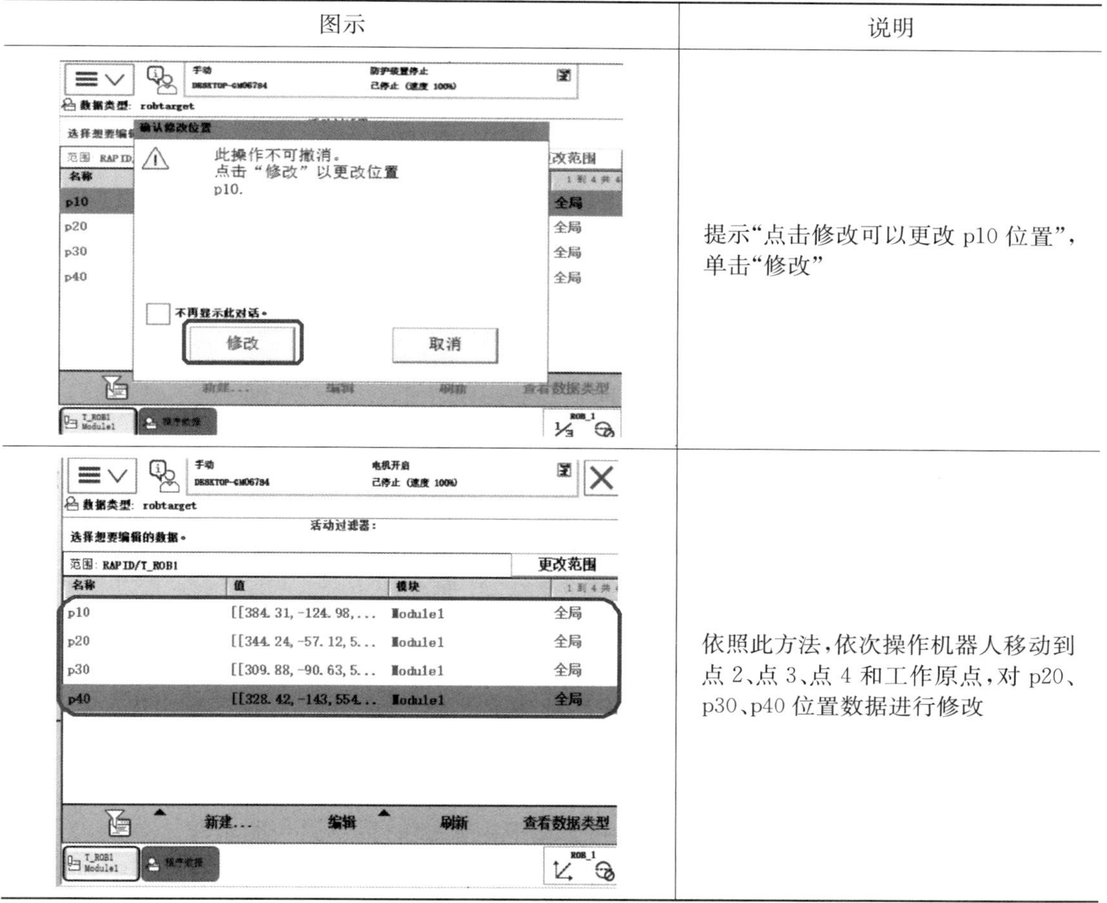

图示	说明
	提示“点击修改可以更改 p10 位置”,单击“修改”
	依照此方法,依次操作机器人移动到点 2、点 3、点 4 和工作原点,对 p20、p30、p40 位置数据进行修改

5. 编写程序

完成工业机器人取模拟焊接的任务,需要编写 main、ghome、circle 三个例行程序,ghome 程序及其说明如表 3-12 所示,circle 程序及其说明如表 3-13 所示,main 程序及其说明如表 3-14 所示。

表 3-12 ghome 程序及其说明

程序	说明
MoveAbsJ home\NoEOffs,v200,fine,tool0;	工业机器人返回原点

表 3-13 circle 程序及其说明

程序	说明
MoveJ p10\NoEOffs,v200,fine,tool0;	关节方式到达起始点
MoveC P20,P30,v200,fine,tool0;	以 p10 为起点绘制第一段圆弧
MoveC P40,P10,v200,fine,tool0;	以 p30 为起点绘制第二段圆弧

表 3－14　main 主程序及其说明

程序	说明
ghome	调用 ghome 子程序
For count from 1 to 2 do	for 循环 2 次
circle	调用 circle 子程序
WaitTime 2	等待 2 秒
Endfor	for 循环结束
ghome	调用 ghome 子程序

3.2.3　带参数子程序实现圆周轨迹运动

在该任务中，要求工业机器人从工作原点开始，沿着图 3－6 所示的圆周轨迹运行，并通过带参数的例行程序，实现圆周运动次数的设置，最终实现工业机器人沿着圆周轨迹重复运行 2 次，且每次圆周运动后等待 2 s 再继续运行，即运行轨迹为：工作原点—点 1—点 2—点 3—点 4—点 1—等待 2 s—圆周运动—等待 2 s—工作原点。

实施该任务，需要用到带参数的例行程序。所谓带参数的例行程序，就是在该例行程序后面的括号里有参数，允许该例行程序在运行时将参数代入运行。

应用带参数的例行程序，可以将一些常用的功能做成带参数的例行程序模块化起来，通过参数传递到例行程序中执行，这样可有效提高编程效率。例如后面的 adder 例行程序实现了任意两个数值的相加，我们只需要在调用时指定具体的加数，而不需要去更改程序本身。

图 3－7 所示为一个带参数的例行程序 adder，它后面的括号里声明了两个 num 类型的数据 add1 和 add2，该程序实现的功能是实现 add1 和 add2 的相加。在别的程序中，可以对该例行程序进行带参数调用，例行程序声明的括号中的数据，指定了调用该程序时需要提供的实参。图 3－8 所示是对例行程序 adder 的调用示例，可以看出，通过调用该程序，实现了 3 和 2 的相加。

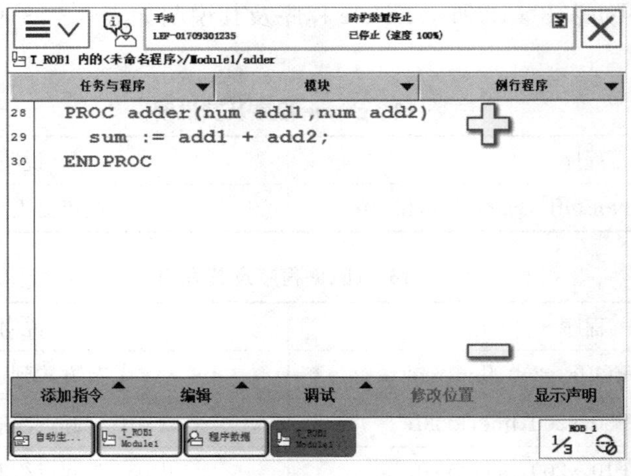

图 3－7　adder 例行程序

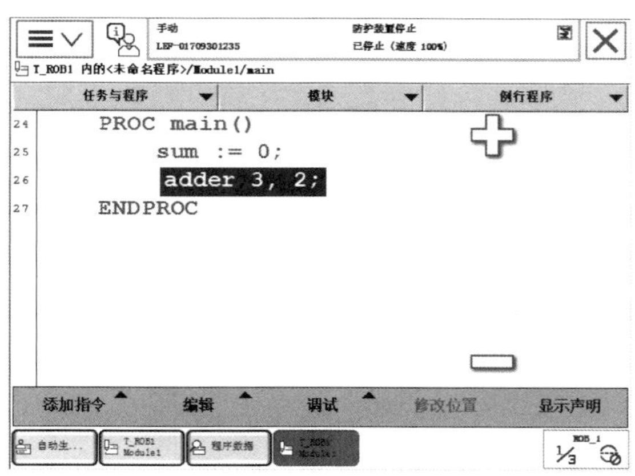

图 3-8　调用带参数例行程序

1. 创建程序结构

3.2.3　带参数子程序实现圆周轨迹运动视频

本任务需要创建主程序 main，Circle，CircleOpt(num countset)例行程序和 ghome 回原点例行程序，由主程序分别调用 Circle，ghome 例行程序，CircleOpt(num countset)带参数子程序，CircleOpt 用于圆周运动次数设置，创建程序步骤如表 3-15。

表 3-15　创建程序结构

图示	说明
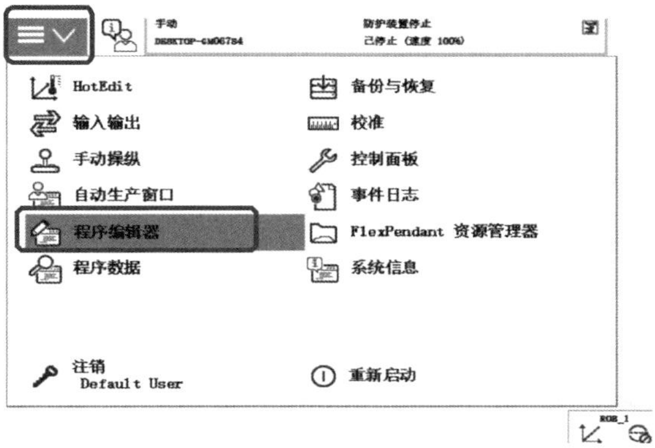	单击左上角主菜单按钮，选择“程序编辑器”
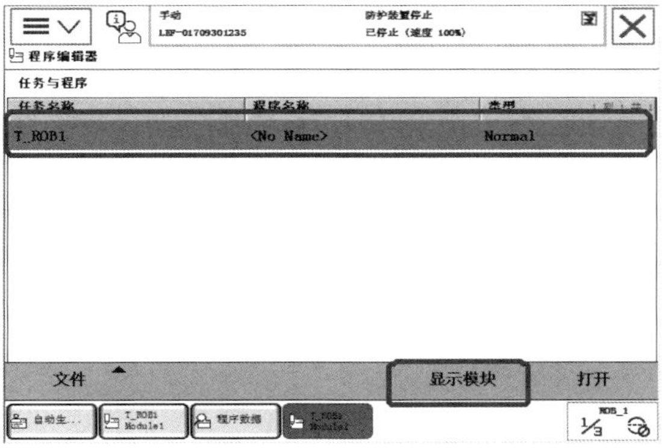	选中任务“T_ROB1”，点击“显示模块”

续　表

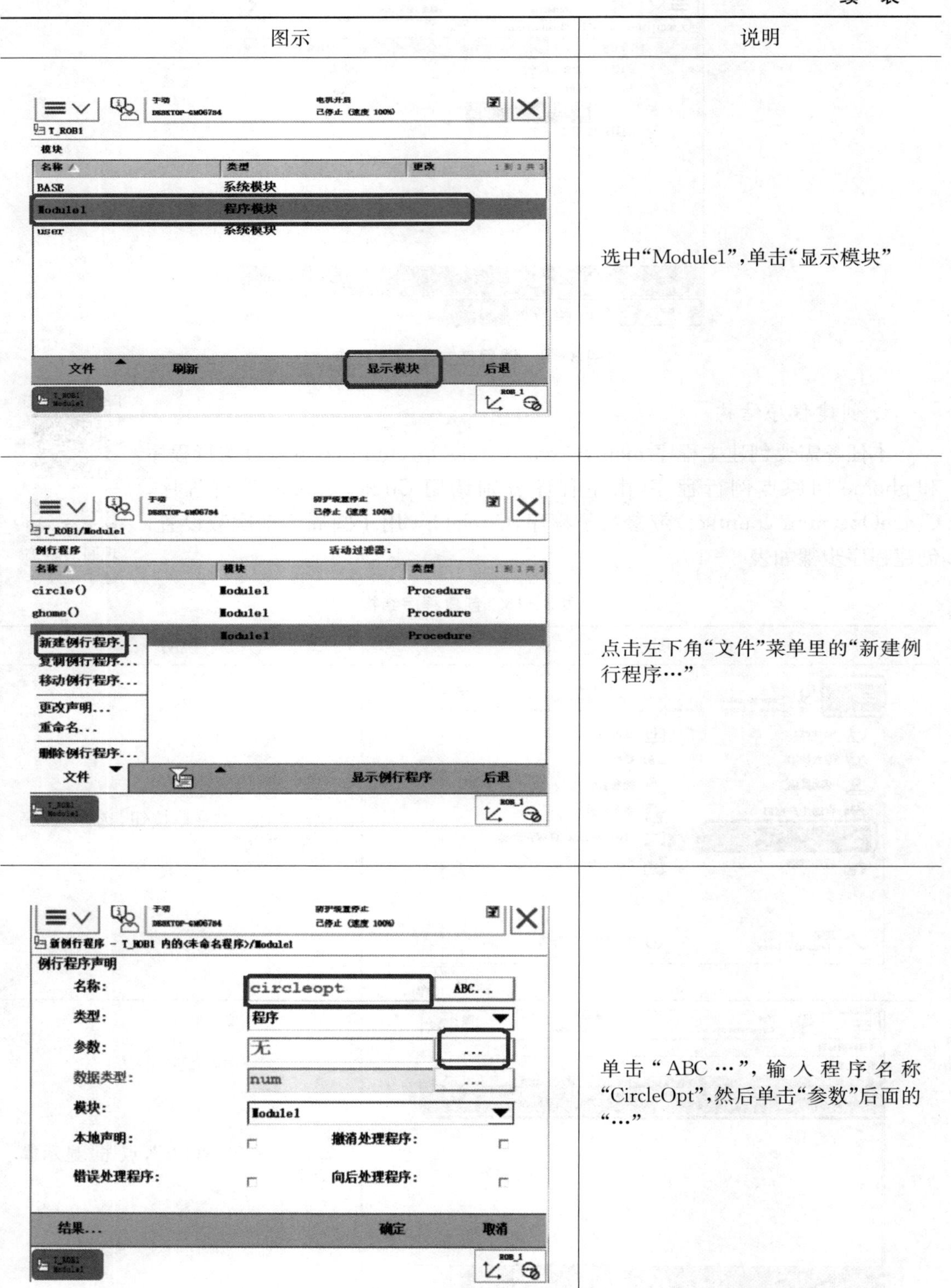

图示	说明
	选中“Module1”，单击“显示模块”
	点击左下角“文件”菜单里的“新建例行程序…”
	单击“ABC…”，输入程序名称“CircleOpt”，然后单击“参数”后面的“…”

续 表

图示	说明
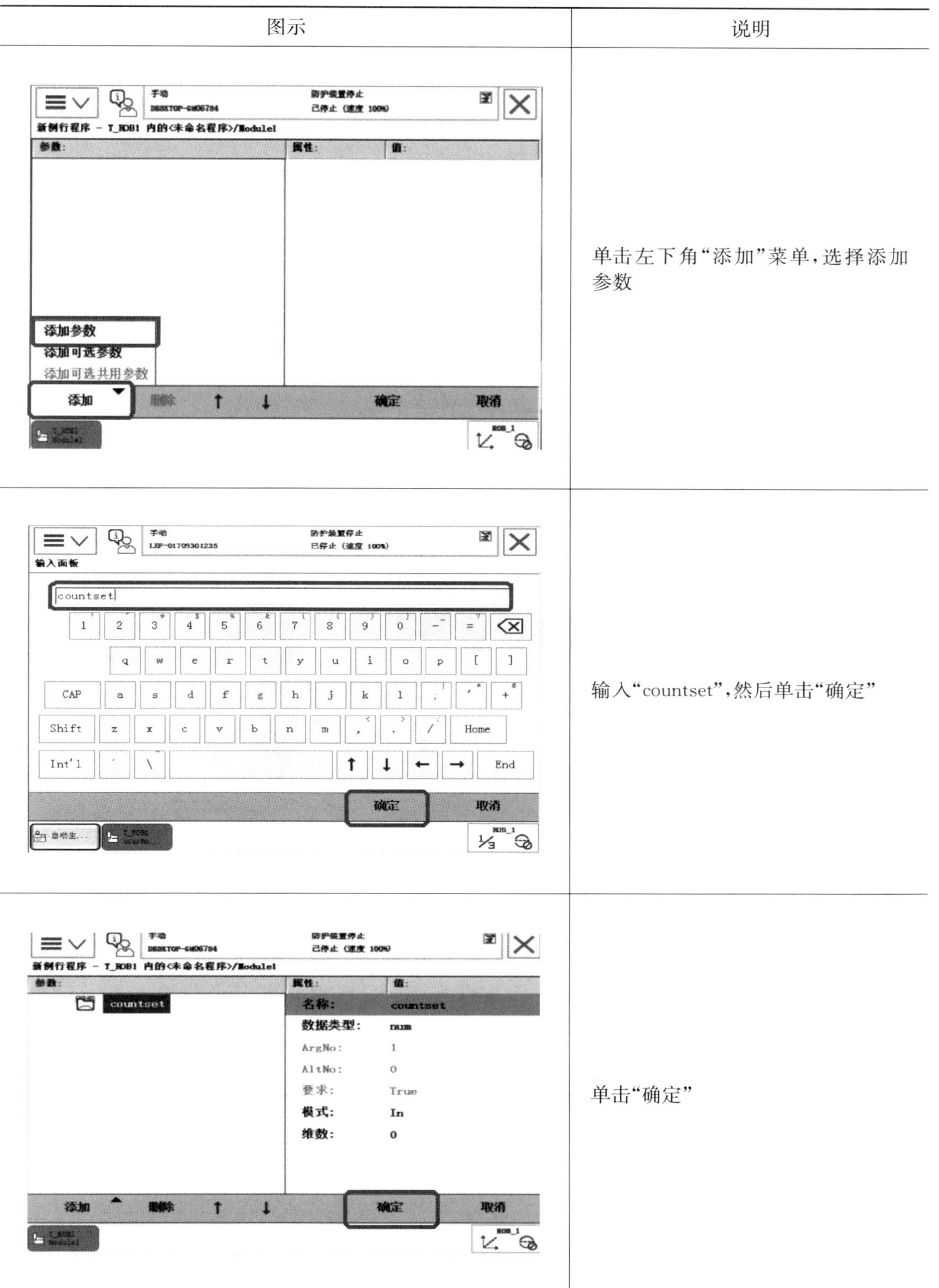	单击左下角"添加"菜单，选择添加参数
	输入"countset"，然后单击"确定"
	单击"确定"

续 表

图示	说明
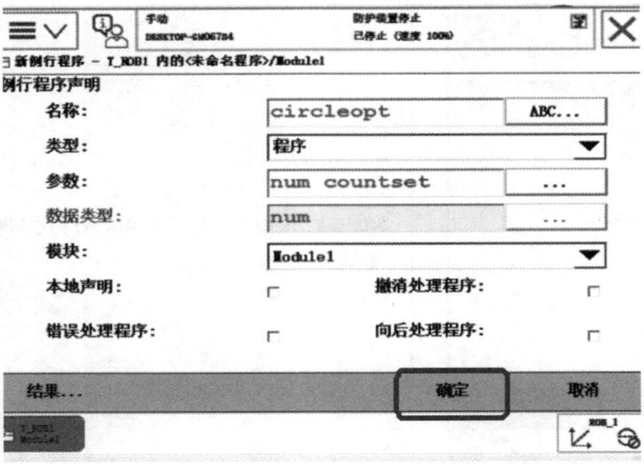	单击“确定”
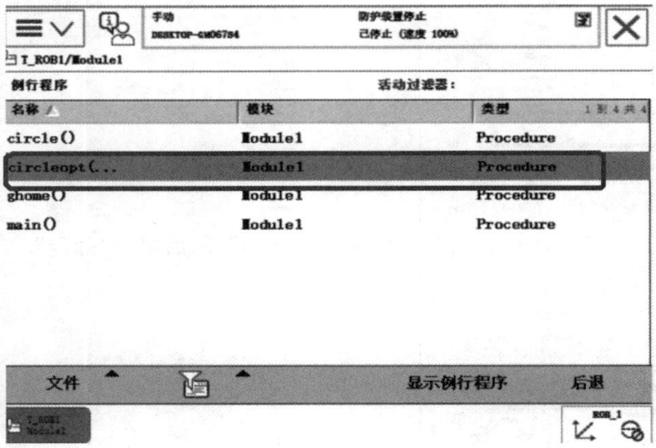	带参数的例行程序“CircleOpt”就创建好了

2. 编写程序

完成工业机器人模拟焊接的任务，需要编写 main、ghome、circle 、circleopt 四个例行程序，ghome，circle 程序及其说明如上一任务所示，circleopt 程序及其说明如表 3-16 所示，main 程序及其说明如表 3-17 所示。

表 3-16 circleopt 程序及其说明

程序	说明
For count from 1 to countset do	for 循环 countset 次
circle	调用 circle 子程序
WaitTime 2	等待 2 秒
Endfor	for 循环结束

表 3-17 main 主程序及其说明

程序	说明
ghome	调用 ghome 子程序
circleopt 2	调用 circleopt 子程序实参 2
ghome	调用 ghome 子程序

3.2.4 I/O 控制实现圆周轨迹调速运动

在该任务中，要求工业机器人从工作原点开始，沿着上一任务的圆周轨迹运行，并且通过外部输入信号 speed_set 的不同状态来改变圆周运动的速度：当 speed_set 为 1（按钮闭合）时，圆周运动的速度为 1000 mm/s；当 speed_set 为 0 时，圆周运动的速度为 200 mm/s。

在该任务中，需要用到条件逻辑判断指令 IF 指令。条件逻辑判断指令是用于对条件进行判断后，执行相应的操作。

1. 紧凑型条件判断指令

紧凑型条件判断指令用于当一个条件满足了以后，就执行一句指令。如图 3-9 所示为紧凑型条件判断指令，实现的功能是：如果 flag1 的状态为 TRUE，则 do1 被置位为 1。

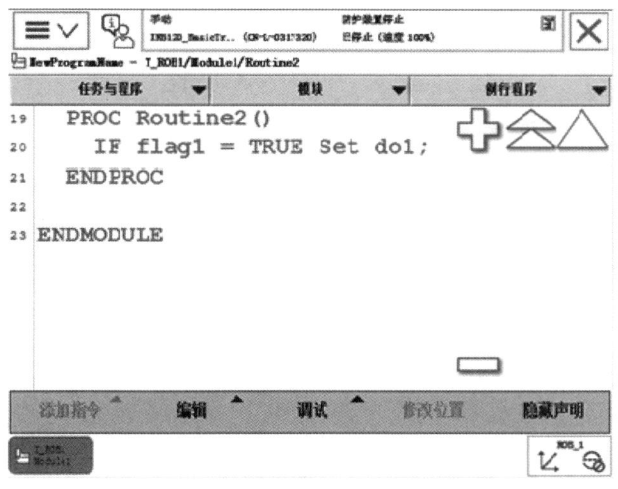

图 3-9 紧凑型条件判断指令

2. IF 条件判断指令

IF 条件判断指令，就是根据不同的条件去执行不同的指令。条件判定的条件数量可以根据实际情况进行增加与减少。如图 3-10 所示为条件判断指令，实现的功能是如果 num1 为 1，则 flag1 会赋值为 TRUE；如果 num1 为 2，则 flag1 会赋值为 FALSE；除了以上两种条件之外，则执行 do1 置位为 1。

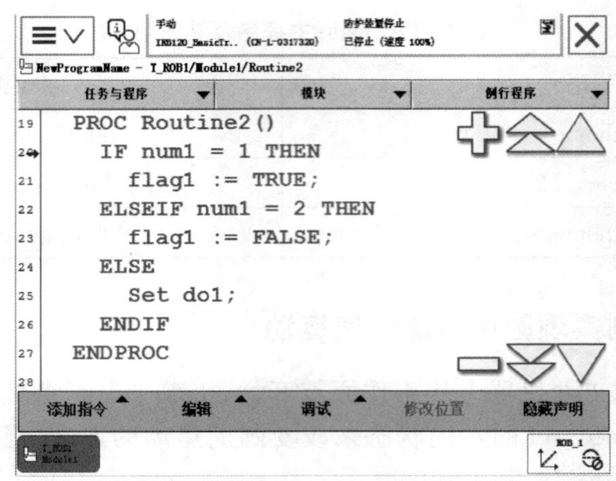

图 3-10　IF 条件判断指令

3.2.4　I/O 控制实现圆周轨迹调速运动视频

3. 创建程序结构

本任务中的例行程序 GHome、Circle 和上面任务类似，只需要建立 speeddata 类型的变量 speeduser，通过设定 speeduser 的值可以更改运行速度，创建程序步骤如表 3-18。

表 3-18　创建程序结构

图示	说明
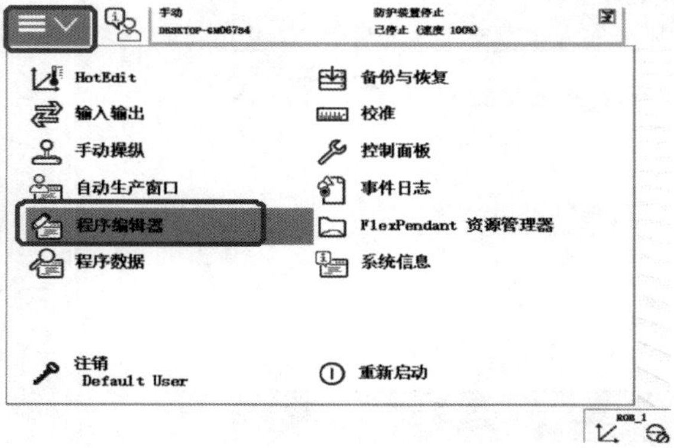	单击左上角主菜单按钮，选择“程序编辑器”
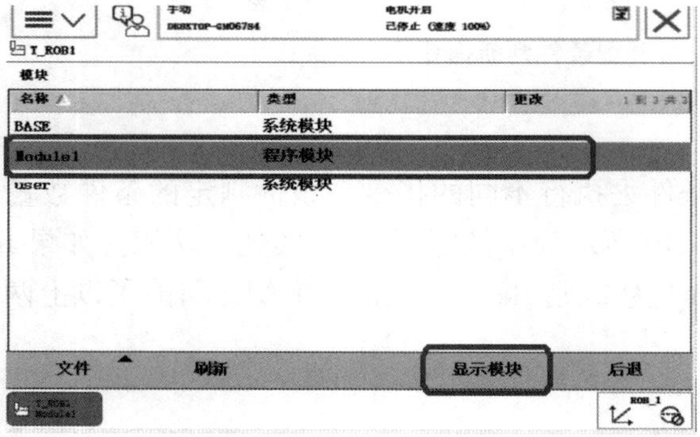	选中“Module1”，单击“显示模块”

续 表

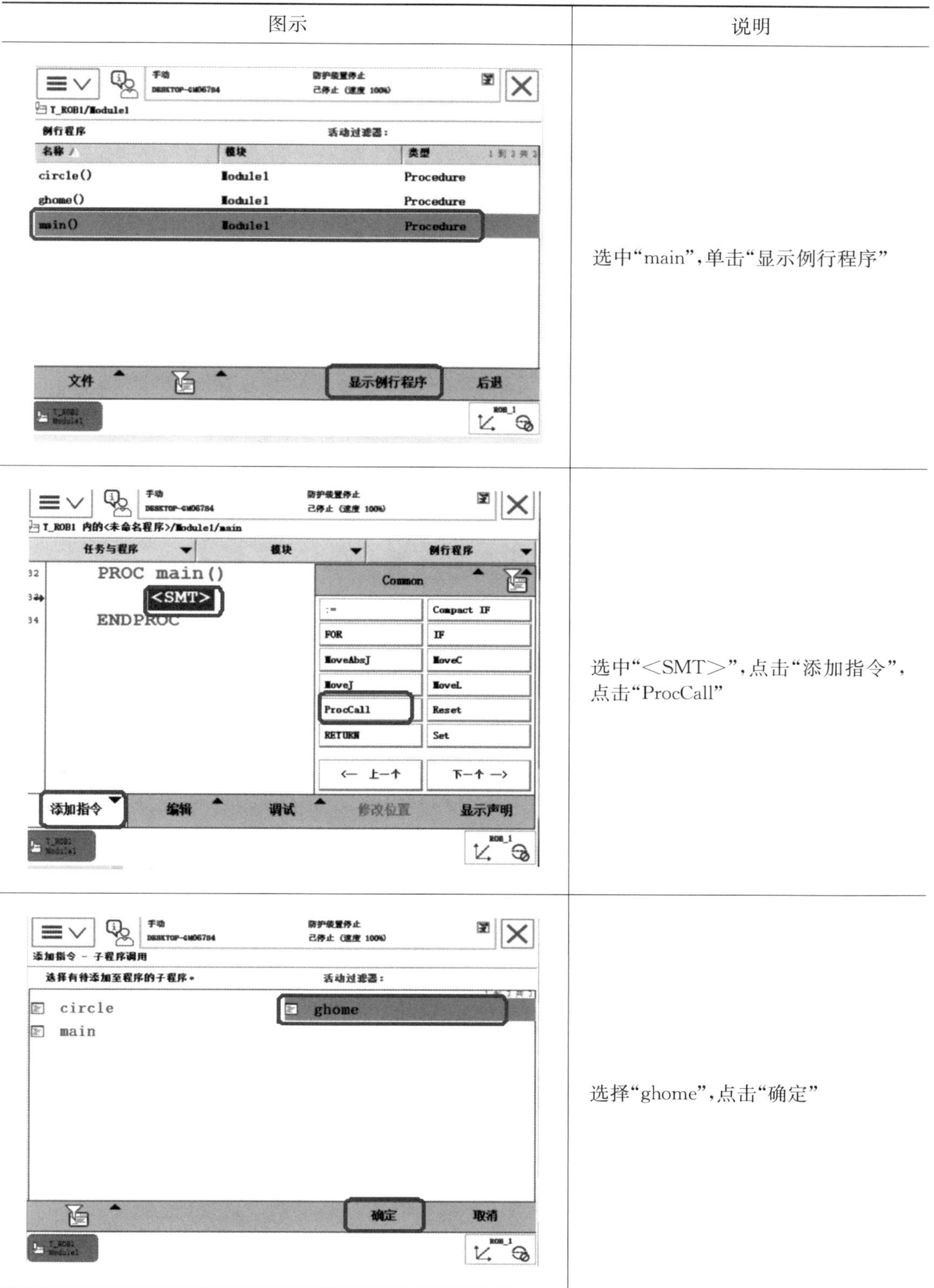

图示	说明
	选中“main”，单击“显示例行程序”
	选中“<SMT>”，点击“添加指令”，点击“ProcCall”
	选择“ghome”，点击“确定”

续 表

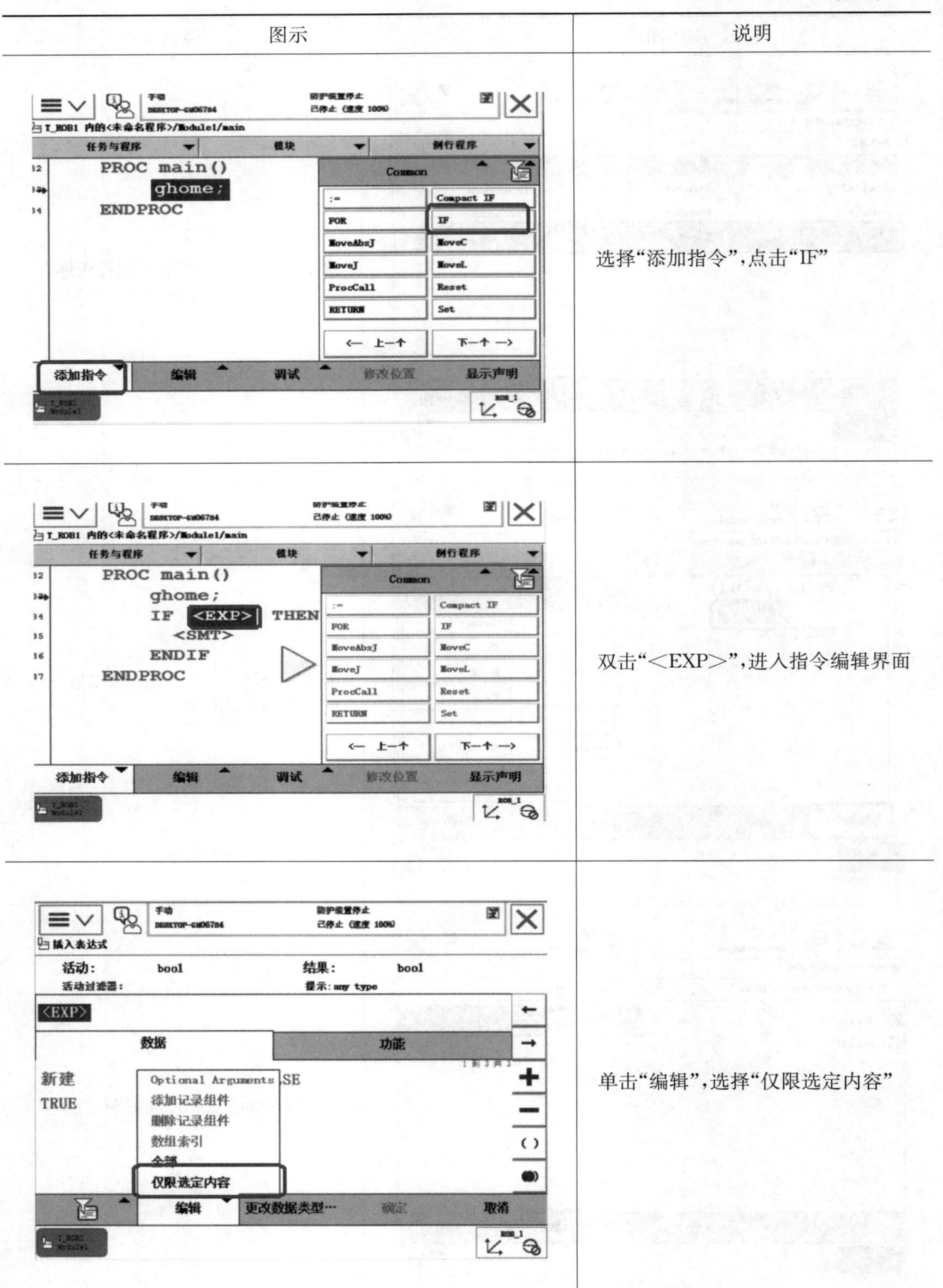

图示	说明
	选择“添加指令”，点击“IF”
	双击“<EXP>”，进入指令编辑界面
	单击“编辑”，选择“仅限选定内容”

续 表

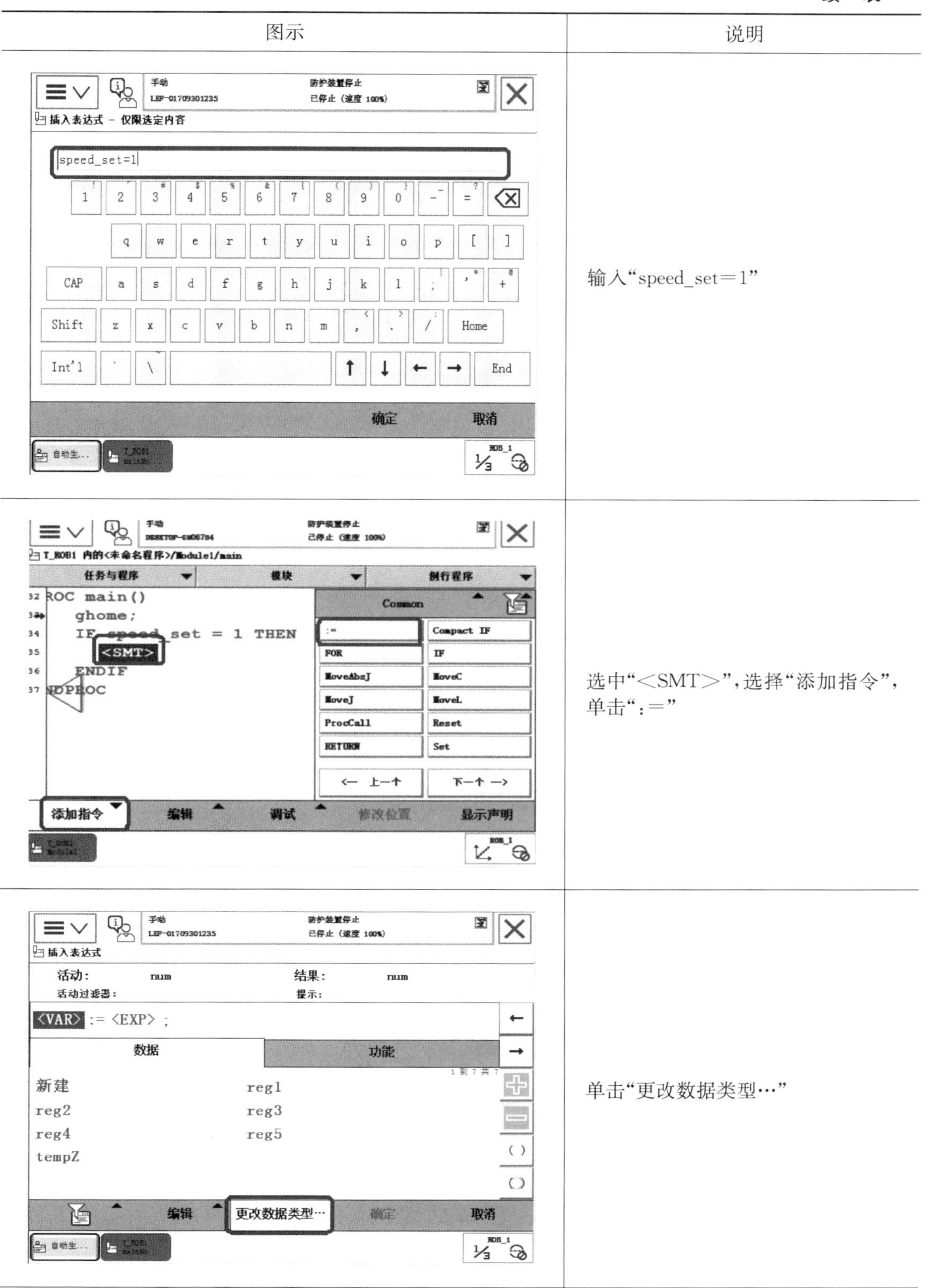

图示	说明
	输入“speed_set＝1”
	选中“<SMT>”，选择“添加指令”，单击“:＝”
	单击“更改数据类型…”

续 表

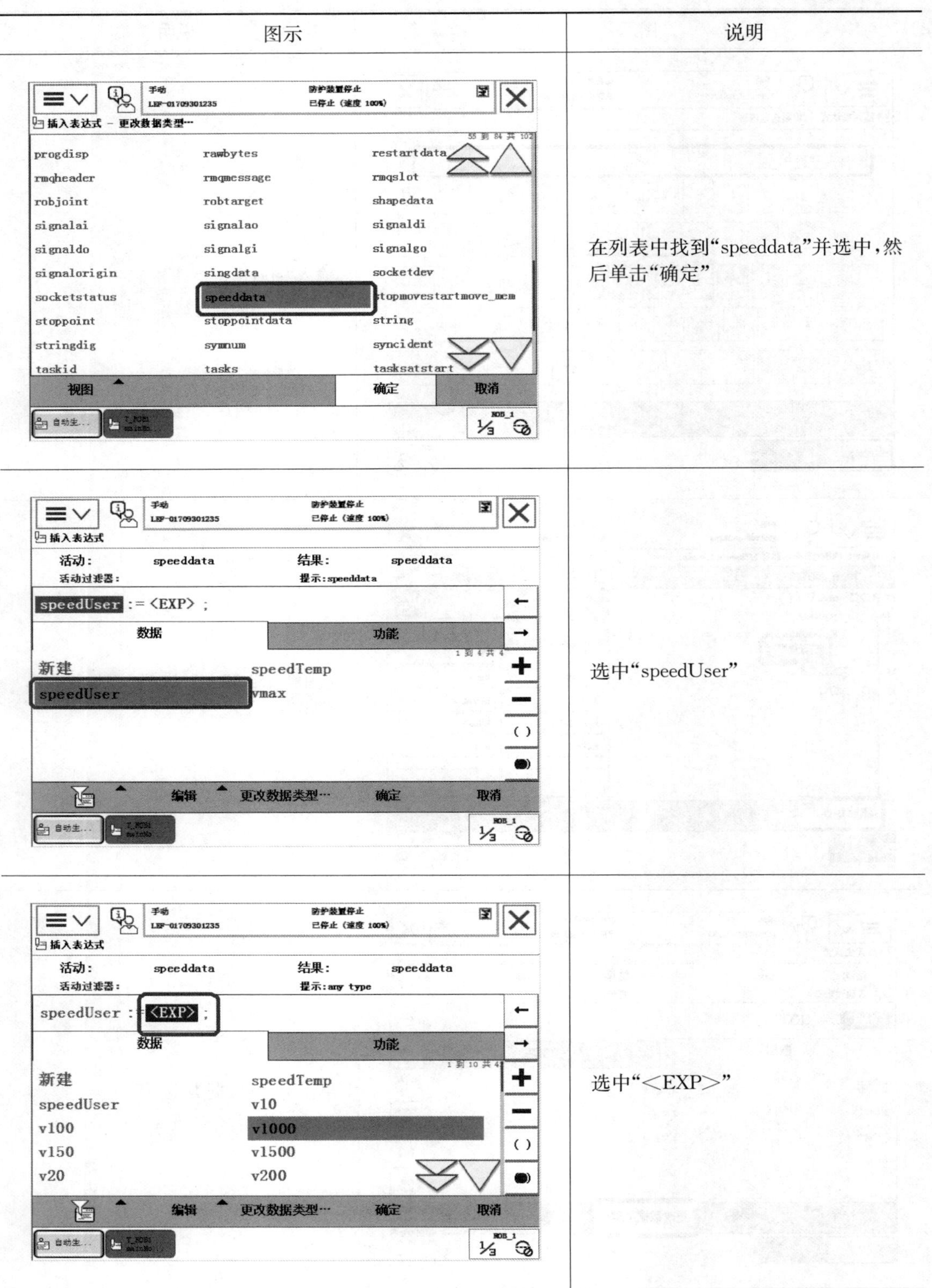

图示	说明
	在列表中找到“speeddata”并选中，然后单击“确定”
	选中“speedUser”
	选中“<EXP>”

续 表

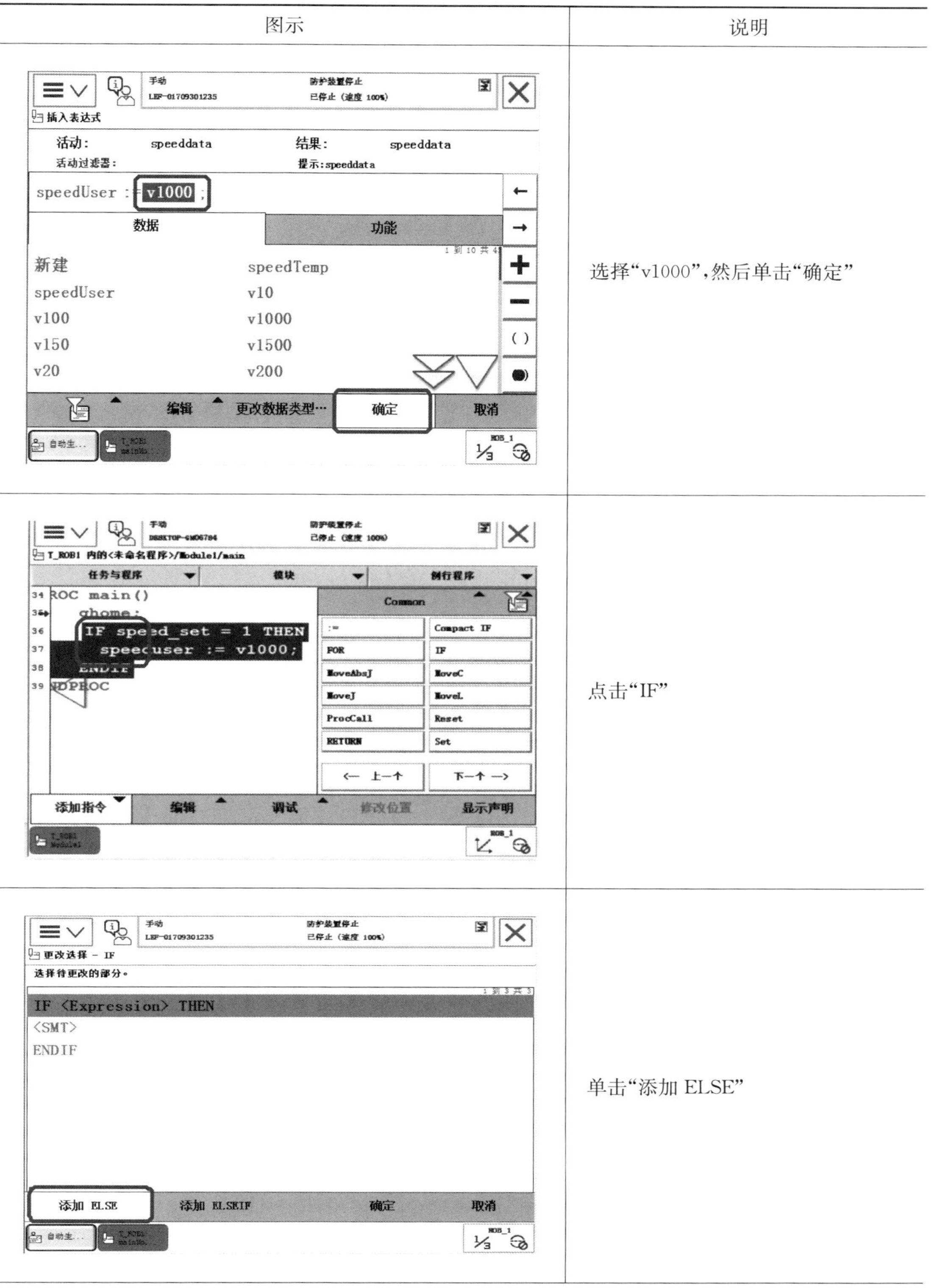

图示	说明
	选择“v1000”,然后单击“确定”
	点击“IF”
	单击“添加 ELSE”

续 表

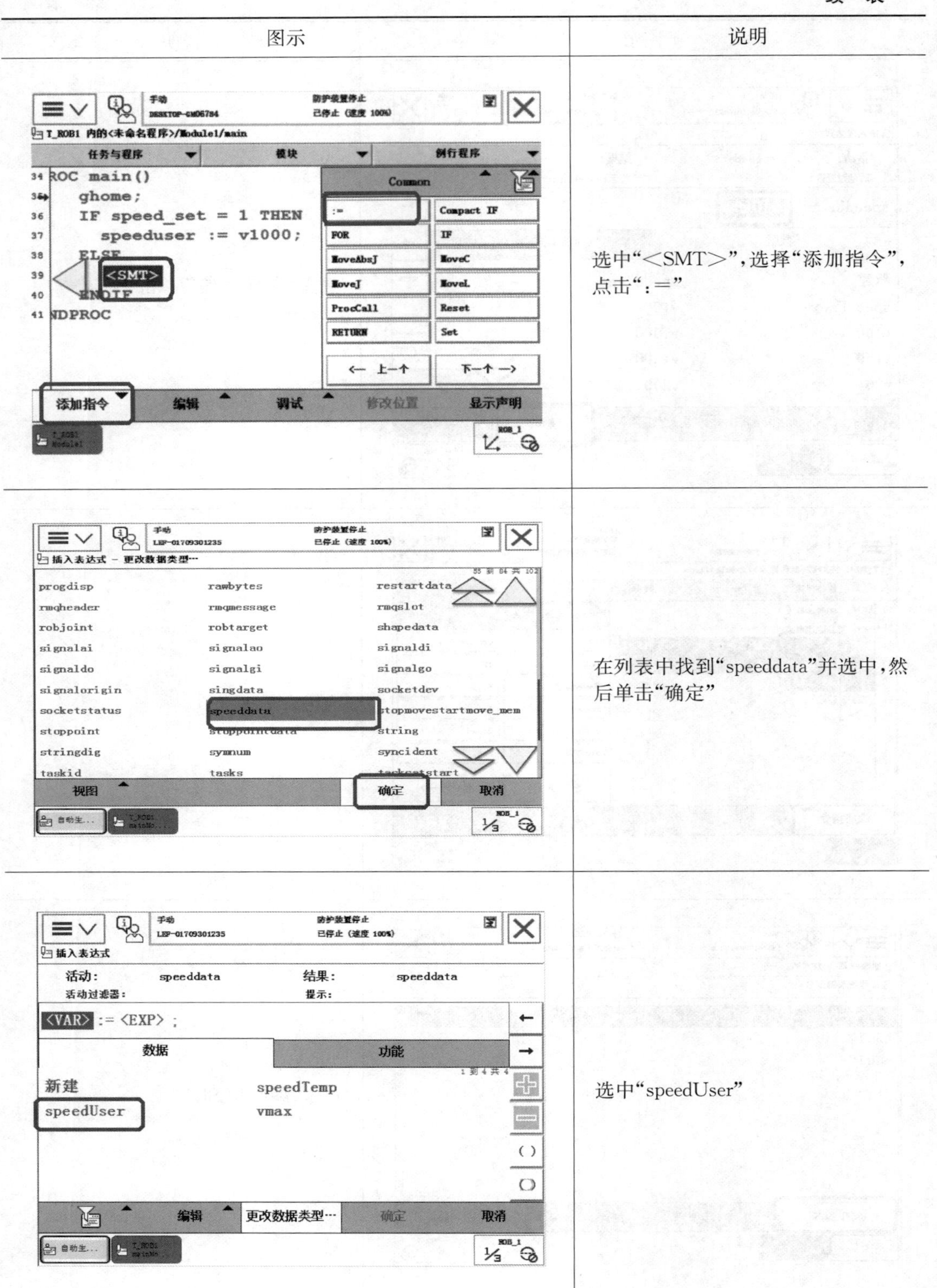

图示	说明
	选中“＜SMT＞”，选择“添加指令”，点击“：=”
	在列表中找到“speeddata”并选中，然后单击“确定”
	选中“speedUser”

续 表

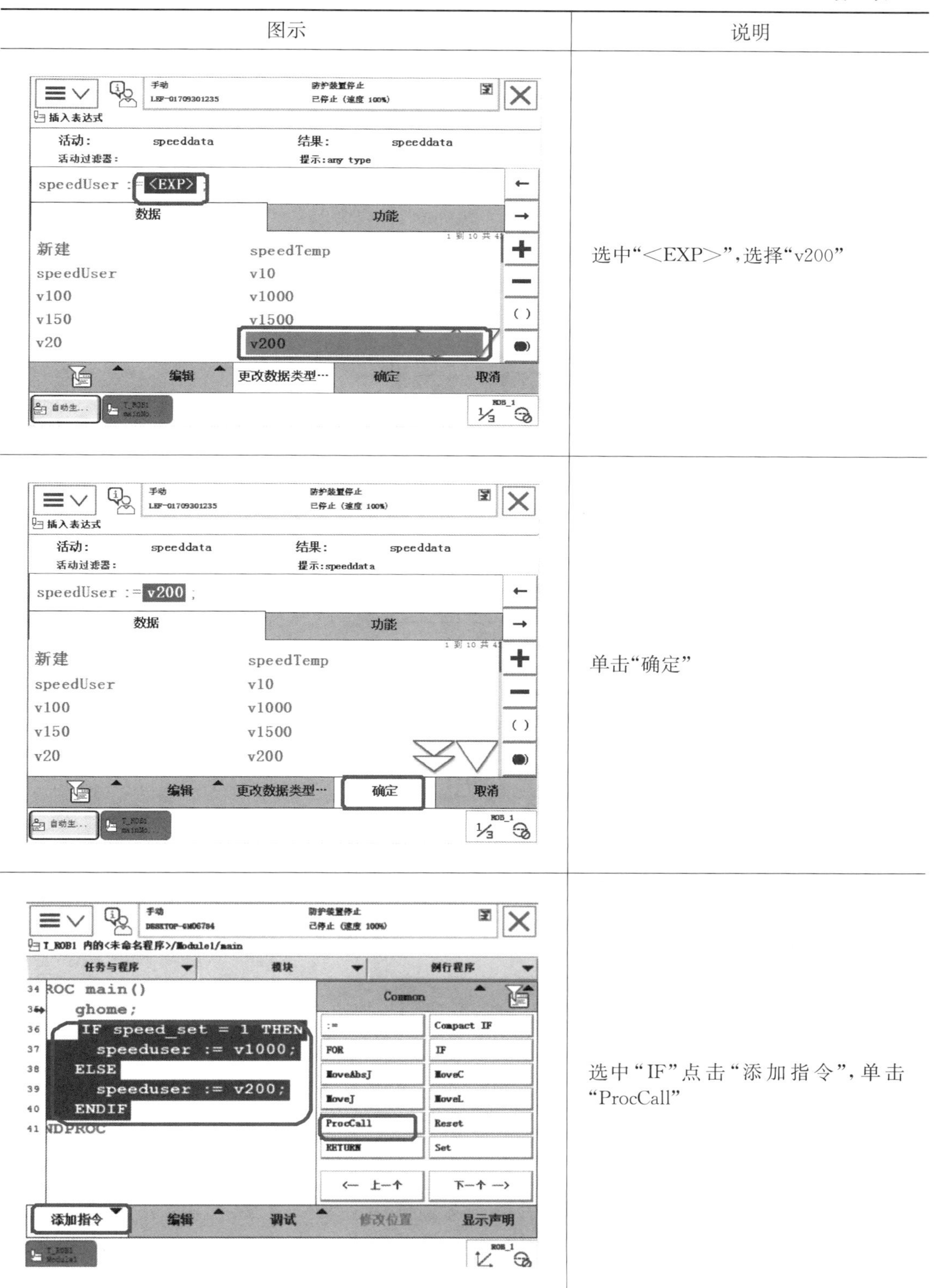

图示	说明
（见上图第一幅）	选中"<EXP>"，选择"v200"
（见上图第二幅）	单击"确定"
（见上图第三幅）	选中"IF"点击"添加指令"，单击"ProcCall"

续 表

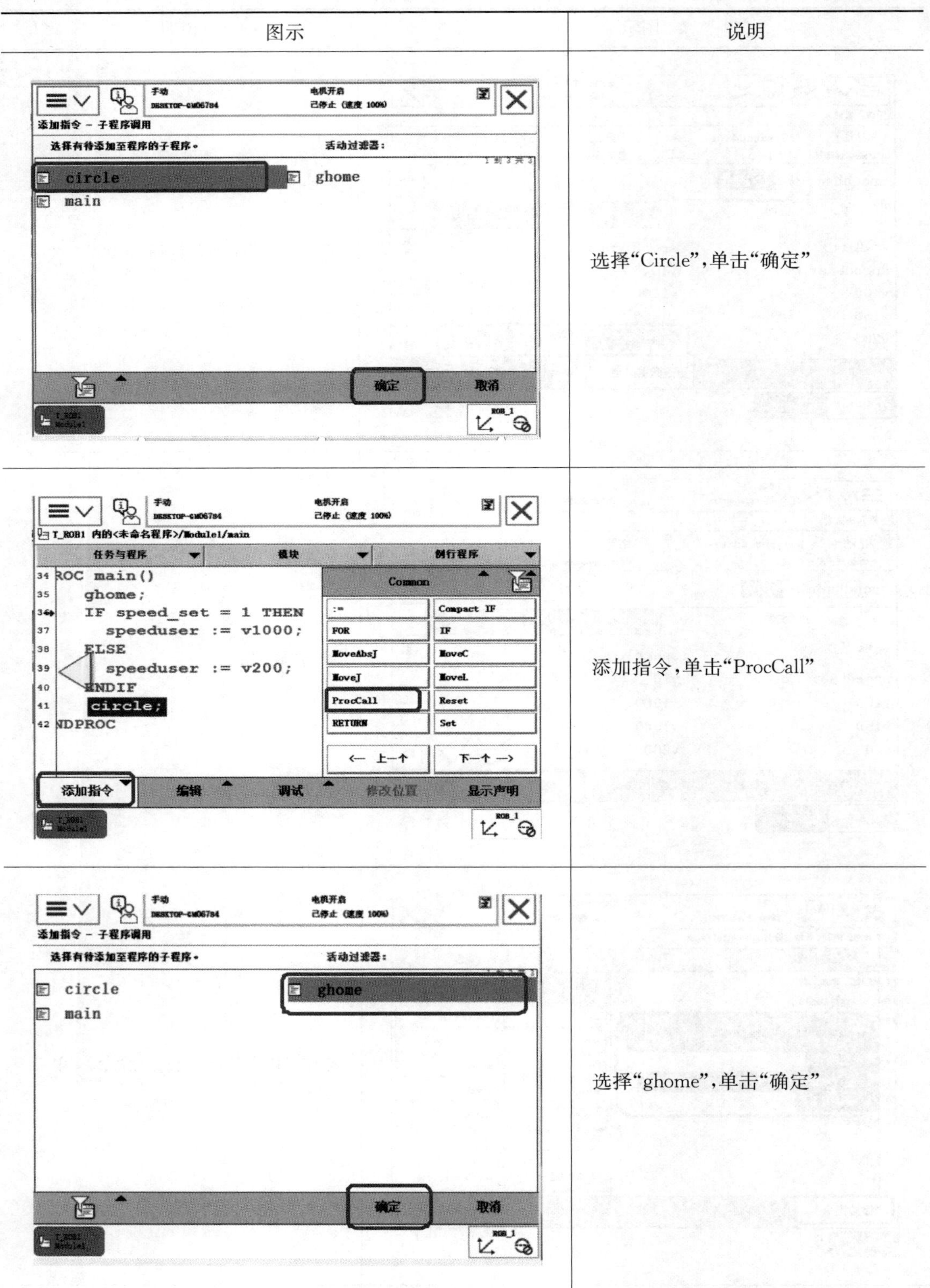

图示	说明
	选择“Circle”，单击“确定”
	添加指令，单击“ProcCall”
	选择“ghome”，单击“确定”

续　表

图示	说明
	最终编写完成的 main 程序如左图所示

任务 3.3　棋盘格搬运应用

任务导入：在工业自动化领域，机器人搬运任务是提高生产效率和质量的关键环节。工业机器人凭借其高精度和灵活性，广泛应用于各种搬运任务中。我们将通过一个具体的任务——棋盘格搬运应用，深入学习 ABB 工业机器人的编程和操作技巧，掌握如何实现高效、精确的搬运任务。

在一个自动化生产线上，机器人需要将棋盘格上的物品从一个位置搬运到另一个位置。这个任务不仅要求机器人能够精确地识别和抓取物品，还需要能够按照预设的路径和顺序进行搬运。为了实现这一目标，我们需要编写一套精确的程序，确保机器人能够高效、稳定地完成任务。

在实际操作中，我们将通过模拟棋盘格搬运任务，逐步实现机器人的搬运功能。这不仅能够帮助巩固所学的编程知识，还能提升实际操作能力和问题解决能力。让我们一起动手，通过 ABB 工业机器人的编程和操作，实现棋盘格搬运任务，为未来的工业自动化应用打下坚实的基础。

知识链接

3.3.1　棋盘格搬运模块

1. 上料单元

上料单元是储存物料的装置，通过气缸的运动从料仓底部推出物料，实现供料功能。上料单元及物料如图 3－11 所示。可以通过数字量输入\输出信号控制，实现料仓物料的监控以及物料的供给。上料单元可以和其他模块进行组合，形成不同的作业任务。

(a) 上料单元

(b) 物料

图 3-11　上料单元及物料

本任务中使用的上料单元数字量输入/输出信号及其说明如表 3-19 所示。

表 3-19　上料单元数字量输入/输出信号及其说明

信号名称	类型	功能	信号状态
D652_DI1	数字量输入	推料气缸伸出状态	未伸出状态为 0,伸出状态为 1
D652_D12	数字量输入	料仓有无工件	没有料状态为 0,有料状态为 1
D652_DO1	数字量输出	推料气缸控制信号	默认为 0,气缸伸出为 1

2. 工件暂存单元

工件暂存单元用于暂时存放从上料单元推出的工件,安装有光电传感器,当工件到达工件暂存单元,模块检测到有工件时,工业机器人接收到信号即从工件暂存单元取走工件。工件暂存单元如图 3-12 所示。

3. 棋盘格模块

棋盘格模块由 7 行 7 列共 49 个格子组成,每个格子大小为 33 mm×32 mm,用于在指定位置摆放工业机器人搬运的物料,如图 3-13 所示。

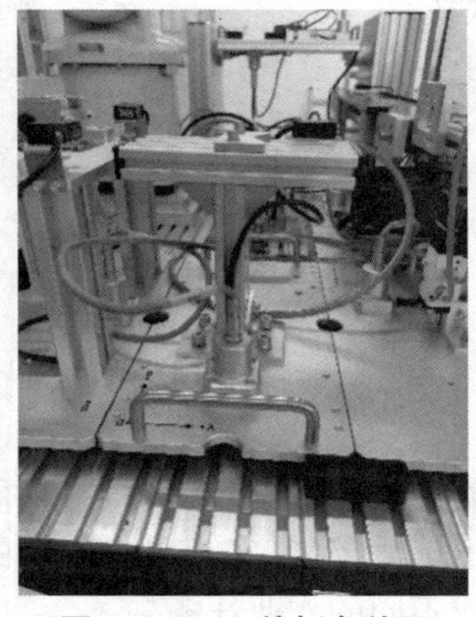
图 3-12　工件暂存单元

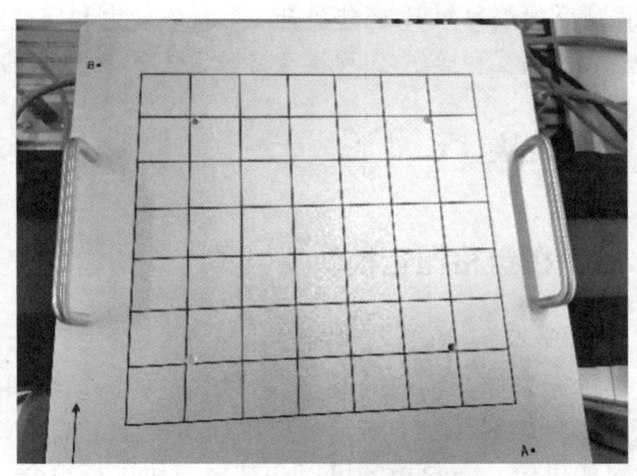

图 3-13　棋盘格模块

3.3.2 模块电气安装

在工业机器人应用编程实训台上安装了通用电气接口面板，如图 3 - 14 所示，用于连接有电气的功能模块，本项目中需要完成上料单元和工件暂存单元的电气连接。

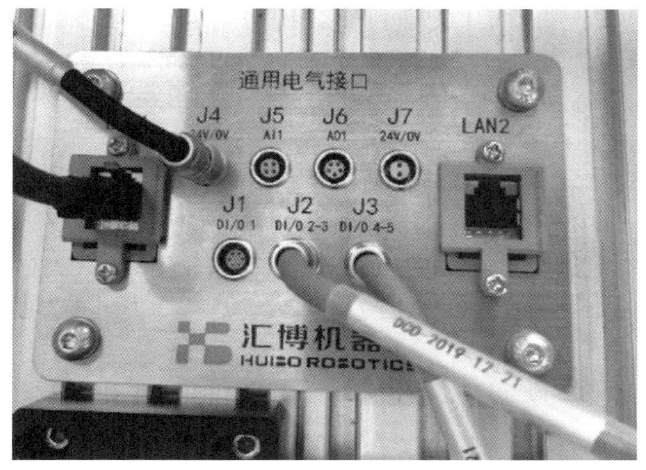

图 3 - 14 通用电气接口面板

将上料单元和工件、工件暂存单元、棋盘格模块安装于实训台上，如图 3 - 15 所示。

将上料单元的电线与通用电气接口的 J2 连接，将工件暂存单元的电线与通用电气接口的 J3 连接，如图 3 - 16 所示，注意电线与接口的红色标记对准，如图 3 - 17 所示。

将工件暂存单元的蓝色气管与实训平台的气路快插接头连接，如图 3 - 18 所示。

图 3 - 15 模块安装

图 3 - 16 模块电线连接

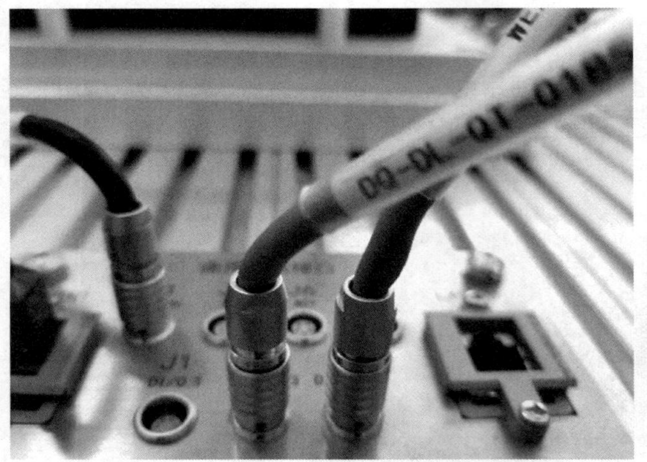

图 3-17　电线与接口对准位置

图 3-18　气路连接

3.3.3　推料气缸控制

1. 气缸

气缸是气压传动中将压缩气体的压力转化为机械能的气动执行元件，如图 3-19 所示，主要由缸筒、端盖、活塞、活塞杆和密封件等组成，在印刷(张力控制)、半导体(点焊机、芯片研磨)、自动化控制及机器人等领域应用广泛。按运动方式，气缸分为做直线往复运动和做摆动往复两种类型的气缸；按压缩空气对活塞作用力的方向，气缸又分为单作用气缸、双作用气缸、膜片式气缸和冲击气缸。本任务中所使用的是单作用直线气缸(下文简称气缸)，其特点是只有一个方向的运动是气压传动，在压缩空气作用下，气缸活塞杆伸出；当无压缩空气时，其在弹簧力或自重作用下复位，适用于行程较小的场合。

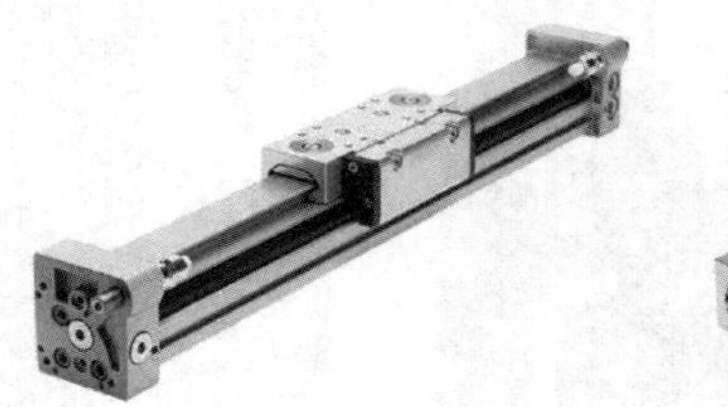

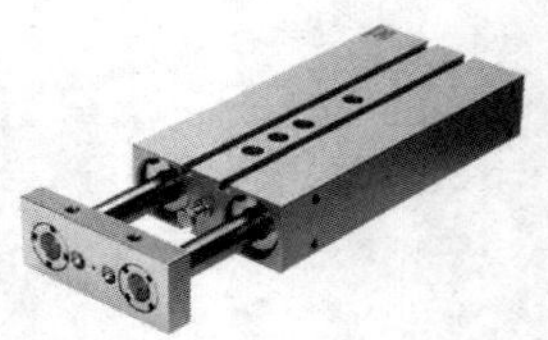

图 3-19　气缸

2. 气缸控制

电磁阀控制气缸运动的原理：电磁阀里有密闭的腔，在不同位置开有通孔，每个孔都通向不同的气管，腔中间是阀体，两面是两块电磁铁，哪面的磁铁线圈通电，阀体就会被吸引到哪边。通过控制阀体的移动来挡住或漏出不同的排气的孔，而进气孔是常开的，高压气体会进入不同的排气管，然后通过电磁阀的气压来推动气缸的活塞，这样通过控制电磁阀的电磁铁的电流就控制了整个电磁阀的机械运动，如图 3-20 所示，通过给电磁阀通电、断电，来控制气缸的活塞做往复运动。

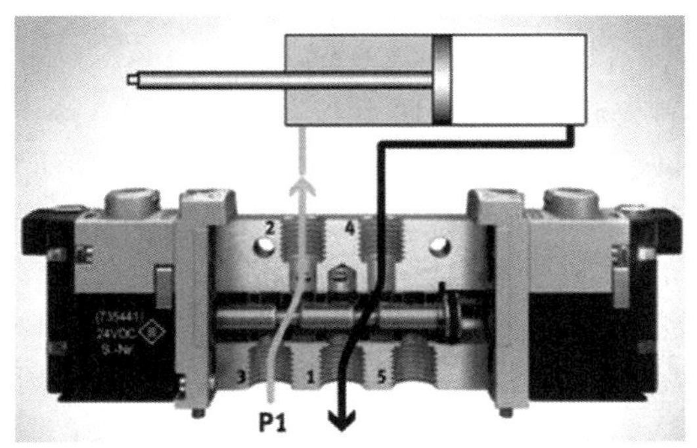

图 3-20 电磁阀控制气缸运动示意图

设定上料单元气缸电磁阀信号 EXDO2，设定后限信号 EXDI2，当传感器检测到上料单元中有工件时，信号 EXDO2 置为 1，电磁阀控制气缸推出工件，等待 2 s 后，气缸缩回，当 EXDI2 为 0 时，表示气缸缩回到位，完成一次上料单元推出工件的任务。

3.3.4 吸盘工具控制

1. 真空吸附

真空是指气体压强低于大气压强的一种状态，而不是完全没有空气的“真空”。处于真空状态下的气体比处于大气压下的气体稀薄。衡量处于真空状态下的气体稀薄程度，用“真空度”来表示，真空度高，表示气体压强低于大气压强多；真空度低，表示气体压强低于大气压强少。

真空吸附是利用真空系统与大气压力差形成的力实现物件抓取。对具有较光滑表面的物体，特别是非铁、非金属且不适合夹紧的物体，如柔软的纸张、塑料膜、铝箔、易碎的玻璃及其制品、集成电路等微型精密零件，可使用真空吸附，完成各种作业。

2. 真空系统

真空系统一般由真空发生器、吸盘、真空阀及辅助元件组成，如图 3-21 所示。真空系统可用于工件搬运、自动化行业，如玻璃的搬运、装箱等。

(a) 真空发生器

(b) 吸盘

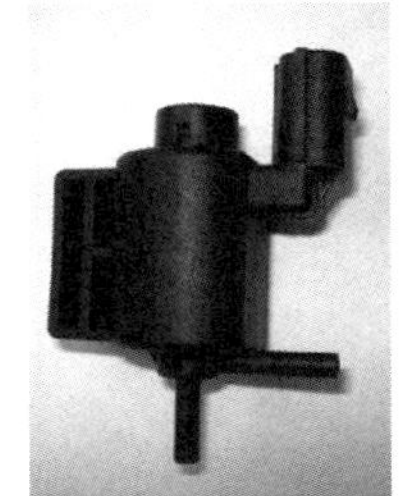

(c) 真空阀

图 3-21 真空系统的主要元件

真空发生器是利用正压气源产生负压的一种新型、高效、清洁、经济、小型的真空元器件。吸盘是真空设备执行器之一，通常由橡胶材料与金属骨架压制而成，具有较大的扯断力。真空阀是指工作压力低于标准大气压的阀门。真空阀是在真空系统中，用来改变气流方向，调节气流量大小，切断或接通管路的真空系统元件。

3. 吸盘控制信号

利用吸盘吸取工件，首先利用气管将吸盘与真空发生器连接，当吸盘与工件接触时，给定信号启动真空发生器抽吸空气，使吸盘内产生负气压，从而使工件被吸盘吸牢，然后将工件搬运至指定位置，再平稳地给真空吸盘充气，使真空吸盘内由负气压变成零气压或稍微正的气压，工件即从吸盘脱落，完成吸盘搬运工件的任务。

在本任务中，当工件暂存单元检测到有工件时，工业机器人运动至搬运工件位置，吸盘吸取工件，并搬运放置至棋盘格指定位置。设定启动吸盘真空信号 YV5，当信号 YV5 置为 1 时，打开真空发生器，吸盘工作；当信号 YV5 置为 0 时，关闭真空发生器。设定检测真空状态信号 SEN1，当信号 SEN1 为 1 时，表示吸盘处于真空状态；当信号 SEN1 为 0 时，表示真空已被破坏。

3.3.5 WaitDI 指令

WaitDI 指令用于等待一个数字量输入信号达到设定值。WaitDI 指令及其参数说明如表 3－20 所示。

表 3－20 WaitDI 指令及其参数说明

指令及其参数	指令：WaitDI Signal，Value；	
	参数：Signal	数字量输入信号名称
	参数：Value	信号值：0 或 1
案例	WaitDI di1，1； 说明：等待输入信号 di1 置为 1	

在程序编辑窗口，单击“添加指令”按钮，在“Common”栏单击“WaitDI”按钮，修改第 1 个指令参数为“EXDI3”，修改第 2 个指令参数为“1”，如图 3－22 所示，表示等待数字量输入信号 EXDI3 为 1。

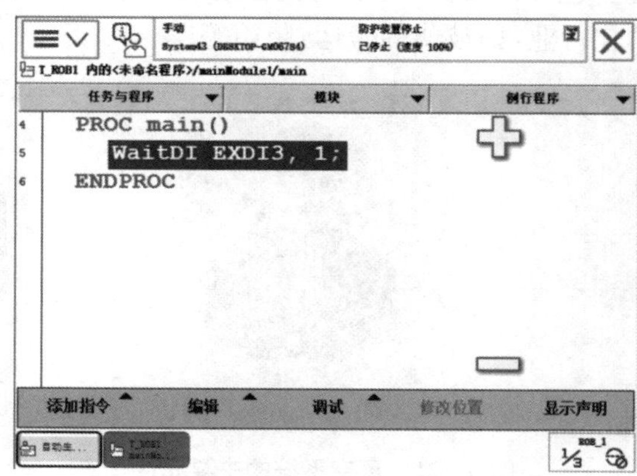

图 3－22 添加 WaitDI 指令

3.3.6 棋盘格搬运流程

棋盘格搬运流程图如图 3－23 所示。

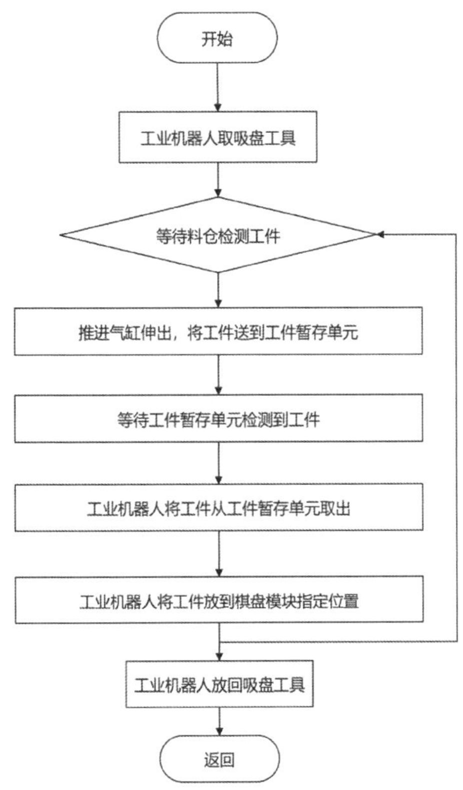

图 3－23 棋盘格搬运流程

棋盘格搬运程序分为两部分，即取放工具的程序和 3 个工件的搬运程序。其中工件的拾取是在同一位置，即工件暂存单元上，而放置的位置可使用 Offs 偏移函数计算。

创建例行程序“Qu_GongJu”和“Fang_GongJu”用于工具的取放，“banyunl”对应第 1 个工件的搬运，其他工件的搬运程序可在“banyun1”基础上修改，需要编写的例行程序如图 3－24所示。

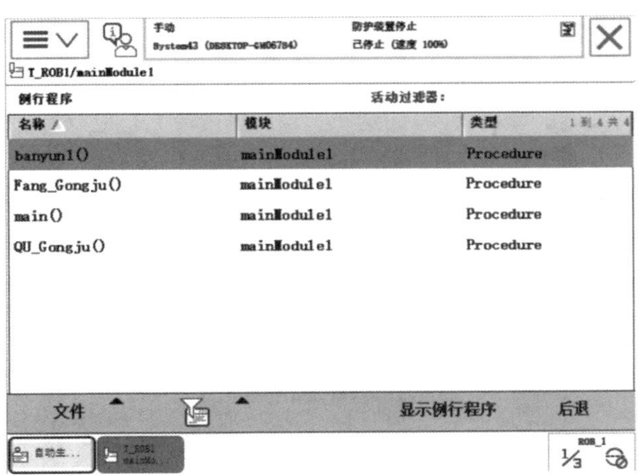

图 3－24 例行程序

3.3.7 编制棋盘格搬运程序

3.3.7 棋盘搬运视频

运行取工具的例行程序或手动安装工具，完成吸盘工具的安装。编写程序实现料桶检测工件、气缸推出工件、工业机器人取工件、工业机器人将工件放在棋盘格指定位置，程序步骤如表 3-21。

表 3-21 棋盘格搬运程序

图示	说明
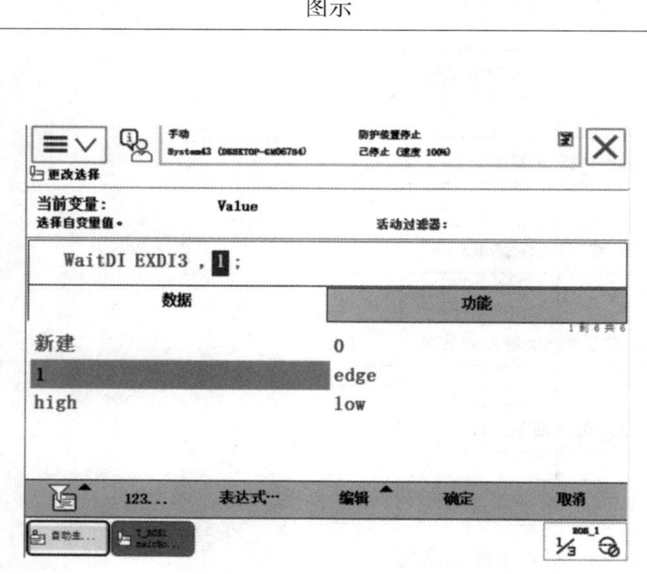	打开“banyun1”例行程序，添加 WaitDI 指令，等待信号“EXDI3”状态为 1
	检测料仓有无工件，当料仓无工件时，“EXDI3”为 0；有工件时，“EXDI3”为 1

续 表

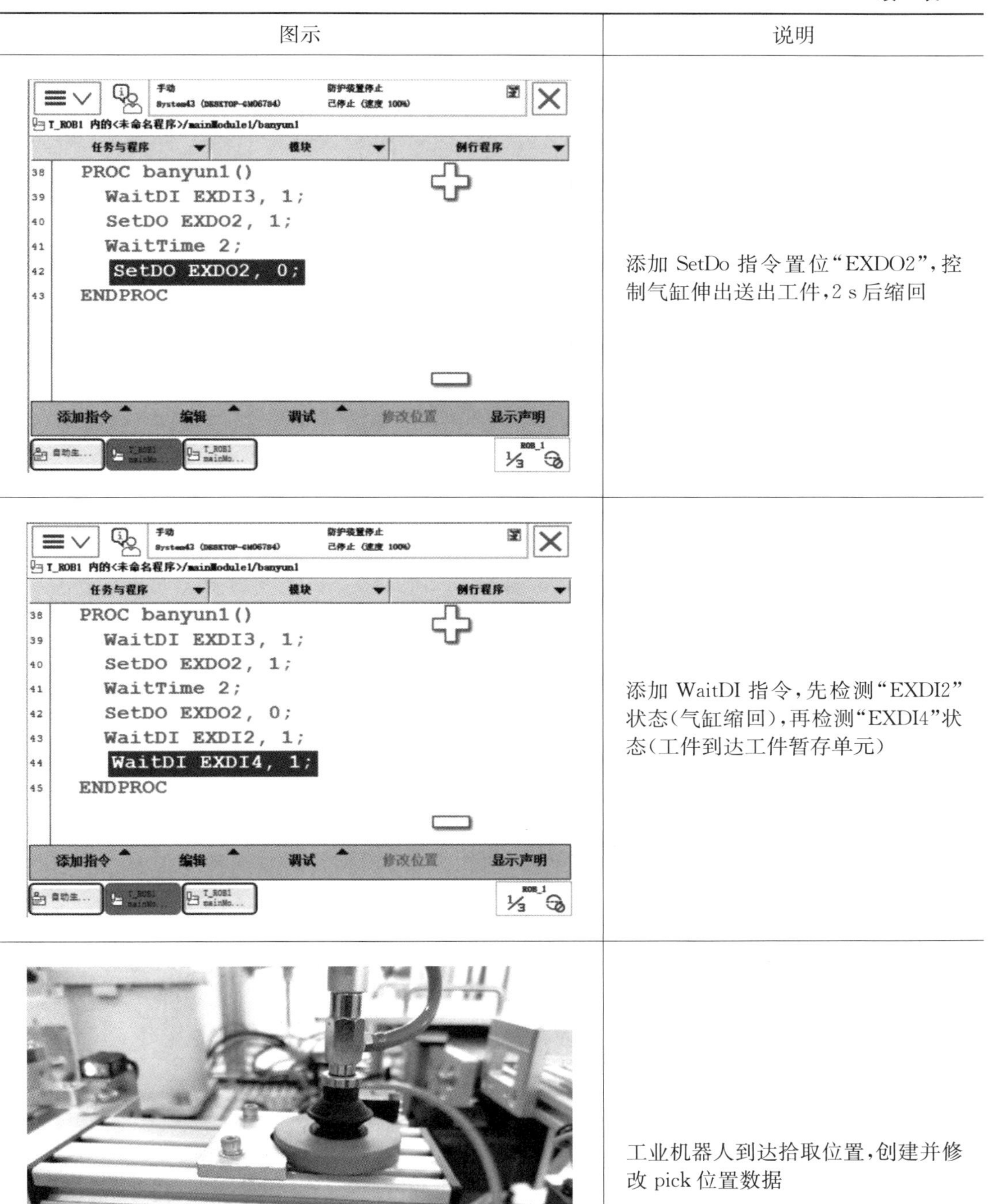

图示	说明
	添加 SetDo 指令置位“EXDO2”，控制气缸伸出送出工件，2 s 后缩回
	添加 WaitDI 指令，先检测“EXDI2”状态（气缸缩回），再检测“EXDI4”状态（工件到达工件暂存单元）
	工业机器人到达拾取位置，创建并修改 pick 位置数据

续　表

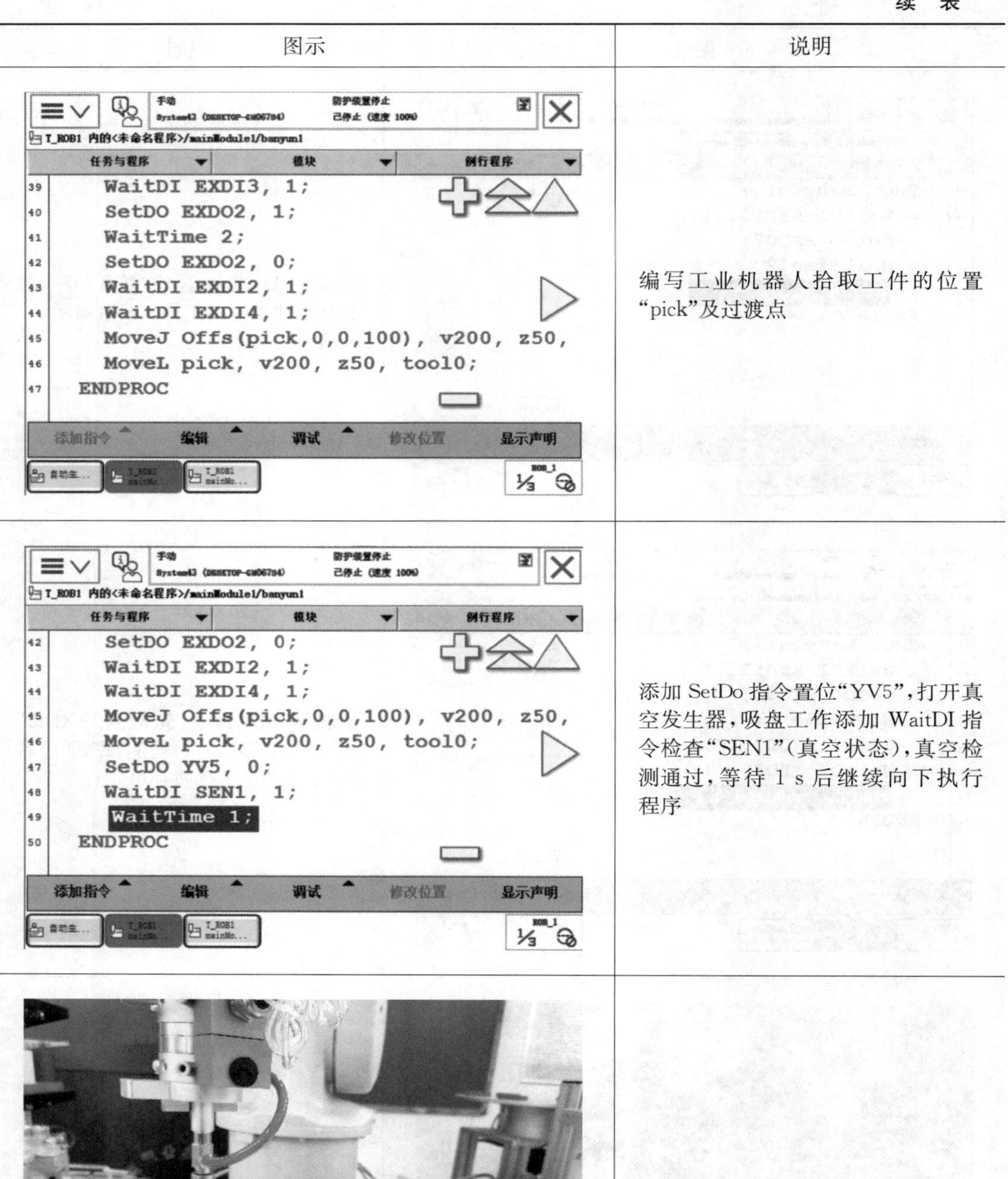

图示	说明
	编写工业机器人拾取工件的位置“pick”及过渡点
	添加 SetDo 指令置位“YV5”，打开真空发生器，吸盘工作添加 WaitDI 指令检查“SEN1”(真空状态)，真空检测通过，等待 1 s 后继续向下执行程序
	工业机器人将工件放置在棋盘格上指定位置，创建并修改 put 位置数据

续 表

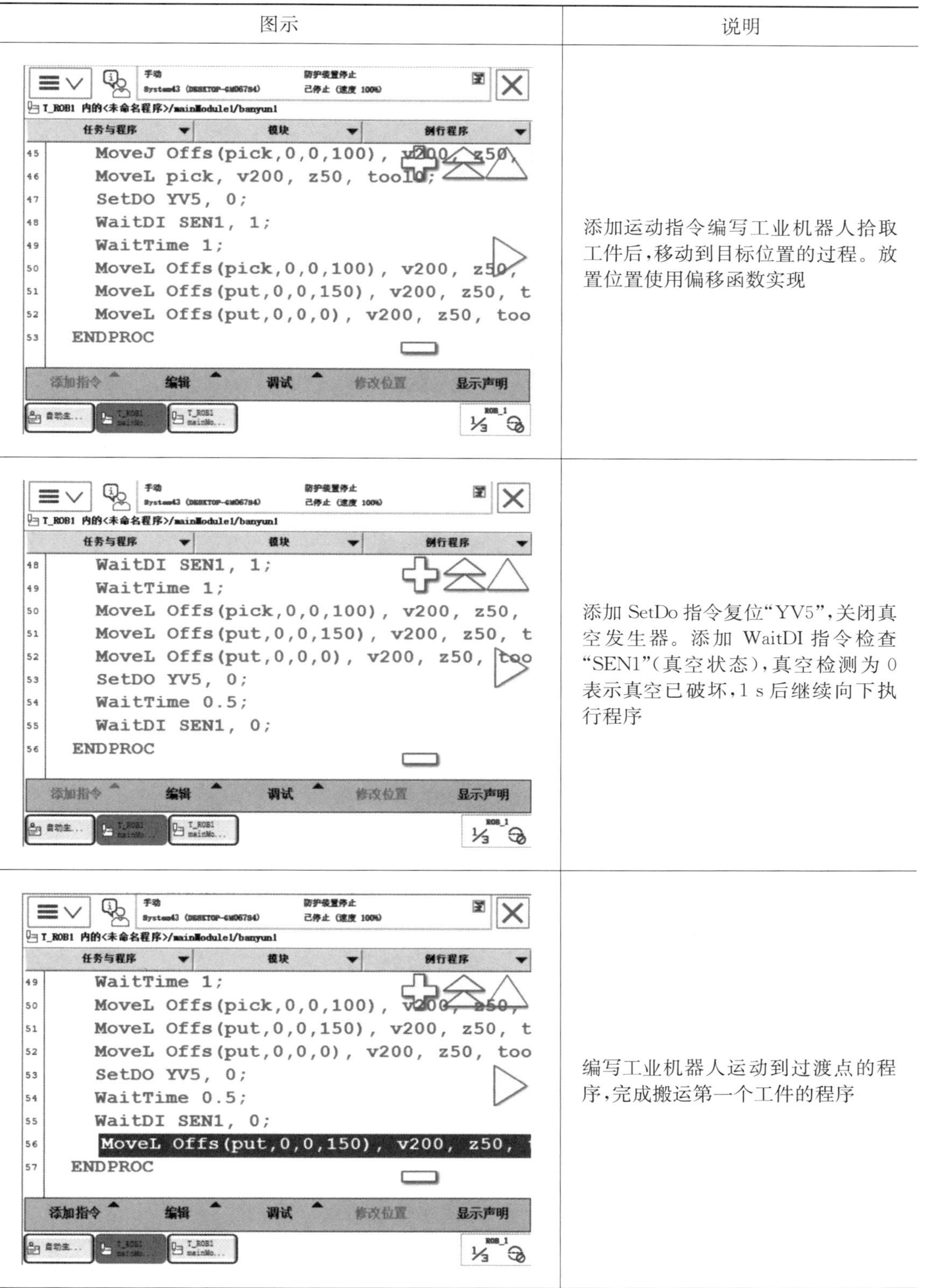

图示	说明
	添加运动指令编写工业机器人拾取工件后，移动到目标位置的过程。放置位置使用偏移函数实现
	添加 SetDo 指令复位“YV5”，关闭真空发生器。添加 WaitDI 指令检查“SEN1”（真空状态），真空检测为 0 表示真空已破坏，1 s 后继续向下执行程序
	编写工业机器人运动到过渡点的程序，完成搬运第一个工件的程序

续 表

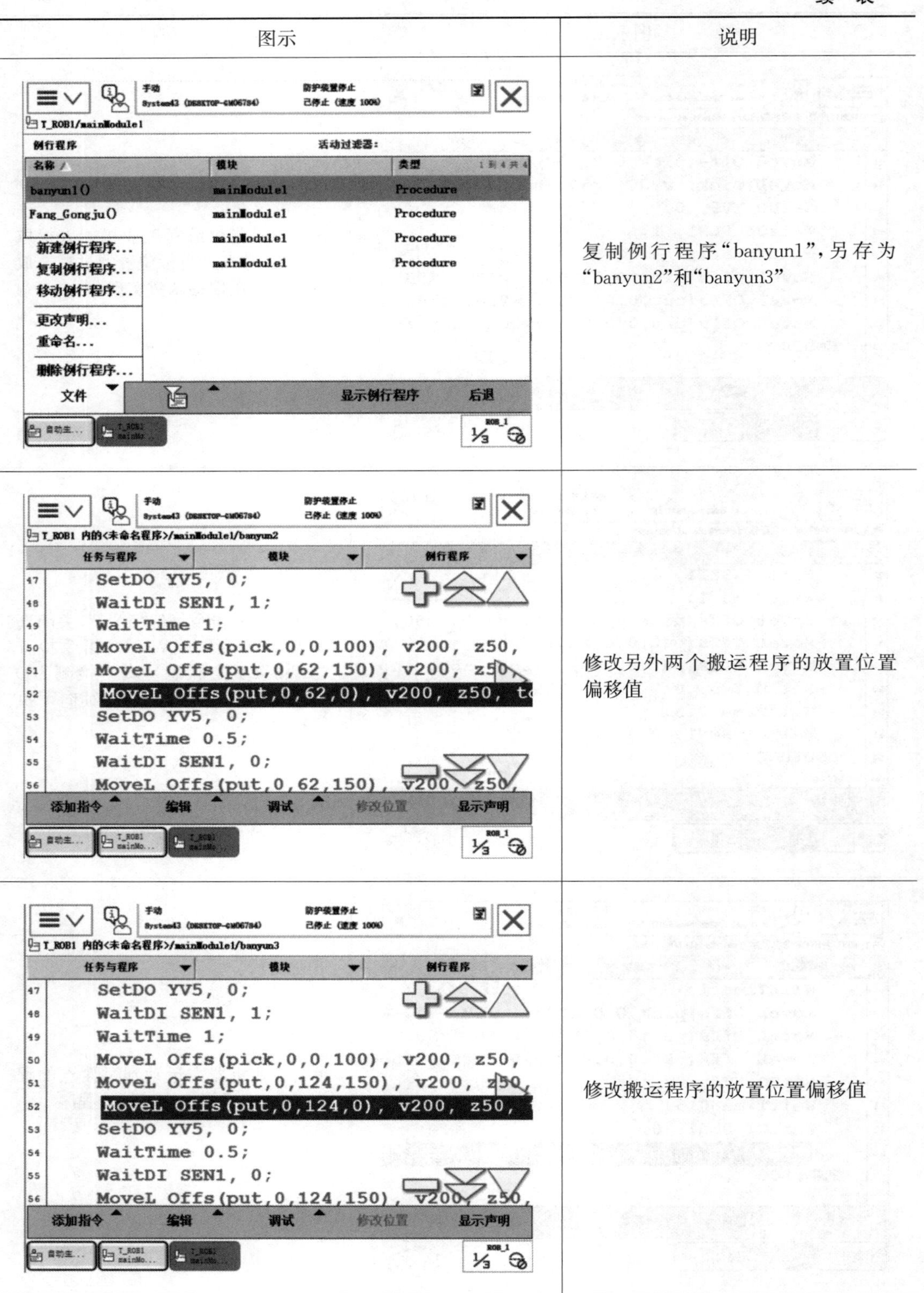

图示	说明
	复制例行程序“banyun1”,另存为“banyun2”和“banyun3”
	修改另外两个搬运程序的放置位置偏移值
	修改搬运程序的放置位置偏移值

续 表

图示	说明
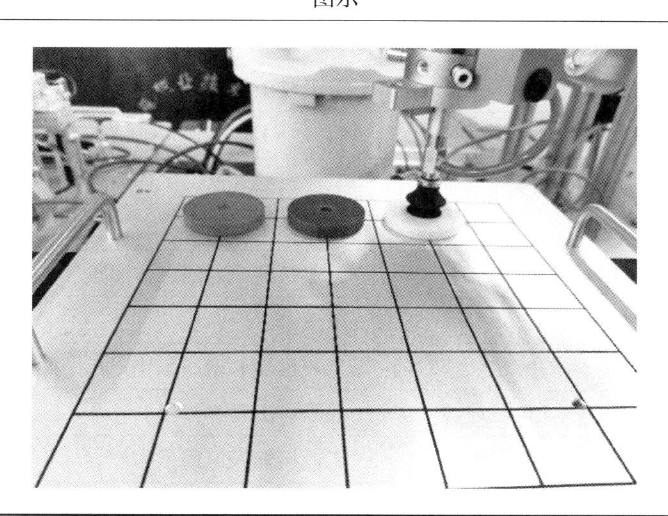	实现将工件搬运放置到不同位置

棋盘格搬运程序 banyunl 如表 3－22 所示。棋盘格搬运主程序 main 如表 3－23 所示。

表 3－22 棋盘格搬运例行程序 banyun1

行号	程序	程序说明
1	WaitDI EXDI3,1;	料仓检测到工件
2	SetDo EXDO2,1;	气缸伸出将工件推出
3	WaitTime 2;	等待 2 s
4	SetDo EXDO2,0;	气缸缩回
5	WaitDI EXDI2,1;	等待气缸缩回到位
6	WaitDI EXDI4,1;	工件暂存单元检测到工件
7	MoveJOffs(pick,0,0,100),v200,z20,Xipan_Tool;	移动至取工件的过渡点
8	MoveL pick,v200,fine,Xipan_Tool;	移动至取工件位置
9	SetDo YV5,1;	打开真空发生器,吸盘工作
10	WaitDI SEN1,1;	等待真空检测通过
11	WaitTime 1;	等待 1 s
12	MoveLOffs(pick,0,0,100),v200,z20,Xipan_Tool;	移动至拾取工件过渡点
13	MoveL Offs(put,0,0,150),v200,z20,Xipan_Tool;	移动至放置工件过渡点
14	MoveL Offs(put,0,0,0),v200,fine,Xipan_Tool;	移动至放置工件位置
15	SetDo YV5,0;	关闭真空发生器
16	WaitTime 0.5;	等待 0.5 s
17	WaitDI SEN1,0;	等待真空检测
18	MoveL Offs(put,0,0,150),v200,z20,Xipan_Tool;	移动至放置工件过渡点

表 3-23 棋盘格搬运主程序 main

行号	程序	程序说明
1	MoveAbsJ Home\NoEOffs,v200,fine,tool0;	工业机器人返回工作原点
2	qu_gongju;	取吸盘工具
3	banyun1;	第一个工件搬运
4	MoveAbsJ Home\NoEOffs,v200,fine,tool0;	工业机器人返回工作原点
5	banyun2;	第二个工件搬运
6	MoveAbsJ Home\NoEOffs,v200,fine,tool0;	工业机器人返回工作原点
7	banyun3;	第三个工件搬运
8	MoveAbsJ Home\NoEOffs,v200,fine,tool0;	工业机器人返回工作原点
9	fang_gongju;	放吸盘工具
10	MoveAbsJ Home\NoEOffs,v200,fine,tool0;	工业机器人返回工作原点

任务 3.4 坐标系标定及绘图

任务导入:在工业机器人的应用中,坐标系的标定是确保机器人精确运动的基础,而绘图任务则是检验机器人运动控制能力的重要手段。通过坐标系标定,机器人能够准确地识别和定位工作空间中的各个点,从而实现精确的运动控制。而通过绘图任务,我们可以直观地观察和评估机器人的运动精度和路径规划能力。我们将通过坐标系标定及绘图任务,深入学习 ABB 工业机器人的运动控制技术。

在实际生产中,机器人需要在复杂的工作环境中完成各种任务,如焊接、切割、装配等。这些任务都要求机器人能够精确地到达预设的位置,并按照预定的路径运动。本任务使用金属笔工具标定绘图模块斜面工件坐标系,掌握标定工件坐标系、工件坐标系变换方法、工件坐标系变换和位置偏置指令的应用,并在绘图模块斜面上绘制图形轨迹。

知识链接

3.4.1 直接输入法标定工具坐标系

工具数据 Tooldata 是用于描述安装在工业机器人第 6 轴上的工具的 TCP、重量、重心等参数。这些参数主要分为工具坐标系(tframe)和工具负载(tload)两类。

新建的工具坐标系 tool1 数据是相对于默认工具坐标系 tool0 的位置偏移(tfrans)和方向改变(rot)。在测算并得知工具坐标系数据前提下,通过新建工具坐标系变量后直接在如图 3-25 所示界面中输入工具坐标系数据。

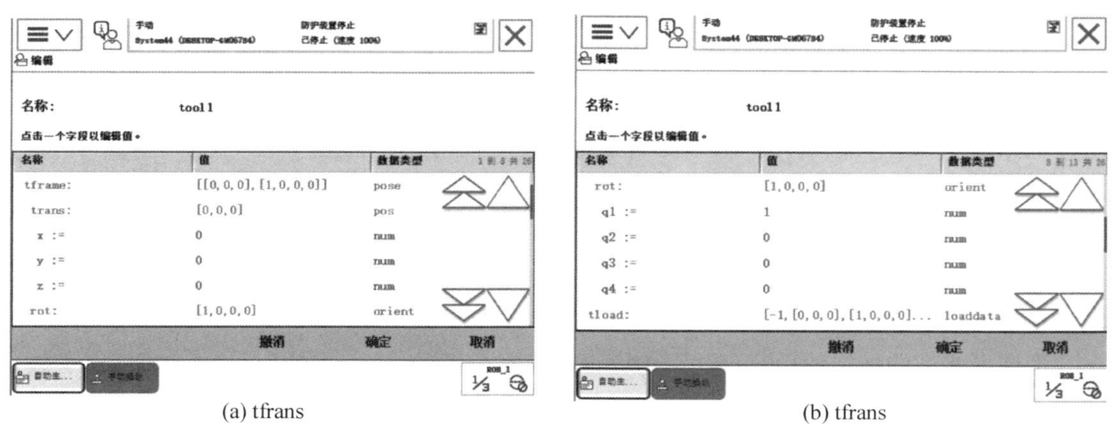

(a) tfrans (b) tfrans

图 3－25 工具坐标系设置界面

3.4.2 用户框架和工件框架

工件坐标系对应工件，它定义工件相对于大地坐标（或其他坐标）的位置。对工业机器人进行编程时，就是在工件坐标系中创建目标和路径。重新定位工作站中的工件时，只需要更改工件坐标系的位置，所有的路径即可随之更新。如图 3－26所示，工业机器人在工件 B 标定的工件坐标系 B 完成作业任务，更换不同位置的工件 C 后，只要重新标定工件坐标系 C，所有作业程序和作业在新坐标系下随之更新。

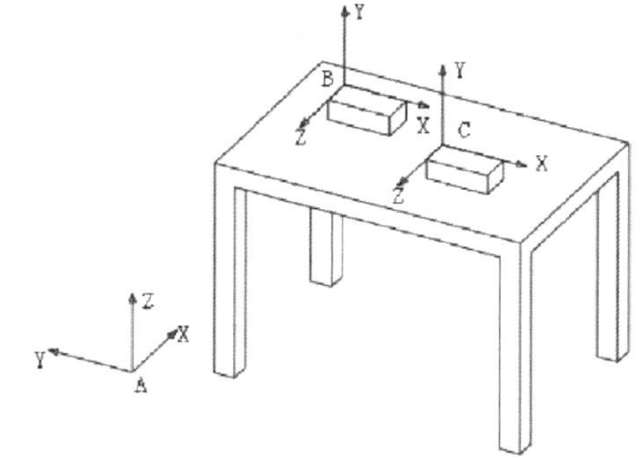

图 3－26 不同工件坐标系标定示意

工件坐标系同大地坐标系一样，符合右手法则，如图 3－27 所示。

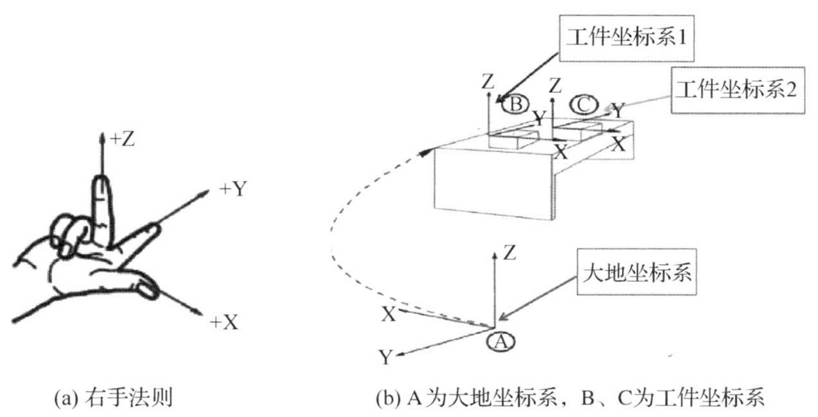

(a) 右手法则 (b) A 为大地坐标系，B、C为工件坐标系

图 3－27 工件坐标系

工件坐标系定义于两个框架：用户框架（与大地坐标系或基坐标系相关）和工件框架（与用户框架相关）。

1. 用户框架

在工作台的平面上，定义三个点，就可以建立一个用户框架。如图 3－28 所示，X1、X2 确定工件坐标系 X 轴正方间；Y1 点确定工件坐标系 Y 轴正方向。用户框架相当于为工件所在的工作台定义一个坐标系，因此，工件坐标系有时也称为用户坐标系。

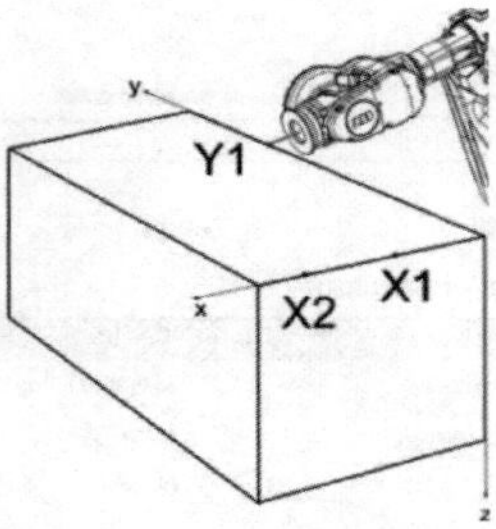

图 3－28　用户框架

2. 工件框架

定义好用户框架后，以同样方法定义工件框架。工件框架是定义在工件上的坐标系，如图 3－29 所示。

工件坐标系的标定使用三点法。为保证标定点位置的准确，需使用已定义的标定工具，如图 3－30 所示，tool1 为当前使用的已定义标定工具，wobj1 为需要标定的工件坐标系。

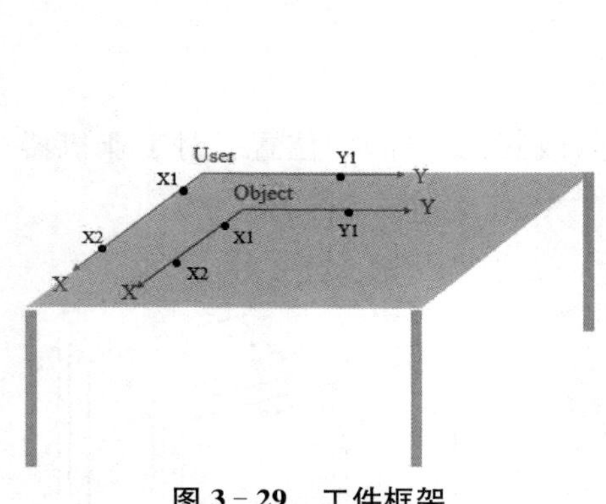

图 3－29　工件框架

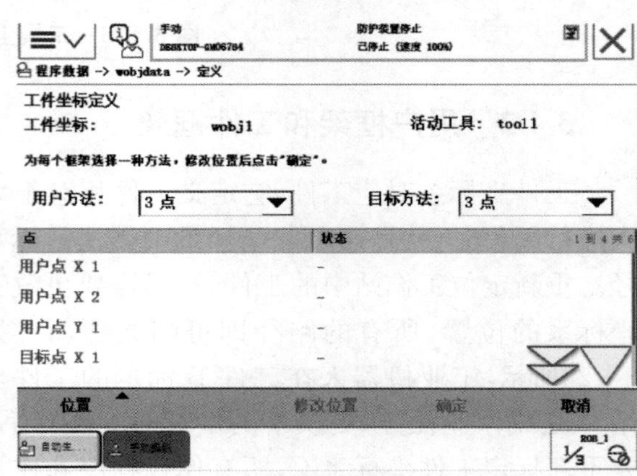

图 3－30　工件坐标系 3 点标定

3.4.3　输入绘图笔工具坐标系

采用直接输入法，输入绘图笔工具的工具数据，完成工具坐标系的标定。标准金属笔工具的长度为 170 mm，因此，金属笔工具坐标系的数据(0，0，170，0，0.0)，程序步骤如表 3－24。

表 3－24　绘图笔工具坐标系设定

图示	说明
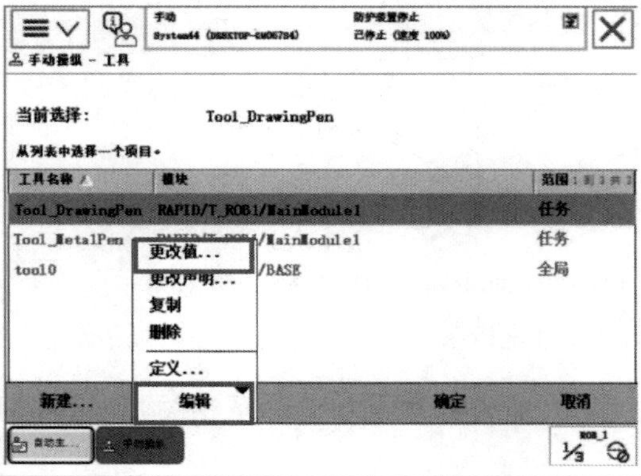	创建绘图笔工具数据 Tool_DrawingPen 和金属笔工具数据 Tool_MetalPen。选中 Tool_MetalPen，单击“编辑”按钮，在弹出的选项中选择“更改值”

续 表

图示	说明
	将“z”值更改为 170
	“mass”值更改为 1，完成后单击“确定”按钮
	在“手动操纵”界面加载金属笔工具“Tool_MetalPen”

绘图笔工具的末端中间点在 X 轴负方向偏移 35 mm，长度为 205 mm，因此，将“Tool_DrawingPen”数据中“x”更改为−35，“z”为 205，“mass”为 1，即可直接输入绘图笔工具数据。

3.4.4 标定工件坐标系

3.4.4 标定工件坐标系视频

使用金属笔工具，选择 3 点法标定工业机器人绘图任务的工件坐标系 wobj_Plane，程序步骤如表 3 - 25。

表 3－25　工件坐标系设定

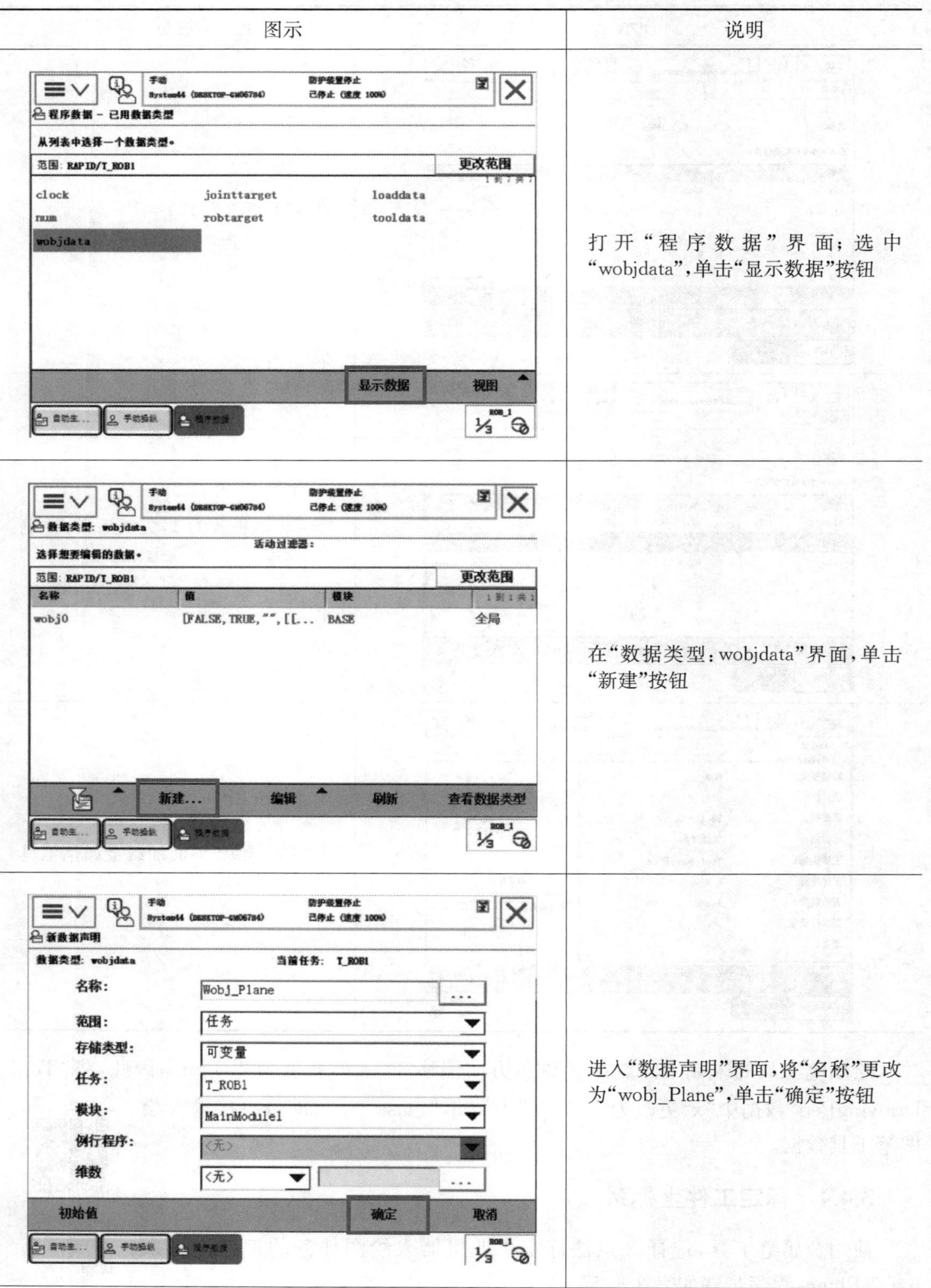

图示	说明
	打开“程序数据”界面；选中“wobjdata”，单击“显示数据”按钮
	在“数据类型：wobjdata”界面，单击“新建”按钮
	进入“数据声明”界面，将“名称”更改为“wobj_Plane”，单击“确定”按钮

续 表

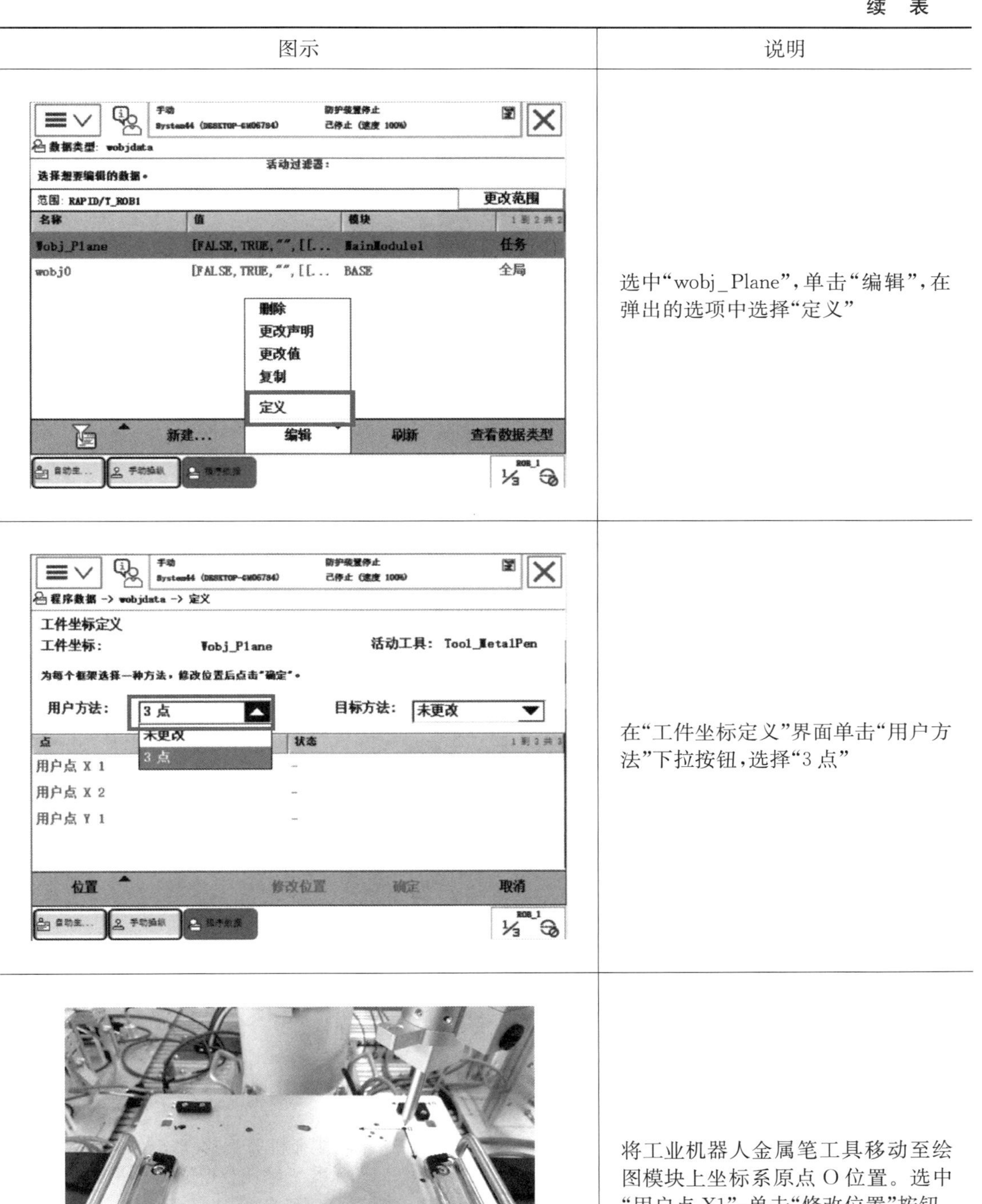

图示	说明
	选中“wobj_Plane”，单击“编辑”，在弹出的选项中选择“定义”
	在“工件坐标定义”界面单击“用户方法”下拉按钮，选择“3 点”
	将工业机器人金属笔工具移动至绘图模块上坐标系原点 O 位置。选中“用户点 X1”，单击“修改位置”按钮

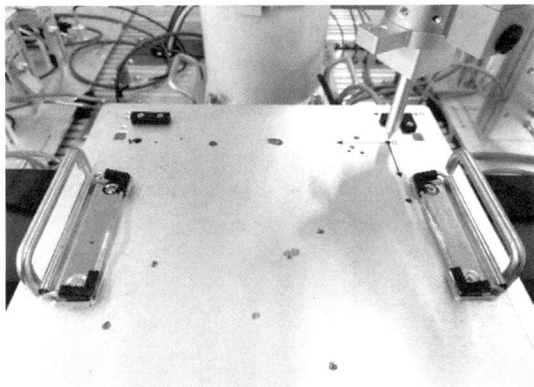

续　表

图示	说明
	将工业机器人金属笔工具移动至绘图模块上坐标系 X 方向任意点位置
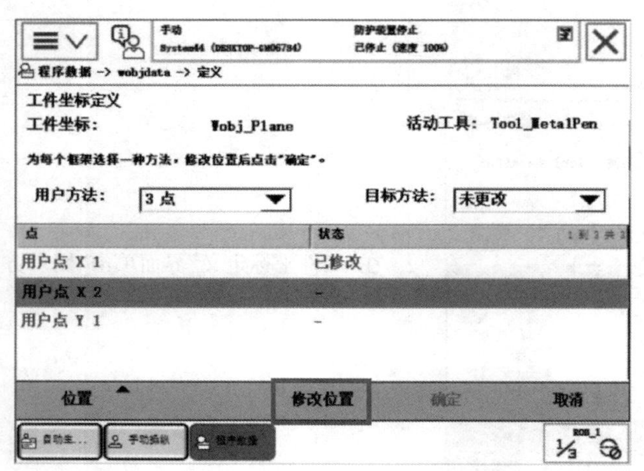	选中“用户点 X2”，单击“修改位置”按钮
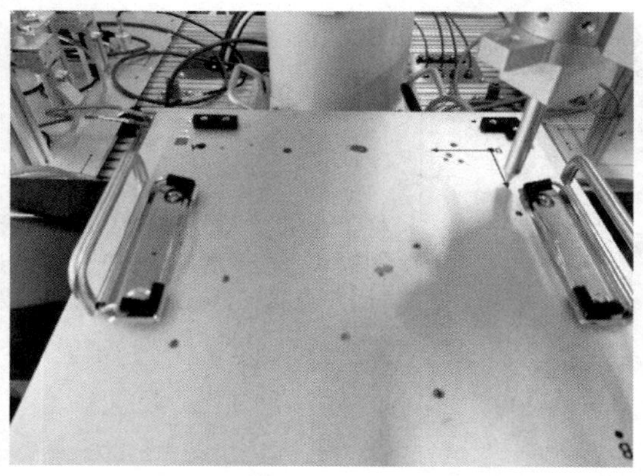	将工业机器人移动至绘图模块上坐标系 Y 轴任意点位置

续 表

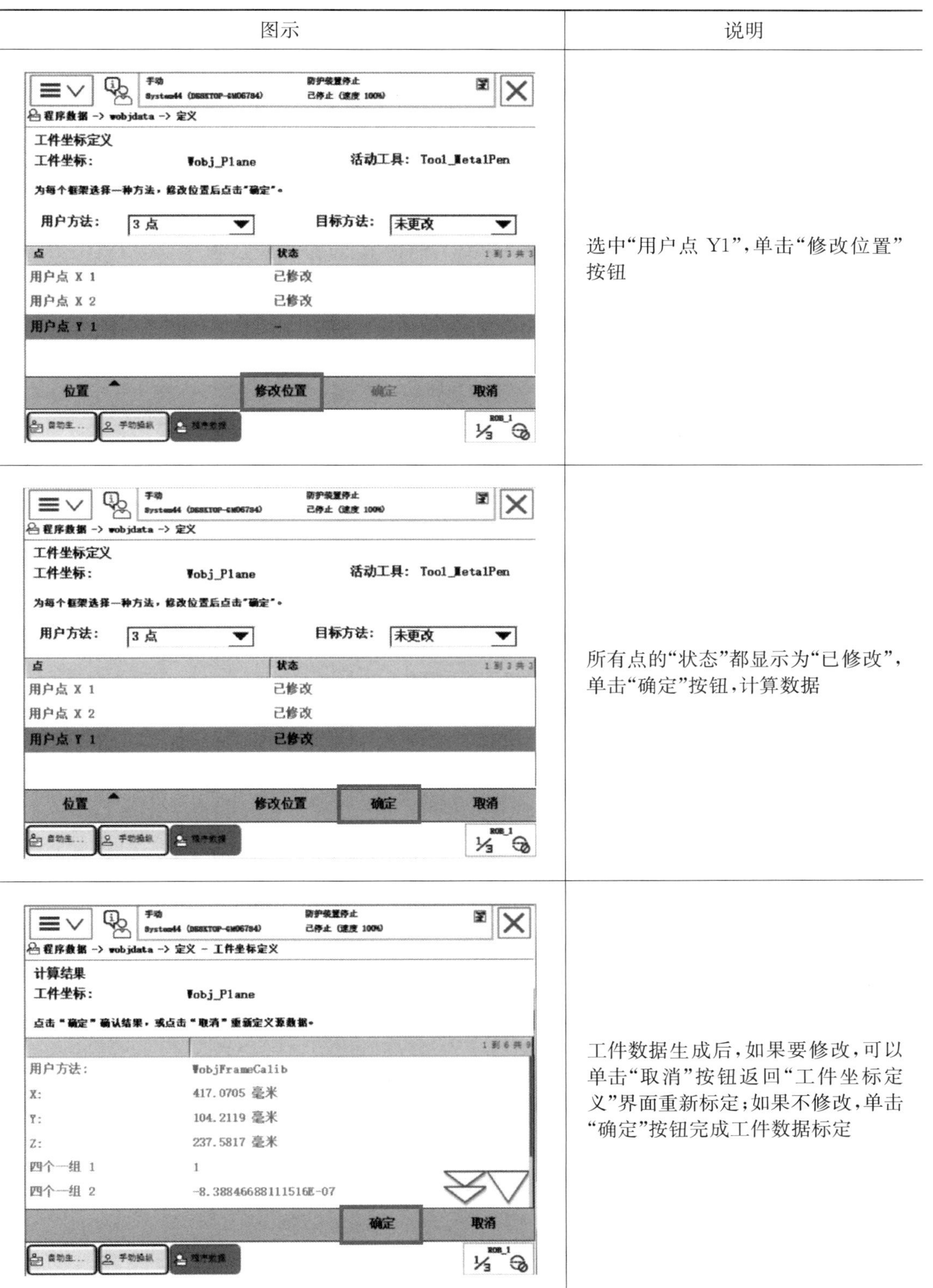

图示	说明
	选中“用户点 Y1”，单击“修改位置”按钮
	所有点的“状态”都显示为“已修改”，单击“确定”按钮，计算数据
	工件数据生成后，如果要修改，可以单击“取消”按钮返回“工件坐标定义”界面重新标定；如果不修改，单击“确定”按钮完成工件数据标定

3.4.5 编制绘图程序

创建绘图程序，调用工件坐标系 wobj_Plane(新建后不做数据修改，等同于默认工件坐标系 tool0)编辑工业机器人程序，在水平绘图模块平面上绘制图案，绘图形状如图 3－31 所示。然后将绘图模块倾斜(约 30°)，重新标定斜面工件坐标系 wobj_Plane，在新的工件坐标系下，再次运行绘图程序，绘制相同图形，具体操作步骤如表 3－26。

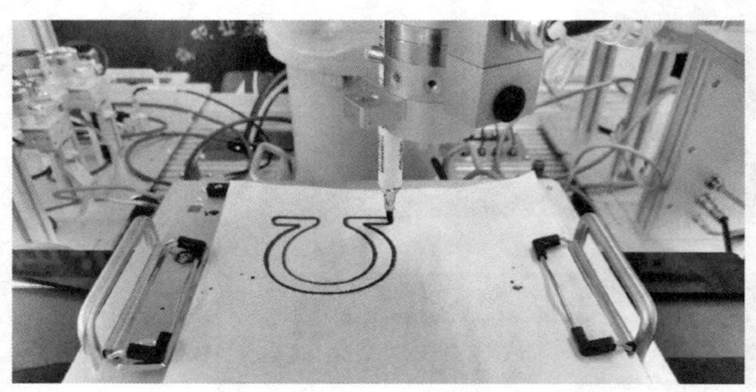

3.4.5 创建绘图程序视频

图 3－31 绘图形状

表 3－26 绘图程序

图示	说明
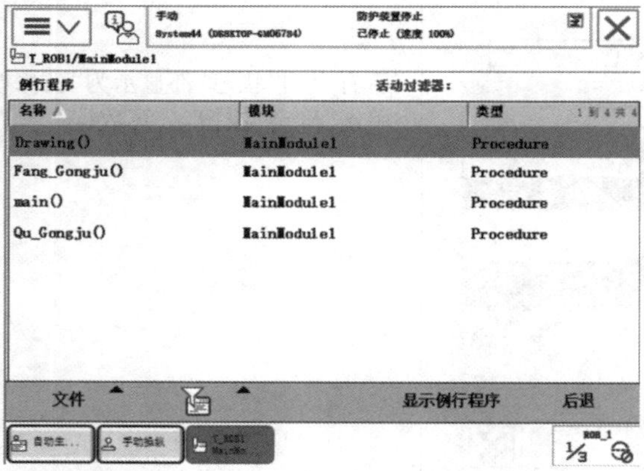 手动 System44 (DESKTOP-6M06794) 防护装置停止 已停止 (速度 100%) T_ROB1/MainModule1 例行程序 活动过滤器： 名称 / 模块 / 类型 1 到 4 共 4 Drawing() MainModule1 Procedure Fang_Gongju() MainModule1 Procedure main() MainModule1 Procedure Qu_Gongju() MainModule1 Procedure 文件 显示例行程序 后退	创建 Drawing、Qu_gongJu、Fang_GongJu 程序和一个主程序 main。双击“main()”进入程序编辑界面
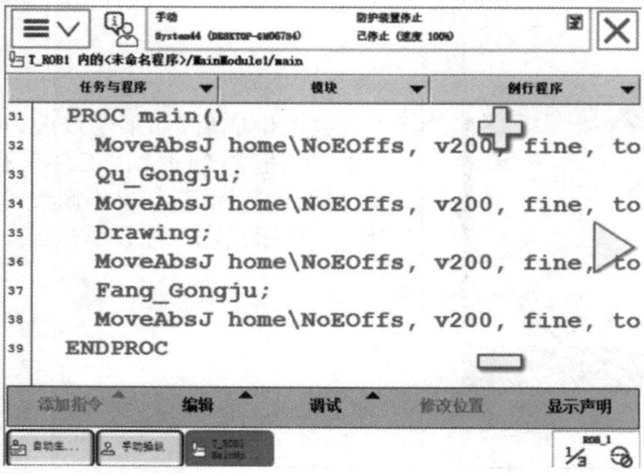 手动 System44 (DESKTOP-6M06794) 防护装置停止 已停止 (速度 100%) T_ROB1 内的<未命名程序>/MainModule1/main 任务与程序 模块 例行程序 PROC main() MoveAbsJ home\NoEOffs, v200, fine, to Qu_Gongju; MoveAbsJ home\NoEOffs, v200, fine, to Drawing; MoveAbsJ home\NoEOffs, v200, fine, to Fang_Gongju; MoveAbsJ home\NoEOffs, v200, fine, to ENDPROC 添加指令 编辑 调试 修改位置 显示声明	如左图所示，编写 main 主程序

续 表

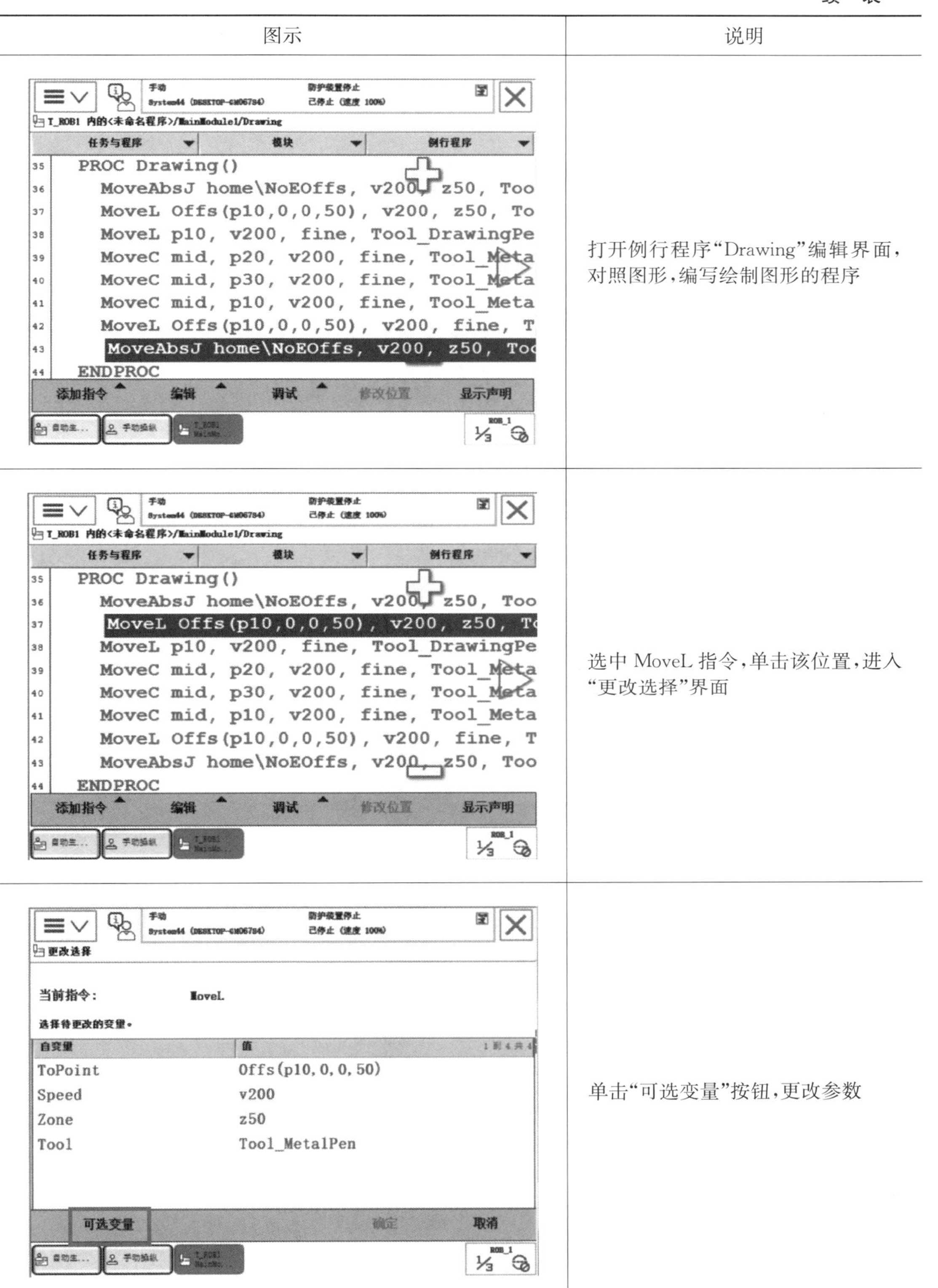

图示	说明
	打开例行程序“Drawing”编辑界面，对照图形，编写绘制图形的程序
	选中 MoveL 指令，单击该位置，进入“更改选择”界面
	单击“可选变量”按钮，更改参数

续 表

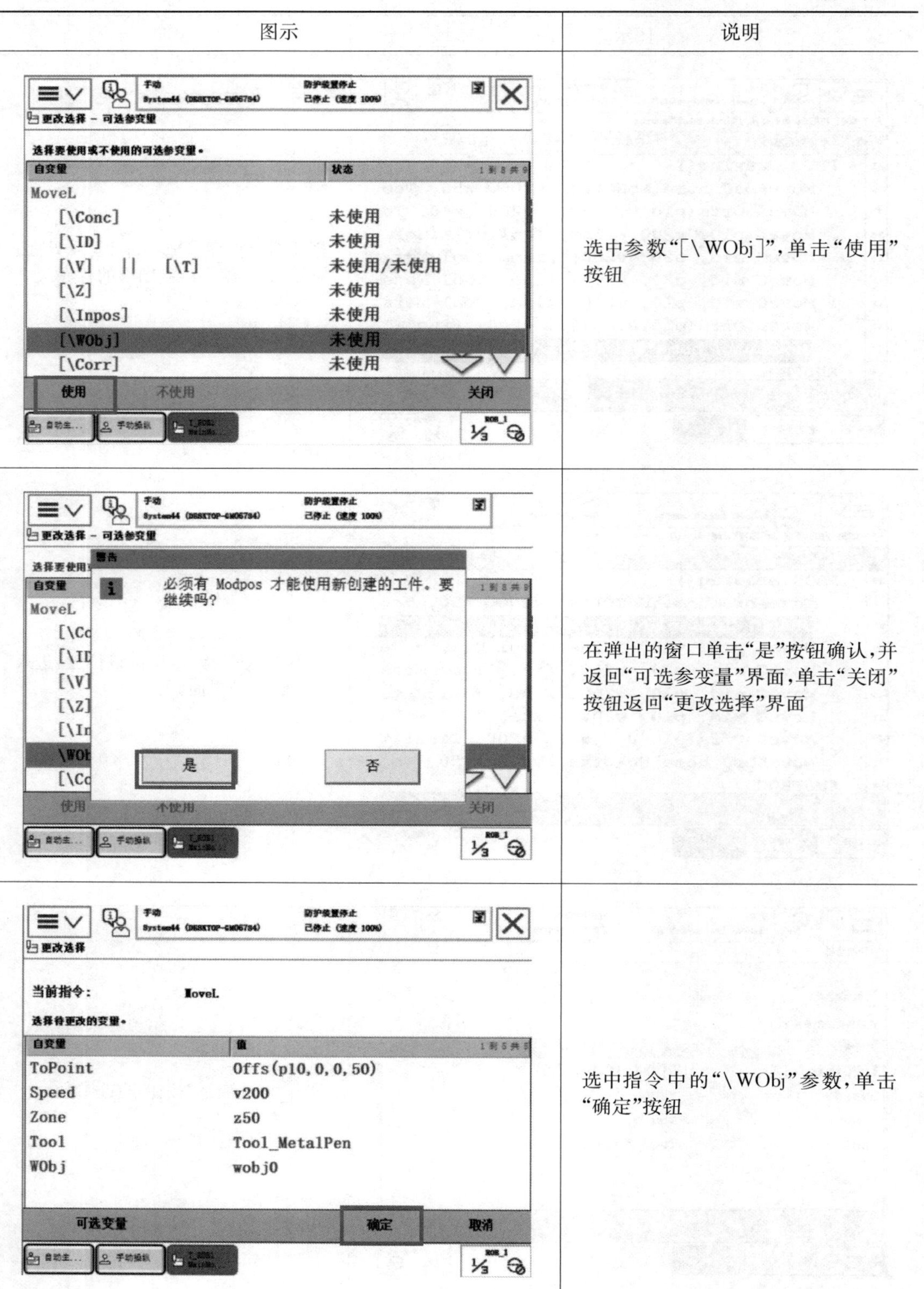

图示	说明
	选中参数“[\WObj]”，单击“使用”按钮
	在弹出的窗口单击“是”按钮确认，并返回“可选参变量”界面，单击“关闭”按钮返回“更改选择”界面
	选中指令中的“\WObj”参数，单击“确定”按钮

续 表

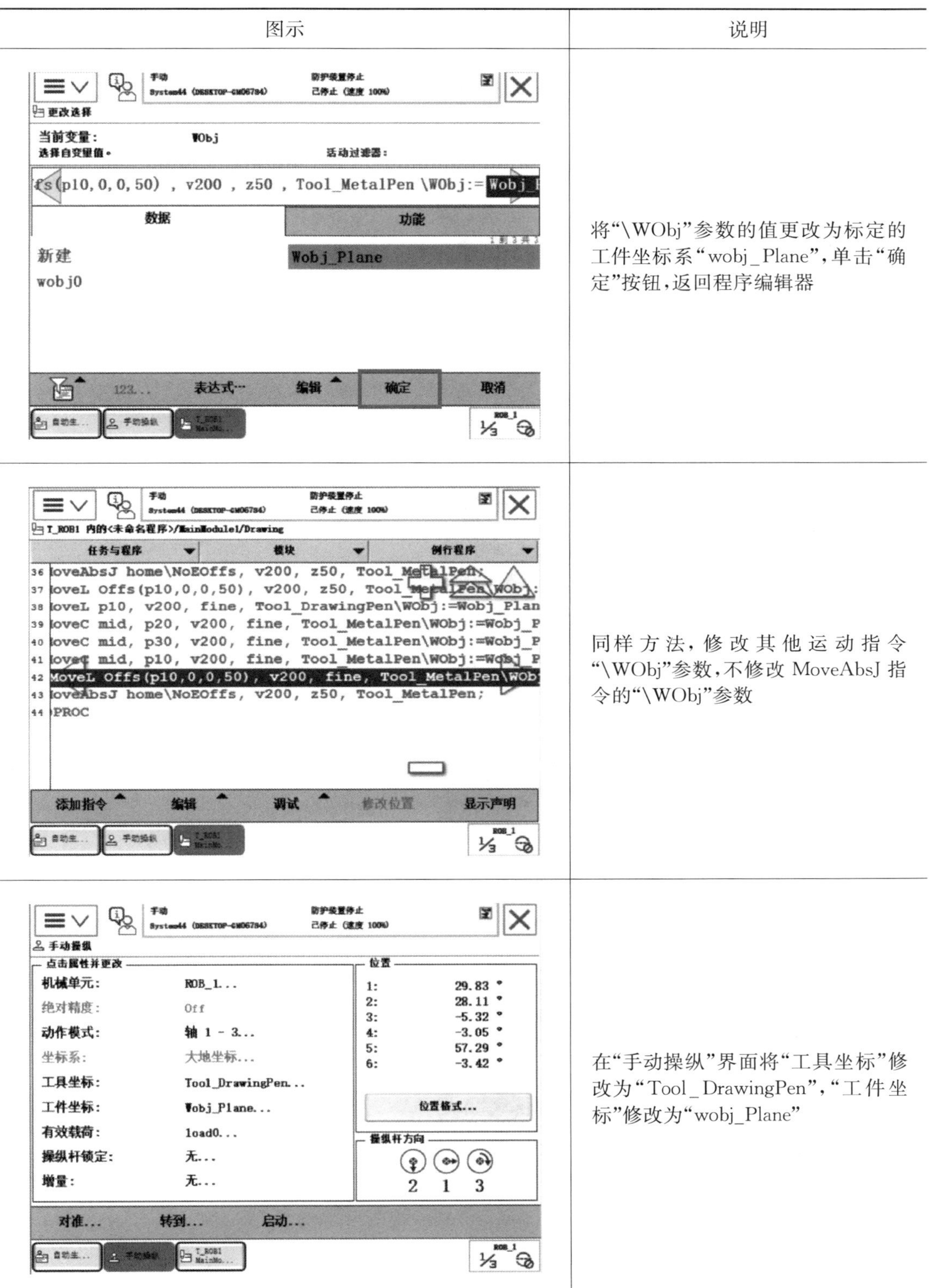

图示	说明
	将“\WObj”参数的值更改为标定的工件坐标系“wobj_Plane”，单击“确定”按钮，返回程序编辑器
	同样方法，修改其他运动指令“\WObj”参数，不修改 MoveAbsJ 指令的“\WObj”参数
	在“手动操纵”界面将“工具坐标”修改为“Tool_DrawingPen”，“工件坐标”修改为“wobj_Plane”

续　表

图示	说明
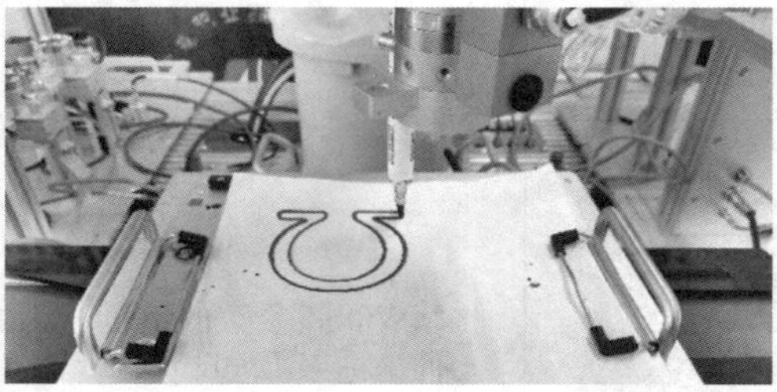	修改各个位置变量对应的关键点位置，完成后运行程序，实现图 3-31 所示图案的绘制
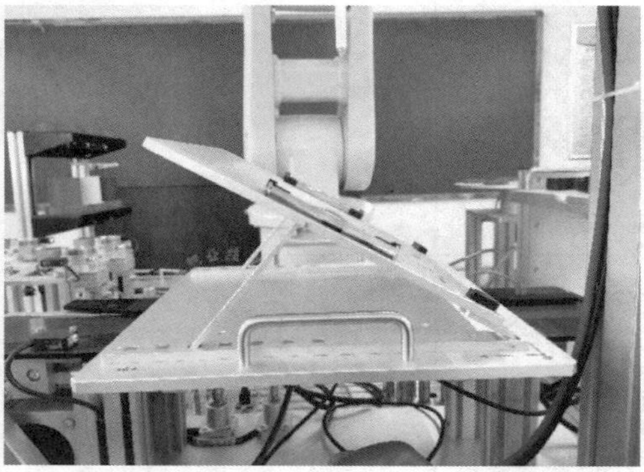	调整绘图模块角度，形成斜面状态
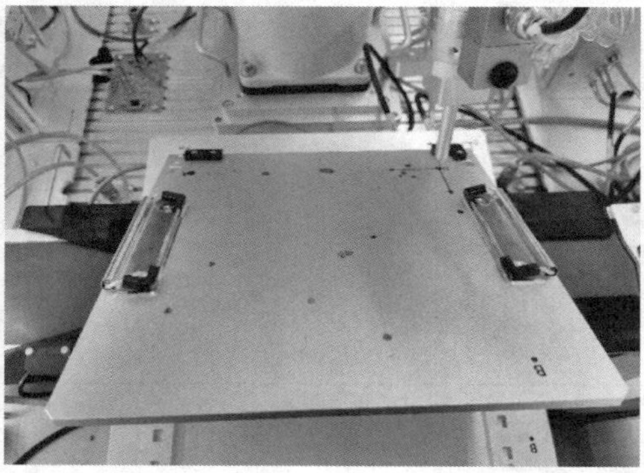	使用三点法重新标定工件坐标系 wobj_Plane。第一个示教点，工件坐标系原点
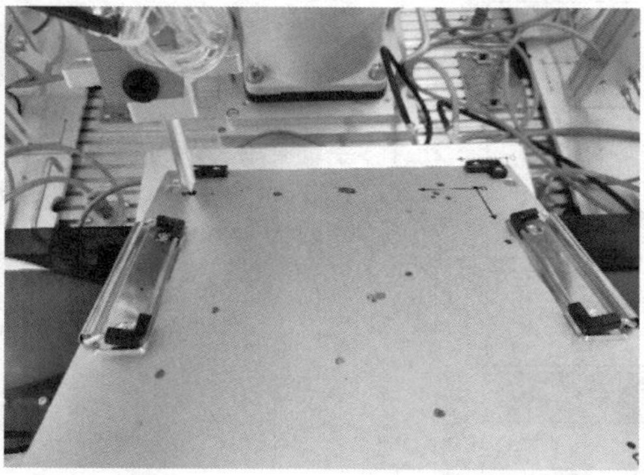	第二个示教点，X 方向上的点

续 表

图示	说明
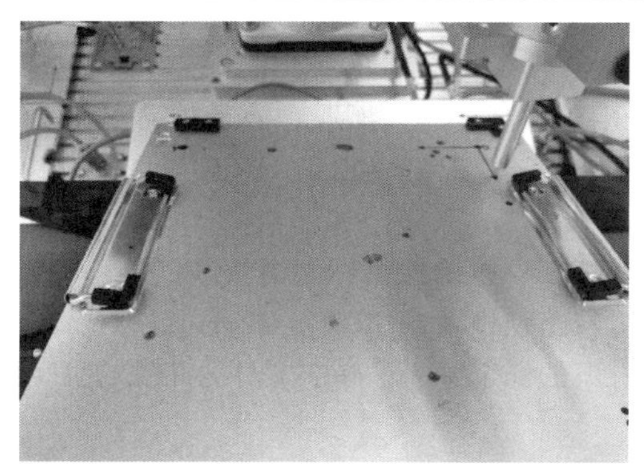	第三个示教点,Y 方向上的点
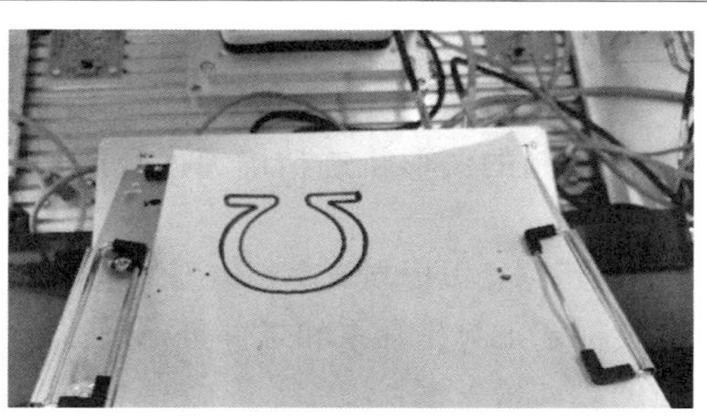	再次运行程序,查看运行结果,此时工业机器人在斜面绘图模块已正确绘制图 3-31 所示图案

课后练习

一、填空题

1. 简单轨迹编程时,机器人通常采用________运动指令来实现平滑的轨迹运动。

2. 在棋盘格搬运应用中,机器人需要识别并抓取棋盘格上的物体,这通常需要使用________传感器。

3. 坐标系标定是确保机器人能够准确操作的关键步骤,常用的标定方法包括三点法和________法。

4. 在绘图任务中,机器人通过________坐标系来控制其运动路径,以实现精确的绘图效果。

5. 在 ABB 工业机器人编程中,为了实现重复的轨迹运动,可以使用________指令来循环执行程序段。

6. 在棋盘格搬运应用中,机器人通常使用________坐标系来定位棋盘格上的物体。

二、选择题

1. 在简单图形轨迹编程中,以下哪种运动指令用于实现直线运动?( )

A. MoveJ　　B. MoveL　　C. MoveC　　D. MoveAbsJ

2. 棋盘格搬运应用中,机器人需要完成的主要任务是:( )

A. 绘制图形　　B. 搬运物品　　C. 焊接工件　　D. 检测物体

3. 在坐标系标定及绘图任务中，以下哪种坐标系是必须标定的？（　　）

A. 工具坐标系　　B. 工件坐标系　　C. 基坐标系　　D. 以上都是

4. 在简单图形轨迹编程中，以下哪种数据类型用于定义工具的属性？（　　）

A. tooldata　　B. wobjdata　　C. loaddata　　D. num

5. 在棋盘格搬运应用中，以下哪种指令用于控制机器人抓取和放置物品？（　　）

A. Set 和 Reset　　B. MoveJ 和 MoveL　　C. PTP 和 CP　　D. WaitTime

三、判断题

1. 在简单图形轨迹编程中，使用 MoveL 指令可以确保机器人沿直线路径移动。（　　）

2. 在棋盘格搬运应用中，机器人不需要进行路径规划，可以直接移动到目标位置。（　　）

3. 在坐标系标定及绘图任务中，工具坐标系的标定是为了确定工具的 TCP 工具中心点。（　　）

4. 在简单图形轨迹编程中，使用 MoveC 指令可以实现圆弧运动。（　　）

5. 在棋盘格搬运应用中，机器人在搬运过程中不需要考虑避碰问题。（　　）

四、问答题

1. 在简单图形轨迹编程中，如何确保机器人绘制的图形轨迹精确无误？请列举至少 3 个关键步骤。

2. 在棋盘格搬运应用中，如何优化机器人的搬运路径以提高效率？请列举至少 3 个方法。

3. 在坐标系标定及绘图任务中，为什么需要标定工具坐标系和工件坐标系？

4. 在简单图形轨迹编程中，如何选择合适的运动指令？

5. 在棋盘格搬运应用中，如何确保机器人在搬运过程中的安全性？

五、实操题

1. 控制 ABB 机器人末端工具沿边长为 200 mm 的正方形路径运动，并在每个拐角处停顿 1 秒。

2. 将工件从传送带 A(位置)搬运到托盘 B(位置)，使用吸盘工具。

3. 当数字输入 DI1 为高电平时，机器人移动到安全位置。

4. 编写一个 ABB 工业机器人的 RAPID 程序，实现机器人在棋盘格上搬运物品，要求机器人在搬运过程中避开障碍物。

5. 完成上料单元、工件暂存单元检测工件及工业机器人拾取工件放置在图 3－32 所示位置的任务，编写程序并调试。

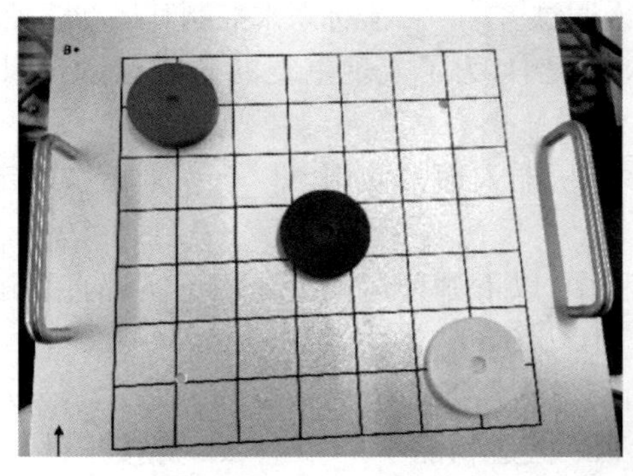

图 3－32　工件摆放图

项目评价

表3-27 项目评价

评价项目	评价指标	分值	评分标准	自评	小组评	教师评
轨迹编程准确性(10分)	图形轨迹准确，运行流畅	10	完全符合要求得10分，部分符合得5—9分，不符合得0—4分。			
搬运路径规划(10分)	路径规划合理，搬运效率高	10	完全符合要求得10分，部分符合得5—9分，不符合得0—4分。			
坐标系标定准确性(10分)	坐标系标定准确，绘图路径精确	10	完全符合要求得10分，部分符合得5—9分，不符合得0—4分。			
技能操作(40分)	实践操作表现	20	每个学习任务的实践操作表现，包括操作的规范性、熟练程度和准确性。			
	综合应用能力	20	能够综合运用所学知识和技能，完成复杂的操作任务，在实际操作中解决遇到的问题。			
团队协作(10分)	小组讨论	5	在小组讨论中的参与度和贡献度，积极参与讨论，提出自己的见解和建议。			
	团队合作	5	在团队实践操作中的协作能力和团队精神，与团队成员有效沟通，共同完成任务。			
自主学习(10分)	自主学习能力	5	能够主动查阅资料，学习相关知识，通过自主学习解决学习中的问题。			
	作业完成情况	5	每次作业的完成情况，包括作业的质量和按时提交情况，通过作业巩固所学知识。			
安全意识(10分)	安全操作习惯	5	在实践操作中严格遵守安全操作规程，正确使用安全设备，确保自身和设备的安全。			
	安全意识	5	在操作过程中能够及时发现潜在的安全隐患并采取措施，在团队中宣传安全知识，提高团队的安全意识。			

拓展阅读

从大学生创业园闯出来的“小巨人”——卡诺普机器人的逐梦历程

在制造业的大舞台上，工业机器人的角色举足轻重。

13 年来，梦想“做中国工业机器人先锋”的成都卡诺普机器人技术股份有限公司，从大学生创业园的格子间起步，一步步成长为国家级专精特新“小巨人”企业，创业队伍从 5 个人发展至 400 多人，主业从生产零部件到生产 60 多种整机机型……

卡诺普的逐梦历程，也是中国工业机器人发展的缩影，见证着中国工业机器人市场从以进口品牌为主，到“中国造”站上时代舞台并加速“出海”的历史进程。

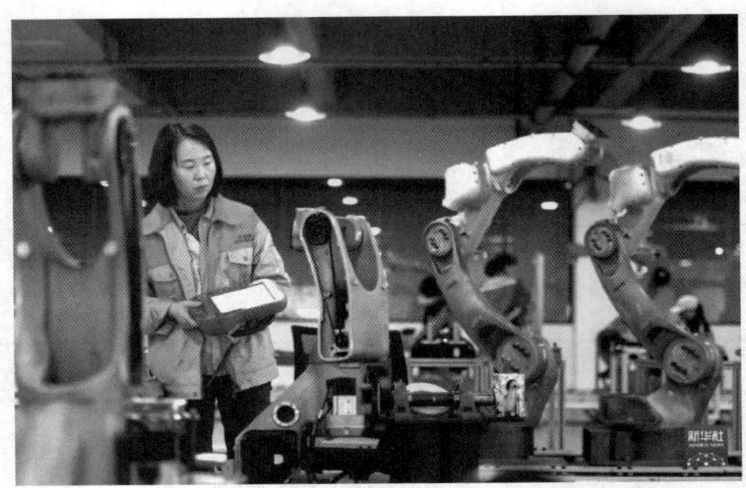

2024 年 11 月 13 日，在成都卡诺普机器人技术股份有限公司，工作人员在机器人本体装配车间调试设备。

抓住机遇　找准赛道

“今年春节过后我们车间就一直马不停蹄，忙着交付国内外客户的订单。”在卡诺普厂房二楼的机器人测试车间，“95 后”车间组组长严飞带着近 20 人的团队，一边忙着机器人的组装和调试，一边为下一步生产线的扩建做准备。

看着忙而有序的车间，卡诺普的联合创始人邓世海十分感慨，跟记者分享起 13 年前，他们 5 个“80 后”在一个格子间创业起步的场景。

2012 年，随着中国工业的快速发展，我国工业机器人市场表现出强劲的增长势头，但本土制造企业少之又少。

邓世海和 4 个同样具有计算机与自动化专业背景、爱好机器人的朋友敏锐捕捉到这一机遇，开启创业之路。

凑齐 50 万元初创资金后，5 个年轻人来到成都市成华区龙潭大学生创业园。创业园为他们提供了房租减免等政策，这给团队减轻了不小的负担。

团队决定以“卡诺普”这个名字注册公司。“‘卡诺普’来源于‘China Robot Pioneer’，我们的梦想是做中国工业机器人先锋。"邓世海说。

面对当时占绝对优势的国际巨头,卡诺普如何找到自己的出路?

结合自身优势和市场需求,团队决定从技术性较强、资金投入相对较少的工业机器人关键零部件——控制器入手。

2024年11月13日拍摄的卡诺普机器人公司里的工业机器人零部件。

"控制器相当于工业机器人的'大脑',指挥'肢体'的运转。从电路板设计到程序编写,我们都是自主研发。"邓世海说,"我们的产品策略是控制器一定要便于客户使用,能让一线工人很快上手,这背后需要做大量的研发工作。"

算法推演、规划运动轨迹、优化焊接工艺……经过上百次的技术验证后,卡诺普终于研发出初代的控制器,在创业当年就申请了两项技术专利。

有了产品,怎么找市场?

"一开始真的很难。"邓世海感叹。团队努力寻找各种机会,跑展会、上门自荐、通过业内伙伴牵线搭桥……

终于,在第一款控制器造出来的两个多月后,来自广东的一个厂家给了卡诺普产品试用的机会。

为了抓住这个客户,李良军、朱路生、谷菲3个创始人直接飞到客户工厂进行现场调试,前后在现场待了近3个月,直到客户满意。最终,双方成功签约。

除了自身的努力,公司的发展也搭上了行业发展的快车。

当时,业内渐渐聚集了一群致力于造国产工业机器人的同行,大家在各个核心零部件方面自主研发,共同寻找机会。一些上市公司和国企也投入大量资金进行研发。"这样一步步就把行业人才培养出来了,市场机会也多了。"邓世海说。

行业的发展吸引了许多年轻人加入。"90后"黄贵良2014年大学毕业后,便入职了当时不到15个员工的卡诺普,如今已成长为公司的技术骨干。

在大家的共同努力下,卡诺普的控制器渐渐得到认可,市场快速拓展。到2018年,卡诺普的控制器已在国产工业机器人市场占据半壁江山,成为细分领域的"隐形冠军"。

这5个梦想"做中国工业机器人先锋"的年轻人,离梦想更近了一步。

2018 年底，卡诺普完成整机测试，开始推向市场。

这款核心零部件全部采用国产产品的焊接机器人，一经发布便受到业界关注。很快，一家来自广州的客户下了订单，使用一段时间后，客户反馈非常好。这给了李良军他们很大的信心。

不久后，更多的客户向卡诺普提出合作意向。2019 年，卡诺普的整机业务获得超过1000台订单，这个成绩对刚完成转型的公司来说十分难得。

订单的增长、规模的扩大带来资金需求的增长。恰好，成都为融资难的科技企业专门设立了“科创贷”。2019 年，卡诺普通过“科创贷”贷了 1000 万元，一些银行也为企业提供了低利率贷款。

没有了资金的后顾之忧，卡诺普更专注于技术研发和市场开拓。

李良军说：“卡诺普可以更好地响应客户的个性化、定制化需求，这也是我们中小企业的优势。”

2024 年 11 月 13 日，在成都卡诺普机器人技术股份有限公司，工作人员在机器人本体装配车间组装机器人机械臂。

2020 年，卡诺普的工业机器人综合出货量位居国内第三，在弧焊细分市场出货量居国产机器人第一；2021 年，卡诺普 6 关节 20 kg 及以下机器人产量在国产机器人中位列第一。

2021 年，在这 5 个年轻人创业的第 9 年，卡诺普被工信部认定为第三批国家级专精特新“小巨人”企业。

技术为先　做深“护城河”

在刚结束不久的第二十届中国西部国际博览会上，卡诺普收获了很多意向订单，其中有不少来自欧美和东南亚的海外客户。

“赢得客户最核心的竞争力来自我们的技术研发和创新。”卡诺普联合创始人、研发技术总监朱路生说，例如，通过持续研发，不断提高机器人“指尖”的灵活性与稳定性，卡诺普机器人的空间绝对定位精度达到 0.2—0.6 mm，可以比肩国际水平。“相当于机器人的视觉识别可以达到一米以外快速穿针的能力。”

通过不断的技术创新，卡诺普的机器人已扩展至焊接、搬运、装配等 60 多种机型，产品应用覆盖超80%的工业场景。

公司“90后”研发工程师庞恺从日本留学归来后加入研发团队，今年他的工作重心是研究如何用AI技术让工业机器人更“聪明”，从而制定出更加智能的工业自动化解决方案。

庞恺说，通过AI研发，预计今年内公司将推出工业人形机器人Demo，并计划在1—2个工业场景中实现落地应用，“这也是公司未来新的增长点”。

“我们一直在做的，就是不断用技术打造‘护城河’。”朱路生说，卡诺普以技术起家，长期以来研发人员数量在公司占半壁江山，公司已获得400余项有效知识产权，其中发明专利50多项，已全面掌握工业机器人电气核心技术，是工业机器人5项国家标准的主要起草单位之一。

凭借领先的技术，卡诺普正实现全球业务的加速拓展，产品远销二十多个国家和地区，并于2024年设立了第一家海外子公司。目前，公司出口产值已在总产值中占比近20%。

2024年11月13日，在成都卡诺普机器人技术股份有限公司，工作人员对工业机器人产品进行出厂前的测试。

作为从大学生创业园闯出来的“小巨人”企业，卡诺普如今也是大学生实践基地，正与四川大学、电子科技大学等高校以及一些职业学校联合培养人才，为企业发展储备力量。在卡诺普等链主企业带领下，一个聚集了上百家上下游企业的机器人产业生态圈正在成都市成华区形成。

在卡诺普等一批企业的努力下，中国工业机器人的自主创新之路越走越宽。“未来，卡诺普希望把更多的中国机器人卖到全球去。”李良军说。

“做中国工业机器人先锋”——当年5个年轻人的创业梦想，正渐渐照进现实，点亮企业未来发展之路。

（来源：新华网 从大学生创业园闯出来的“小巨人”——卡诺普机器人的逐梦历程，2025年6月）

项目 4　ABB 工业机器人仿真

项目概述：在当今数字化、智能化的工业浪潮中，工业机器人仿真技术已经成为提高生产效率、优化工艺流程和降低生产成本的重要手段。ABB 作为全球领先的工业机器人制造商，其 RobotStudio 仿真软件广泛应用于机器人编程、调试和优化。通过仿真技术，技术人员可以在虚拟环境中进行机器人系统的搭建、路径规划和程序调试，确保机器人在实际生产中的高效运行。

学习目标

知识目标：

(1) 掌握 ABB 工业机器人仿真软件 RobotStudio 的基本功能：了解 RobotStudio 软件的界面布局、工具栏、菜单选项等，熟悉其基本操作和功能模块，包括机器人模型的导入、工作场景的搭建、路径规划等。

(2) 理解工业机器人仿真的基本原理和流程：掌握机器人仿真的基本概念，包括离线编程、虚拟调试、运动学仿真等，了解仿真在机器人应用中的重要性和作用，熟悉从模型创建到仿真运行的完整流程。

技能目标：

(1) 能够熟练使用 RobotStudio 软件进行机器人模型搭建和工作场景设置：掌握 ABB 工业机器人模型的导入方法，能够根据实际需求搭建虚拟工作场景，包括添加机器人、工具、工件和周边设备，设置工作区域和坐标系。

(2) 能够进行机器人路径规划和程序编写：掌握机器人运动路径的规划方法，能够根据任务需求编写机器人程序，包括关节运动、线性运动、圆弧运动等指令的使用，确保机器人按照预设路径精确运动。

(3) 能够进行仿真调试和优化：掌握仿真调试的基本方法，能够通过仿真软件对机器人程序进行调试和优化，包括路径优化、运动参数调整等，确保机器人在实际运行中的稳定性和高效性。

素质目标：

(1) 培养创新思维和问题解决能力：通过仿真项目的实践，鼓励学生积极探索新的路径规划方法和程序优化方案，培养学生的创新思维和独立解决问题的能力，使其能够适应不断变化的工业自动化需求。

(2) 增强团队协作和沟通能力：在仿真项目中，学生需要分组合作完成复杂的任务，通过团队协作，学会合理分配任务、有效沟通协调、共同攻克技术难题、培养学生的团队合作精神和集体荣誉感。

(3) 树立敬业精神和职业素养：引导学生树立对工业机器人技术领域的热爱和敬业精神，培养其严谨的工作态度、高度的责任心和良好的职业道德，使其在工作中能够严格遵守操作规程，注重工作质量和效率。

(4) 培养终身学习和自我提升意识：随着工业机器人技术的快速发展和应用领域的不断拓展，学生需要具备终身学习的意识和能力，鼓励其在毕业后持续关注行业动态，学习新技术、新知识，不断提升自己的专业技能和综合素质，以适应未来职业发展的需要。

案例导入

优质国产工业仿真软件是"用"出来的

工业仿真软件是在计算机环境中模拟真实工业生产流程，让企业在实际生产前，能预见产品性能、生产效率以及潜在问题的软件。相关统计显示，在产品研发的早期阶段，工业仿真软件对最终产品的成本和质量有着15—35倍的杠杆效应。

"通过仿真分析与数值优化设计，工业仿真软件可显著缩短工业产品研发周期，提升产品性能指标，降低研发成本和风险。"深圳十沣科技有限公司（以下简称十沣）总经理张日葵近日在接受科技日报记者采访时介绍。

过去，工业仿真软件长期被国外软件巨头垄断，国内企业在使用上常常面临高昂的授权费用和技术壁垒。时下，国产工业仿真软件正悄然崛起。据国际数据公司预测，中国核心工业软件市场规模将从2021年的201.4亿元增长到2026年的515.6亿元，年复合增长率有望达到20.7%。

虽然国产工业软件市场规模快速增长，但这一行业也面临着技术积累不足等问题。如何破解这些问题，促进国产工业仿真软件行业高质量发展？

华为云工业仿真云服务产品总监袁勇认为，打造持续创新的工业仿真软件生态，需要在技术架构、协作模式等多个维度进行全方位攻坚。"要联合行业伙伴企业，聚集优秀的专家团队，以全新的研发模式，研发出新一代工业仿真软件，改写全球工业仿真软件格局。"袁勇说。

工业仿真软件行业是一个技术密集型行业。"工业仿真软件涉及数学、物理、高性能计算、计算几何与图形学等诸多学科。要想在这一领域取得突破，企业必须有深厚的技术积累和研发实力。"张日葵说，"工业仿真软件都是'用'出来的，只能一步步地沉淀积累，没有捷径可走。"

正如张日葵所言，"用"出来的国产工业仿真软件在助力客户发展的同时，也在以更符合中国制造的经验反哺自身。这是国产工业仿真软件行业发展的独特优势。

以十沣为例，根据中国制造业的特点，这家国家高新技术企业已发布流体、结构、传热、声学、电磁等通用多物理场仿真技术及行业应用软件15款，并打造出适用于多样化场景的工业数字孪生解决方案和仿真云平台。通过收集用户反馈，十沣得以对软件进行进一步改进，提升软件性能。

除了在实践中积累经验，良性的市场竞争也是推动国产工业仿真软件行业高质量发展的关键。记者梳理发现，时下和十沣一样的中国仿真工业软件企业并不缺乏。上海索辰信息科技股份有限公司、合肥九韶智能科技有限公司、上海青翼工业软件有限公司等在工业仿真软件领域均有布局，且各自都有不同的侧重点。这些企业共同推动着国产工业仿真软件行业进步。

在政策层面，近年来，我国有关工业仿真软件的利好政策不断出台，为这一行业的高质量发展增添了助力。深圳市科技创新局党组书记张林此前曾说，面对国家重大需求，2024年深圳将组织实施工业软件攻关。工业和信息化部印发的《"十四五"软件和信息技术服务业发展规划》也提出，要提升工业软件等关键软件供给能力。

"对于国产工业仿真软件企业而言，必须从一开始就选好赛道，开发出易用、精准、专业且功能全面的工业仿真软件。"张日葵坦言。"相信我们可以做好自己的工业仿真软件。"十沣副总经理周文韬认为，中国是制造业大国，拥有海量工程应用场景，国产工业仿真软件发展前景广阔。

（来源：深圳特区报　2024 年 02 月 27 日）

任务 4.1　虚拟仿真软件 RobotStudio 安装

任务导入：在工业机器人编程与应用的学习过程中，虚拟仿真软件是不可或缺的工具。ABB 的 RobotStudio 软件作为一款功能强大的离线编程和仿真工具，能够帮助我们在虚拟环境中进行机器人系统的搭建、路径规划、程序调试和优化，从而减少实际操作中的错误和风险，提高编程效率和质量。

通过本任务，我们将学习如何安装 ABB 的 RobotStudio 软件，并熟悉其基本操作界面和功能模块。安装完成后，我们将能够启动软件，了解其主界面布局，包括菜单栏、工具栏、工作区和属性窗口等。此外，还将学习如何创建新的仿真项目，并保存项目文件，为后续的机器人编程和仿真任务做好准备。

知识链接

由于工业机器人系统精密、昂贵、复杂且危险性大，为保证人身和设备安全，初学者操作设备前应该在虚拟机器人上熟悉各项操作。市场占比较高的 ABB、KUKA、安川电机、发那科等企业均有自己专属的虚拟机器人软件。RobotStudio 是 ABB 公司的工业机器人虚拟仿真软件，可以在电脑上生成虚拟的机器人系统。RobotStudio 软件的功能很强大，即使没有真实的机器人也能学习，可以编写一些简单的动作控制程序在虚拟示教器或软件里仿真运行，帮助操作人员掌握机器人的操作和程序调试方法。

4.1.1　安装 RobotStudio

第一步　下载 RobotStudio。打开 ABB 公司中国官方网站 www.abb.com.cn，单击"产品指南"，找到页面中"机器人技术"栏目，单击"软件"，在打开的页面中单击"下载

RobotStudio 软件”，如图 4 - 1 所示。

图 4 - 1　RobotStudio 下载网页

然后在页面中单击“RobotStudio”按钮下载软件，如图 4 - 2 所示。

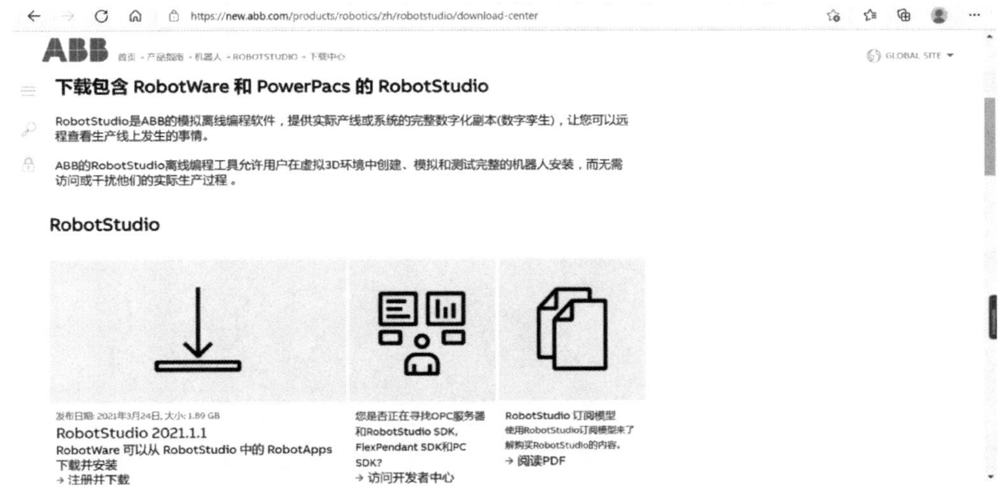

图 4 - 2　RobotStudio 下载链接

第二步　安装 RobotStudio。把下载的压缩文件解压后，双击运行其中的“Launch.exe”文件开始安装。选择语言为“Chinese(PRC)”，然后单击“安装产品”，依次单击“RobotWare”“RobotStudio”进行安装，如图 4 - 3 所示。

为确保 RobotStudio 能正确流畅地运行，计算机主要系统配置应满足：CPUi5 或以上、内存 2GB 或以上、操作系统 Windows10 或以上，使用高性能显卡。

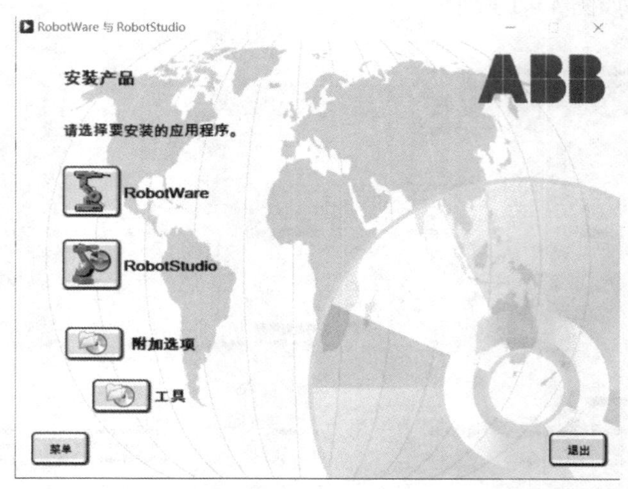

图 4-3 安装 RobotStudio

4.1.2 创建机器人系统

4.1.2 创建机器人系统视频

在安装好 RobotStudio 软件后，启动 RobotStudio 建立工作站、建立虚拟的机器人系统，以便练习使用示教器和程序编写。

第一步 创建工作站。启动 RobotStudio，单击创建“空工作站”，如图 4-4所示。

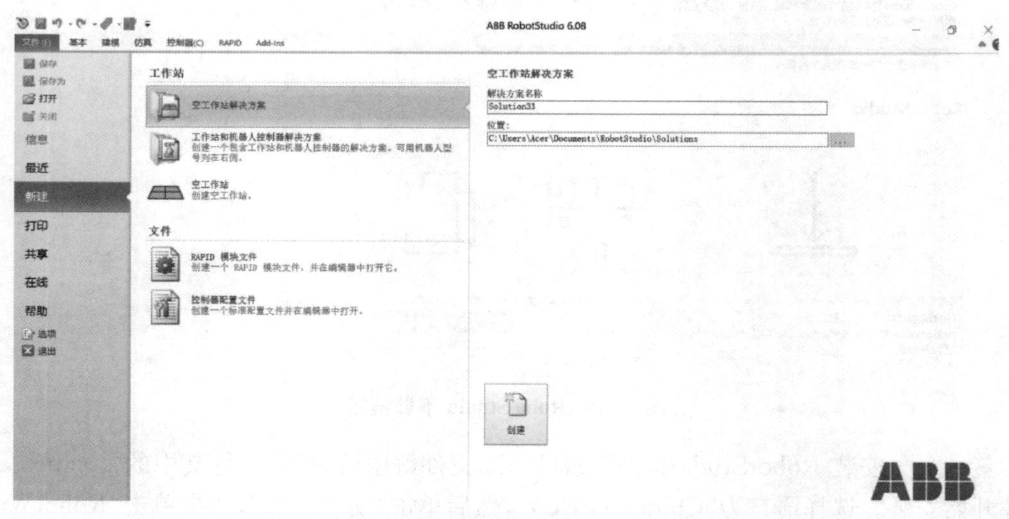

图 4-4 创建 RobotStudio 空工作站

第二步 导入机器人。单击“基本”功能选项卡下的“ABB 模型库”，选择其中的“IRB 2600”器人。

第三步 添加工具和工件。单击展开“基本”功能选项卡下的“导入模型库”，再单击“设备”，单击“Tools”下的“AW _ Gun _ PSF _ 25”添加工具到左侧布局框，然后单击“TrainingObjects”下的“Curve Thing”添加工件。

第四步　安装工具。右键单击“布局”栏里的“AW_Gun_PSF_25”，从右键弹出菜单中选择“安装到”→“IRB2600_12_165_01”，或者用鼠标左键把“AW_Gun_PSF_25”工具拖到“IRB2600_12_165_01”上，在弹出的“更新位置”对话框中选择“是”。这样就完成了机器人和工具模型的安装，如图 4-5 所示。

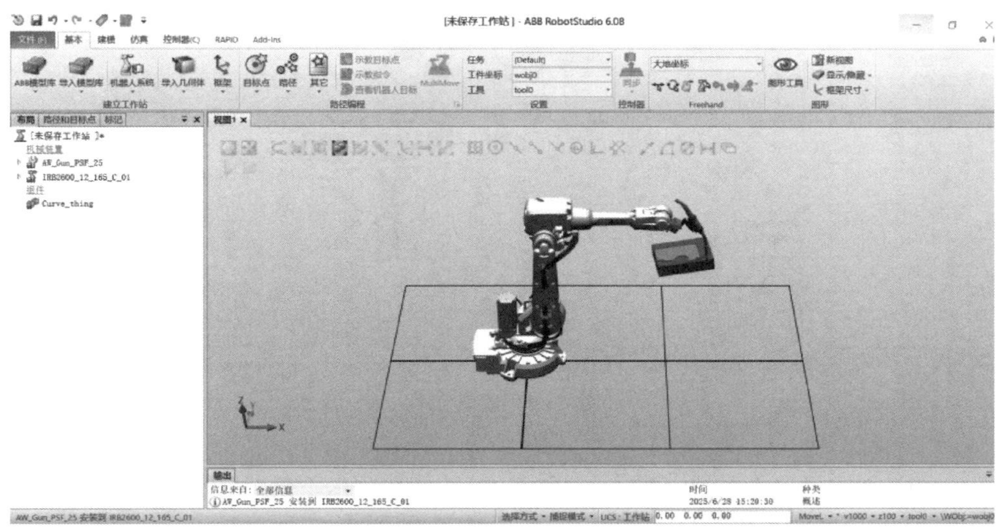

图 4-5　安装工具模型

第五步　调整工件位置。在左侧“布局”栏中选中“Curve_thing”，单击 RobotStudio 的移动图标，在如图 4-6 所示的三个方向上拖动工件；同理，单击旋转图标，可以在如图4-7所示的三个方向上旋转工件。拖动并旋转，直到工件位置调整完成。

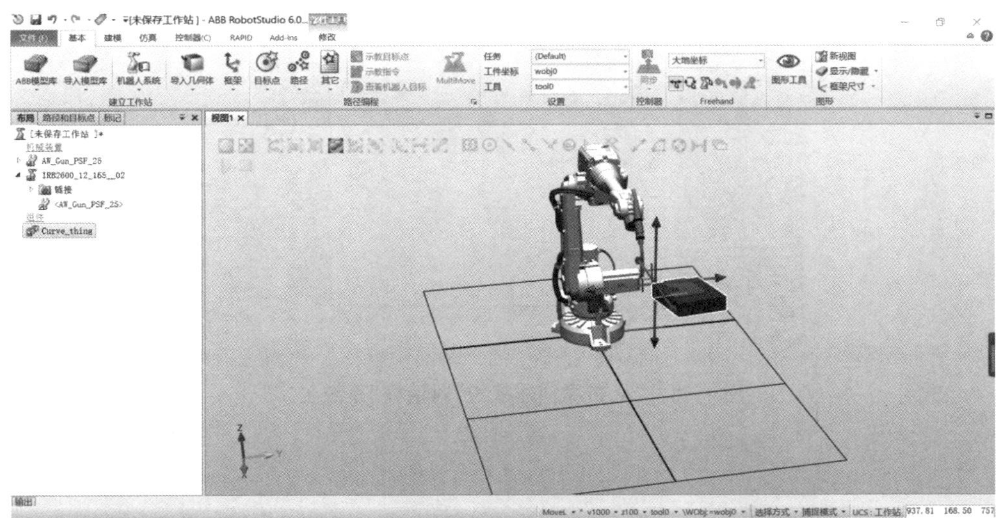

图 4-6　移动工件

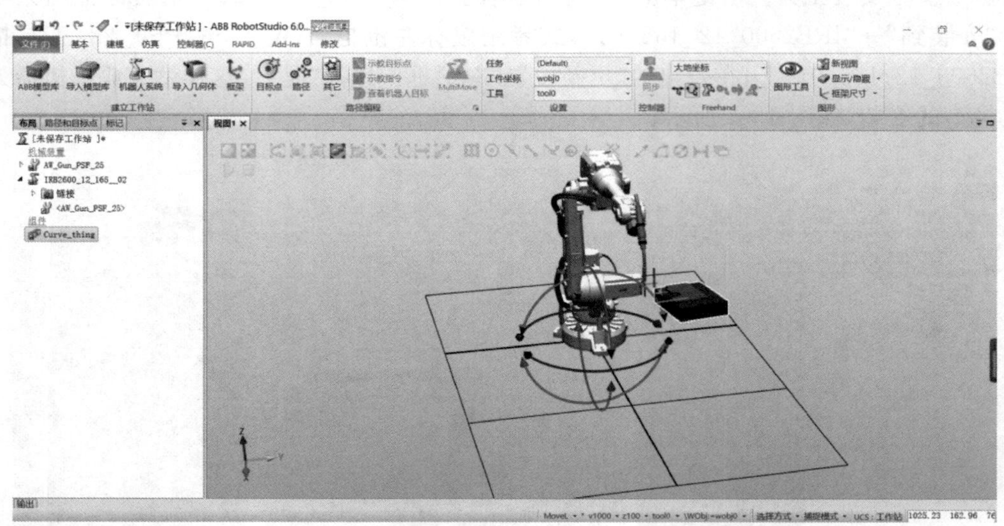

图 4-7　旋转工件

第六步　创建机器人系统。单击展开“基本”功能选项卡下的“机器人系统”，单击“从布局…”，在“从布局创建系统”对话框中输入系统名字，如图 4-8 所示。

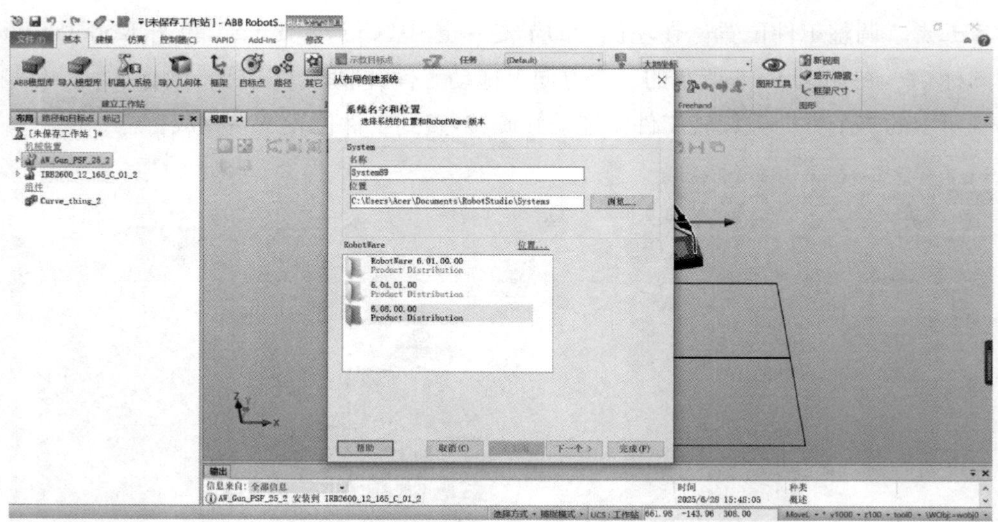

图 4-8　“从布局创建系统”对话框“系统名字”

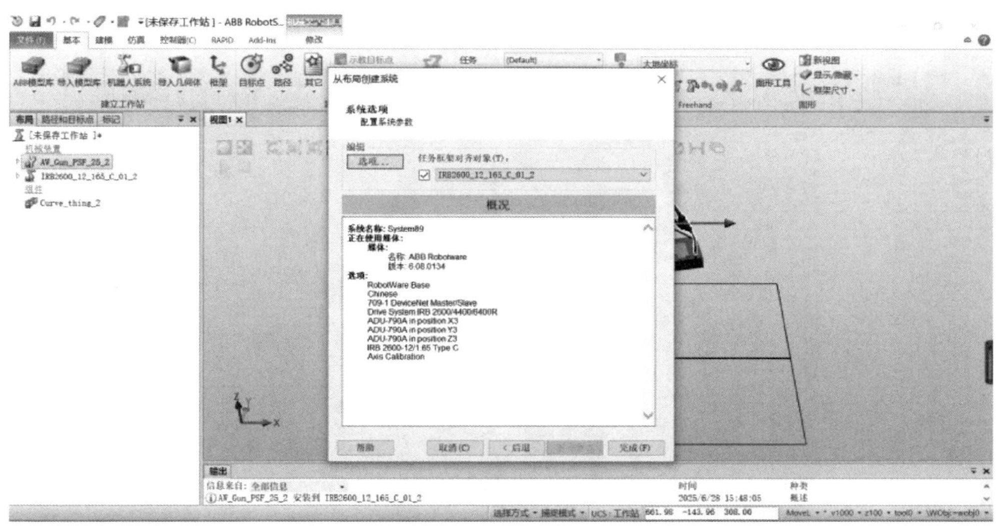

图 4-9 “从布局创建系统”对话框“系统选项”

然后单击“下一个”按钮，直到出现如图 4-9 所示界面，单击“选项...”按钮，在“更改选项”对话框中勾选“709-1”、“chinese”，支持示教器中文菜单和给机器人系统提供相关硬件支持，如图 4-10 所示。

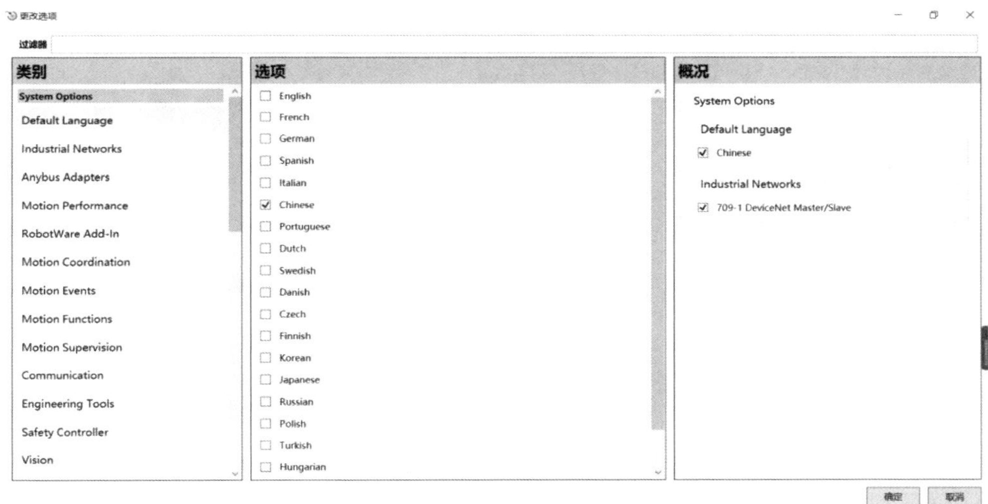

图 4-10 勾选支持选项对话框

接着单击“确定”“完成”按钮完成虚拟系统的添加，最后选择“文件”→“保存”保存系统。

4.1.3 设置示教器中文界面

单击“控制器”功能选项卡，展开“示教器”，如图 4-11 所示。

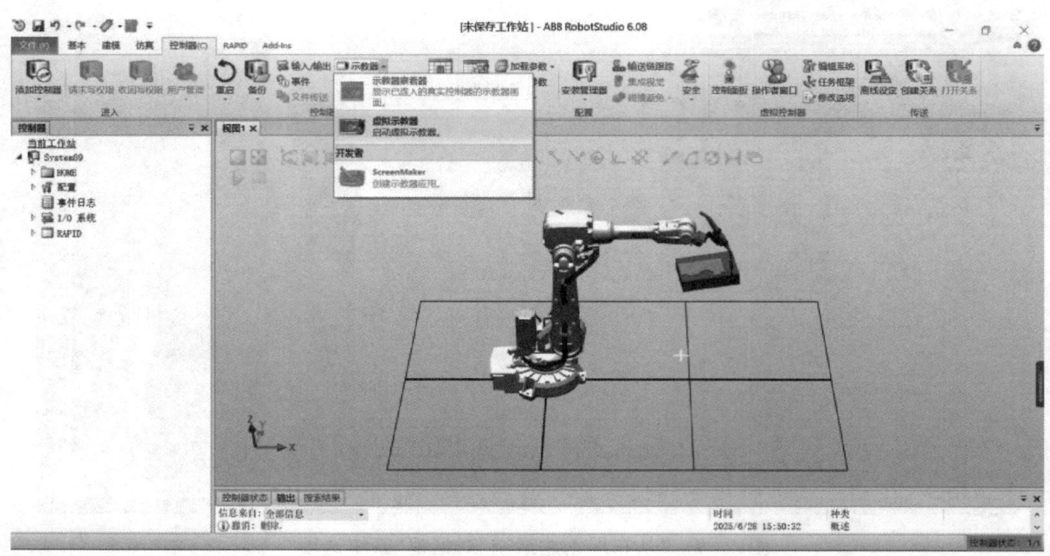

图 4-11　展开“示教器”

点选“虚拟示教器”，打开虚拟示教器界面，如图 4-12 所示。

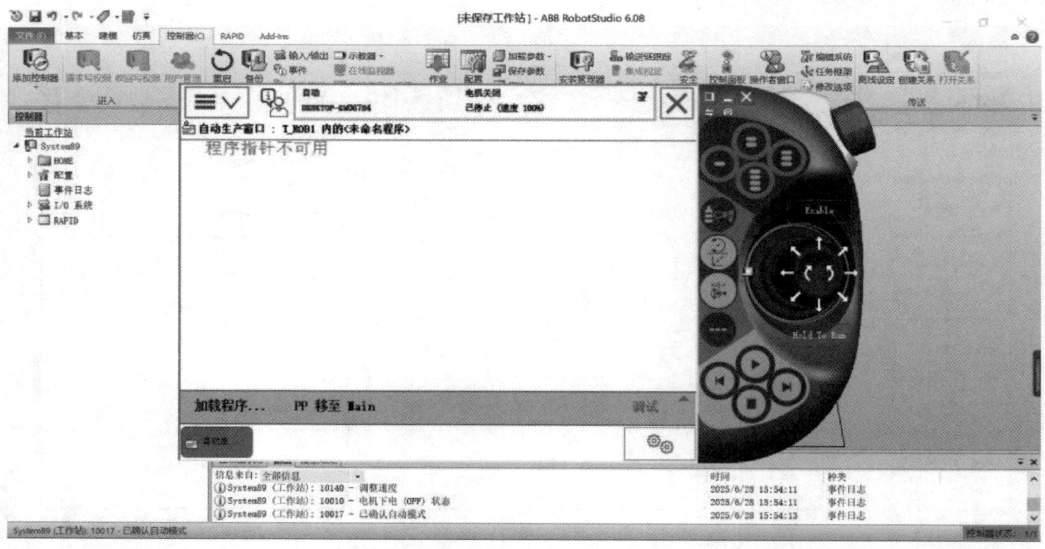

图 4-12　打开的虚拟示教器

虚拟示教器的布局、界面与实际产品完全相同。单击示教器右侧中部旋钮旁的钥匙开关，切换到中间的手动模式，如图 4-13 所示。

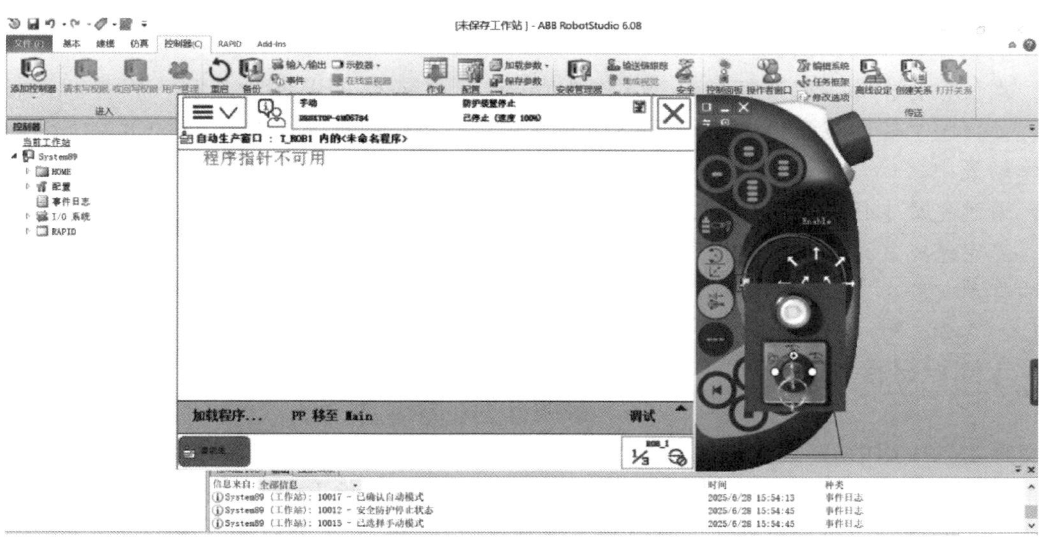

图 4-13 虚拟示教器屏幕

进入操作界面如图 4-14 所示。

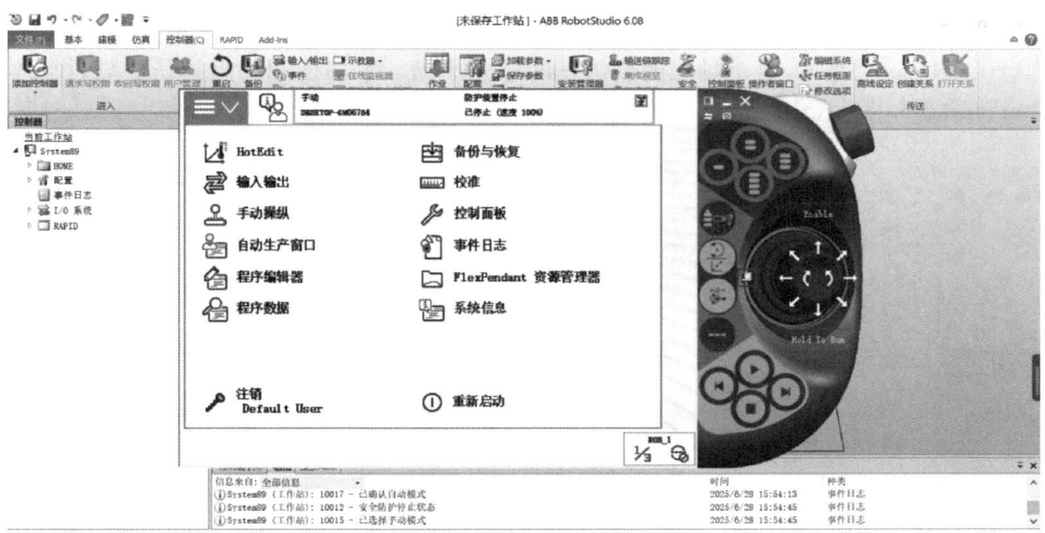

图 4-14 虚拟示教器操作界面屏幕

任务 4.2 工业机器人模型的选择和导入

任务导入：在工业机器人仿真编程中，选择和导入合适的机器人模型是进行虚拟调试和路径规划的基础。ABB 的 RobotStudio 软件提供了丰富的机器人模型库，涵盖了多种类型的 ABB 工业机器人，这些模型能够帮助我们在虚拟环境中精确地模拟机器人的实际操作，从而优化编程和调试流程。

本任务将指导我们如何在 RobotStudio 中选择和导入 ABB 工业机器人模型。我们将学习如何根据实际应用需求，从软件的模型库中选择合适的机器人型号，并将其导入到虚拟工作场景中。

通过完成本任务，将掌握机器人模型选择和导入的关键步骤，为后续的路径规划和程序编写奠定基础。这不仅能够提高编程效率，还能帮助我们在实际应用中更准确地实现机器人的自动化任务。

知识链接

在实际应用中，要根据机器人工作任务（主要考虑机器人抓取或者操作对象的重量及工作范围）、工作环境、安全防护等级等方面的具体要求，确定承重能力及到达距离等，进而选定机器人的型号。每种机器人的具体技术参数可以参考机器人随机光盘或者官方网站。本例使用的机器人为 IRB2600 型，后续内容均依此型号机器人模型开展。

4.2.1 RobotStudio 软件基本介绍

RobotStudio 是 ABB 公司推出的工业机器人虚拟仿真软件，该软件采用了 ABBirtualRobot™技术，是市场上虚拟仿真的领先产品。本书使用的虚拟仿真软件版本为 RobotStudio 6.08。RobotStudio 的主界面如图 4－15 所示。

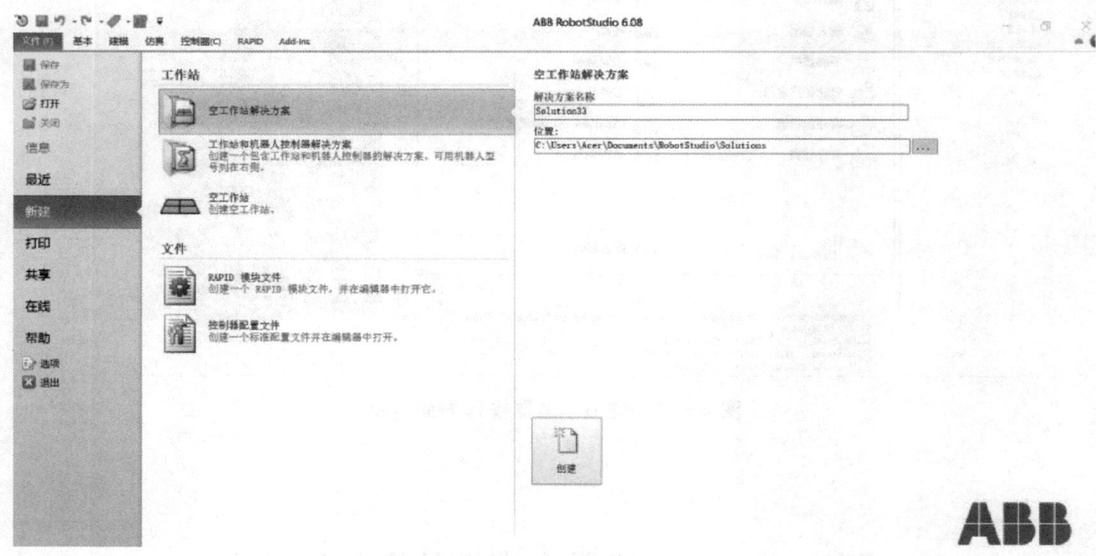

图 4－15 RobotStudio 的主界面

RobotStudio 的主菜单包括文件（F）、基本、建模、仿真、控制器（C）、RAPID、Add-Ins 等 7 个功能选项卡，如图 4－16 所示。

图 4-16 RobotStudio 的主菜单

1. "文件"功能选项卡

"文件"功能选项卡主要用于文件级别操作，包含保存、新建、打印、共享、在线和帮助等 13 个选项，如图 4-17 所示。

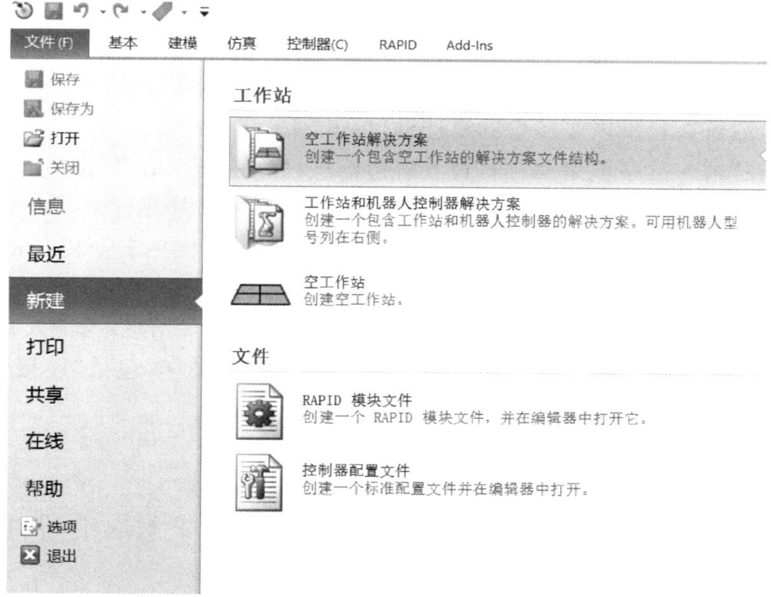

图 4-17 "文件"功能选项卡

(1) 保存为：将创建的工作站另存到指定位置。单击"文件"功能选项卡中的"保存为"选项，即可将创建的工作站保存在指定位置。

(2) 打开：打开已经创建的工作站。

(3) 关闭：关闭已经打开的工作站。

(4) 信息：提供关于当前打开的工作站的信息。

(5) 最近：提供最近打开过的工作站列表。单击列表条目即可打开相应的工作站。

(6) 新建：创建新的工作站，并给新工作站进行命名和设置存放位置。新建工作站的方式有"空工作站解决方案""工作站和机器人控制器解决方案""空工作站"，具体的应用任务应根据需求选择不同的创建方式。

(7) 打印：打印已创建的工作站。

(8) 共享：与其他人共享工作站数据，包含"打包""解包""保存工作站画面""内容共享"4 个选项。

① 打包，在与其他人分享数据的情况下，可以将工作站打包分享给其他人，具体流程如下：

第一步　单击“打包”按钮，打开“打包”对话框。

第二步　输入数据包名称，然后浏览并选择数据包的位置。

第三步　选择“用密码保护数据包”。

第四步　在“密码”框输入密码以保护数据包。

第五步　单击“确定”按钮。

② 解包，在与其他人分享数据的情况下，将其他人分享的打包工作站解包，具体流程如下：

第一步　单击“解包”按钮以打开“解包”向导，再单击“下一个”按钮。

第二步　在“选择包”页面，单击“浏览”按钮，选择要解包的打包文件及解包目录，再单击“下一个”按钮。

第三步　在“控制器系统页面”，选择“RobotWare 版本”，然后单击“浏览”按钮，选择到媒体库的路径，或选择自动恢复备份的复选框，单击“下一个”按钮。

第四步　在“解包准备就绪”页面，查看解包信息，然后单击“结束”按钮。

第五步　在“解包已完成”页面，查看结果，然后单击“关闭”按钮。

③ 保存工作站画面，将工作站和所有记录的仿真打包，以供在未安装 RobotStudio 的计算机上查看。

④ 内容共享，访问 RobotStudio 库、插件和来自社区的更多信息，与他人共享内容。

(9) 在线：将计算机以物理方式连接到控制器进行在线操作，包括“连接到控制器”“创建并使用控制器列表”“创建并制作机器人系统”3 个功能。

① 连接到控制器：一键连接。

第一步　将计算机连接至控制器服务端口。

第二步　确认计算机上进行了正确的网络设置。DHCP 被起用，指定了正确的 IP 地址。

第三步　单击“一键连接”选项。

② 连接到控制器：添加控制器。

第一步　单击“添加控制器”选项，打开“添加控制器”对话框，其中列出了所有可用的控制器。

第二步　若该控制器未显示在列表中，则在“IP Address”(IP 地址)框中输入 IP 地址，然后单击“刷新”(Refresh)按钮。

第三步　在列表中选择控制器，单击“确定”按钮，将计算机连接至控制器服务端口。

③ 创建并使用控制器列表：导入一组控制器并将它们相连。

第一步　单击“导入控制器”选项，打开一个对话框。

第二步　浏览要选择的控制器。

第三步　单击“确定”按钮。

创建并使用控制器列表：导出控制器，在文件中存储当前已连接的控制器。

(10) 帮助：RobotStudio 提供了必要的帮助，主要包括支持(在线社区开发者中心和管理授权)、文档(帮助文档)、RobotStudio 新闻等。

(11) 选项：包括概述、机器人、在线、图形、仿真等选项，主要是对 RobotStudio 进行相应的设置，具体设置这里不再赘述，详情可参阅相关使用手册。

2. “基本”功能选项卡

“基本”功能选项卡主要用于创建工作站系统，即创建系统、建立工作站、路径编程、设置和摆放物体等，包括“建立工作站”“路径编程”“设置”“控制器”“Freehand”和“图形”选项组，如图 4-18 所示。

图 4-18 “基本”功能选项卡

3. “建模”功能选项卡

“建模”功能选项卡主要用于创建及分组组件、创建部件、测量以及进行与 CAD 相关的操作，包括“创建”“CAD 操作”“测量”“Freehand”和“机械”选项组，如图 4-19 所示。

图 4-19 “建模”功能选项卡

4. “仿真”功能选项卡

“仿真”功能选项卡主要用于创建、配置、控制、监控和记录仿真，具体包括“碰撞监控”“配置”“仿真控制”“监控”“信号分析器”和“录制短片”选项组，如图 4-20 所示。

图 4-20 “仿真”功能选项卡

5. “控制器”功能选项卡

“控制器”功能选项卡主要用于管理真实控制器(IRC5)，以及虚拟控制器(VC)的同步、配置和任务分配，包括“进入”“控制器工具”“配置”“虚拟控制器”和“传送”选项组，如图 4-21所示。

图 4-21 “控制器”功能选项卡

该功能选项卡可以实现如下功能：

(1) 添加控制器：使用“进入”选项组中的“添加控制器”选项，可以连接到真实或虚拟控制器，主要有以下两种方法：

① 一键连接。

② 添加控制器。

该操作方法与前述“文件”功能选项卡的“在线”选项中添加控制器的方法一致，在此不再赘述。

(2) 启动虚拟控制器：使用给定的系统路径可以启动和停止虚拟控制器，而无需工作站。

启动步骤分为如下三步：

第一步　启动虚拟控制器。在系统库下拉列表中，指定计算机上用于存储所需虚拟控制器系统的位置和文件夹。向此列表中添加文件夹，可单击“添加”按钮，然后找到并选择要添加的文件夹。要删除列表中的文件夹可单击“删除”按钮。

第二步　系统表列出了在所选系统文件夹中发现的虚拟控制器系统。单击选择某个系统，即可启动该系统。

第三步　选中所需的复选框。

复选框有以下三个：

① 重置系统，使用当前系统和默认设置启动虚拟控制器(VC)。

② 本地登录。

③ 自动分配写访问权限。

(3) 事件日志：可以查看有关此事件的简要说明。

① 打开事件日志，每个事件的严重程度都由其背景色指明：蓝色表示说明；黄色表示警告；红色表示需要纠正才能继续工作的错误。

② 在默认情况下，“自动更新”复选框处于被选中状态，因此，所发生的新事件都会显示。若清除此复选框的复选标记，将禁用自动更新。若再次选中它，系统将获取并显示此复选框未被选中期间所错过的事件。

③ 可以按照所显示细节中的任何文本或事件类别对事件日志列表进行过滤。按照任何所需的文本对列表进行过滤，应在文本框中指定内容。按照事件类别进行过滤，应使用“类别”下拉列表。

(4) I/O 系统：可以查看并设置输入/输出信号。

(5) 配置：主要是对通信、控制器、I/O 系统、人机通信、动作等进行配置。

6. RAPID 功能选项卡

RAPID 功能选项卡主要是对 RAPID 程序进行操作，包括 RAPID 程序编辑、RAPID 文件管理以及用于 RAPID 程序编程的其他控件，如图 4－22 所示。

图 4－22　RAPID 功能选项卡

7. Add-Ins 功能选项卡

Add-Ins 功能选项卡包括 PowerPacs 和已安装的数据包 RobotWare 等，如图 4－23 所示。

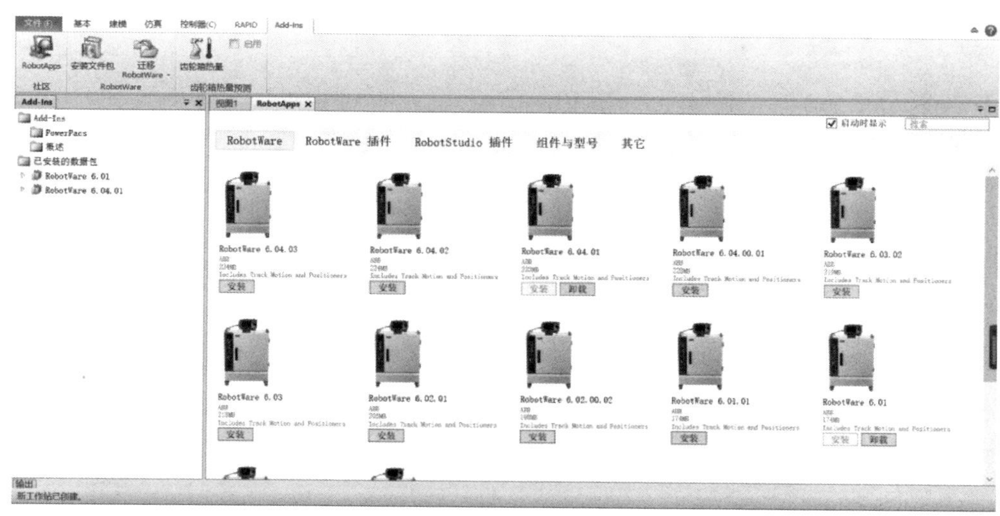

图 4-23 Add-Ins 功能选项卡

4.2.2 RobotStudio 默认界面的恢复

初学 RobotStudio 软件时，经常会遇到因误操作而关闭软件默认布局和窗口的情况，从而无法找到对应的操作对象和查看相关的信息。RobotStudio 主窗口如图 4-24 所示。

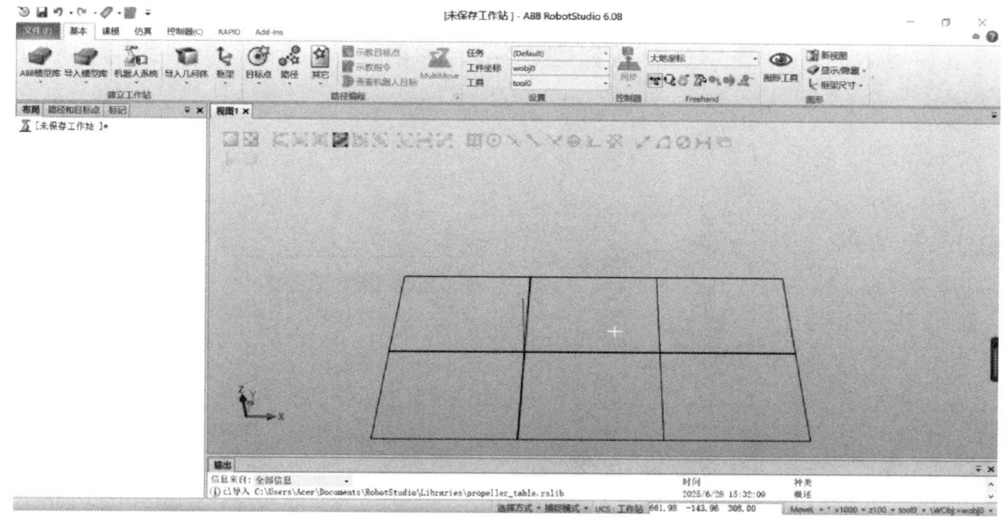

图 4-24 RobotStudio 主窗口

1. 恢复默认布局的操作方法

（1）在标题栏单击“自定义快速工具栏”。

（2）选择“窗口布局”中的“默认布局”，如图 4-25 所示。

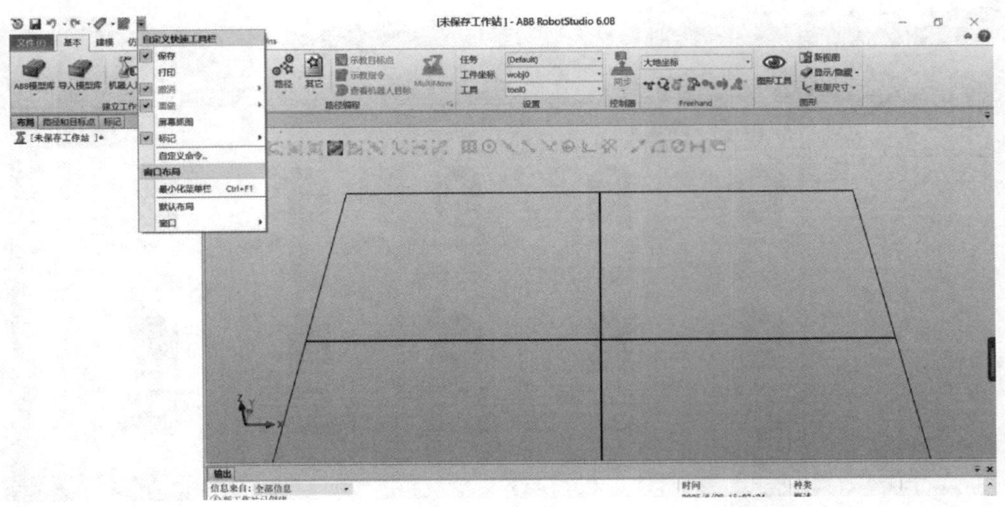

图 4-25　恢复默认布局和窗口的操作方法

2. 恢复窗口的操作方法

(1) 在标题栏单击“自定义快速工具栏”。

(2) 选择“窗口布局”中的“窗口”，如图 4-25 所示。

4.2.3　工业机器人模型的选择和导入

在“基本”功能选项卡中，单击“ABB 模型库”选项，选择“IRB 2600”，然后选择机器人荷载容量和到达距离，单击“确定”按钮完成导入，如图 4-26 所示，完成之后如图 4-27 所示。

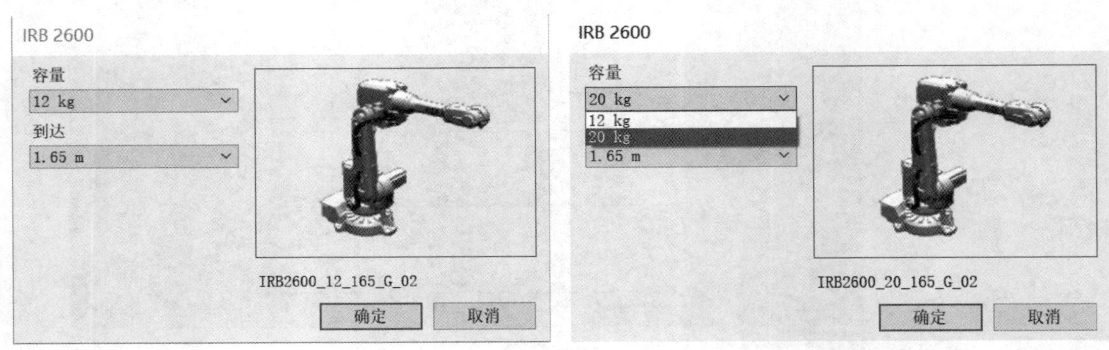

(a) 选择到达距离　　(b) 选择荷载容量

图 4-26　选择机器人 IRB 2600 的荷载容量和到达距离

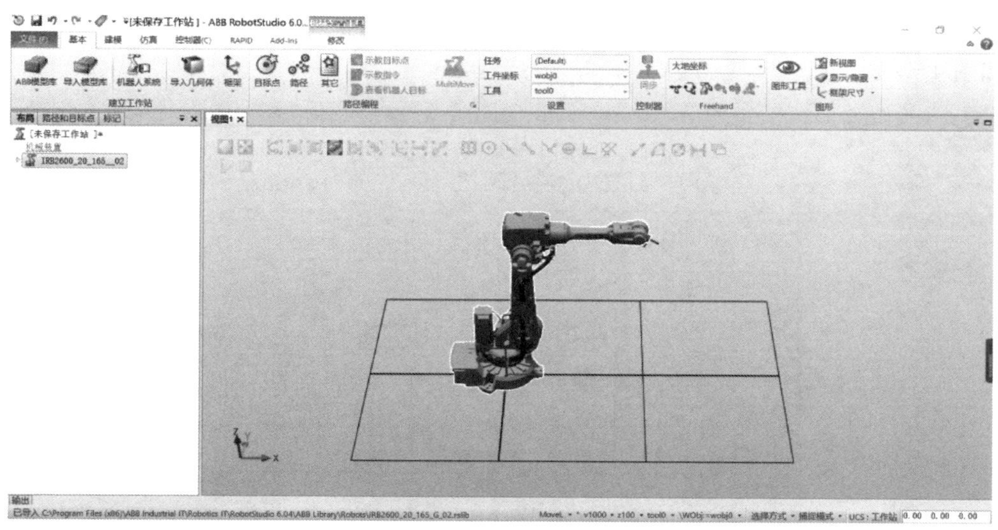

图 4－27 IRB2600 机器人导入完成

4.2.4 工业机器人工具的安装与拆除

4.2.4 工业机器人工具安装与拆除视频

1. 导入工具

在“基本”功能选项卡中，单击“导入模型库”选项，然后选择“设备”，即可选择要导入的工具，本节中的工具可以选用“AW Gun PSF25”，具体过程如图 4－28 所示。

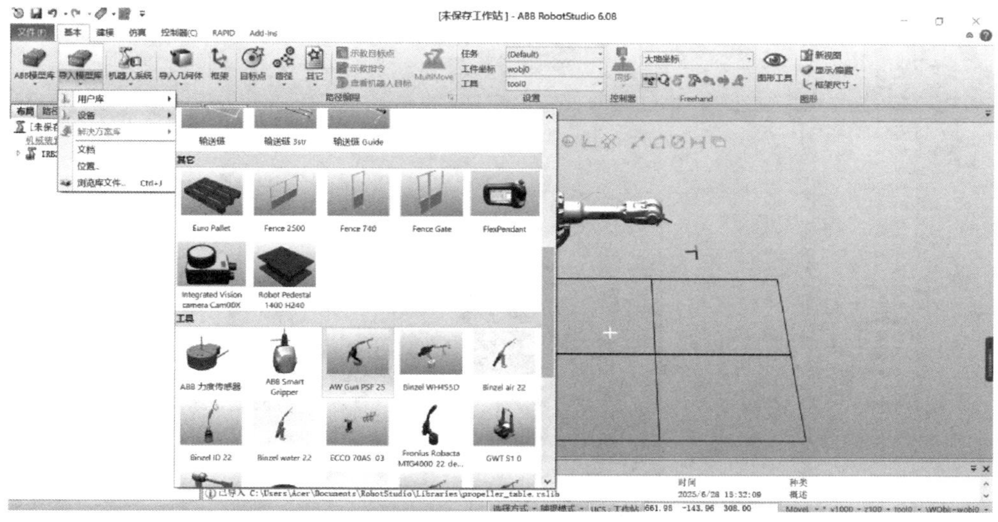

图 4－28 导入机器人所用工具“AW Gun PSF 25”

2. 安装工具

(1) 拖移安装法

在左侧“布局”栏中，单击选中“AW_Gun_PSF_25”并持续按下鼠标左键，将其移动到

"IRB2600_20_165_ 02"上松开,在弹出的"更新位置"对话框中单击"是"按钮即完成工具安装,如图 4-29 所示。

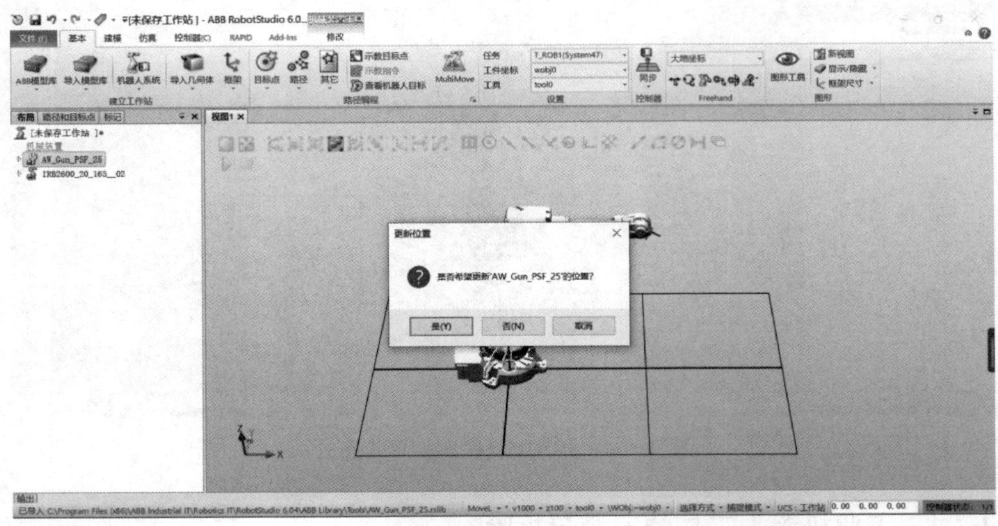

图 4-29　拖移安装法

(2) 右键安装法

在左侧"布局"栏中,右键单击"AW_Gun_PSF_25",在弹出的菜单中选择"安装到"→"IRB2600_20_165_ 02",在弹出的"更新位置"对话框中单击"是"按钮即可完成工具安装,如图 4-30 所示。

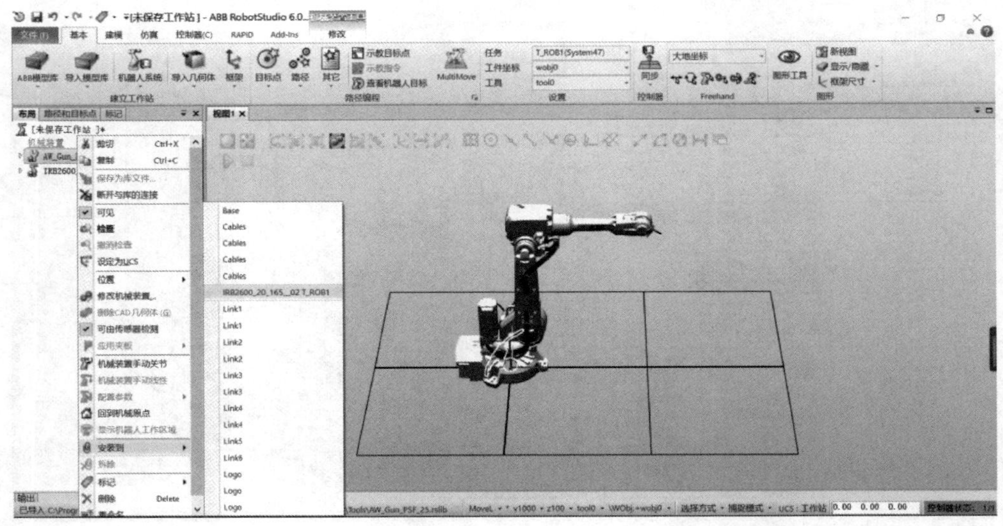

图 4-30　右键安装法

3. 拆除工具

拆除工具可使用右键菜单法,具体操作为:在左侧"布局"栏中,右键单击"AW_Gun_PSF_25",在弹出的菜单中选择"拆除",在弹出的"更新位置"对话框中单击"是"按钮即可完成工具的拆除,如图 4-31 所示。

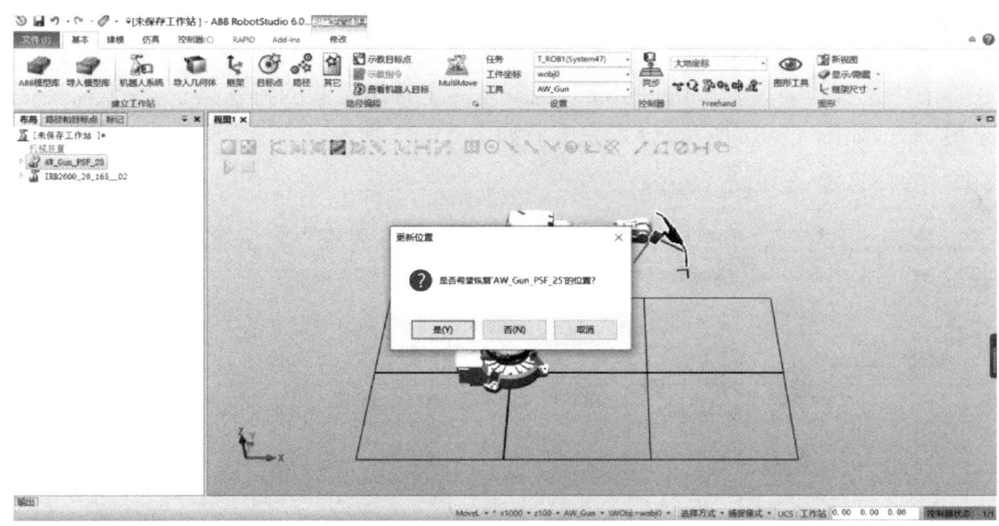

图 4-31 右键菜单法

拆除后的工具自动复原到导入位置。如果需要删除该工具,则在左侧“布局”栏中右键单击该工具,在弹出的菜单中选择“删除”即可。

任务 4.3 工业机器人周边模型的放置

任务导入:在工业机器人应用中,机器人往往不是单独工作的,而是与各种周边设备协同完成复杂的生产任务。这些周边设备包括工作台、输送带、夹具、工具以及其他自动化设备。为了在虚拟仿真环境中准确模拟实际生产场景,我们需要在 RobotStudio 中放置这些周边模型,构建一个完整的虚拟工作场景。

本任务将指导大家如何在 RobotStudio 中导入和放置工业机器人的周边模型。学习如何从软件的模型库中选择合适的周边设备模型,并将其放置到虚拟工作场景中的指定位置。此外,我们还将了解如何调整这些模型的位置和姿态,以确保它们与机器人模型的协同工作符合实际生产需求。

通过完成本任务,我们将掌握周边模型的放置方法,能够构建出一个完整且准确的虚拟工作场景。这不仅有助于我们在仿真环境中进行路径规划和程序调试,还能帮助我们在实际生产中更好地理解和优化机器人的工作流程。

知识链接

RobotStudio 提供了丰富的机器人周边工具模型供使用,在创建工作站的过程中可以直接从模型库中导入相应的模型。本节介绍如何导入、操作、放置周边工具模型。

4.3.1 导入机器人周边模型

打开本章上一节创建的工作站，在“基本”功能选项卡中，单击“导入模型库”选项→“设备”，在本节中选择设备“propeller table”，也就是一个带螺旋桨的特殊桌子，注意需要拖动滚动条至最下方，如图 4 - 32 所示，导入完成后如图 4 - 33 所示。

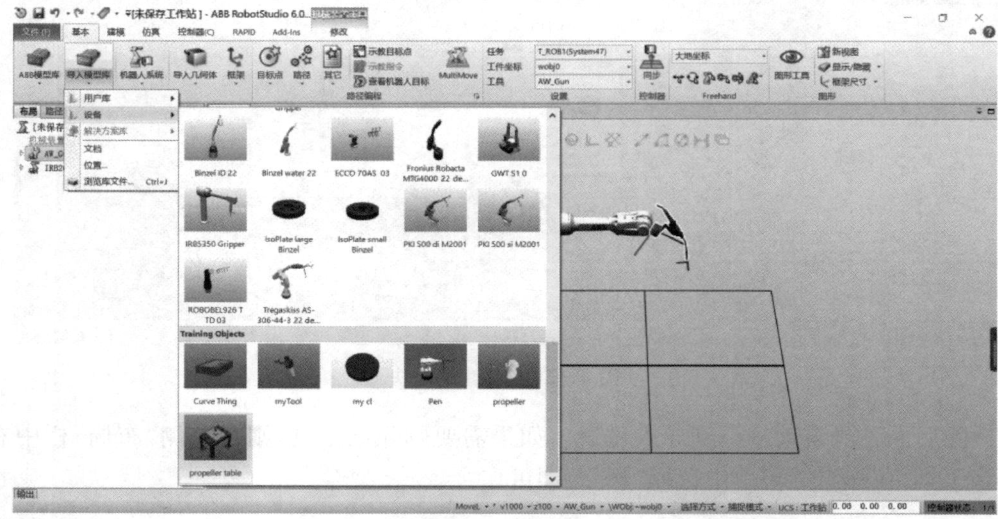

图 4 - 32 导入设备“propeller table”

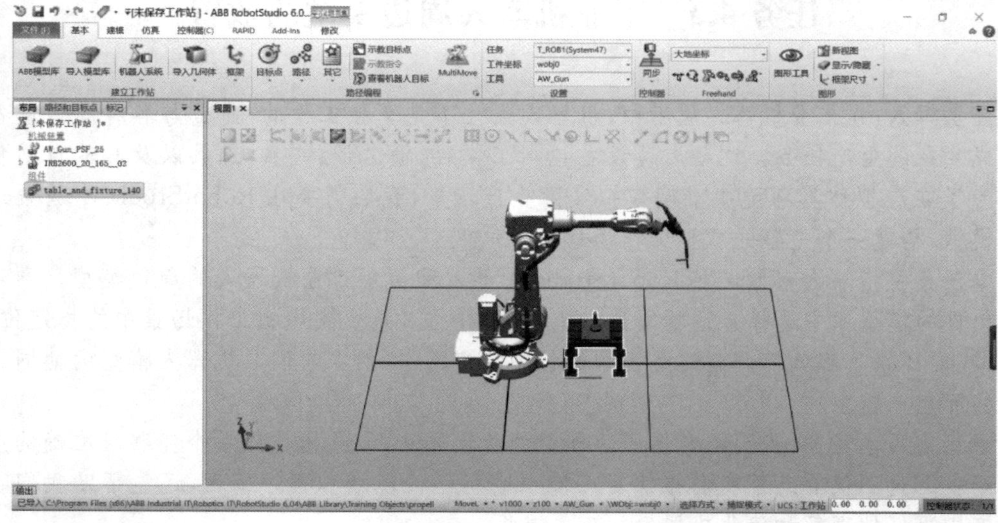

图 4 - 33 导入机器人周边模型

4.3.2 利用 Freehand 工具栏操作周边模型

机器人周边模型导入完成后，其位置不一定符合要求，因此还需要进一步调整，将其放置在机器人的工作区域范围之内。

1. 显示机器人工作区域

在左侧“布局”栏中，右键单击“IRB2600_20_165_ 02”，在弹出的菜单中选择“显示机器人工作区域”，图 4 - 34 中白色曲线构成的封闭区域即机器人工作区域。为使机器人能顺畅工作，工作对象应调整到机器人的最佳工作范围内。

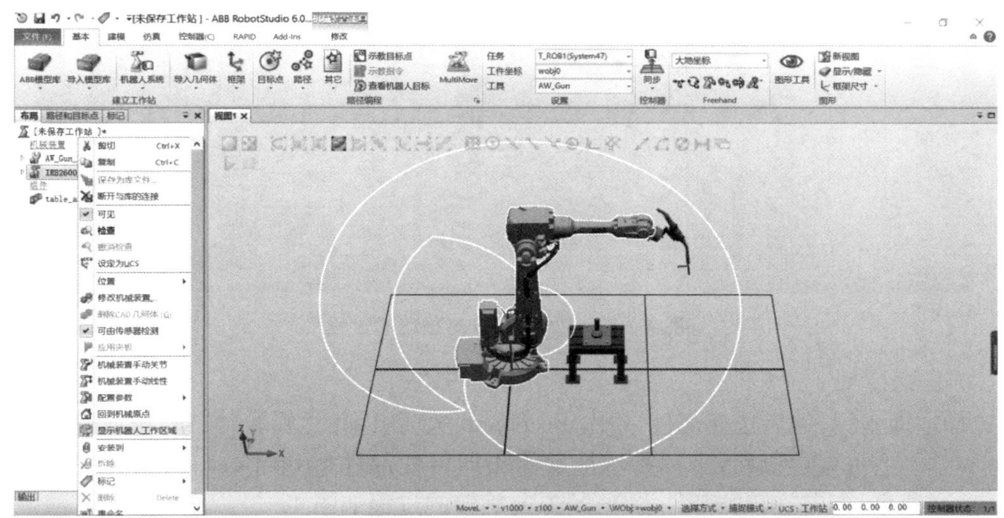

图 4 - 34　显示机器人工作区域

2. 利用 Freehand 工具操作模型

(1) 选择坐标系统

利用 Freehand 工具移动 propeller table 之前，要先根据操作需要选择合适的坐标系统，如图 4 - 35 所示。在 RobotStudio 中对部件的 Freehand 操作有移动、旋转、手动关节、手动线性、手动重定位、多个机器人手动操作(后三种运动形式需建立机器人系统，在此先介绍前三种运动形式)等多种操作，如图 4 - 36 所示。

图 4 - 35　选择参考坐标系

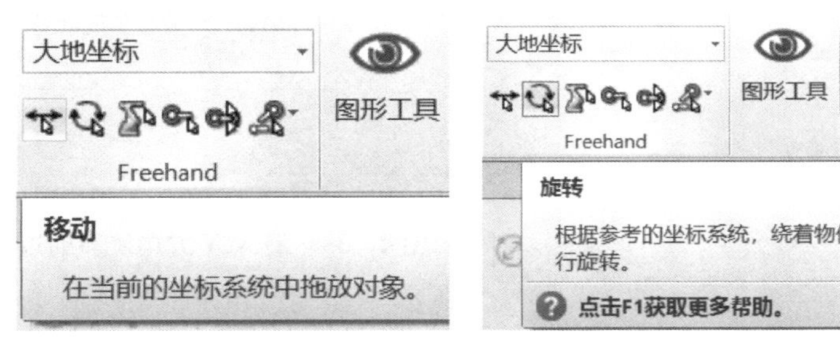

图 4 - 36　Freehand 的多种操作

(2) Freehand 移动模型

选择大地坐标，然后选择部件，单击 Freehand 选项组中的“移动”按钮，选取要移动的部件 propeller table(出现移动坐标系)，拖动箭头即可使部件 propeller table 沿 X(红色)、Y(绿色)、Z(蓝色)方向移动。部件沿 X、Y 方向移动的过程如图 4 - 37 所示。

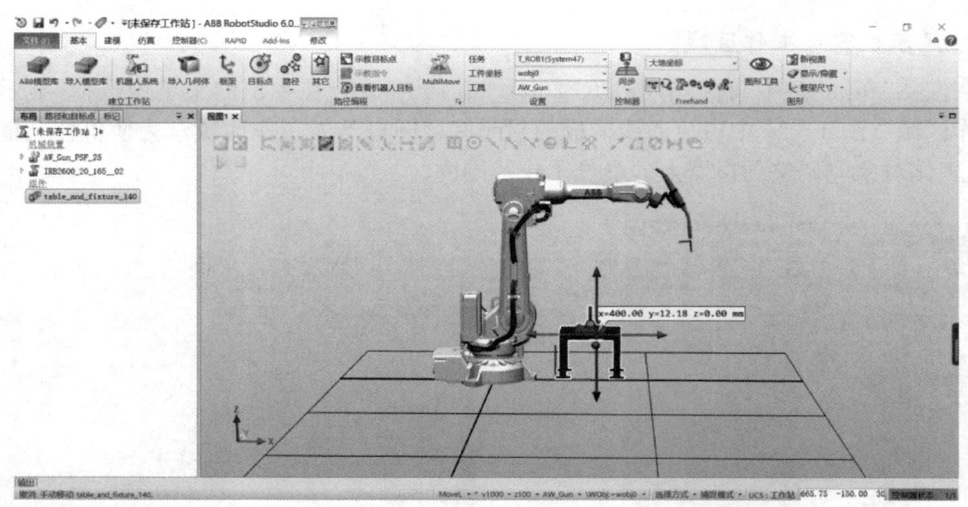

图 4-37　沿 X、Y 方向移动的过程

(3) 旋转模型

选择本地坐标，然后选择部件，单击 Freehand 选项组中的"旋转"按钮，选取要旋转的部件 propeller table(出现旋转坐标系)，拖动箭头即可使部件 propeller table 沿 X(红色)、Y(绿色)、Z(蓝色)方向旋转。部件沿 X、Y 方向旋转的过程如图 4-38 所示。

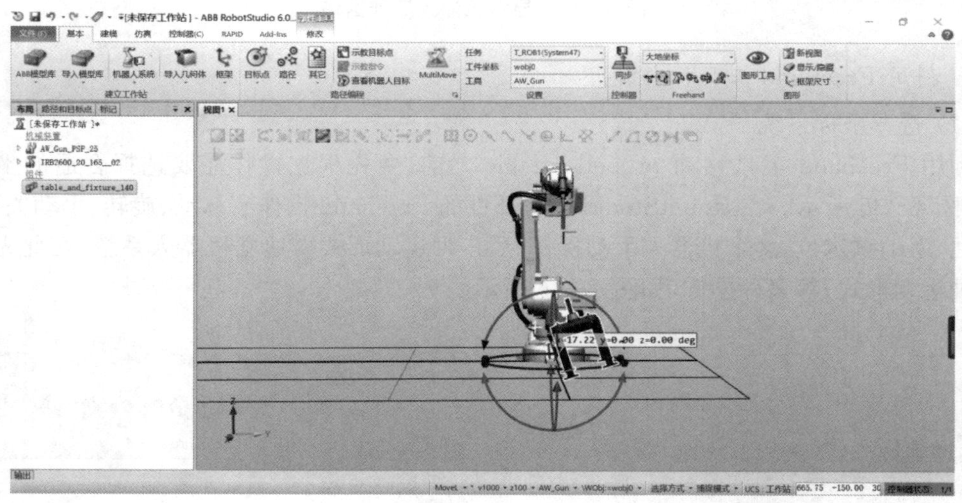

图 4-38　沿 X、Y 方向旋转的过程

4.3.3　工业机器人周边模型的放置

4.3.3　工业机器人周边模型的放置视频

1. 导入其他部件

导入部件 propeller table 并调整位置后，可以继续导入其他相关的部件。在"基本"功能选项卡中，单击"导入模型库"→"设备"，然后选择部件 Curve_thing。导入完成后如图4-39所示。

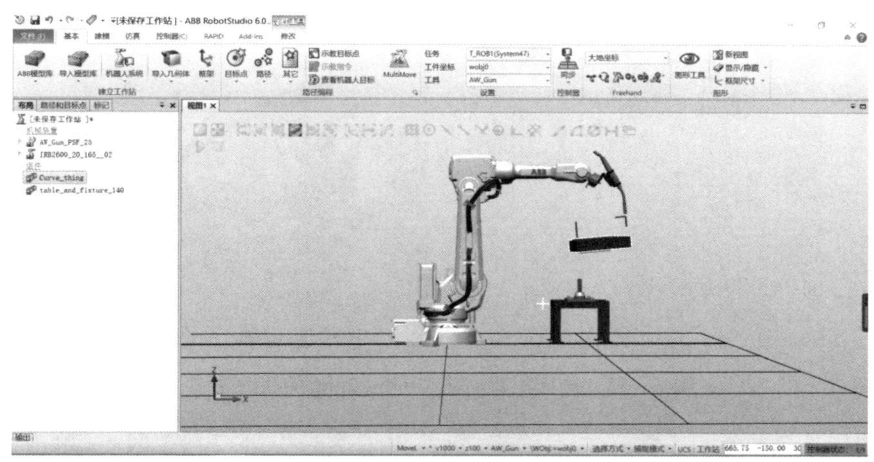

图 4－39　导入 Curve_thing

2. 放置周边模型

为便于创建机器人轨迹，需将部件 Curve_thing 放置在部件 propeller table 上。在 RobotStudio 中放置部件的方法有一点法、两点法、三点法、框架法、两个框架法，这里主要介绍两点法。

（1）在 Curve_thing 上单击鼠标右键，在弹出的菜单中选择“放置”中的“两点”法，如图 4－40所示。

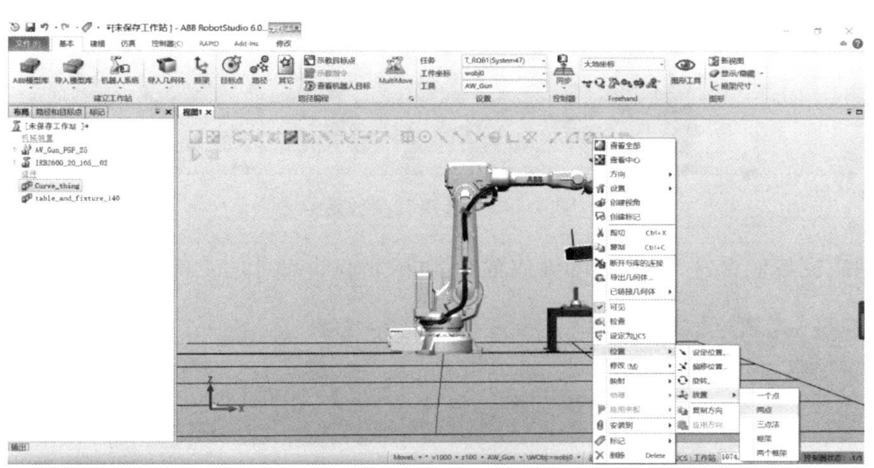

图 4－40　两点法放置模型

（2）选择捕捉方式和捕捉工具，选中“选中部件”和“捕捉末端”图标，如图 4－41 所示。

图 4－41　选择捕捉方式和工具

（3）在左上方“放置对象：Curve_thing”输入框中，单击“主点-从”的第一个坐标框，选中第一点，单击鼠标左键，如图 4－42 所示。

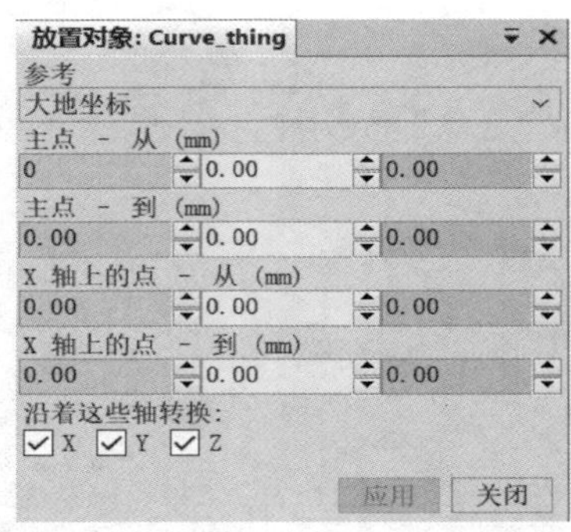

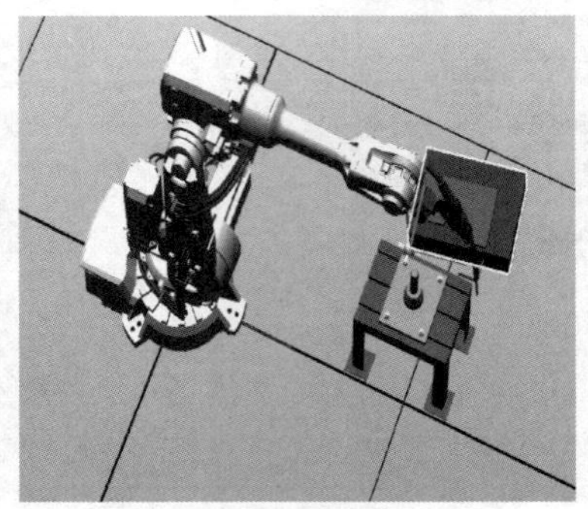

图 4－42　选择放置对象 Curve_thing 的第一个点

(4) 选择其余放置点。第一个点确定之后，再依次选中第二、三、四点，单击后，对应点的坐标值显示于坐标框中，单击“应用”按钮即可完成放置，如图 4－43 所示。

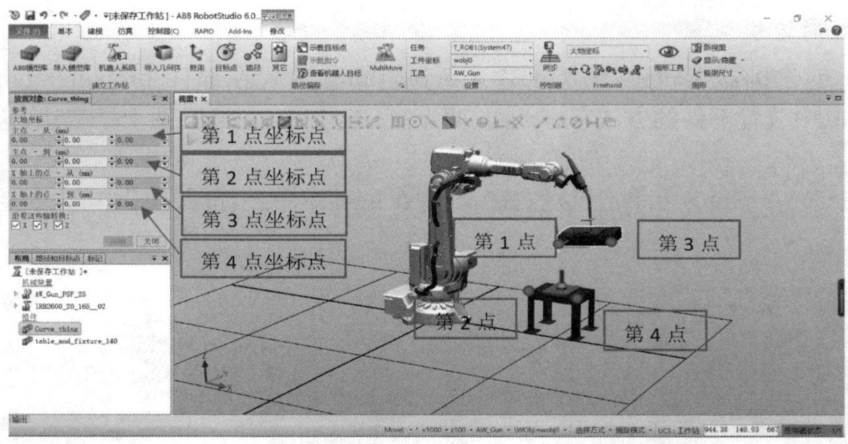

图 4－43　选择其余放置点

(5) 放置完成。部件 Curve_thing 放置到部件 propeller table 上的效果如图 4－44 所示。

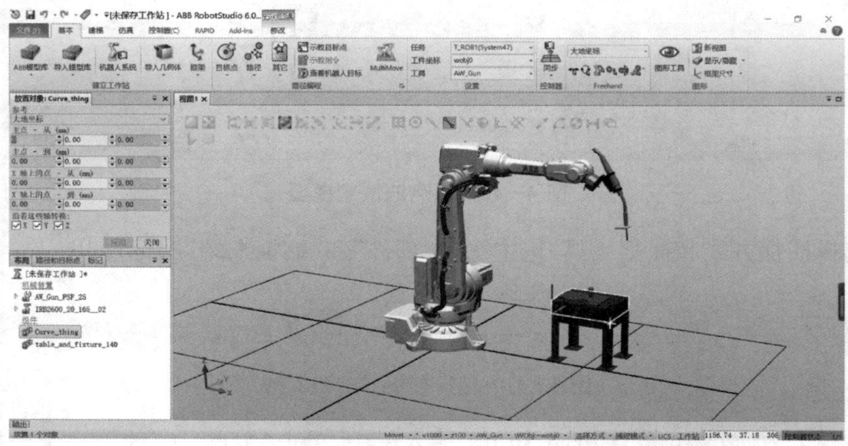

图 4－44　Curve_thing 模型放置完成

4.3.4 周边模型的放置方式

在创建工作站时，可以根据所导入模型的结构选择合适的放置方式，本节介绍如何使用“框架法”放置模型。

1. 创建框架

第一步 在“基本”选项卡中，单击“框架”，选择“创建框架”，如图 4－45 所示。

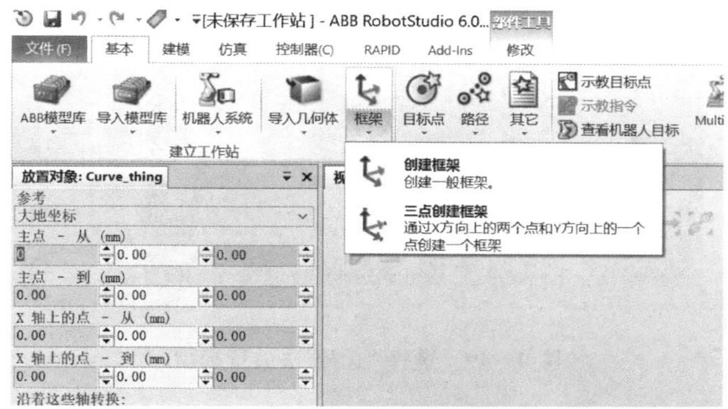

图 4－45 创建框架

第二步 单击“创建框架”中“框架位置”的第一个坐标框。

第三步 选中“选择部件”和“捕捉末端”图标，如图 4－46 所示。

图 4－46 选择捕捉方式和工具

第四步 单击选择 propeller table 的一个角点，即确定了框架位置，如图 4－47 所示。

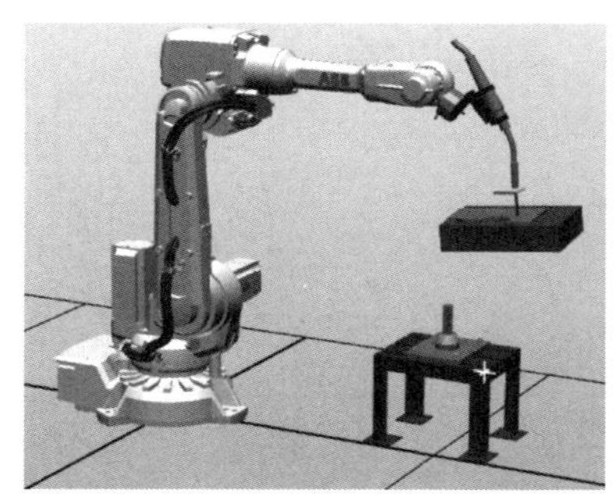

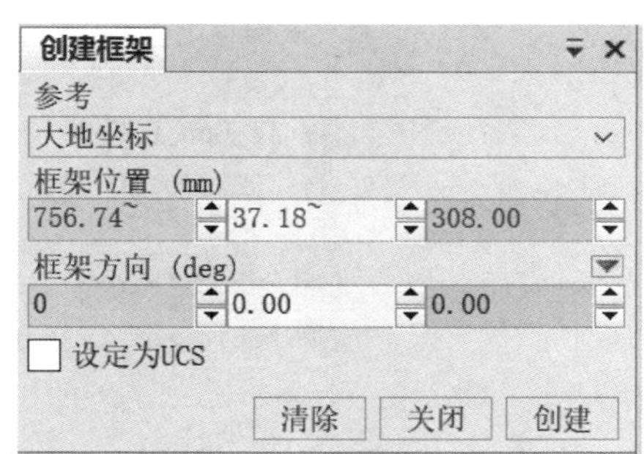

图 4－47 确定框架位置

第五步 单击“创建框架”中的“创建”按钮，即可完成框架的创建，如图 4－48 所示。

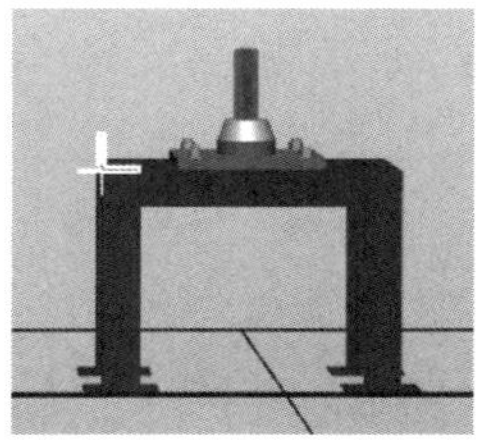

图 4－48 框架创建完成

2. 框架法放置周边模型

第一步 在 Curve_thing 上单击鼠标右键，在弹出的菜单中选择“放置”中的“框架”，如图4－49所示。

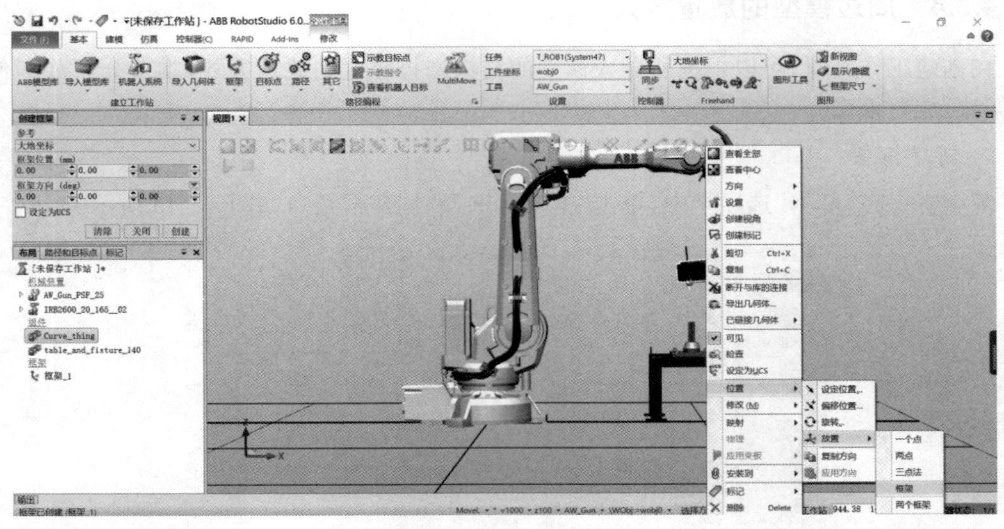

图 4－49　选择“框架”法放置模型

第二步　在“用框架放置对象。Curve_thing”框中，选择新建的“框架 1”，单击“应用”按钮即可完成放置，如图 4－50 所示。

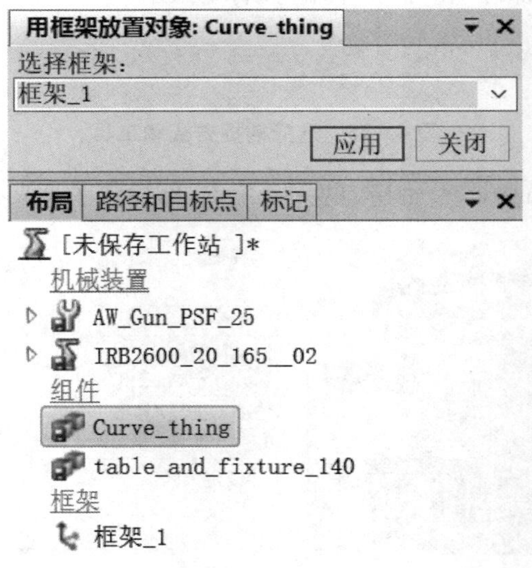

图 4－50　部件 Curve_thing 放置完成(a)

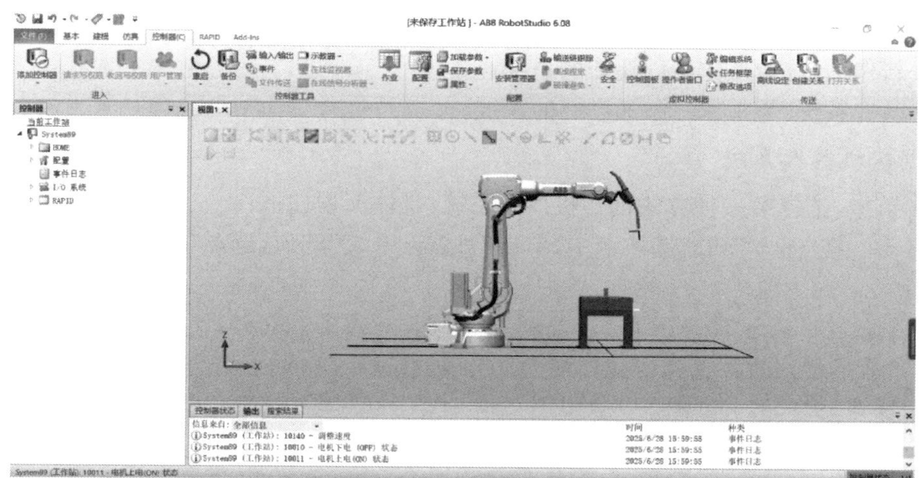

图 4-50　部件 Curve_thing 放置完成(b)

任务 4.4　工业机器人系统创建与手动操作

任务导入：在工业机器人应用中，创建一个完整的机器人系统并掌握其手动操作技能，是实现高效自动化生产的基础。通过在虚拟仿真环境中创建机器人系统，我们可以在安全、低成本的条件下进行各种操作练习，熟悉机器人的运动特性和控制方法。这一过程不仅有助于提高编程和调试的效率，还能为实际操作提供宝贵的经验。

本任务将指导我们如何在 ABB 的 RobotStudio 软件中创建一个完整的工业机器人系统，并进行手动操作练习。我们将学习如何导入机器人模型和周边设备模型，搭建一个虚拟的工作场景。此外，我们还将通过示教器或软件界面，手动控制机器人完成各种运动任务，包括点动控制、路径规划和姿态调整。通过这些练习，将熟悉机器人的操作界面，掌握基本的运动控制指令，并能够安全地操作机器人。

通过完成本任务，将为后续的编程和仿真任务打下坚实的基础。

知识链接

导入的模型放置完成后，工业机器人的基本仿真工作站就创建完成了。工作站创建完成后，如果没有为机器人创建系统，机器人就无法进行运动和相应仿真。因此，还需要创建机器人系统。

4.4.1　创建机器人系统

4.4.1　创建机器人系统视频

1. 创建系统的基本方法

机器人系统的创建主要有三种方法：

(1) 从布局:根据工作站布局创建系统。

(2) 新建系统:为工作站创建新的系统。

(3) 已有系统:为工作站添加已有的系统。

2. 创建机器人系统

在本节中,选择第一种方法创建机器人系统,具体流程如下:

第一步　在“基本”功能选项卡中,单击“机器人系统”选项,选择“从布局…”,如图 4-51 所示。

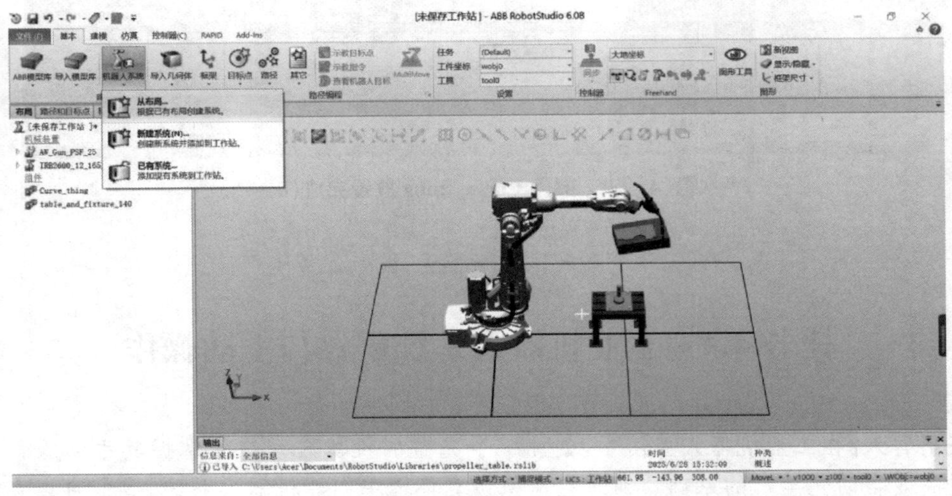

图 4-51　选择“从布局…”创建机器人系统

第二步　在“从布局创建系统”对话框中,设置所创建的系统名字和保存位置。如果安装了不同版本的系统,则在此可以选择相应版本的 RobotWare,如图 4-52 所示。

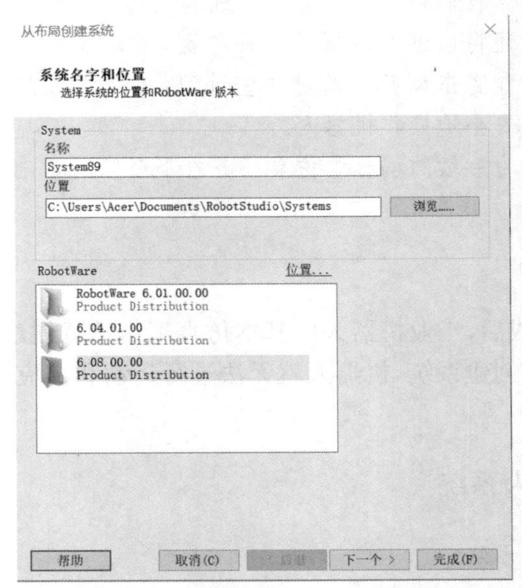

图 4-52　设置创建的机器人系统相关参数

第三步　系统名字和保存路径设置完成后，单击“下一个”按钮，再单击“选择系统的机械装置”，选择所创建的机械装置“IRB2600_12_165_02”，然后单击“下一个”按钮，如图4－53所示。

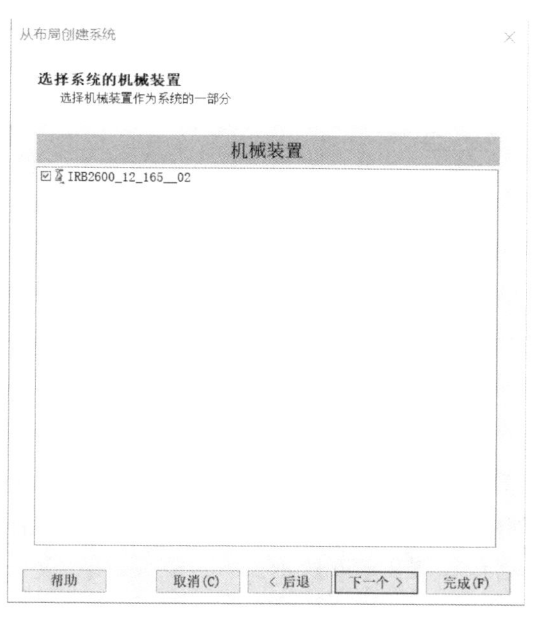

图4－53　选择系统的机械装置

第四步　在“系统选项”中配置系统参数，如图4－54所示，单击“选项...”按键，在弹出的“更改选项”对话框中根据需求进行相应的设置(如语言、驱动模式等)，如图4－55所示。设置完成后单击“确定”按钮，然后单击“完成”按钮即可完成系统的创建。

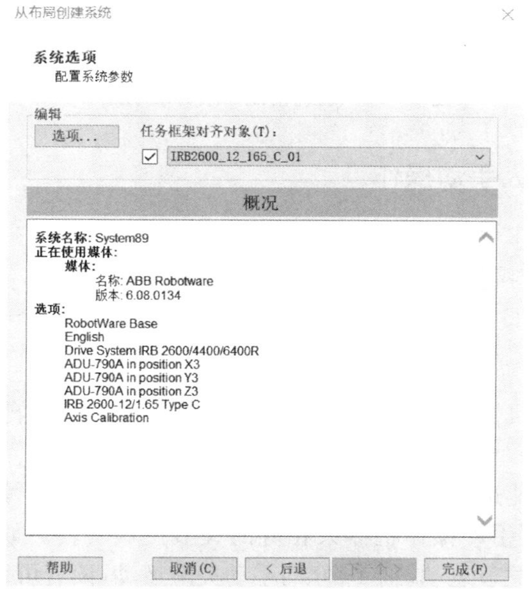

图4－54　系统选项

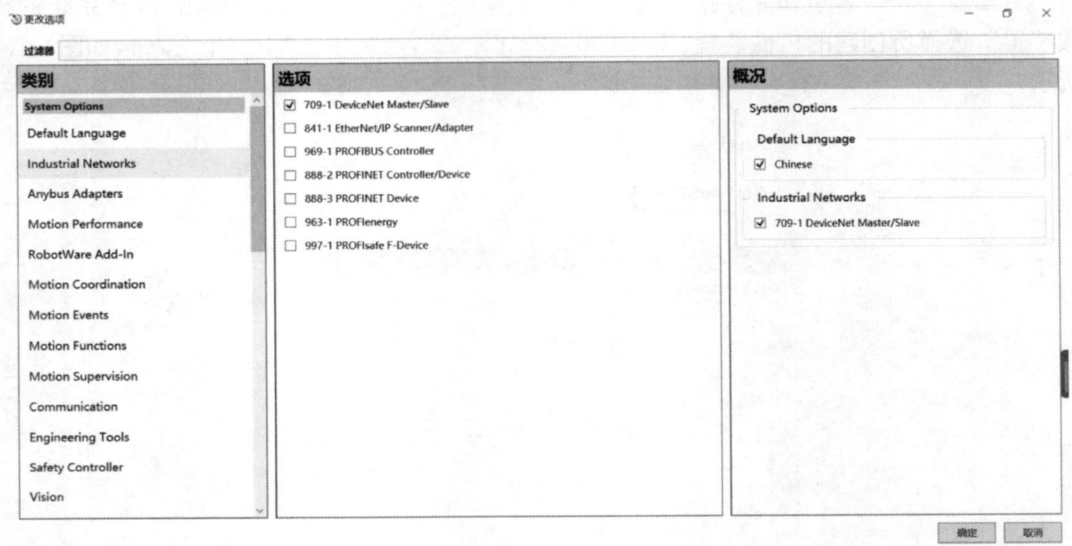

图 4-55　更改系统选项

工作站机器人系统创建完成并启动后，在状态栏右下角可以看到控制器状态为绿色表明系统创建完成并启动运行，如图 4-56 所示。

控制器状态

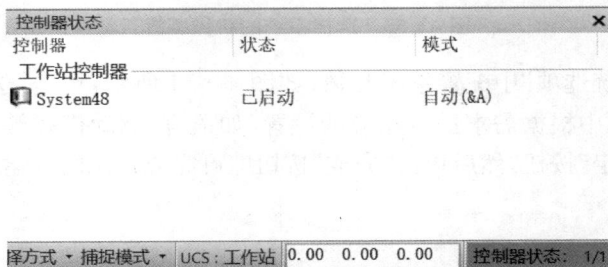

控制器	状态	模式
工作站控制器		
System48	已启动	自动(&A)

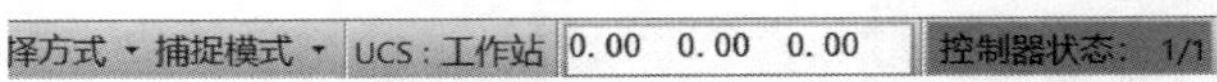

图 4-56　系统创建完成并启动运行

4.4.2　工业机器人手动操作

4.4.2　工业机器人手动操作视频

工业机器人手动操作主要有手动关节、手动线性、手动重定位三种运动模式，这三种模式也称为直接拖动控制方式。相关的操作在“基本”功能选项卡 Freehand 中有快捷图标按钮。

1. 手动关节运动

工作站中所使用的机器人是 IRB 2600 型，该机器人拥有 6 个自由度。在手动关节运动模式下，可以独立操控每个轴。

首先选择“基本”功能选项卡的 Freehand 中的“手动关节运动”按钮，然后选择要运动的机器人轴，拖动鼠标即可手动操作机器人相应的关节使其旋转。如图 4-57—图 4-59 所示，手动操作轴 1—3 做关节运动，轴 4—6 的手动关节运动，读者可以自行操作练习。

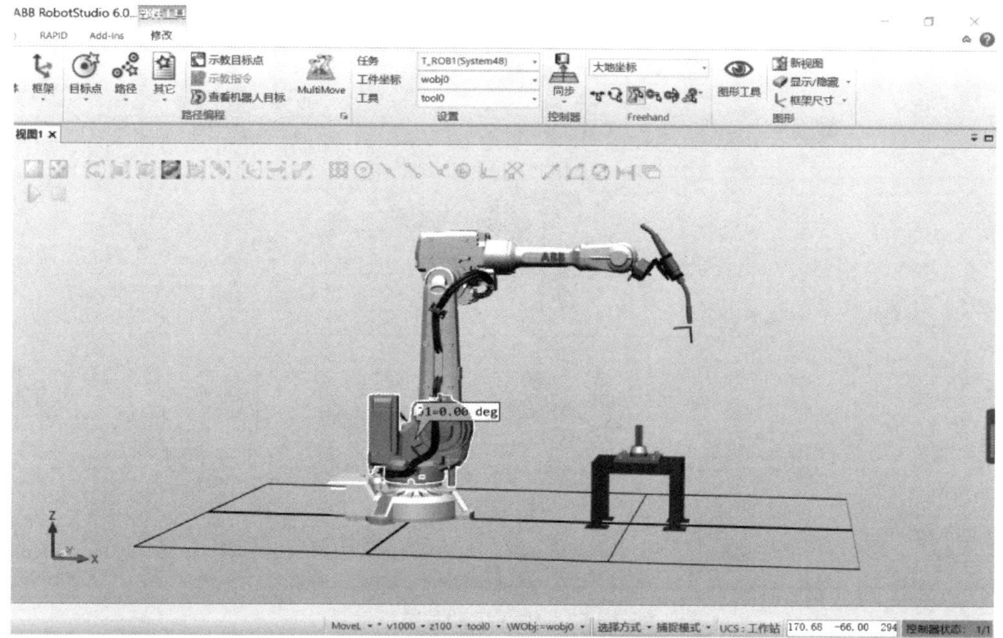

图 4－57 轴 1 手动关节运动

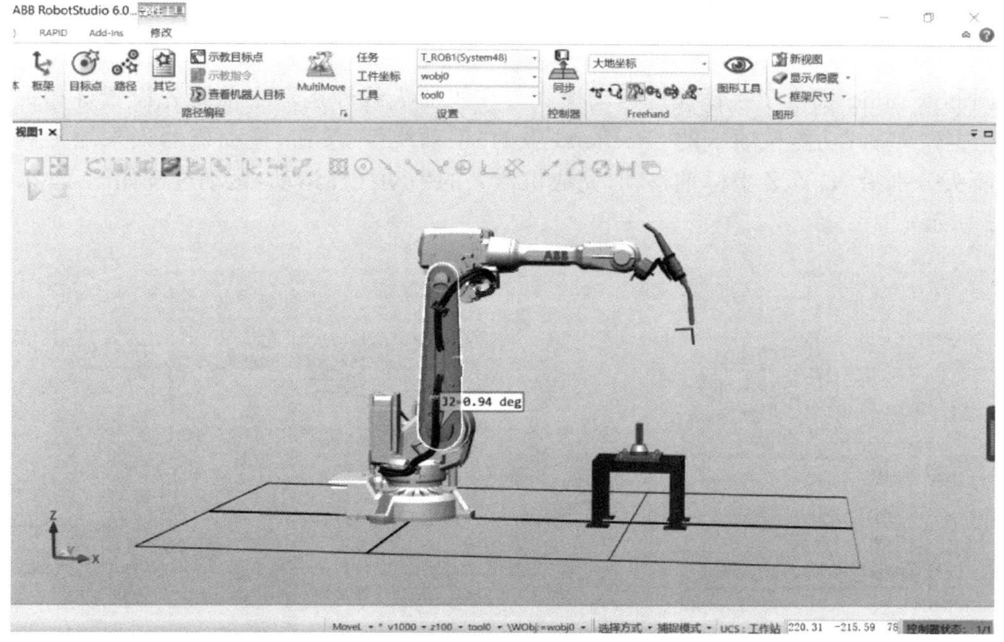

图 4－58 轴 2 手动关节运动

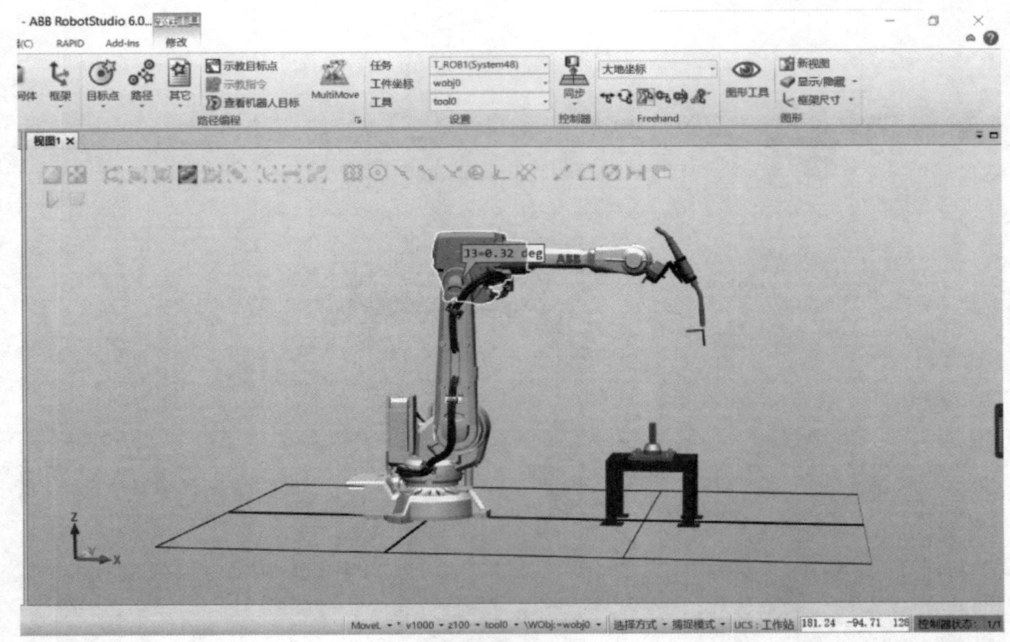

图 4-59　轴 3 手动关节运动

2. 手动线性运动

手动关节运动是对机器人的关节轴进行独立操作，机器人末端工具的运动轨迹不一定是直线轨迹。但是在实际的操作调整过程中，经常需要机器人末端工具沿某条直线进行运动。

RobotStudio 提供了手动线性运动模式。在机器人线性运动之前要先设置好相关的参数，再选择"基本"功能选项卡的 Freehand 中的"手动线性"按钮，拖动机器人末端工具处的坐标箭头分别沿 X、Y、Z 坐标轴移动，完成机器人的手动线性运动，运动过程如图 4-60—图 4-63 所示。

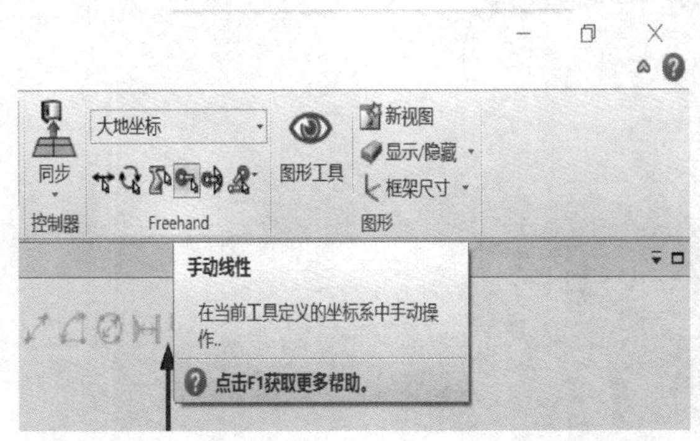

图 4-60　选择"手动线性"运动

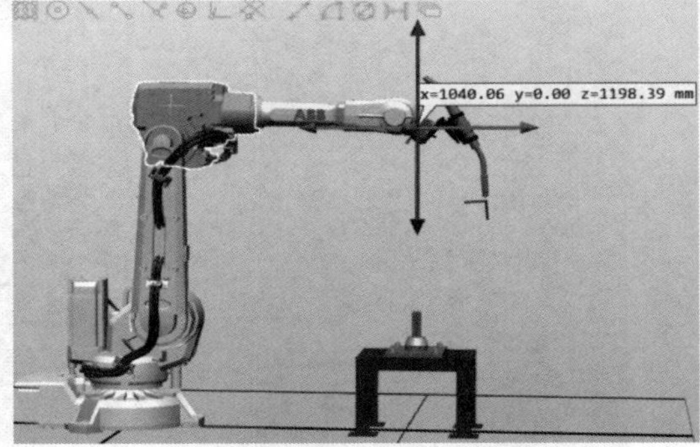

图 4-61　沿 X 轴手动线性运动

手动线性运动与手动关节运动时机器人末端工具的运动轨迹是不同的，此时机器人末端轨迹是直线。

图 4 - 62　沿 Y 轴手动线性运动

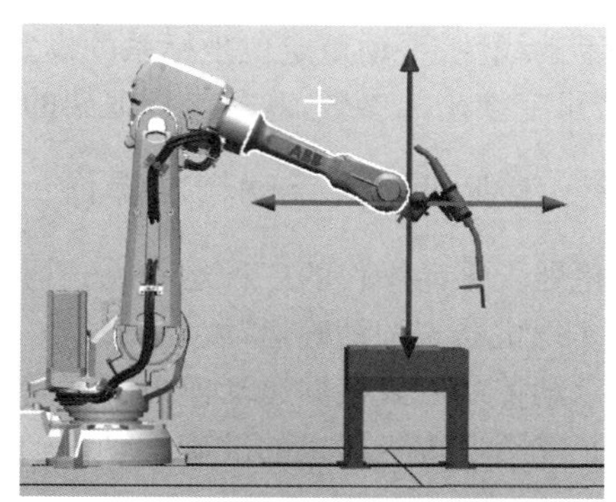

图 4 - 63　沿 Z 轴手动线性运动

3. 手动重定位运动

机器人重定位运动是指机器人第六轴法兰盘上的工具 TCP 点在空间绕工具坐标系旋转的运动，也可以理解为机器绕机器人工具 TCP 点做姿态调整的运动。在机器人重定位运动之前要设置好相关的参数，然后选择“基本”功能选项卡的 Freehand 中的“手动重定位”按钮，拖动机器人末端工具处的坐标箭头分别绕 X、Y、Z 轴移动，完成机器人的手动重定位调整，运动过程如图 4 - 64—图 4 - 67 所示。

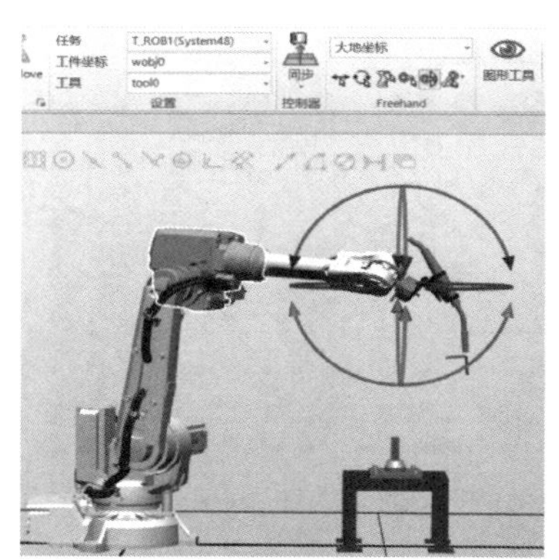

图 4 - 64　选择“手动重定位”运动

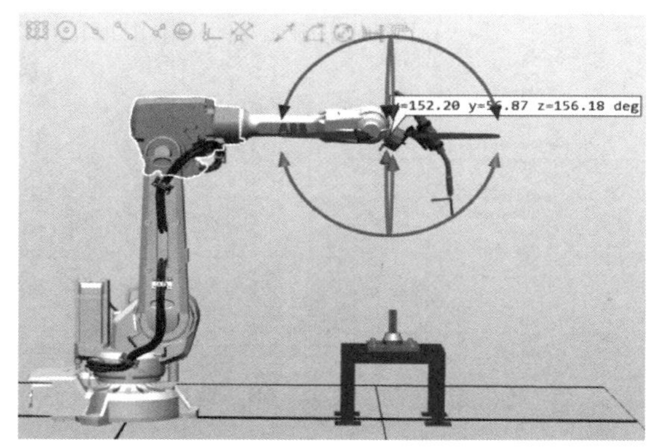

图 4 - 65　绕 X 轴手动重定位运动

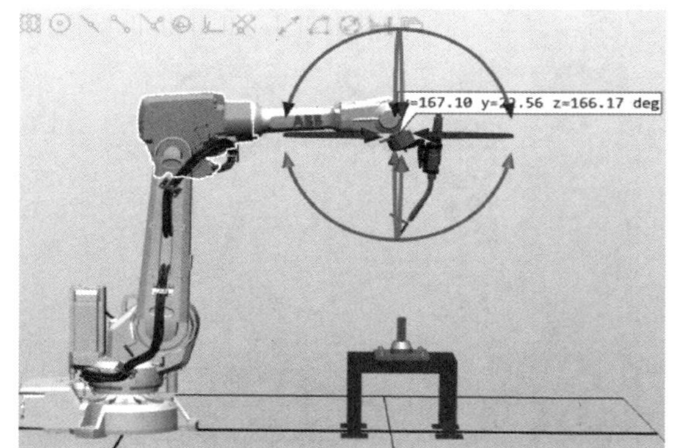

图 4 - 66　绕 Y 轴手动重定位运动

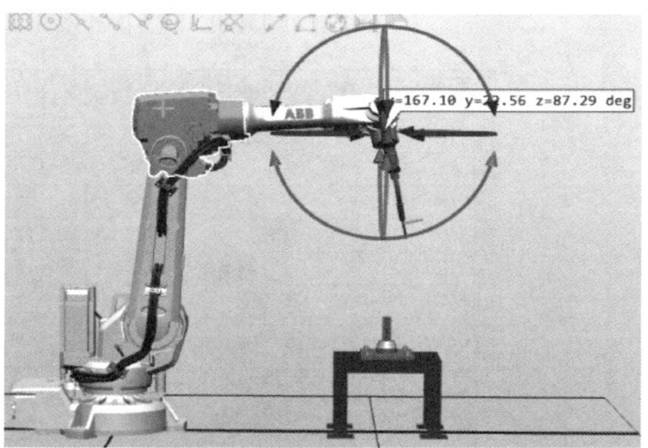

图 4 - 67　绕 Z 轴手动重定位运动

对于手动线性、手动重定位坐标系的设置，根据需要亦可设为大地坐标系或当前基坐标系等，读者可变换坐标参数，观察坐标框架的不同。

4.4.3 工业机器人手动精准操作

工业机器人手动操作的三种运动模式均无法实现机器人的精准运动。通过精确手动控制方式可实现机器人的精确运动。

精确手动控制方式根据运动模式的不同又分为机械装置手动关节运动和机械装置手动线性运动。能否实现机器人的准确运动，是精确手动控制方式与直接拖动控制方式的本质区别。

1. 机械装置手动关节运动

(1) 在“基本”功能选项卡左侧“布局”栏中，用鼠标右键单击“IRB2600_12_165_02”，选择“机械装置手动关节”，如图 4-68 所示。

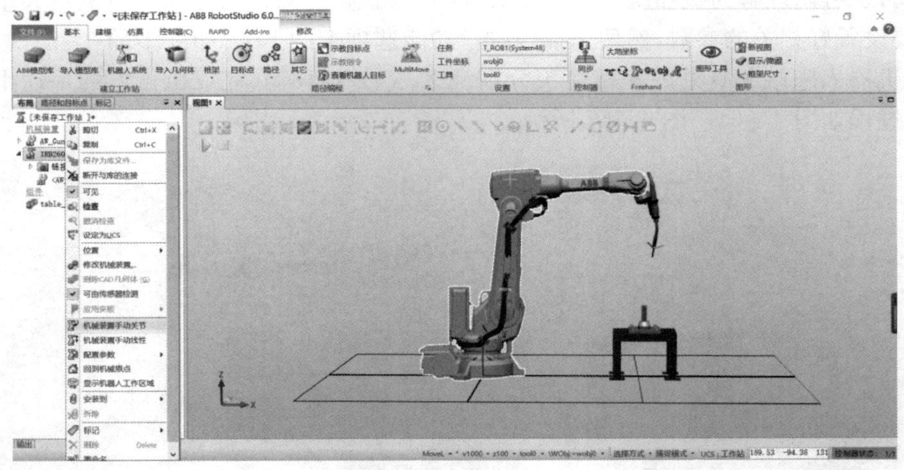

图 4-68 选择“机械装置手动关节”运动

(2) 在左侧“手动关节运动”输入框中，拖动相应轴关节的滑块或单击“＜”“＞”按钮，即可实现轴关节的精确操作，运动的大小可以在 Step 框设定，如图 4-69 所示。

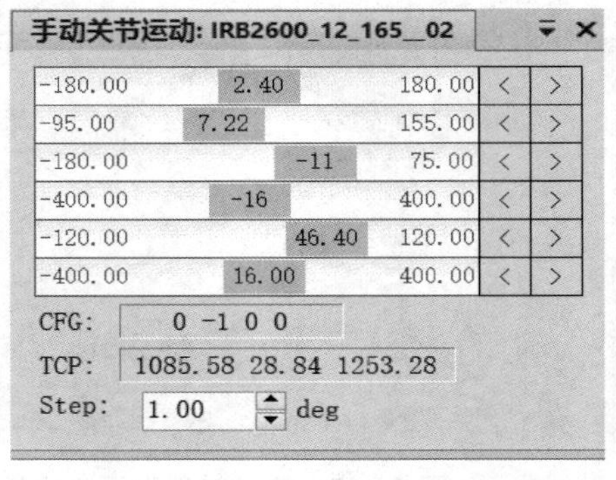

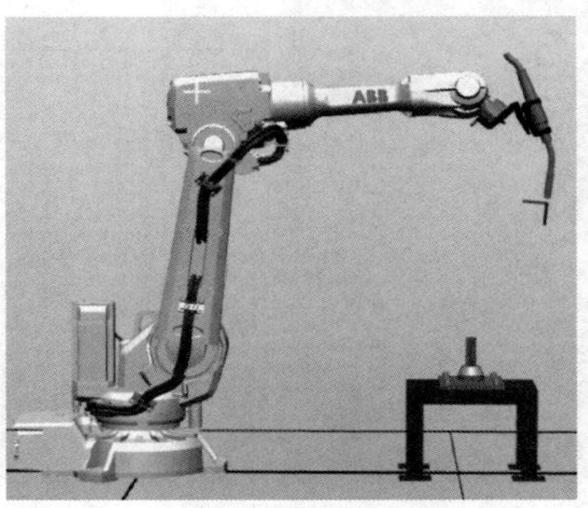

图 4-69 完成机械装置手动关节精确运动

2. 机械装置手动线性运动

(1) 在“基本”功能选项卡左侧“布局”栏中右键单击“IRB2600_12_165_02”，选择“机械装置手动线性”，如图 4－70 所示。

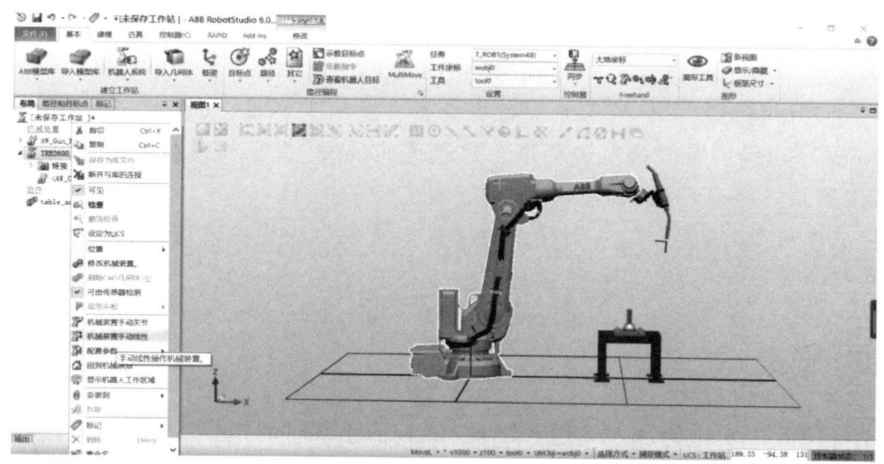

图 4－70 选择“机械装置手动线性”运动

(2) 在左侧“手动关节运动”输入框中，可以设置 Step 大小、坐标系等参数，选择相应的线性坐标轴，单击“<”“>”按钮即可将机器人沿线性坐标轴 X、Y、Z 等移动到预定的位置，完成机械装置手动线性精确运动，如图 4－71 所示。

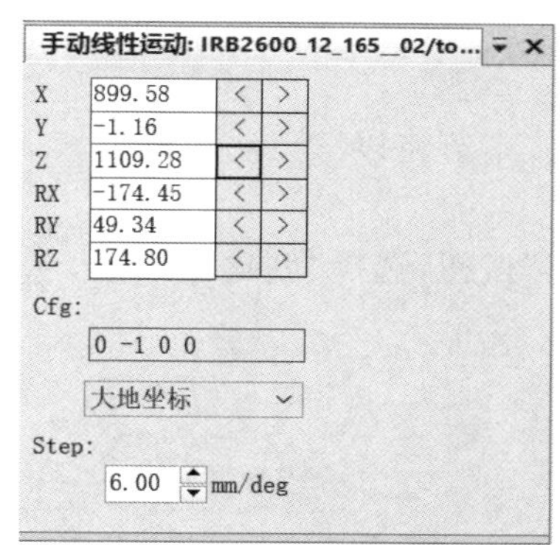

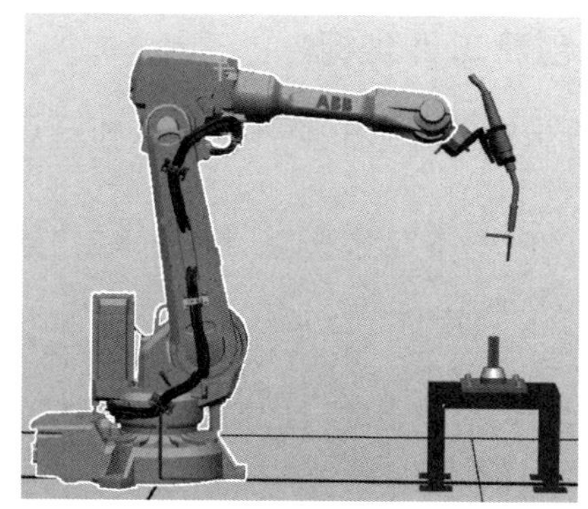

图 4－71 完成机械装置手动线性精确运动

任务 4.5 工件坐标与轨迹程序的创建

任务导入：在工业机器人编程中，工件坐标系的设置和轨迹程序的创建是实现精确加工和高效生产的关键环节。工件坐标系为机器人提供了工件的精确位置和方向，而轨迹程序则定义了机器人在工件上的运动路径。这两者的结合，确保机器人能够按照预设的轨迹精确地完成任务,如焊接、切割、喷涂等。

在实际应用中,工件坐标系的准确设置能够显著提高机器人的工作效率和加工精度。轨迹程序的优化则可以减少机器人的运动时间,提高生产效率。通过在虚拟仿真环境中创建工件坐标系和轨迹程序,我们可以在不接触实际设备的情况下进行调试和优化,降低生产成本,提高安全性。

本任务将指导我们如何在ABB的RobotStudio软件中创建工件坐标系,并编写轨迹程序。我们将学习如何根据工件的形状和位置设置合适的坐标系,以及如何使用运动指令(如MoveL、MoveC等)编写精确的轨迹程序。通过这些操作,将能够模拟机器人在工件上的运动,确保其按照预设路径精确执行任务。

通过完成本任务,将掌握工件坐标系的设置方法和轨迹程序的编写技巧,为后续的实际编程和应用打下坚实的基础。

知识链接

工件坐标用来定义工件相对于大地坐标(或其他坐标)的位置。机器人可以拥有若干工件坐标系,或者表示不同工件,或者表示同一工件在不同位置的若干副本。机器人进行编程时需要在工件坐标中创建目标和路径。

工件坐标的优点主要有以下两个方面:

(1) 重新定位工作站中的工件时,只需要修改工件坐标的位置,所有路径即刻随之更新。

(2) 允许操作以外轴或传送导轨移动的工件,因为整个工件可连同其路径一起移动。

4.5.1 创建工件坐标

4.5.1 创建工件坐标视频

创建工件坐标的方法主要有位置法和三点法,本节将以三点法为例创建工件坐标。

第一步　在“基本”功能选项卡中,单击“其它”按钮,选择“创建工件坐标”,如图4-72所示。

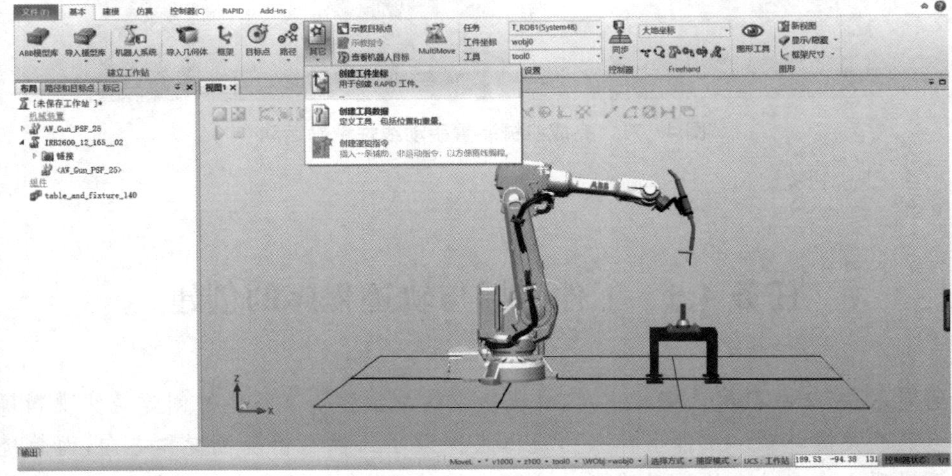

图4-72　选择“创建工件坐标”

第二步　在“视图”窗口工具栏选择合适的工具，选择方式为“选择表面”，捕捉方式为“捕捉末端”，然后在“创建工件坐标”输入框中设置相关参数，工件坐标的默认名称是 Workobject_1，可以根据实际情况进行修改，如图 4－73 所示。

第三步　单击“创建工件坐标”输入框中的“取点创建框架”，选择“三点”，如图 4－74 所示。

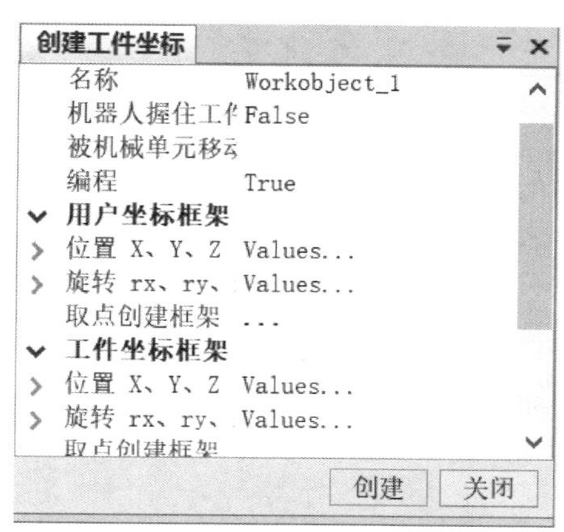

图 4－73　设置工件坐标相关参数

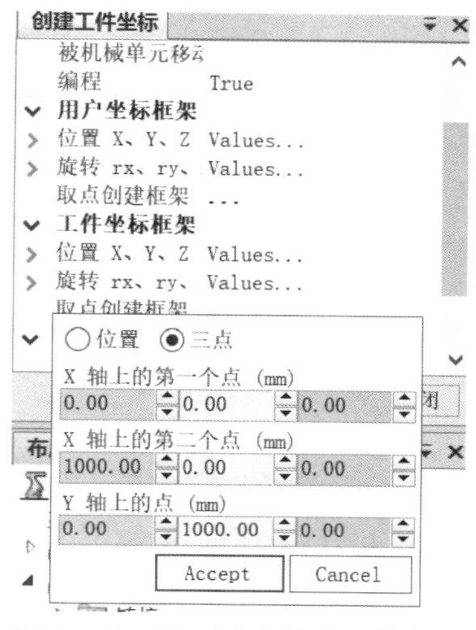

图 4－74　“三点”法创建工件坐标

第四步　用鼠标左键单击“X 轴上的第一个点”的第一个输入框，依次单击 1 号点（X 轴上的第一个点）、2 号点（X 轴上的第二个点）、3 号点（Y 轴上的点），如图 4－75 所示。

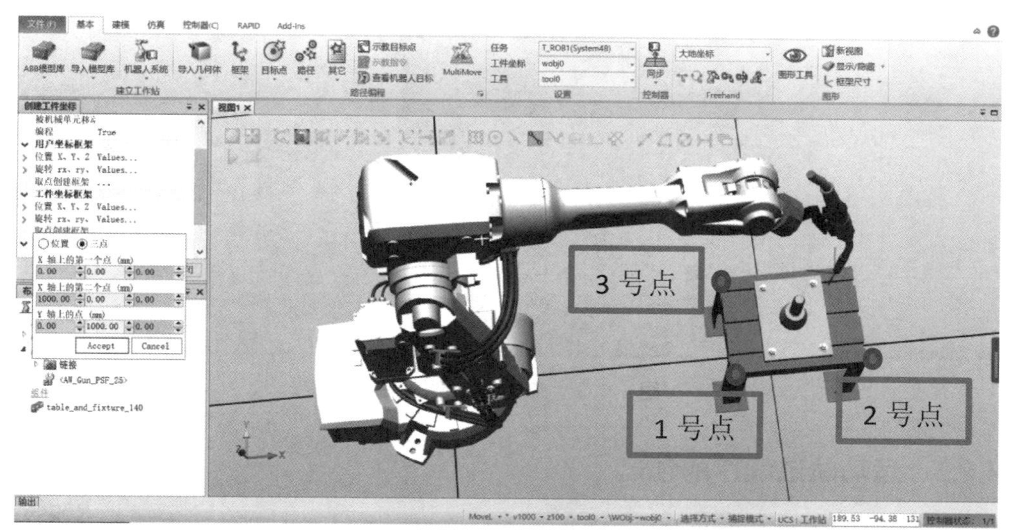

图 4－75　选择相应的三个点

第五步　确认三个点的数据生成后，单击 Accept 按钮，如图 4－76 所示。

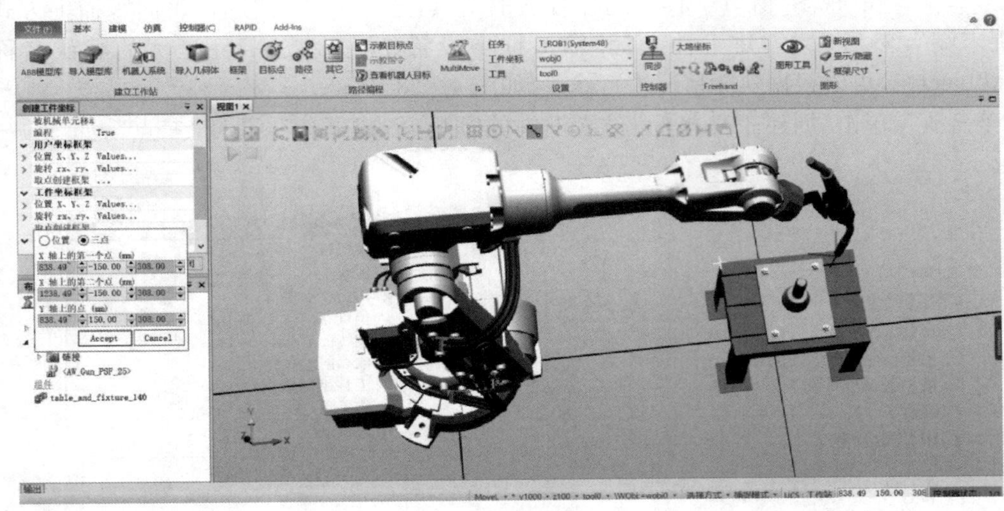

图 4-76 确认“三点”的数据

第六步 确认数据完成后，单击“创建工件坐标”输入框中的“创建”按钮，创建完成的工件坐标如图 4-77 中特别标示部分所示。

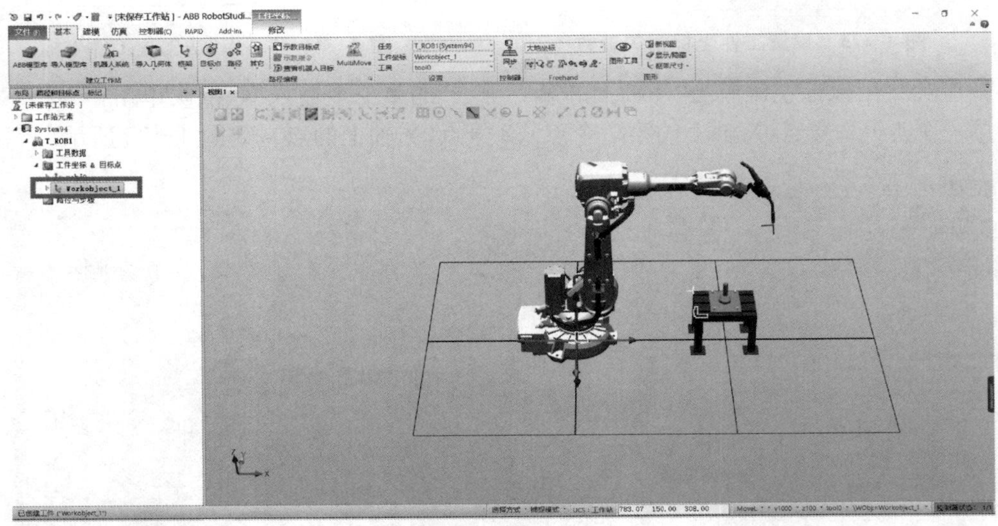

图 4-77 工件坐标创建完成

4.5.2 运动轨迹程序的创建

4.5.2 运动轨迹程序的创建视频

本节中所要创建的工业机器人运动轨迹指沿着 Curve _thing 部件的表面边缘绕一圈，也就是使安装在法兰盘上的工具 AW _ Gun 在工件坐标 Workobject_1 中沿着对象边缘走圈。运动轨迹如图 4-78 所示。

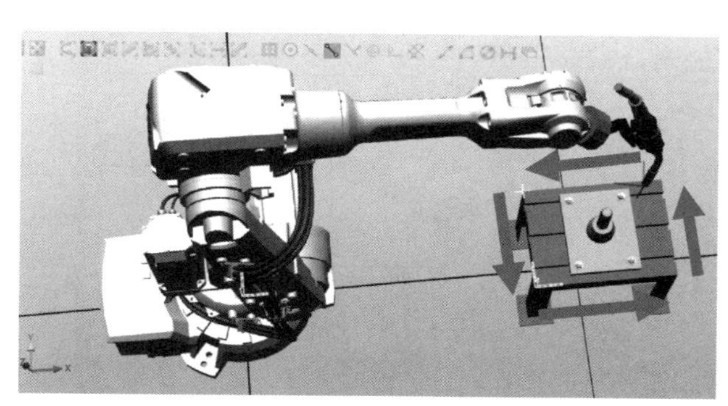

图 4-78 工业机器人运动轨迹

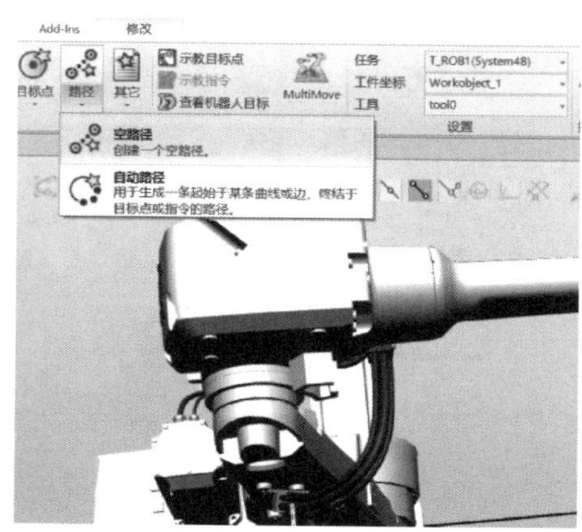

图 4-79 创建“空路径”

第一步 在“基本”功能选项卡中，单击“路径”，选择“空路径”，如图 4-79 所示。

第二步 生成空路径 Path_10，如图 4-80 所示，设置坐标、工具、指令等相关参数。选择创建的系统任务，将“工件坐标”设置为“Workobject_1”，“工具”设置为“AW_Gun”，“指令”设置为“MoveJ v200 fine…”。

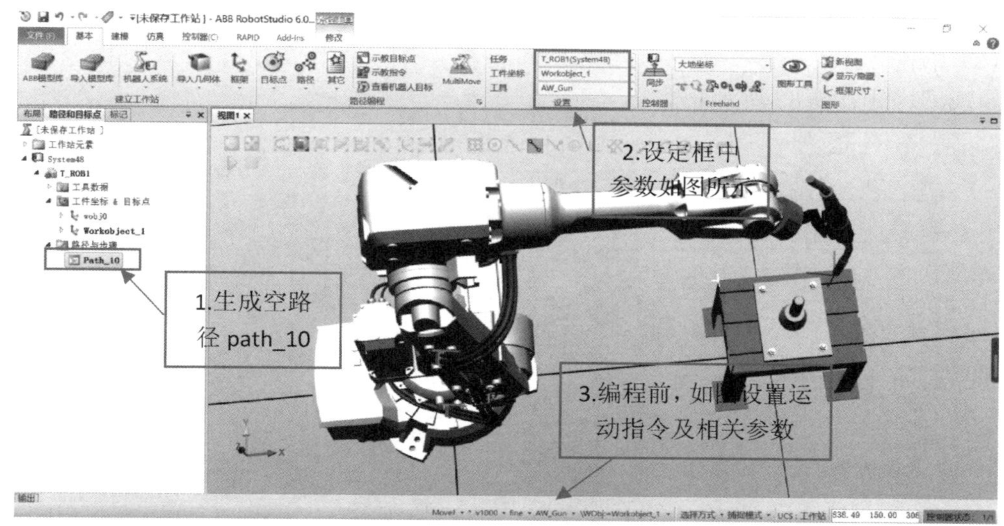

图 4-80 生成路径 Path_10

第三步 创建机器人起始路径。

（1）选择示教机器人运动轨迹的初始位置目标点，单击 Freehand 中的“手动线性”。

（2）拖动机器人到合适的位置。单击“示教指令”，在左侧“路径和目标点”栏中生成相应的运动指令“MoveJ Target_10”，如图 4-81 所示。

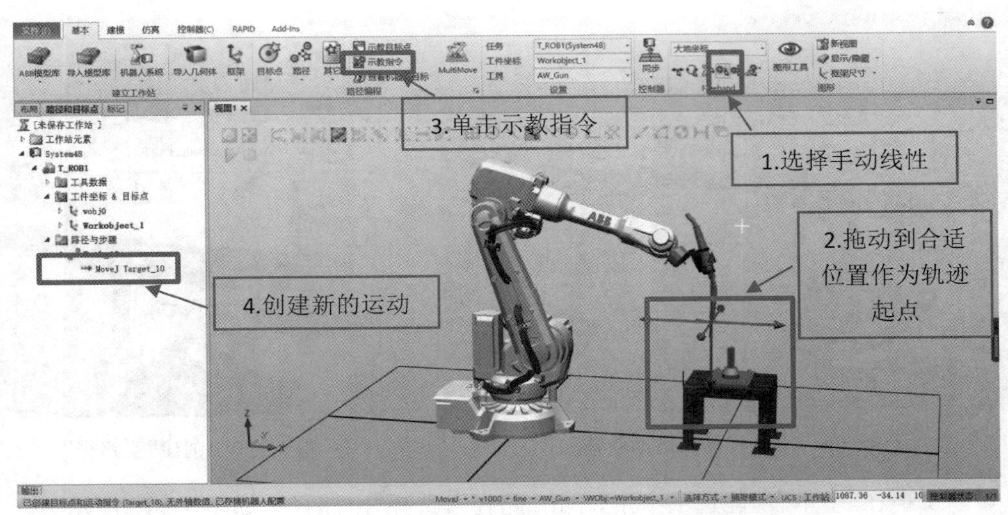

图 4-81　创建机器人起始路径

第四步　示教第一个目标点。

(1) 选择"捕捉末端"的捕捉方式。

(2) 拖动机器人到第一个目标点。

(3) 单击"示教指令",在左侧"路径和目标点"栏中生成相应的运动指令"MoveJ Target_20",如图 4-82 所示。

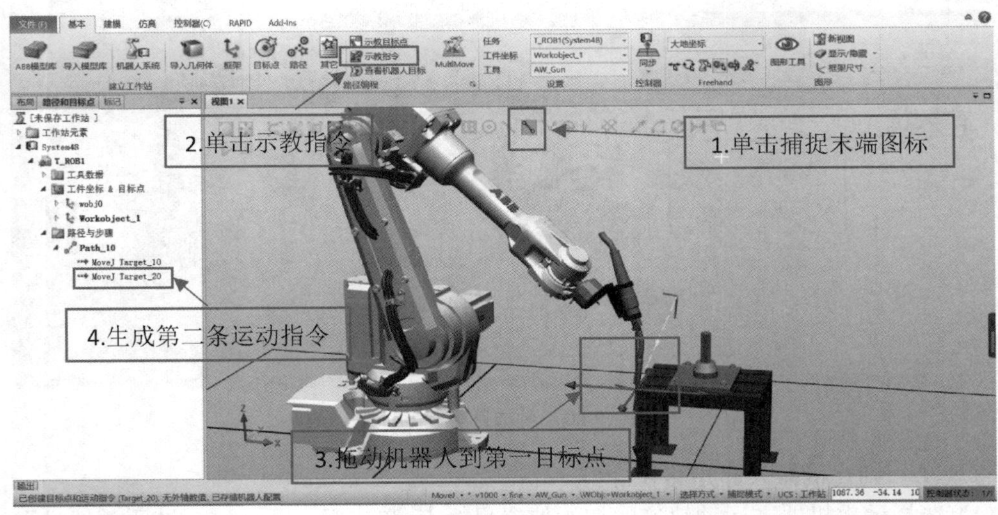

图 4-82　示教第一个目标点

第五步　示教第二个目标点。

(1) 从第二个目标点到第五个目标点为直线运动,将运动指令"MoveJ"修改为"MoveL"。

(2) 拖动机器人到第二个目标点。

(3) 单击"示教指令",在左侧"路径和目标点"栏中生成相应的运动指令"MoveL

Target_30”,如图 4－83 所示。

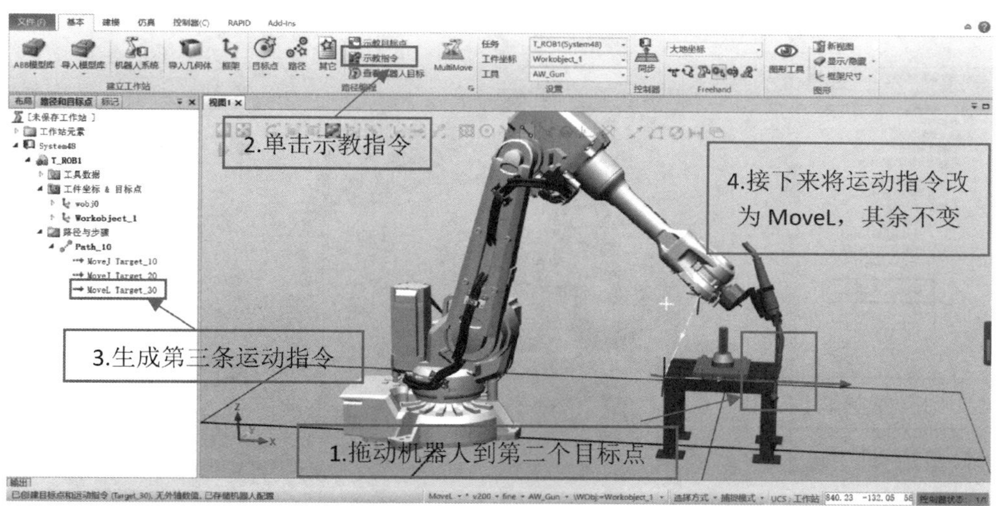

图 4－83　示教第二个目标点

第六步　示教第三个目标点。

(1) 拖动机器人到第三个目标点。

(2) 单击“示教指令”,在左侧“路径和目标点”栏中生成相应的运动指令“MoveL Target_40”,如图 4－84 所示。

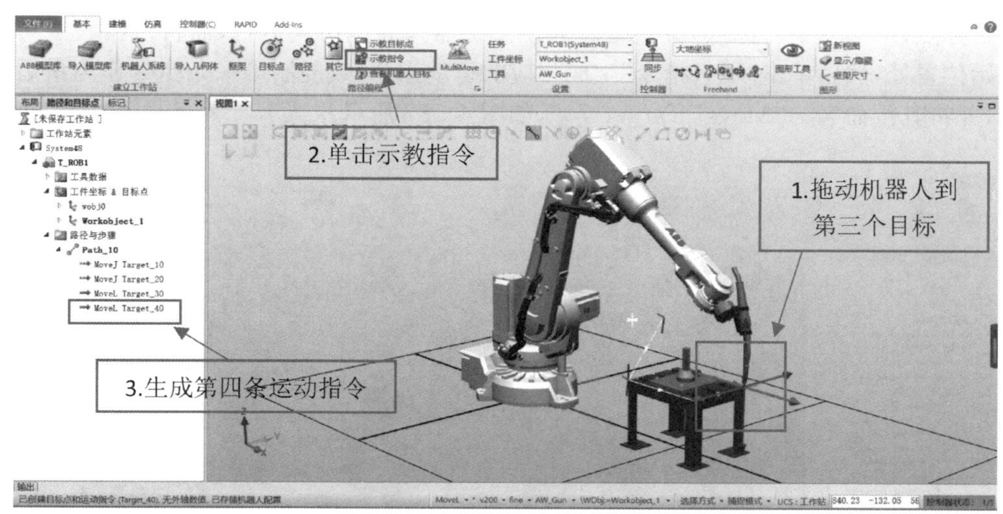

图 4－84　示教第三个目标点

第七步　示教第四个目标点。

(1) 拖动机器人到第四个目标点。

(2) 单击“示教指令”,在左侧“路径和目标点”栏中生成相应的运动指令“MoveL Target_50”,如图 4－85 所示。

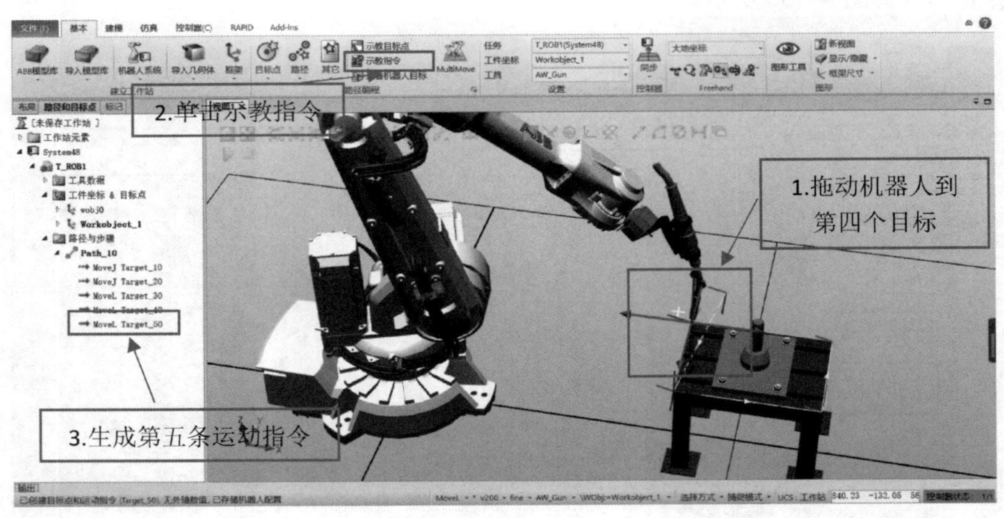

图 4-85　示教第四个目标点

第八步　二次示教第一个目标点。

(1) 拖动机器人到第一个目标点。

(2) 单击"示教指令",在左侧"路径和目标点"栏中生成相应的运动指令"MoveL Target_60"。

第九步　创建机器人返回路径。路径轨迹创建完成后,机器人停留在图 4-86 中的第五个目标点(即第一个目标点)位置处。为便于机器人后续仿真运行,需将机器人工具拖动到起始位置处,然后单击"示教指令"生成相应的运动指令,或复制第一条指令作为最后一条指令,并将其重命名为"MoveJ Target_70",如图 4-87 所示。

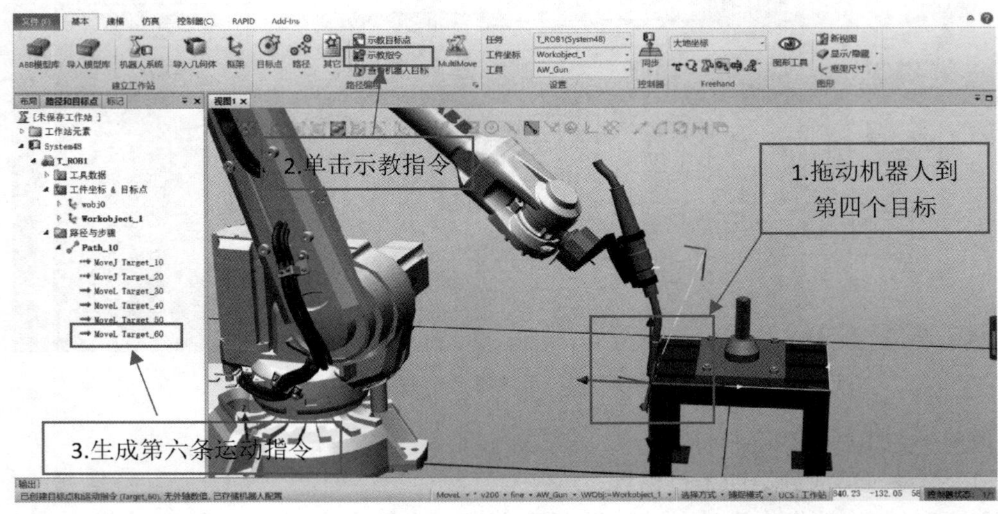

图 4-86　示教第五个目标点

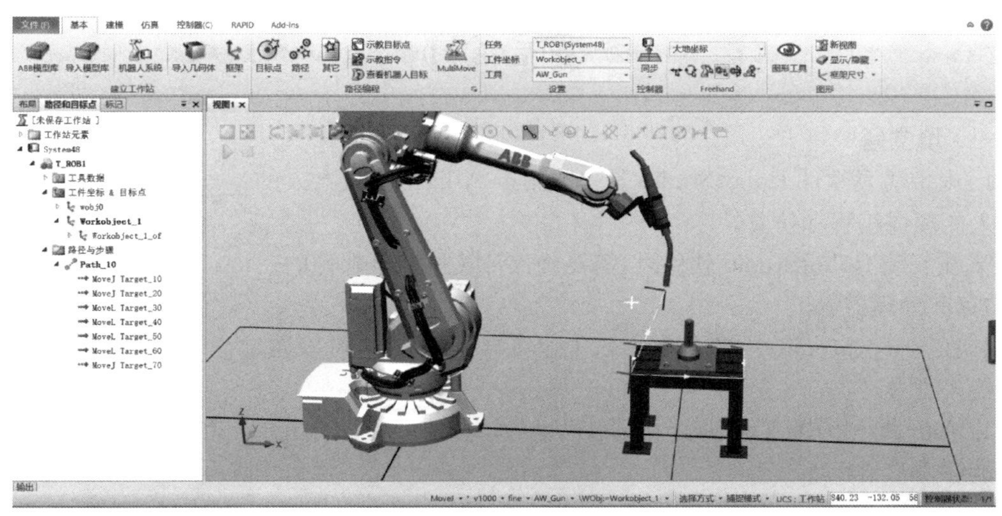

图 4-87 重命名为 MoveJ Target_70 示意图

第十步 配置轴参数。目标点路径验证完成后，需要对关节轴的参数进行配置。为提高执行效率，本节中采用自动配置的方法为关节轴配置相应的轴参数。选择“Path_10”，单击鼠标右键，选择弹出菜单“配置参数”下的“自动配置”，机器人就会沿着创建的路径运动一个循环，完成轴参数的自动配置。

第十一步 沿着路径运动。轴参数配置完成后，在仿真前可以检查机器人能否正常运行。选择“Path_10”，单击鼠标右键，选择弹出菜单中的“沿着路径运动”，若没有问题，则机器人沿着创建的路径运动一个循环；若存在问题则需要根据相应的输出提示信息修改路径，直至确保路径正确无误。操作过程如图 4-88 所示。

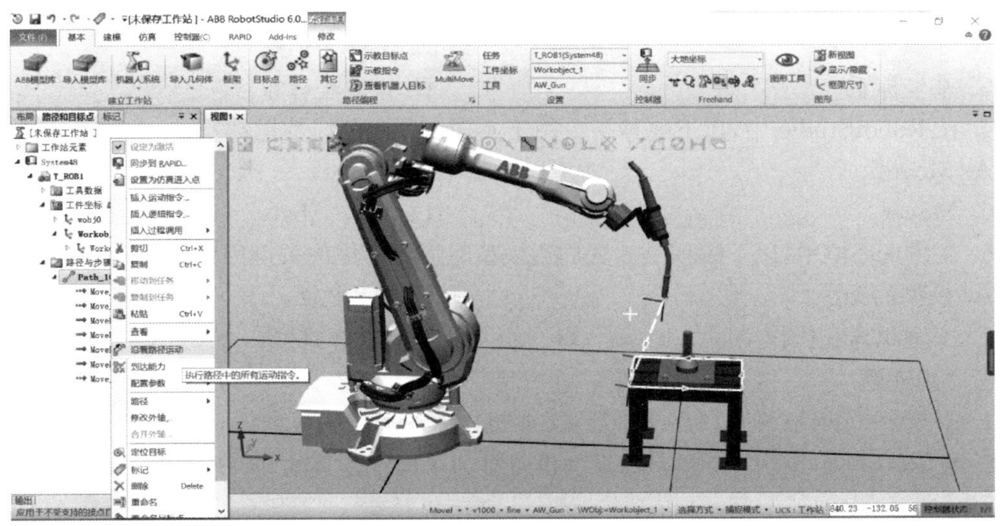

图 4-88 沿着路径运动

课后练习

一、填空题

1. 虚拟仿真软件 RobotStudio 是一款用于 ABB 工业机器人的________软件，可以实现机器人的离线编程和仿真。

2. 在安装 RobotStudio 软件时，需要确保计算机满足软件的________要求，包括操作系统、内存和处理器等。

3. 在 RobotStudio 中，选择和导入工业机器人模型时，可以通过________库来查找所需的机器人型号。

4. 在仿真环境中，工业机器人周边模型的放置需要考虑________和操作空间，以确保机器人能够正常运行。

5. 工件坐标系的创建是为了让机器人能够准确地定位和操作工件，通常需要通过________点来标定。

6. 在仿真运行过程中，可以通过________功能来检查机器人的运动轨迹是否符合预期。

二、选择题

1. 以下哪个软件是 ABB 工业机器人常用的虚拟仿真软件？（　　）

A. RobotStudio　　B. SolidWorks

C. AutoCAD　　D. Photoshop

2. 在 RobotStudio 中，以下哪种操作用于导入工业机器人模型？（　　）

A. File > Import　　B. File > Open

C. Insert > Device > Robot　　D. Edit > Paste

3. 在 RobotStudio 中，以下哪种坐标系用于定义工件的位置和方向？（　　）

A. 工具坐标系　　B. 工件坐标系

C. 基坐标系　　D. 世界坐标系

4. 在 RobotStudio 中，以下哪种指令用于实现机器人的线性运动？（　　）

A. MoveJ　　B. MoveL

C. MoveC　　D. MoveAbsJ

5. 在仿真环境中，以下哪项是放置周边模型时需要考虑的关键因素？（　　）

A. 模型的颜色　　B. 模型的大小

C. 安全距离和操作空间　　D. 模型的材质

三、判断题

1. RobotStudio 软件可以用于 ABB 工业机器人的离线编程和仿真。（　　）

2. 在 RobotStudio 中，工具坐标系的设置是为了确定工具的 TCP(工具中心点)。（　　）

3. 在 RobotStudio 中，工件坐标系的设置是为了确定工件的位置和方向。（　　）

4. 在 RobotStudio 中，MoveJ 指令用于实现机器人的关节运动。（　　）

5. 在 RobotStudio 中，工业机器人模型的选择和导入是仿真任务的第一步。（　　）

四、问答题

1. 为什么在 RobotStudio 中需要设置工件坐标系?

2. 在 RobotStudio 中,如何选择和导入工业机器人模型?

3. 在 RobotStudio 中,如何进行手动操作?

4. 在 RobotStudio 中,如何创建轨迹程序?

五、实操题

1. 在 RobotStudio 中,导入一个 ABB 工业机器人模型,并设置其工具坐标系和工件坐标系。

2. 在 RobotStudio 中,手动操作机器人完成一个简单的运动任务。

3. 在 RobotStudio 中,创建一个轨迹程序,使机器人沿直线路径绘制一个正方形。

4. 在 RobotStudio 中,创建一个完整的工业机器人工作站,包括机器人、工件和周边设备。

项目评价

表 4-1 项目评价

评价项目	评价指标	分值	评分标准	自评	小组评	教师评
模型导入准确性(10分)	正确导入并配置ABB工业机器人模型	10	完全符合要求得10分,部分符合得5—9分,不符合得0—4分。			
模型放置准确性(10分)	正确放置并配置周边设备模型	10	完全符合要求得10分,部分符合得5—9分,不符合得0—4分。			
系统创建与操作(10分)	成功创建机器人系统并进行手动操作	10	完全符合要求得10分,部分符合得5—9分,不符合得0—4分。			
坐标与轨迹创建(10分)	正确设置工件坐标并创建轨迹程序	10	完全符合要求得10分,部分符合得5—9分,不符合得0—4分。			
技能操作(40分)	实践操作表现	20	每个学习任务的实践操作表现,包括操作的规范性、熟练程度和准确性。			
	综合应用能力	20	能够综合运用所学知识和技能,完成复杂的操作任务,在实际操作中解决遇到的问题。			
团队协作(10分)	小组讨论	5	在小组讨论中的参与度和贡献度,积极参与讨论,提出自己的见解和建议。			
	团队合作	5	在团队实践操作中的协作能力和团队精神,与团队成员有效沟通,共同完成任务。			

续 表

评价项目	评价指标	分值	评分标准	自评	小组评	教师评
自主学习（10分）	自主学习能力	5	能够主动查阅资料，学习相关知识，通过自主学习解决学习中的问题。			
	作业完成情况	5	每次作业的完成情况，包括作业的质量和按时提交情况，通过作业巩固所学知识。			

拓展阅读

新松的战略耐心终于换来了回报

从基础研究到产业化落地，我国机器人产业规模日渐壮大，国产化机器人来到了从量变到质变的拐点。不断“进化”的机器人正在加速奔跑，为“中国智造”蓄势赋能。

沈阳新松机器人自动化股份有限公司（以下简称新松）正是工业机器人这条赛道上的领跑者之一。新松在机器人产业化发展道路上已经跋涉了24年，全面攻克核心技术、夯实产业基础、增强高端供给、拓展市场应用，成为机器人技术创新策源地、高端制造集聚地和集成应用新高地。

如今，新松的战略耐心终于换来了回报。企业织就起一条行业内最全的产品线，一条覆盖国民经济重点领域的应用链。新松机器人在国内汽车总装线上的市场占有率达到80%以上，同时，产品出口至全球40多个国家和地区。

机器人让工厂“变了样”

2024年12月13日，位于沈阳的华晨宝马铁西工厂，偌大的车间里看不见几名工人，只有忙碌的AGV（自动导向车）机器人，装载着各种产品零部件来往穿梭、稳定有序。这些机器人可以代替人工自主规划作业路径，让产区实现了物流自动化。

这些机器人正是来自新松机器人厂区，目前，这个厂区拥有全球品类最全的机器人生产车间。

作为AGV机器人的研发者，新松移动机器人执行高级总监汪洵，与机器人打了20多年交道。他经历了机器人产品和技术的快速迭代，亲历和见证了企业一步步攻克移动机器人轮系结构、嵌入式软件、混合导航、多机器人系统调度管理等关键技术，实现了机器人精确定位、动态跟踪。

在机器人产品应用之初，河北一家汽车零部件生产企业为了提高工作效率决定上马机器人，替代人工物流运输工作，新松的AGV机器人成了选择之一。为了能够拿下客户，汪洵提出打破传统工序的“工作岛”概念，将每个原料站、装配站都变成一个“岛”，并根据企业需求个性化定制方案。

经过不断的优化调试，机器人顺利走上工作岗位，并将以往的线性生产模式变成“岛式装配”。利用AI技术，原材料被智能分配到空闲的工作岛，信息管理和数控技术代替了低端重复劳动，企业每天的汽车发动机产量从150台提升至380台。

汪洵和同事们研发的机器人彻底改变了工厂和工人的作业场景。如今，“岛式装配”的生产模式越来越普及，无人工厂、“黑灯工厂”越来越多；工人们的劳动强度不断下降，生产效率不断提升，工作环境越来越宜人。

在汪洵看来，这一切变化才刚刚开始。“现在，我们正利用多导航整合、超大规模群控调度、高精度货物定位等前沿技术，在机器人点对点的精细、柔性、智能传输上精进。未来，它们将变得更灵活、更聪明。”

创新就是要不断地尝试

2024年12月10日早上8时，新松中央研究院高级总监王晓峰一如往常，穿上蓝色工装走进厂区。作为一名研发人员，他和同事们设计的工业机器人，能挪动数十吨重的大型设备，也能进行微米级的精细操作。

2023年3月，一家车企找到新松，提出定制一套填补国内空白的机器人——210公斤重载点焊机器人汽车装配生产线。这种工业机器人被视作工业生产当中的“手”，这只手要代替工人对汽车数千个焊点进行焊接作业，既要强劲又得灵活。

王晓峰和同事围绕焊接机器人的点焊节拍、工艺精度和焊接质量进行研究，经过半年多的研发，机器人进入测试阶段。测试中，机器人焊接质量和数据通信都满足了要求，但是动作节拍慢了10秒。

“世界范围内，工业机器人的绝对定位精度，是体现机器人控制器技术水平的重要指标。我们的机器人想要在高端应用领域立足，必须不断提升精度指标。”王晓峰说，研发团队对机器人的全部运行数据进行梳理，用软件进行重构模拟，逐个方案尝试，经过反复推演，最终攻克了难题。

创新就是要不断地尝试，这样的创新尝试王晓峰“重复”了8年。在新松的研发人员看来，这样的“重复”再平常不过。在提升工业机器人性能工作中，日复一日地抠细节、提精度，新松机器人不断进化。

如今，新松的工业机器人基于力感知、免示教作业系统、工艺专家系统等创新技术，已经可以模拟人类手臂肌肉控制的柔顺特性，实现不同轨迹和角度的运动规划。在关键零部件方面，新松机器人控制器实现了完全自主可控。

“新松多年专注于机器人应用领域，企业核心价值观最重要的两点就是守正创新和协力致远。”新松总裁张进表示，新松就是要做起而行之的实干家，开拓创新的行动者，不断爬坡、过坎、闯关，向愿景目标勇毅前行。

推开新一轮技术融合跃迁的大门

在新松人工智能研究院，工程师姜川正在进行星卫来工业清洁机器人出厂前稳定性测试。视觉识别、激光轮廓识别、声呐识别……一项项测试通过，这台机器人距离自主应对工业现场复杂环境的挑战，又近了一步。

研究院内，还有与姜川一样的年轻人正在将机器人接入AI大模型，训练机器人在自然语言的引导下，执行更为复杂的任务。

“他们是设计和调试工程师，像这样的研发人员占新松员工数量的70%左右。”新松品牌与文化管理中心总经理哈恩晶说，朝气蓬勃的人才队伍，是新松持续深耕创新、实现科技自立自强的核心支撑。

人工智能研究院是新松 2023 年新设立的研发部门，是企业探索“机器人＋AI”的先锋。近年来，新松积极探索人工智能、大数据等新兴技术与机器人的深入融合，针对性开展技术攻关，机器人产业新一轮技术融合跃迁的大门正缓缓打开。

在 2024 年夏季达沃斯论坛上，新松 AI 机器人“书法家”亮相，成为展会中一道独特的风景线。这台机器人“听”到观众语音信息后，会自主分析语音语调，通过 AI 大模型技术解析语音发起者的情感或期望，现场“挥毫泼墨”，将观众的情感融入书法作品中。

在 AI 等前沿领域持续发力的同时，新松机器人也加快了“走出去”的步伐。2024 年以来，新松机器人产品“出海”规模庞大、种类繁多。“我们成功进入欧洲顶级新能源企业供应链，展现了中国企业在全球高端市场中的竞争力。”张进表示，机器人大规模出口，为“中国智造”走向世界注入了强大动能，提振了发展信心。

“当前，推动机器人产业向更高层次发展的政策持续出台落地，企业更新迭代产品设备的步伐也不断加快，机器人应用场景不断丰富。”张进表示，新松将持续关注前沿技术发展，运用技术积累优势，精准对接市场需求，形成更多具有创新性和实用性的应用场景，为“中国智造”蓄势赋能。

（来源：中工网《工人日报》2025 年 01 月 02 日 05 版）

参考文献

[1] 熊隽.工业机器人编程与调试(ABB) [M].第 2 版. 北京:机械工业出版社,2025.

[2] 陈瞭.ABB 工业机器人应用与进阶 [M].北京:电子工业出版社,2025.

[3] 许文稼.工业机器人技术基础 [M].第 2 版. 北京:高等教育出版社,2023.

[4] 王志强.工业机器人应用编程 ABB[M]. 北京:高等教育出版社,2020.

[5] 智通教育教材编写组.ABB 工业机器人虚拟仿真与离线编程 [M]. 北京:机械工业出版社,2021.